"十三五"江苏省高等学校重点教材

高等职业教育机械类专业新形态教材

机械设计基础

第 2 版

主　编　唐昌松　程　琴

副主编　娄天祥　邵　卫　秋　艳

参　编　刘　娟　孟宝星　任海东
　　　　张　欣　王　彬

主　审　李荣兵

U0191016

机械工业出版社

本书是"十三五"江苏省高等学校重点教材，根据编者多年教学、生产实践经验，依据人才培养要求、企业产品设计流程及学生认知规律编写而成。为更好地落实立德树人根本任务，本书注重激发学生家国情怀和使命担当，强化学生工程伦理教育，培养学生勇于探索的创新精神、精益求精的大国工匠精神以及运用马克思主义立场、观点与方法提高认识问题、分析问题与解决问题的能力。

本书包括常用机构的运动分析与设计、工程构件的受力分析与承载能力设计、常用机械传动装置的分析与设计、典型零部件的设计与选用四大模块。在各模块中，根据职业岗位要求，构建相应学习情境，每个学习情境均包含有以思维导图视频讲解方式的小结及知识巩固与能力训练题，书后还附常用国家标准及知识巩固与能力训练题的参考答案。同时，本书还讲解了创新思维及机械创新常用技法部分，可根据教学实际灵活穿插安排创新实践环节，以帮助培养学生的创新能力。

本书对主要知识点及工程应用案例配有丰富的二维码微课资源，可直接扫码学习，还配有多媒体电子课件，供助学助教使用，读者可登录机械工业出版社教育服务网（http://www.cmpedu.com）注册后免费下载电子课件。

本书可供高等职业院校机电类专业师生使用，也可供其他专业师生及工程技术人员参考，还可作为准备专升本学生的复习与辅导教材，以及社会职业教育培训教材。

"十三五"江苏省高等学校重点教材（编号：2019-1-128）。

图书在版编目（CIP）数据

机械设计基础/唐昌松，程琴主编. —2 版. —北京：机械工业出版社，2022.7（2024.8 重印）

"十三五"江苏省高等学校重点教材　高等职业教育机械类专业新形态教材

ISBN 978-7-111-70960-2

Ⅰ.①机…　Ⅱ.①唐…②程…　Ⅲ.①机械设计-高等职业教育-教材　Ⅳ.①TH122

中国版本图书馆 CIP 数据核字（2022）第 100312 号

机械工业出版社（北京市百万庄大街 22 号　邮政编码 100037）
策划编辑：王英杰　　　　　责任编辑：王英杰　杨　璇
责任校对：陈　越　王明欣　封面设计：张　静
责任印制：单爱军
北京虎彩文化传播有限公司印刷
2024 年 8 月第 2 版第 3 次印刷
184mm×260mm · 20.25 印张 · 496 千字
标准书号：ISBN 978-7-111-70960-2
定价：58.00 元

电话服务　　　　　　　　　网络服务
客服电话：010-88361066　　机 工 官 网：www.cmpbook.com
　　　　　010-88379833　　机 工 官 博：weibo.com/cmp1952
　　　　　010-68326294　　金 书 网：www.golden-book.com
封底无防伪标均为盗版　机工教育服务网：www.cmpedu.com

前 言

本书是"十三五"江苏省高等学校重点教材，依据高等职业教育人才培养目标，高等职业教育改革要求，基于企业产品设计流程及学生认知规律编写而成。为了更好地贯彻落实党的二十大精神，做好立德树人工作，实现价值塑造、知识传授和能力培养的有机融合，以及丰富教学资源，编者结合近年来课程教学改革的经验，对第1版进行了系统修订。在修订中，突出了如下理念：

1) 注重激发学生家国情怀和使命担当，培育和践行社会主义核心价值观，强化学生工程伦理教育，培养学生勇于探索的创新精神及精益求精的大国工匠精神。

2) 把马克思主义立场、观点与方法的教育和科学精神的培养结合起来，提高学生正确认识问题、分析问题与解决问题的能力。

3) 丰富工程应用实例，选用现行国家标准，适当拓展新知识、新技术、新方法。

4) 针对本书主要知识点及工程应用案例制作丰富的二维码微课视频资源，可随时随地用手机直接扫码学习。

5) 考虑到选用本书读者的多样性需要，对于近机类、非机类专业选讲的部分以 PDF 格式的二维码呈现，可扫码选学。

本着保持内容稳定，突出立德树人导向、强化产教融合、丰富教学资源的原则，本书对第1版内容进行了提炼和完善，并邀请校企合作的企业专家参加编审，使其更具有工学结合、产教融合及现代学徒制高职教育教学特色。为本次修订工作提供帮助的企业专家有：徐州重型机械有限公司国家级技能大师、产业教授、高级技师孟维，徐州徐工基础工程机械有限公司总经理、产业教授、研究员级高级工程师孔庆华。考虑到本书信息化数字资源配套建设及编写团队的结构优势，本修订版由徐州工业职业技术学院唐昌松、程琴担任主编，娄天祥、邵卫、秋艳担任副主编。徐州工业职业技术学院刘娟、孟宝星、任海东，徐州生物工程职业技术学院张欣，江苏财经职业技术学院王彬参加编写。本书由李荣兵任主审。

同时，在本次修订过程中，编者借鉴、参考了有关书籍及资料的相关内容，在此对相关人员和作者一并表示衷心的感谢。

由于编者水平有限，书中难免会有缺点和不足之处，恳请读者批评指正。

编 者

目 录

模块一　常用机构的运动分析与设计

模块二　工程构件的受力分析与承载能力设计

模块三 常用机械传动装置的分析与设计

模块四 典型零部件的设计与选用

机械设计的认知及金属材料与热处理常识

能力目标

1）能够从结构和功能的角度分析机器与机构。

2）能够初步具备机械设计的工程意识。

3）能够正确选用机械产品所需材料及热处理方法。

素质目标

1）通过对我国古代的水碓、纺车等到现代的高铁、载人潜水器、中国天眼等机械工程发展史介绍，激发学生的民族自豪感，培育学生大国工匠精神，树立学生为中华民族伟大复兴的中国梦而努力学习的理想信念。

2）通过介绍机械设计应满足的基本要求，帮助学生培养良好的职业素养与职业道德，培养爱岗敬业、精益专注的精神，引导学生树立质量意识、安全意识、环保意识及精品意识以及报效祖国、服务社会的爱国情怀和使命感。

案例导入

在日常生活、工程实践以及科技探索中，为了减轻劳动强度、改善劳动条件、提高劳动生产率、促进科技发展和人类进步，人们创造了各种机械产品，如古代的水碓、纺车、水排等，近现代的内燃机、缝纫机与工程机械（起重机、装载机、挖掘机、推土机、破碎机、压路机等）以及高铁、载人深潜器等。图0-1和图0-2所示为内燃机和颚式破碎机的结构图。随着科技的发展，产品的种类日益增多，性能不断改进，功能日趋完善。机械产品的设计、制造和应用水平已成为衡量一个国家的科技水平和现代化程度的重要标志之一。

常见工程机械在生产生活中的应用

图 0-1 内燃机的结构图

a）汽油机 b）柴油机

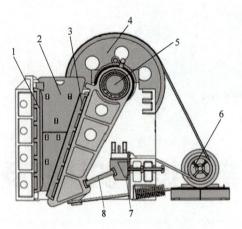

图 0-2 颚式破碎机的结构图

1—静颚板 2—边护板 3—动颚板
4—带轮 5—偏心轴 6—电动机
7—调整块 8—推力板

0.1 机器的特征及其组成

0.1.1 机器的特征

机器是一种人为实物组合的具有确定机械运动的装置，用于完成一定的工作过程，以代替或减轻人的劳动。

图 0-1 所示的内燃机是将燃气燃烧时的热能转化为机械能的机器，其工作过程：活塞下行，进气阀打开，燃气被吸入气缸→活塞上行，进气阀关闭，压缩燃气→点火后燃气燃烧膨胀，推动活塞下行，经连杆带动曲轴输出转动→活塞上行，排气阀打开，排出废气。

图 0-2 所示的颚式破碎机是用于压碎物料的机器，其工作过程：电动机→带传动→偏心轴转动→动颚板摆动，并与静颚板一起压碎物料。

从上述例子以及对其他不同机器的分析可以得到机器的共同特征：①都是许多人为实物的组合；②各实物之间具有确定的相对运动；③能完成有用的机械功或转换机械能。

0.1.2 机器的组成

尽管机器的种类繁多，它们的用途、性能、构造和工作原理各不相同，但它们的组成从功能角度而言，主要由以下部分组成：

1. 动力部分

动力部分的功能是将其他形式的能量变换为机械能（如内燃机和电动机分别将热能和电能变换为机械能）。动力部分是驱动整部机器以完成预定功能的动力源，如汽车的发动机、洗衣机的电动机等。

2. 传动部分

传动部分的功能是把动力部分的运动形式、运动和动力参数转变为执行部分所需的运动形式、运动和动力参数，如汽车的变速器、机床的主轴箱、起重机的减速器等。

3. 执行部分

执行部分的功能是利用机械能变换或传递能量、物料、信号、性质、状态、位置等，如汽车的车轮、风扇的叶片、起重机的吊钩、挖掘机的铲斗、旋挖钻机的钻头、机床的刀架、飞机的尾舵和机翼以及轮船的螺旋桨等。

以上三部分需安装在支承部件上。另外，为了使机器协调工作，并更加准确、可靠地完成整体功能，有些机器上还增加控制部分和辅助部分，如汽车的方向盘、转向系统、排档杆、离合器踏板、节气门（俗称为油门）、显示仪表和刮水器等。

0.1.3　机构

从结构上看，机器的传动部分和执行部分又是由若干机构组成的。机构是能实现预期机械运动的各实物的组合体。一部机器可以包含一个机构，也可以包含几个机构。图 0-3 所示为内燃机上的曲柄滑块机构、齿轮机构和凸轮机构。

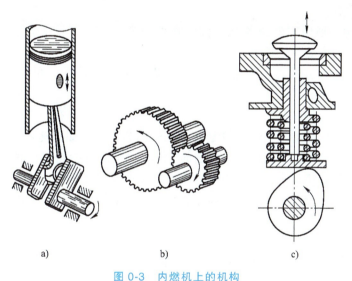

图 0-3　内燃机上的机构

a）曲柄滑块机构　b）齿轮机构　c）凸轮机构

尽管不同机器上常具有不同的机构，实现不同的作用，具备不同的工作原理，但机构具有的共同特征是：①人为实物的组合体；②各实物间有确定的相对运动。

0.1.4　构件、零件和部件

若从运动的观点来研究机器，机器由机构组成，而机构又由若干构件组成，如内燃机曲柄滑块机构由曲轴、活塞、气缸体和连杆等构件组成，机构中各构件之间具有确定的相对运动。

1. 构件

构件是运动的单元，是由一个或几个零件组装而成的。零件是制造的基本单元，一个机构由若干零件组成，如内燃机曲柄滑块机构中的连杆构件由连杆体 1，连杆盖 2，轴瓦 3、4、5，螺栓 6，螺母 7 和开口销 8 等零件组成，如图 0-4 所示。

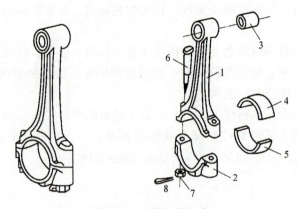

图 0-4 连杆及其组成

1—连杆体 2—连杆盖 3~5—轴瓦 6—螺栓 7—螺母 8—开口销

2. 零件

零件可分为两类:

(1) **通用零件** 通用零件是各类机械中常见的零件,如齿轮、链条、带、轴、螺栓、键、销、弹簧和轴承等。

(2) **专用零件** 专用零件是专用机械中特有的零件,如叶片、犁铧、曲轴和吊钩等。

机器中典型
的零部件

3. 部件

工程中常把组成机器的某一部分的零件组合体称为部件,如减速器、变速器、联轴器、离合器和制动器等。这些部件用以完成特定的工作,企业往往把它们独立加工装配。

通常把能实现确定机械运动,又能做有用的机械功或实现能量、物料、信息的传递与变换的装置称为机器,而把只能实现运动和力的传递与变换的装置称为机构,机器和机构统称为机械。

0.2 机械设计的基本要求及一般过程

0.2.1 机械设计的基本要求

机械设计的最终目的是为用户提供优质高效、物美价廉的产品,在市场竞争中取得优势,获得良好的经济效益和社会效益。机械设计应满足以下基本要求:

1. 社会需求

没有社会需求就没有市场,也就失去了产品存在的价值和依据。社会需求是变化的,产品应不断地更新改进。产品的设计必须确立市场观念,以社会需求作为最基本的出发点。

2. 可靠性要求

可靠性是指产品在规定条件下和规定时间内完成规定功能的能力,是衡量产品质量的一个重要指标。常常把产品规定功能的丧失称为失效,而把可修复产品的失效也称为故障。

3. 经济性要求

既要使产品得到社会认可,又要使产品的成本低、生产率高,以提高产品竞争力。通过合理选择零件材料、加工工艺可降低制造费用；采用标准化、通用化设计等，也可降低成本。

4. 安全性要求

不仅机器本身要可靠，而且对使用机器的人员及周围的环境也要有良好的安全性，避免人身及设备事故的发生，故机器应配置必要的过载保护装置、安全互锁装置及警示装置等。

5. 环保性要求

树立绿色、环保的意识，尽可能降低噪声、无泄漏、排放达标等，减少对环境的污染。同时，还要人性化设计、操作方便、产品美观、富有时代特点等，增强产品竞争力。

0.2.2 机械设计的一般过程

机械设计是一个复杂的过程，不同类型的产品、不同的设计要求，其设计过程也不尽相同。机械设计一般包括以下几个阶段：

1. 规划设计阶段

正确地规划设计是设计成功的基础。在规划设计时，要明确设计任务，包括分析所设计机械系统的用途、功能、各种技术经济性能指标和参数范围，预期的成本范围等，并认真进行市场调查研究、收集材料，进行可行性分析，提出可行性论证报告和设计任务书。

2. 方案设计阶段

根据设计任务书，通过调查研究和必要的分析，提出机械系统的工作原理，进行必要的运动学设计。在此阶段，常需做出几个方案加以分析、对比和评价，进而确定出最佳方案，提出方案的原理图和机构运动简图（图中应有必要的最基本参数）。

3. 技术设计阶段

技术设计阶段需确定机械系统各零部件的材料、形状、数量、空间相互位置、尺寸、加工和装配，并进行必要的强度、刚度、可靠性设计，还需绘制总装配图、部件装配图和编制设计说明书等。技术设计是保证质量、提高可靠性、降低成本的重要工作。

4. 样机试制阶段

样机试制阶段是通过样机制造、样机试验，检查机械系统的功能及整机、零部件的强度、刚度、运转精度、振动稳定性、噪声等方面的性能，随时检查及修正设计图样，以更好满足设计要求。

5. 批量正式生产阶段

批量正式生产阶段是根据样机试验、使用、测试、鉴定所暴露出的问题，进一步修正设计，以保证完成系统功能，同时验证各工艺的正确性，以提高生产率、降低成本、提高经济效益。

机械设计是一个动态过程，要不断地调查研究、征求意见，发现问题及时修改，以期取得最佳效果。即使产品投入市场后，也要跟踪调查，根据用户反馈信息，对产品不断完善。产品设计过程要有全局观点，要善于运用创造性思维和方法，同时在设计时要专注、细致。

0.3 常用金属材料及其应用

机械产品所用材料多种多样，其中金属材料在机械产品中占有重要地位。机械产品常用金属材料的类型、典型牌号及应用举例见表0-1。

表 0-1　机械产品常用金属材料的类型、典型牌号及应用举例

金属材料的类型			典型牌号	应用举例
钢	碳素钢	普通碳素结构钢	Q235、Q275	螺钉、螺母、垫圈、销、键、支架等
		优质碳素结构钢	08F、10、10F	冷轧薄板、仪表外壳、罩子、铆体等
			45、30、35	机床主轴、齿轮、连杆等
			60、65	螺旋弹簧、板簧、钢丝、弹簧垫圈等
		碳素工具钢	T10A、T12、T12A	丝锥、钻头、锯条、锉刀、量具等
		铸造碳钢	ZG310-570、ZG230-450	大齿轮、制动轮气缸体、轴承盖等
	合金钢	低合金高强度钢	Q355、Q390、Q460	桥梁、船舶、高压容器、锅炉等
		合金渗碳钢	20Cr、20CrMnTi	受重载和冲击的齿轮、轴、活塞销等
		合金调质钢	40Cr、40CrMnMo	综合性能要求较高的齿轮、轴、柱塞等
		合金弹簧钢	65Mn、60Si2Mn、55CrMnA	缓冲弹簧、汽车板簧、阀门弹簧等
		滚动轴承钢	GCr9、GCr15	滚珠、滚柱、滚针、钢球、套圈等
		量具刃具钢	9SiCr、CrWMn	铰刀、拉刀、板牙、量规、卡尺等
		高速工具钢	W18Cr4V、W6Mo5Cr4V2	车刀、刨刀、钻头、铣刀等
		冷作模具钢	Cr12、Cr12MoV	冷作模具、拉丝模、滚丝模、冲模等
		热作模具钢	5CrMnMo、3Cr2W8V	热锻模、压铸模、热挤压模等
		不锈钢	06Cr19Ni10、10Cr17	耐蚀的化工设备、管道、食用设备等
		耐热钢	15CrMo、45Cr14Ni14W2Mo	受热管道、排气阀、热交换器等
		耐磨钢	ZG120Mn7Mo1、ZG120Mn13Cr2	履带板、铲齿、衬板、支承滚轮等
铸铁		灰铸铁	HT150、HT250、HT350	底座、壳体、床身、工作台、轴承座等
		球墨铸铁	QT450-10、QT600-3	曲轴、气缸、阀盖、拨叉、犁铧等
		可锻铸铁	KTZ550-04、KTH350-10	凸轮轴、摇臂、制动器、差速器等
		蠕墨铸铁	RuT420、RuT300	气缸盖、进排气管、阀体、钢锭模等
铜合金	变形铜合金	黄铜	H90、H80、H68、H62	双金属片、散热器、波纹管、冷凝管等
		青铜	QSn4-3、QAl7	弹簧、管配件、轴套、弹性膜片等
	铸造铜合金	铸造普通黄铜	ZCuZn38	耐蚀的法兰、阀座、支架、手柄等
		铸造铝黄铜	ZCuZn25Al6Fe3Mn3	耐磨的螺母、螺杆、滑块、蜗轮等
		铸造锡青铜	ZCuSn10P1、ZCuSn5Pb5Zn5	耐磨耐蚀的轴瓦、轴套、缸套、蜗轮等
		铸造铝青铜	ZCuAl10Fe3	强度高、耐磨耐蚀的零件，如轴套、蜗轮等
轴承合金		锡基合金	ZSnSb11Cu6、ZSnSb12Pb10Cu4	发动机、蒸汽机、涡轮机及内燃机等用轴承
		铅基合金	ZPbSb15Sn10、ZPbSb16Sn16Cu2	电动机、起重机、压力机械等用轴承

除金属材料外，非金属材料在现代工业和高技术领域也不可缺少，如橡胶、塑料、复合材料、陶瓷等。其中，橡胶富有弹性，有较好的缓冲、减振、耐热、绝缘等性能，常用作联轴器和减振器的弹性装置、橡胶带及绝缘材料等；塑料密度小，易制成形状复杂的零件，且不同塑料具有不同的特点，如耐蚀性、减摩耐磨性、绝热性、抗振性等；复合材料是将两种或两种以上不同性质的材料通过不同的工艺方法人工合成的材料，可根据零件对于材料性能

的要求进行材料配方的优化组合，如导电性材料、光导纤维、绝缘材料等；陶瓷材料具有高的熔点、耐磨、耐蚀等特点，在高温下具有较好的化学稳定性，因此常用作高温材料和精密加工的机械零件。

0.4　常用热处理方法及其应用

在机械产品中，常常需要对材料进行必要的热处理以改变其内部组织结构，从而改善其使用性能和工艺性能、提高产品质量、延长产品使用寿命等。其中，钢的常用热处理方法及应用举例见表 0-2。

表 0-2　钢的常用热处理方法及应用举例

常用热处理方法		含义	热处理的目的	应用举例
整体热处理	退火	将钢加热到一定温度，保温一段时间后，随炉缓慢冷却的热处理工艺	细化晶粒、均匀组织、降低硬度、提高塑性、消除内应力	消除铸件、锻件、焊接件及冷冲压件的内应力，降低硬度，防止变形或开裂以及改善切削加工性等
	正火	将钢加热到一定温度，保温一段时间后，出炉空冷的热处理工艺	目的与退火相似，但正火冷却速度较退火快，可提高强度和硬度	改善工件的切削加工性；作为普通结构件的最终热处理或低、中碳钢的预备热处理
	淬火	将钢加热到一定温度，保温一段时间后，放入水或油等冷却介质中迅速冷却的热处理工艺	提高钢的硬度和耐磨性	工具、量具、模具、滚动轴承等重要零件，淬火后需回火
	回火	将淬火后的钢重新加热到一定温度（低于淬火加热温度），保温一段时间后，然后冷却到室温的热处理工艺	消除钢淬火时产生的内应力，提高材料的综合力学性能，在不同回火条件下满足材料的不同需求	低温回火：切削工具、模具、量具及耐磨零件等中温回火：弹簧及热锻模等高温回火：齿轮及轴等
表面热处理	表面淬火	将工件表面迅速加热到淬火温度（工件内部温度还很低），然后迅速冷却的热处理工艺	提高表面的硬度和耐磨性，而心部具有足够的韧性和塑性	齿轮、轴、冷轧辊、火车车轮等
	气相沉积	利用气相中的纯金属或化合物沉积于工件表面形成涂层的一种表面涂覆新技术	提高工件的耐磨性、耐蚀性，或获得某些特殊的物理化学性能	涂层刀具、耐磨机件、冲头、拉深模等
化学热处理	渗碳	将工件在渗碳介质中加热并保温，使碳原子渗入工件表层的化学热处理工艺	提高工件表面的硬度、耐磨性和疲劳强度，同时心部具有良好的韧性和塑性	广泛应用于飞机、汽车、工程机械等机械零件，如齿轮、轴等
	渗氮	在一定温度下使活性氮原子渗入工件表层的化学热处理工艺	提高工件表面的硬度、耐磨性及疲劳强度和耐蚀性；为保证心部的力学性能，渗氮前需调质处理	精密机床主轴、丝杠、气缸套筒、镗床镗杆、阀门等
	碳氮共渗	在一定温度下向工件表层同时渗入碳和氮的化学热处理工艺	具有较高的工件表面硬度、耐磨性和疲劳强度	形状复杂、要求变形小的耐磨件，如模具、冷弯机轧辊等

知识拓展——民族自豪之部分代表性大国重器

小结——思维导图讲解

知识拓展——
民族自豪之
部分代表性
大国重器

知识巩固与能力训练题

0-1 复习思考题。

1）机器应具有什么特征？机器通常由哪几个部分组成？各部分功能是什么？

2）机器与机构有什么异同点？

3）什么是构件？什么是零件？什么是部件？试各举两个实例。

0-2 指出下列机器的动力部分、传动部分、执行部分及控制部分。

①汽车；②自行车；③洗衣机；④缝纫机；⑤起重机；⑥挖掘机。

0-3 试选取一个机械产品，分析该产品设计时应满足的基本要求。

0-4 试述机械产品常用金属材料及各自主要应用场合。

0-5 试述钢的常用热处理方法及各自主要应用场合。

小结——思维
导图讲解

模块一

常用机构的运动分析与设计

模块简介

在工农业生产和日常生活中，人们会接触许多机器。机器的种类虽然很多，其形式、构造和用途也很不相同，但经过对各种机器的剖析可以看到，它们的主要组成机构可以是相同的。因此，对常用机构的运动及工作特性进行分析，探索为满足一定的运动和工作要求来设计这些机构的方法，是十分必要的。本模块将介绍常用机构的运动分析与设计，包括平面机构运动简图的绘制及自由度分析、平面连杆机构的运动分析与设计、凸轮机构和间歇运动机构的运动分析与设计三个学习情境。

平面机构运动简图的绘制及自由度分析

能力目标

1) 能够判断运动副的种类及表示各类运动副。
2) 能够绘制平面机构运动简图。
3) 能够计算平面机构自由度，并判断机构是否具有确定的运动。

素质目标

1) 通过平面机构运动简图绘制时通常只需要用规定的简单线条和符号把机构各构件之间相对运动及其特征这个主要因素反映出来，而忽略与运动无关的次要因素的绘制方法，培养学生善于运用马克思主义哲学原理中的矛盾分析法，抓住重点和关键，把握主要矛盾和矛盾的主要方面，以便更好地看清问题的实质。同时，教育学生坚定马克思主义理论自信，自觉运用马克思主义哲学思想指导学习、工作与生活。

2) 通过平面机构自由度计算公式推导过程中自由度与约束的关系，引申出"社会中自由与约束（法律、纪律、道德及规则等）"之间的关系，让学生理解任何自由都是相对的，都是在一定框架、道德约束等范围内的自由，要遵守行为准则，学会自律，践行社会主义核心价值观。同时，通过机构具有确定运动的条件，教育学生不能一味自我放纵，也不能过度自我压抑，要善于自我心理调适，树立正确的世界观、人生观和价值观。

案例导入

图 1-1a 所示为内燃机，它由机架（气缸体）1、曲柄 2、连杆 3、活塞 4、进气阀 5、排气阀 6、推杆 7、凸轮 8、大齿轮 9 和小齿轮 10 组成。它的各部分之间必须有确定的相对运动。设计新机构时，必须首先判断设计的机构能否运动，如果能运动，还需判断在什么条件下才会有确定的运动。实际机构中的构件形状一般比较复杂，为了便于研究机构的运动，可以撇开与运动无关的尺寸，只根据与运动有关的尺寸，用简单的线条和符号绘制机构运动简图，如图 1-1b 所示。

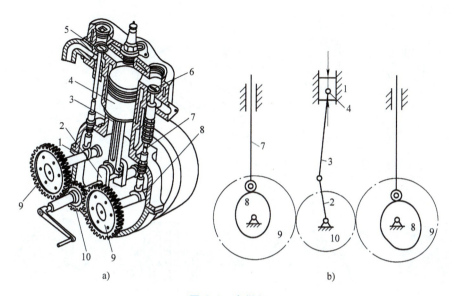

图 1-1　内燃机

1—机架（气缸体）　2—曲柄　3—连杆　4—活塞

5—进气阀　6—排气阀　7—推杆　8—凸轮　9—大齿轮　10—小齿轮

所有构件均平行于同一固定平面运动的机构称为平面机构，否则称为空间机构。工程中常用的机构大多属于平面机构。

1.1　运动副及其分类

1.1.1　运动副的概念

在机构中，组成机构的构件间需要用一定的方式连接起来，这样才能使构件获得需要的相对运动。这种两构件通过直接接触，既保持联系又能相对运动的连接，称为运动副，也可以说运动副就是两构件间的可动连接。图 1-2 所示为常见的运动副。

1.1.2　运动副的分类

根据运动副各构件之间的相对运动是平面运动还是空间运动，可将运动副分成平面运动副和空间运动副。两个构件组成的运动副，通常用三种接触形式连接起来：点接触、线接触和面接触。根据两构件的接触情况，将平面运动副分为低副和高副两大类。

1. 低副

两构件通过面接触组成的运动副称为低副。低副在受载时，单位面积上的压力较小。根据构件相对运动形式的不同，它又分为转动副和移动副。

（1）转动副　两构件组成只能做相对转动的运动副。如图 1-2a 所示，组成转动副的两构件可能都是运动的，也可能有一个是固定的，但两构件只能做相对转动。

（2）移动副　两构件组成只能沿某一轴线做相对移动的运动副。如图 1-2b 所示，组成移动副的两构件可能都是运动的，也可能有一个是固定的，但两构件只能做相对移动。

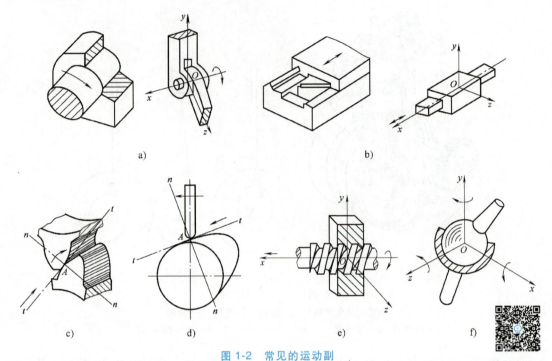

图 1-2　常见的运动副

a）转动副　b）移动副　c）齿轮副　d）凸轮副　e）螺旋副　f）球面副

生产生活中
常见的运动副

2. 高副

两构件以点、线的形式相接触而组成的运动副称为高副。图 1-2c、d 所示的齿轮副、凸轮副均属于高副，它们在接触点 A 处都是以点或线相接触，它们之间的相对运动是绕接触点 A 的转动和沿公切线 tt 方向的移动。由于构件间以点、线接触，所以接触处的压力较大。

常见的运动副还有螺旋副和球面副，如图 1-2e、f 所示，均为空间运动副。

1.1.3　运动链与机构

若干个构件通过运动副构成的相对运动的构件系统称为运动链。如果运动链构成首末封闭的系统（图 1-3a、b），则称其为闭式运动链；如果运动链未构成首末封闭的系统（图 1-3c、d），则称其为开式运动链。在各种机械中，一般都采用闭式运动链。

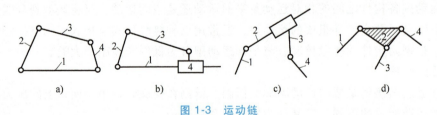

图 1-3　运动链

根据各构件的运动平面相互平行与否分为平面运动链和空间运动链。

如图 1-4 所示，将运动链中的一个构件固定，并且它的一个或几个运动构件做给定的独立运动，其余构件随之做确定的运动，这样运动链就成为机构。其中固定的构件称为机架。机架是用于支承活动构件（运动构件）的构件，如内燃机的气缸体就是固定构件，它用以支承活塞和曲轴等。做独立运动的构件称为主动件（又称原动件，原动件上应标出运动箭头）。主动件是运动规律已知的活动构件，如内燃机中的活塞就是主动件，而其余的活动构件则称为从动件。从动件是机构中随着主动件的运动而运动的活动构件，如内燃机中的连杆和曲轴都是从动件。因此，可以说机构是由机架、主动件和从动件组成的传递机械运动和力的构件系统。

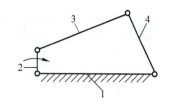

图 1-4　机构的组成

1—机架　2—主动件　3、4—从动件

1.2　平面机构运动简图的绘制

1.2.1　机构运动简图的概念

为了便于进行分析和设计，在工程上通常不考虑构件的外形、截面尺寸和运动副的实际结构，只用规定的简单线条和符号表示机构中的构件和运动副，并按一定的比例画出表示各运动副的相对位置及它们相对运动关系的图形，这种表示机构各构件之间相对运动关系的简单图形，称为机构运动简图。

若只表示机构的组成及运动原理，而不严格按比例绘制出各运动副间的相对位置的简图称为机构示意图。

1.2.2　机构运动简图的符号

常用构件、运动副及机构运动简图符号见表 1-1。

表 1-1　常用构件、运动副及机构运动简图符号（摘自 GB/T 4460—2013）

名称	简图符号	名称	简图符号
轴、杆		构件是移动副的一部分	
构件的永久连接		一个构件上有两个转动副	
转动副			
移动副		一个构件上有一个转动副和一个移动副	
机架			
机架是转动副的一部分		一个构件上有两个移动副	

（续）

名称	简图符号	名称	简图符号
一个构件上有三个转动副	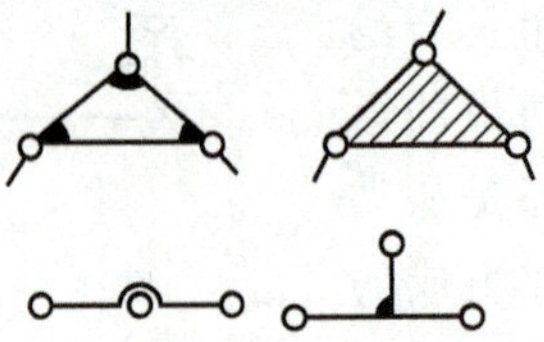	链传动	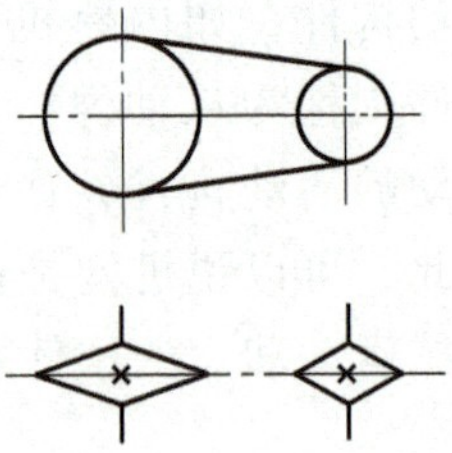
凸轮机构传动	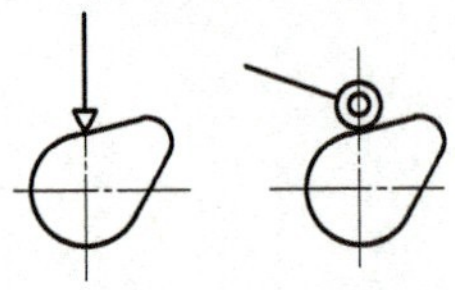	外啮合圆柱齿轮传动	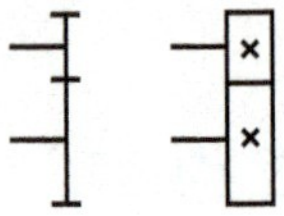
棘轮机构传动	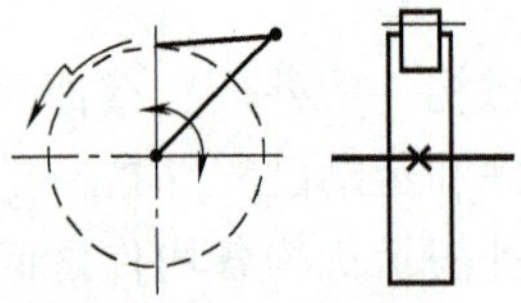	内啮合圆柱齿轮传动	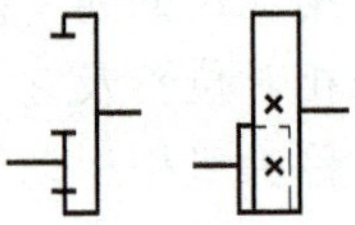
带传动	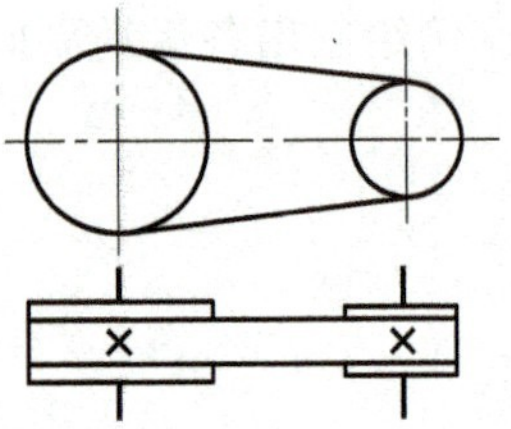	齿轮齿条传动	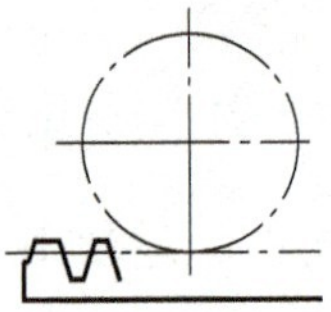

在一般的运动简图绘制中，必有一个构件被相对地看作固定件，在活动构件中必须有一个或几个主动件，其余的是从动件。

1.2.3 机构运动简图的绘制

在绘制机构运动简图时，一般按下述步骤进行。

1）分析机构的结构和运动情况，找出主动件、从动件和机架。从主动件开始，沿着传动路线分析各构件的相对运动情况，确定运动关系。

2）根据相连两构件间的相对运动性质和接触情况，确定机构中构件的数目和运动副的类型及数目。

3）选择适当的视图平面（通常选择与构件运动平行的平面作为视图平面）和长度比例尺 μ_l（μ_l 为实际尺寸/图样尺寸，单位为 m/mm 或 mm/mm），按照各运动副间的距离和相对位置，以规定的符号和线条将各运动副连起来，即为所要绘制的机构运动简图。图中各运动副顺次标以大写英文字母，各构件标以阿拉伯数字，并将主动件的运动方向用箭头标明。

下面举例说明机构运动简图绘制的方法与步骤。

【例 1-1】 绘制图 1-1a 所示内燃机的机构运动简图。

解：1）由图 1-1a 可知，气缸体 1 是机架，活塞 4 是主动件，曲柄 2、连杆 3、推杆 7、凸轮 8 和大齿轮 9、小齿轮 10 是从动件。其中，曲柄和小齿轮同轴，大齿轮和凸轮同轴。

由活塞开始，机构的运动路线为：活塞→连杆→曲柄～小齿轮→大齿轮～凸轮→滚子→推杆。

2）活塞 4 与机架构成移动副，活塞 4 与连杆 3 构成转动副；连杆 3 与曲柄 2 构成转动副；小齿轮 10 与大齿轮 9 构成高副，凸轮 8 与滚子构成高副；滚子与推杆 7 构成转动副；推杆 7 与机架构成移动副；曲柄、大齿轮、小齿轮、凸轮与机架分别构成转动副。

3）选择视图平面和选取适当比例尺，按照规定线条和符号绘制出机构运动简图，如图 1-1b 所示。最后，将图中的机架画上斜线，在原动件上标出指示运动方向的箭头。

【例 1-2】　试绘制图 1-5a 所示颚式破碎机的机构运动简图。

颚式破碎机机构运动简图的绘制

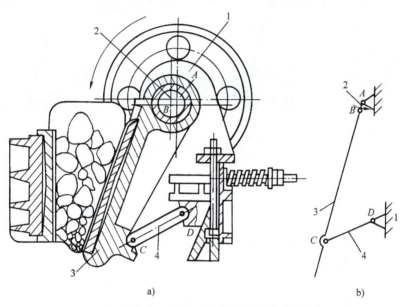

图 1-5　颚式破碎机及其机构运动简图

1—机架　2—偏心轴　3—动颚　4—肘板

解：1）颚式破碎机的主体机构由机架 1、偏心轴 2、动颚 3、肘板 4 共四个构件组成。偏心轴是原动件，动颚和肘板都是从动件。偏心轴在与它固连的带轮的带动下绕轴线 A 转动，驱使输出构件动颚做平面运动，从而将矿石轧碎。

2）偏心轴 2 与机架 1 绕轴线 A 做相对转动，故构件 1、2 组成以 A 为中心的转动副；动颚 3 与偏心轴 2 绕轴线 B 做相对转动，故构件 2、3 组成以 B 为中心的转动副；肘板 4 与动颚 3 绕轴线 C 相对转动，故构件 3、4 组成以 C 为中心的转动副；肘板 4 与机架 1 绕轴线 D 做相对转动，故构件 4、1 组成以 D 为中心的转动副。

3）选择视图平面和选取适当比例尺，根据图 1-5a 所示尺寸定出 A、B、C、D 的相对位置，用规定的线条和符号绘制出机构运动简图，如图 1-5b 所示。最后将图中的机架画上斜线，在原动件上标出指示运动方向的箭头。

【例 1-3】　绘制图 1-6a 所示活塞泵的机构运动简图。

解：1）活塞泵由曲柄 1、连杆 2、齿扇 3、齿条活塞 4 和机架 5 共五个构件组成。曲柄 1 是原动件，2、3、4 是从动件。当原动件 1 回转时，齿条活塞在气缸中做往复运动。

2）各构件之间的连接如下：构件 1 和 5、2 和 1、3 和 2、3 和 5 之间为相对转动，分别

构成转动副 A、B、C、D。构件 3 的轮齿与构件 4 的齿构成平面高副 E。构件 4 与构件 5 之间为相对移动，构成移动副 F。

3）选择视图平面和选取适当比例尺，按图 1-6a 所示尺寸用构件和运动副的规定符号画出机构运动简图，如图 1-6b 所示。最后，将图中的机架画上斜线，在原动件上标出指示运动方向的箭头。

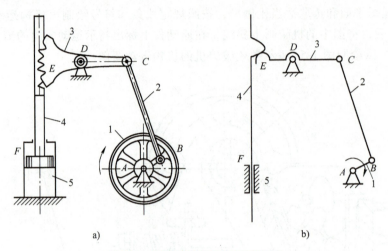

图 1-6　活塞泵及其机构运动简图

1—曲柄　2—连杆　3—齿扇　4—齿条活塞　5—机架

【例 1-4】　绘制图 1-7a 所示压力机的机构运动简图。

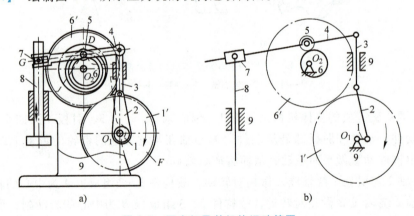

图 1-7　压力机及其机构运动简图

1—偏心轮　1′、6′—齿轮　2～4—杆件　5—滚子　6—槽凸轮　7—滑块　8—压头　9—机座（机架）

解：1）该机构由偏心轮 1，齿轮 1′，杆件 2、3、4，滚子 5，槽凸轮 6，齿轮 6′，滑块 7，压头 8 和机座 9 组成。其中，齿轮 1′ 和偏心轮 1 固连在同一转轴 O_1 上；齿轮 6′ 和槽凸轮 6 固连在同一转轴 O_2 上。压力机机构由 9 个构件组成，其中，机座 9 为机架。运动由偏心轮 1 输入，分两路传递：一路由偏心轮 1 经杆件 2 和 3 传至杆件 4；另一路由齿轮 1′，经齿轮 6′、槽凸轮 6、滚子 5 传至杆件 4。两路运动经杆件 4 合成，由滑块 7 传至压头 8，使其做上下移动，实现冲压动作。由以上分析可知，构件 1-1′ 为原动件，压头 8 为执行构件，其余为传动部分。

2）确定各运动副的类型。由图 1-7a 可知，机座 9 和构件 1-1′、构件 1 和 2、构件 2 和 3、构件 3 和 4、构件 4 和 5、构件 6-6′和 9、构件 7 和 8 之间均构成转动副；构件 3 和 9、构件 8 和 9 之间分别构成移动副；而齿轮 1′和 6′、滚子 5 和槽凸轮 6 分别形成平面高副。

3）选择视图平面和选取适当比例尺，测量各构件尺寸和各运动副间的相对位置，用规定符号绘制机构运动简图。在原动件 1-1′上标出转向箭头，形成如图 1-7b 所示的压力机机构运动简图。

1.3　平面机构的自由度分析与计算

机构的各构件之间应具有确定的相对运动。显然，不能产生相对运动或做无规则运动的一对构件难以用来传递运动。为了使组合起来的构件能产生相对运动并具有运动确定性，有必要探讨机构自由度和机构具有确定运动的条件。

1.3.1　自由度与约束

如图 1-8 所示，一个自由构件在平面内可以产生三个独立的运动：沿 x 轴的移动、沿 y 轴的移动和在平面内转动。要确定构件在平面内的位置，就需要三个独立的参数，如构件 AB 做平面运动时的位置，可以用构件上任一点 A 的坐标 x 和 y 及过 A 点的直线 AB 绕 A 点的转角 α 来表示。构件的这种独立运动称为自由度。做平面运动的自由构件具有三个自由度。

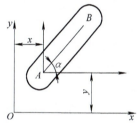

图 1-8　构件的自由度

当该构件与另一构件组成运动副时，由于两构件直接接触和连接，使其具有的独立运动受到限制，因此自由度将减少。对独立运动所加的限制称为约束。自由度减少的个数等于约束的数目。

运动副所引入约束的数目与其类型有关。低副引入两个约束，如图 1-2a 所示的转动副约束了两个移动的自由度，只保留了一个相对转动的自由度；如图 1-2b 所示的移动副约束了沿 y 轴的移动和绕 x 轴的转动两个自由度，只保留沿 x 轴移动的自由度。高副引入一个约束，如图 1-2c、d 所示的高副，只约束了沿接触点 A 处公法线 nn 方向移动的自由度，保留了绕接触点的转动和沿接触点处公切线 tt 方向移动的两个自由度。

1.3.2　平面机构自由度的计算

1. 平面机构自由度的计算公式

机构的自由度也就是机构相对于机架所具有的独立运动的数目。设平面机构共有 K 个构件，除去固定构件，则机构中的活动构件数为 $n = K - 1$。在未用运动副连接之前，这些活动构件的自由度总数为 $3n$。当用运动副将构件连接起来组成机构之后，机构中各构件具有的自由度就减少了。若机构中低副数为 P_L 个，高副数为 P_H 个，则机构中全部运动副所引入的约束总数为 $2P_L + P_H$。因此活动构件的自由度总数减去运动副引入的约束总数就是该机构的自由度，以 F 表示，即

$$F = 3n - 2P_L - P_H \tag{1-1}$$

由公式可知，机构自由度 F 取决于活动构件的数目以及运动副中低副和高副的个数。

【例1-5】 计算图1-5所示颚式破碎机主体机构的自由度。

解：在颚式破碎机主体机构中，有三个活动构件，$n=3$；包含四个转动副，$P_L=4$；没有高副，$P_H=0$。所以由式（1-1）得机构自由度为

$$F=3n-2P_L-P_H=3\times3-2\times4-0=1$$

颚式破碎机及活塞泵机构自由度计算

【例1-6】 计算图1-6所示活塞泵的机构自由度。

解：活塞泵具有四个活动构件，$n=4$；五个低副（四个转动副和一个移动副），$P_L=5$；一个高副，$P_H=1$。由式（1-1）得

$$F=3n-2P_L-P_H=3\times4-2\times5-1=1$$

2. 机构具有确定运动的条件

机构要实现预期的运动传递和变换，必须使运动具有可能性和确定性。所谓运动的确定性，是指机构中所有构件，在任意瞬时的运动都是完全确定的。由前述可知，从动件是不能独立运动的，只有主动件才能独立运动。机构在什么情况下才有确定的运动呢？下面举例来讨论。

图1-9所示为主动件数小于机构自由度的例子（图中主动件数等于1，而机构的自由度：$F=3\times4-2\times5-0=2$）。当只给定主动件1的位置角 φ_1 时，从动件2、3、4的位置不能确定，不具有确定的相对运动。只有给出两个主动件，使构件1、4都处于给定位置，才能使从动件获得确定运动。

图1-10所示为主动件数大于机构自由度的例子（图中主动件数等于2，而机构的自由度：$F=3\times3-2\times4-0=1$）。如果主动件1和主动件3的给定运动都要同时满足，则必将构件2拉断。

图1-11所示为机构自由度等于零的构件组合（机构的自由度：$F=3\times4-2\times6-0=0$）。它的各构件之间不可能产生相对运动。

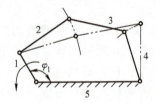

图1-9 主动件数<F

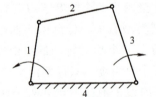

图1-10 主动件数>F

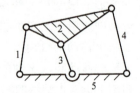

图1-11 F=0的构件组合

综上所述，机构具有确定运动的条件是：自由度大于0且机构的主动件数 W 等于自由度数 F，即 $F=W>0$。

3. 计算平面机构自由度的注意事项

应用式（1-1）计算平面机构的自由度时，对下述几种情况必须加以注意：

（1）**复合铰链** 两个以上的构件同时在一处用转动副相连接就构成复合铰链。图1-12a所示为三个构件汇交成的复合铰链，图1-12b是它的俯视图。由图1-12b可以看出，这三个构件共组成两个转动副。依此类推，K 个构件汇交而成的复合铰链应具有（$K-1$）个转动副，在计算机构自由度时应注意识别复合铰链，以免把转动副的个数算错。

【例1-7】 计算图1-13所示圆盘锯主体机构的自由度。

解：机构中有7个活动构件，$n=7$；A、B、C、D 四处都是三个构件汇交的复合铰链，各有两个转动副，E、F 处各有一个转动副，故 $P_L=10$。由式（1-1）可得

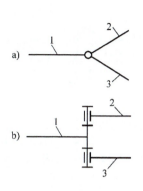

图 1-12　复合铰链

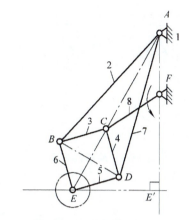

图 1-13　圆盘锯主体机构

$$F = 3n - 2P_L - P_H = 3 \times 7 - 2 \times 10 - 0 = 1$$

F 与机构主动件数相等。当主动件 8 转动时，圆盘中心 E 将确定地沿 EE' 移动。

（2）**局部自由度**　机构中常出现一种与输出构件运动无关的自由度，称为局部自由度，在计算机构自由度时应予以排除。

【例 1-8】　计算图 1-14a 所示滚子从动件凸轮机构的自由度。

解：如图 1-14a 所示，当主动件凸轮 1 转动时，通过滚子 3 驱使从动件 2 以一定的运动规律在机架 4 中往复移动。因此，从动件 2 是输出构件。不难看出，在这个机构中，无论滚子 3 绕其轴线 A 是否转动或转动快慢，都不影响输出构件（从动件 2）的运动。因此滚子绕其中心的转动是一个局部自由度。为了在计算机构自由度时排除这个局部自由度，可设想将滚子与从动件焊成一体（转动副 A 也随之消失），变成如图 1-14b 所示形式。在图 1-14b 中，$n = 2$，$P_L = 2$，$P_H = 1$。由式（1-1）可得

$$F = 3n - 2P_L - P_H = 3 \times 2 - 2 \times 2 - 1 = 1$$

局部自由度虽然不影响整个机构的自由度，但滚子可使高副接触处的滑动摩擦变成滚动摩擦，减少磨损，所以实际机械中常有局部自由度的出现。

（3）**虚约束**　在运动副引入的约束中，有些约束对机构自由度的影响是重复的。这些对机构运动不起限制作用的重复约束，称为虚约束，在计算机构自由度时，应当除去不计。

平面机构中的虚约束常出现在下列场合：

1）机构中对传递运动不起独立作用的对称部分。图 1-15 所示的轮系中，太阳轮 1 经过两个对称布置的小齿轮 2 和 2′ 驱动另一太阳轮（内齿轮 3），其中有一个小齿轮对传递运动不起独立作用。但由于第二个小齿轮的加入，使机构增加了一个虚约束。对于虚约束，从机构的运动观点来看是多余的，但从增强构件刚度、改善机构受力状况等方面来看都是必需的。

2）两构件在连接点上的运动轨迹重合。图 1-16b 所示为火车头驱动轮联动装置示意图，构件 EF 平行并等于 AB 及 CD，构件 EF 的存在与否并不影响平行四边形 $ABCD$ 的运动，杆 5 上 E 点的轨迹与杆 3 上 E 点的轨迹完全重合，因此，由杆 EF 与杆 3 连接点上产生的约束为虚约束，计算时，应将其去除。但如果不满足上述几何条件，则杆 EF 带入的约束为有效约束，如图 1-16c 所示。

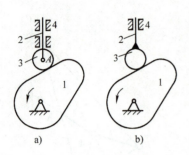

图 1-14 局部自由度

1—凸轮 2—从动件 3—滚子 4—机架

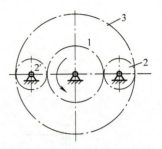

图 1-15 对称结构的虚约束

1—太阳轮 2、2′—小齿轮 3—内齿轮

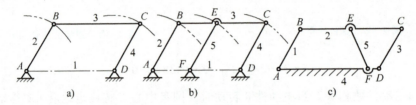

图 1-16 运动轨迹重合的虚约束

3）两个构件之间组成多个导路平行的移动副时，只有一个移动副起作用，其余都是虚约束。例如，图 1-17a 所示的缝纫机引线机构中，构件 3（装针杆）在 A、B 处分别与机架组成导路重合的移动副。计算机构自由度时只能算一个移动副，另一个为虚约束。再如，图 1-17b、c 所示机构的移动副，也只需考虑其中一处的约束，其余的约束均为虚约束。

4）两个构件之间组成多个轴线重合的转动副时，只有一个转动副起作用，其余约束都是虚约束。例如，图 1-18 所示的两个轴承支承一根轴，只能看作一个转动副。

要特别指出，机构中的虚约束都是在特定几何条件下出现的，如果这些几何条件不能满足，则虚约束就会成为实际有效的约束，从而使机构卡住不能运动。

综上所述，在计算平面机构自由度时，必须考虑是否存在复合铰链，并应将局部自由度和虚约束除去不计，才能得到正确的结果。

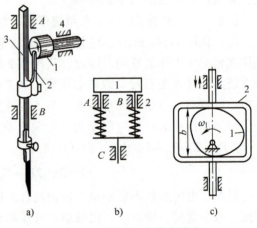

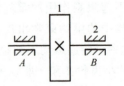

图 1-17 导路重合的虚约束

图 1-18 轴线重合的虚约束

【例 1-9】 试计算图 1-19 所示发动机配气机构的自由度。

解：在此机构中，G、F 为导路重合的两移动副，其中一个是虚约束；P 处的滚子为局部自由度。除去虚约束及局部自由度后，该机构则有 $n = 6$，$P_L = 8$，$P_H = 1$，其自由度为

$$F = 3n - 2P_L - P_H = 3 \times 6 - 2 \times 8 - 1 = 1$$

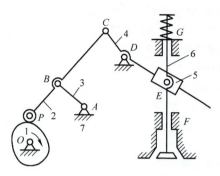

发动机配气机构和大筛机构的自由度计算

图 1-19　发动机配气机构

【例 1-10】　试计算图 1-20a 所示大筛机构的自由度，并判断它是否有确定的运动。

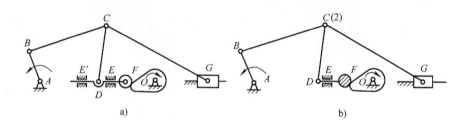

a)　　　　　　　　　　　　　　　　b)

图 1-20　大筛机构

解：机构中的滚子有一个局部自由度。顶杆与机架在 E 和 E' 组成两个导路重合的移动副，其中之一为虚约束。C 处是复合铰链。今将滚子与顶杆焊成一体，去掉移动副 E'，并在 C 点注明转动副的个数，如图 1-20b 所示，由此得，$n=7$，$P_L=9$，$P_H=1$，其自由度为

$$F=3n-2P_L-P_H=3 \times 7-2 \times 9-1=2$$

因为机构有两个主动件，其自由度等于 2，所以具有确定的运动。

知识拓展——社会主义核心价值观的基本内容

知识拓展——社会主义核心价值观的基本内容

小结——思维导图讲解

小结——思维导图讲解

知识巩固与能力训练题

1-1　复习思考题。

1) 什么是运动副？什么是高副？什么是低副？

2) 平面机构中的低副和高副各引入几个约束？

3) 计算平面机构自由度时，应注意什么问题？

1-2　判断下列说法是否正确。

1) 凡两构件直接接触而又相互连接的都称为运动副。

2）运动副的作用是用来限制或约束构件的自由运动的。

3）两构件通过内、外表面接触，可以组成转动副，也可以组成移动副。

4）在运动副中，两构件连接形式有点、线和面三种。

5）任何构件的组合均可构成机构。

6）机构的自由度数应等于主动件数，否则机构不能成立。

1-3 用机构运动简图表示缝纫机的踏板机构。

1-4 吊扇的扇叶与吊架、书桌的桌身与抽屉，机车直线运动时的车轮与路轨，各组成哪一类运动副？请分别画出。

1-5 绘制图 1-21 所示各机构的运动简图。

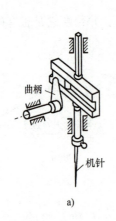
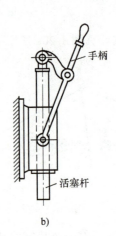

图 1-21 题 1-5 图

1-6 试绘制图 1-22 所示油泵机构的机构运动简图，并计算其自由度。

1-7 图 1-23 所示为压力机刀架机构，当偏心轮 1 绕固定中心 A 转动时，构件 2 绕活动中心 C 摆动，同时带动刀架 3 上下移动。B 点为偏心轮的几何中心，构件 4 为机架。试绘制该机构的机构运动简图，并计算其自由度。

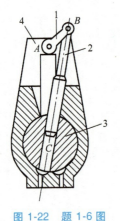
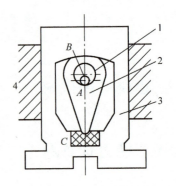

图 1-22 题 1-6 图

1—曲柄 2—活塞杆 3—转块 4—泵体

图 1-23 题 1-7 图

1—偏心轮 2—构件 3—刀架 4—机架

1-8 指出图 1-24 所示各机构中的复合铰链、局部自由度和虚约束，计算机构的自由度，并判定它们是否有确定的运动（标有箭头的构件为主动件）。

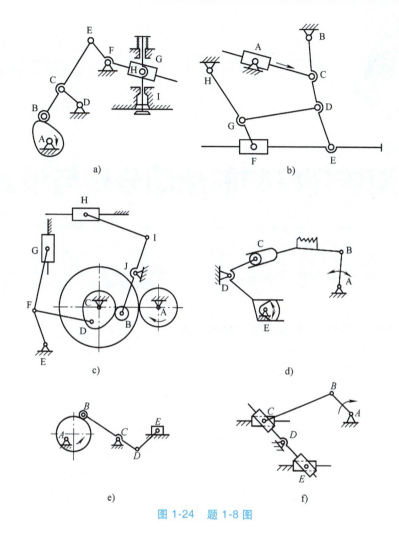

图 1-24　题 1-8 图

1-9　试问图 1-25 所示各机构在组成上是否合理？如不合理，需提出修改方案。

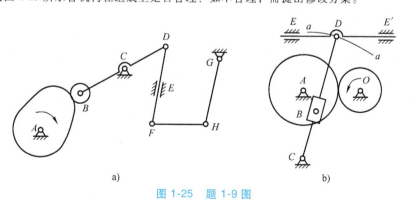

图 1-25　题 1-9 图

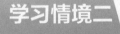
平面连杆机构的运动分析与设计

能力目标

1) 能够判断铰链四杆机构的类型并合理应用。
2) 能够分析并应用平面四杆机构的工作特性来解决实际问题。
3) 能够初步运用平面连杆机构进行机械创新设计。

素质目标

1) 通过不同类型平面连杆机构可实现不同运动规律的特点，并结合连杆机构在工程实践和生活中的大量应用实例，引导学生在学习、工作及生活中要多观察、勤思考、爱专业、爱生活，激发学生创新热情，训练学生创新思维，培养学生创新精神。

2) 通过平面四杆机构急回运动特性的应用举例（如牛头刨床的空回行程速度大于工作行程速度，可提高生产率），引发学生思考，激励学生高效利用时间，不虚度光阴，朝梦想靠近；同时快慢结合的运动节奏也启示人们需张弛有度，才有利于高效率地学习与工作。

3) 通过平面连杆机构的死点既存在有害的一面（尽力避免）又存在有利的一面（充分利用）的特点及应用举例，教育学生要善于运用马克思主义唯物辩证法思想辩证看待事物的两面性，以便较全面地认识问题、分析问题和解决问题。

4) 通过图解法设计平面连杆机构时采取的方法、步骤和应注意的事项，教育和引导学生树立严谨细致的工作态度、精益求精的大国工匠精神，培养学生工程意识和实践能力。

案例导入

图 2-1a 所示为缝纫机的踏板机构，图 2-1b 所示为其机构运动简图。踏板 3（主动件）往复摆动，通过连杆 2 驱动曲柄 1（从动件）做整周转动，再经过带传动使机头主轴转动，并通过机头内部机构带动缝纫针上下运动，实现相应功

平面连杆机构在生活生产中的应用

能。从缝纫机的踏板机构运动简图可以看出，本机构是由构件通过相应运动副连接而组成的平面连杆机构。

平面连杆机构在挖掘机、装载机、推土机、压路机、铲运机、平地机、汽车起重机、港口龙门起重机、叉车、装卸机械、皮带运输机、凿岩机、架桥机、破碎机等工程机械以及日常生活中都有着极其广泛的应用，其中铰链四杆机构是最常见的形式。

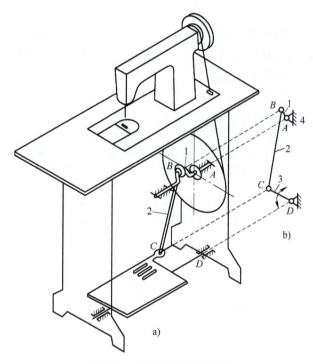

图 2-1　缝纫机的踏板机构

1—曲柄（从动件）　2—连杆　3—踏板（主动件）　4—机架

2.1　平面连杆机构的特点及其应用

连杆机构是由若干刚性构件用低副连接组成的机构，又称为低副机构。在连杆机构中，若各运动构件均在相互平行的平面内运动，则称为平面连杆机构；若各运动构件不都在相互平行的平面内运动，则称为空间连杆机构。

2.1.1　平面连杆机构的特点

由于平面连杆机构中的运动副为低副，低副两元素为面接触，故其体现出的优点有：在传递同样载荷的条件下，两元素间的压强较小，可以承受较大的载荷；低副的两元素间便于润滑，不易产生大的磨损；低副两元素的几何形状比较简单，方便加工制造；在连杆机构中，当主动件以相同的运动规律运动时，如果改变各杆件的相对长度关系，也可使从动件得到不同的运动规律。但是，连杆机构也存在运动副磨损后的间隙不能自动补偿，容易积累运动误差，不易精确地实现复杂的运动规律，运动中的惯性力难以平衡等缺点。因此，平面连杆机构常用于速度较低的场合。

2.1.2 平面连杆机构的应用

鉴于平面连杆机构的上述特点，其广泛应用于各种机械（动力机械、轻工机械、重型机械）和仪表中，诸如内燃机的曲柄滑块机构、飞机起落架机构和汽车车门的启闭机构等。人造卫星太阳能板的展开机构、折叠伞的收放机构、机械手的传动机构以及人体的假肢机构等，也都用到连杆机构。

平面机构常以其组成的构件（杆）数来命名，如由四个构件通过低副连接而成的机构称为四杆机构，而五杆或五杆以上的平面连杆机构称为多杆机构。四杆机构是平面连杆机构中最常见的形式，也是多杆机构的基础。

2.2 平面四杆机构的类型及其应用

2.2.1 铰链四杆机构的基本类型及其应用

在平面连杆机构中，以由四个构件组成的平面四杆机构用得最多。所有运动副均为转动副的平面四杆机构称为铰链四杆机构，它是平面四杆机构最基本的形式，其他形式的平面四杆机构均可看作是在它的基础上演化而成的。

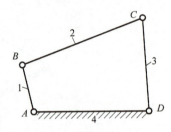

图 2-2 铰链四杆机构
1、3—连架杆　2—连杆　4—机架

如图 2-2 所示，在此机构中，固定构件 4 称为机架，与机架用转动副相连接的杆 1 和杆 3 称为连架杆，不与机架直接连接的杆 2 称为连杆。在连架杆中，能做整周回转的称为曲柄；若仅能在小于 360° 的某一角度内摆动，则称为摇杆。若组成转动副的两构件能做整周相对运动，则该转动副又称为整转副，不能做整周相对运动的则称为摆转副。与机架组成整转副的连架杆称为曲柄，与机架组成摆转副的连架杆称为摇杆。

对于铰链四杆机构来说，机架和连杆总是存在的，可按照连架杆的运动形式将铰链四杆机构分为三种基本类型：曲柄摇杆机构、双曲柄机构和双摇杆机构。

1. 曲柄摇杆机构

在铰链四杆机构中，若两个连架杆中一个为曲柄，另一个为摇杆，则此铰链四杆机构称为曲柄摇杆机构。

例如，图 2-1 所示缝纫机的踏板机构即为曲柄摇杆机构，当摇杆为主动件（即踏板 3）做往复摆动时，通过连杆 2 驱使曲轴（即曲柄 1）及带轮一起转动，从而使机头转动以进行缝纫工作。

又如，图 2-3 所示雷达天线俯仰角调整机构，曲柄 1 缓慢地匀速转动，通过连杆 2 使摇杆 3 在一定角度范围内摆动，从而调整天线俯仰角大小。

再如，图 2-4 所示牛头刨床工作台的横向自动进给机构，当主动齿轮 1 驱使从动齿轮 2 以及与之同轴的销盘（相当于曲柄）一起转动时，通过连杆 3 使带有棘爪的构件 4（相当于摇杆）绕 D 点摆动。与此同时，棘爪 7 推动棘轮 5 上的轮齿，使与棘轮固连在一起的丝杠 6 转动。而当构件 4 回摆时，棘爪在棘轮齿上滑过，棘轮与丝杠停止转动，从而完成工作台间歇横向进给运动。

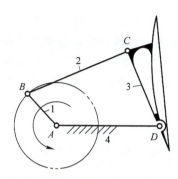

图 2-3　雷达天线俯仰角调整机构

1—曲柄　2—连杆　3—摇杆　4—机架

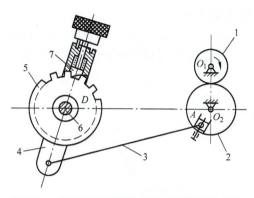

图 2-4　牛头刨床工作台的横向自动进给机构

1—主动齿轮　2—从动齿轮　3—连杆

4—构件（相当于摇杆）　5—棘轮　6—丝杠　7—棘爪

2. 双曲柄机构

两连架杆均为曲柄的铰链四杆机构称为双曲柄机构。这种机构的运动特点是当主动曲柄连续转动时，从动曲柄也做连续转动。通常，主动曲柄做匀速转动时，从动曲柄做同向变速转动。

例如，图 2-5 所示的惯性筛机构，当曲柄 1 做匀速转动时，曲柄 3 做变速转动，通过构件 5 使筛子 6 获得加速度，从而使被筛选材料分离。

在双曲柄机构中，如果组成四边形的对边杆长度分别相等，则根据曲柄相对位置的不同，可得到正平行四杆机构和反平行四杆机构。前者两连架杆的转动方向相同，且角速度也相等；后者两连架杆转动方向相反且角速度不等。

再如，图 2-6 所示机车驱动轮联动机构的曲柄同向转动且转速相同；图 2-7 所示汽车车门启闭机构的主、从动曲柄转向相反，实现两扇车门同时开启或关闭。

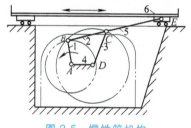

图 2-5　惯性筛机构

1、3—曲柄　2—连杆

4—机架　5—构件　6—筛子

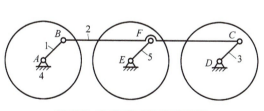

图 2-6　机车驱动轮联动机构

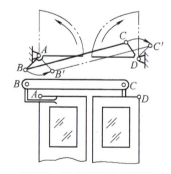

图 2-7　汽车车门启闭机构

3. 双摇杆机构

在铰链四杆机构中，若两连架杆均为摇杆，则此机构称为双摇杆机构。

例如，图 2-8 所示港口用的鹤式起重机即为双摇杆机构。当摇杆 AB 摆到 AB' 时，另一摇杆 CD 也随之摆到 $C'D$，使悬挂在 E 点的重物 Q 沿一近似水平直线运动到 E'，从而将货物从船上卸到岸上。

再如，图 2-9 所示汽车前轮转向机构也为双摇杆机构。在双摇杆机构中，若两摇杆长度相等，则称为等腰梯形机构。当车子转弯时，与两前轮固连的两摇杆摆动的角度 β 和 δ 不相等。如果在任意位置都能使两前轮轴线的交点 P 落在后轮轴线的延长线上，则当整个车身绕 P 点转动时，四个车轮均能在地面上做纯滚动，避免轮胎的滑动损伤。等腰梯形机构能近似满足这一要求。

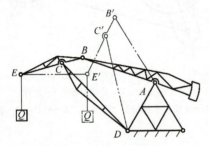

图 2-8 鹤式起重机

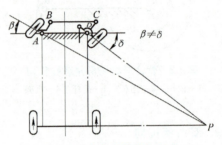

图 2-9 汽车前轮转向机构

2.2.2 铰链四杆机构的判定

铰链四杆
机构类型
的判定

铰链四杆机构的三种基本类型的区别在于连架杆是否为曲柄，而在四杆机构中是否存在曲柄，取决于机构中各构件间的相对尺寸关系。下面具体分析曲柄存在的条件。

在图 2-10 所示的铰链四杆机构中，各杆的长度分别为 a、b、c、d。

设 $a<d$，若 AB 杆能绕 A 整周回转，则 AB 杆应能够占据与 AD 共线的两个位置 AB' 和 AB''，即可构成两个三角形 $\triangle B'C'D$ 和 $\triangle B''C''D$。根据三角形构成原理，为使 AB 杆能转至位置 AB'，各杆长度应满足

$$a+d \leqslant b+c \tag{2-1}$$

而为使 AB 杆能转至 AB''，各杆长度关系应满足

$$b \leqslant (d-a)+c \tag{2-2}$$

或

$$c \leqslant (d-a)+b \tag{2-3}$$

由上述三式及其两两相加可以得到

$$\begin{cases} a+d \leqslant b+c \\ a+b \leqslant c+d \\ a+c \leqslant d+b \\ a \leqslant b, a \leqslant c, a \leqslant d \end{cases} \tag{2-4}$$

若 $d<a$，同样可得到

$$\begin{cases} d+a \leqslant b+c \\ d+b \leqslant c+a \\ d+c \leqslant a+b \\ d \leqslant a, d \leqslant b, d \leqslant c \end{cases} \tag{2-5}$$

由此，可以得出铰链四杆机构曲柄存在条件为：

1）连架杆和机架中必有一杆是最短杆。

2）最短杆与最长杆长度之和小于或等于其余两杆长度之和。

上述两个条件必须同时满足，否则机构不存在曲柄。

根据上述，可以得到以下推论：

1）若四杆机构中最短杆与最长杆长度之和大于其余两杆长度之和，不论哪个杆为最短杆，该机构均不可能有曲柄存在，机构为双摇杆机构。

2）若四杆机构中最短杆与最长杆长度之和小于或等于其余两杆长度之和，当最短杆是连架杆时，机构为曲柄摇杆机构。

3）若四杆机构中最短杆与最长杆长度之和小于或等于其余两杆长度之和，当最短杆是机架时，机构为双曲柄机构。

4）若最短杆是连杆时，不管杆长是什么情况，该机构也不可能存在曲柄，故此机构为双摇杆机构。

由上述分析可知，最短杆和最长杆长度之和小于或等于其余两杆长度之和是铰链四杆机构存在曲柄的必要条件。满足这个条件的机构究竟有一个曲柄、两个曲柄或没有曲柄，还需根据取何杆为机架来判断。

【例 2-1】　图 2-10 所示的四杆机构中，若各杆长度分别为 $a = 25\text{mm}$，$b = 90\text{mm}$，$c = 75\text{mm}$，$d = 100\text{mm}$，试求：

1）若 AB 杆是机构的主动件，AD 杆为机架，机构是什么类型的机构？

2）若 BC 杆是机构的主动件，AB 杆为机架，机构是什么类型的机构？

3）若 BC 杆是机构的主动件，CD 杆为机架，机构是什么类型的机构？

解：$a + d = (25 + 100)\text{mm} = 125\text{mm} < b + c = (90 + 75)\text{mm} = 165\text{mm}$。

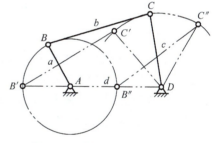

图 2-10　曲柄存在的条件分析

1）若 AB 杆是机构的主动件，AD 杆为机架，因为满足杆长之和条件，且最短杆 AB 是连架杆，故得到曲柄摇杆机构。

2）此时最短杆 AB 是机架，则得到双曲柄机构。

3）此时最短杆 AB 是连杆，则得到双摇杆机构。

2.2.3　铰链四杆机构的演化形式

铰链四杆机构的演化机构在生产生活中的应用

在实际应用的机械中，有各式各样带有移动副的平面四杆机构，这些机构都可以看成是由铰链四杆机构演化而来的。下面分析几种常用的演化机构。

1. 曲柄滑块机构

在如图 2-11a 所示的曲柄摇杆机构中，摇杆 3 上 C 点的轨迹是以 D 为圆心、摇杆 3 的长度为半径的圆弧。如果把转动副 D 扩大，在机架上按 C 点的近似轨迹做成一弧形槽，摇杆 3 做成与弧形槽相配的弧形块，如图 2-11b 所示。此时虽然转动副 D 的外形改变，但机构的运动特性并没有改变。若将弧形槽的半径增至无穷大，则转动副 D 的中心移至无穷远处，弧形槽变为直槽，转动副 D 则转化为移动副，构件 3 由摇杆变成了滑块，于是曲柄摇杆机构就演化为曲柄滑块机构，如图2-11c所示。此时移动方向线不通过曲柄回转中心，故称为偏置曲柄滑块机构。曲柄转动中心至其移动方向线的垂直距离称为偏距 e，当移动方向线通过曲柄转动中心 A 时（即 $e=0$），则称为对心曲柄滑块机构，如图2-11d所示。曲柄滑块机构广泛应用于内燃机、空压机、压力机、送料机等机械设备中。

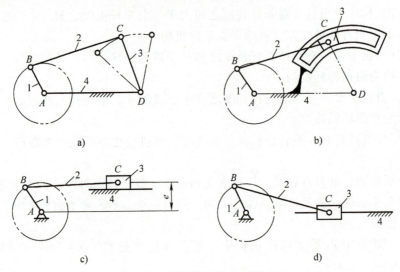

图 2-11　曲柄摇杆机构及其演化

2. 导杆机构

导杆机构可以看作是在曲柄滑块机构中选取不同构件为机架演化而成的机构。

图2-12a所示为曲柄滑块机构，如将其中的曲柄1作为机架，连杆2作为主动件，则连杆2和构件4将分别绕铰链 B 和 A 做转动，如图2-12b所示。若 $AB<BC$，则杆2和杆4均可做整周回转，故称为转动导杆机构；若 $AB>BC$，则杆4只能做往复摆动，则称为摆动导杆机构。

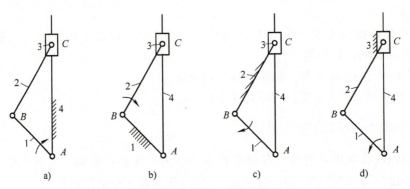

图 2-12　曲柄滑块机构的演化

例如，图2-13所示为牛头刨床的摆动导杆机构。当 BC 杆绕 B 点做等速转动时，AD 杆绕 A 点做变速运动，DE 杆驱动刨刀做变速往返直线运动。

3. 摇块机构

在图2-12a所示曲柄滑块机构中，若取连杆2为固定件，则可得如图2-12c所示的摆动滑块机构，或称为摇块机构。这种机构广泛应用于摆动式内燃机和液压驱动装置等设备中。

例如，图 2-14 所示的自卸货车翻斗机构中，因为液压缸 3 绕铰链 C 摆动，故称为摇块，即为摇块机构的运用。

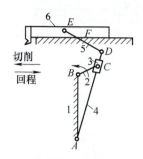

图 2-13　牛头刨床的摆动导杆机构

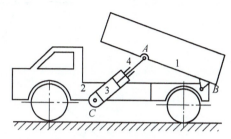

图 2-14　自卸货车翻斗机构

4. 定块机构

在图 2-12a 所示曲柄滑块机构中，若取滑块 3 为固定件，则可得图 2-12d 所示的固定滑块机构，也称为定块机构。图 2-15 所示的手摇唧筒机构即为定块机构应用实例。

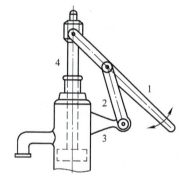

图 2-15　手摇唧筒机构

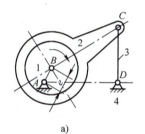

a)　　　　　　　　　　b)

图 2-16　偏心轮机构

5. 偏心轮机构

图 2-16a 所示为偏心轮机构。件 1 为圆盘，其几何中心为 B。因运动时该圆盘绕偏心 A 转动，故称为偏心轮。A、B 之间的距离 e 称为偏心距。按照相对运动关系，可画出该机构的机构运动简图，如图 2-16b 所示。由图可知，偏心轮是转动副 B 扩大到包括转动副 A 而形成的，偏心距 e 即是曲柄的长度。

当曲柄长度很小时，通常都把曲柄做成偏心轮，这样不仅增大了轴颈的尺寸，提高偏心轴的强度和刚度，而且当轴颈位于中部时，还可以安装整体式连杆，使结构简化。因此，偏心轮广泛应用于传力较大的剪床、压力机、颚式破碎机、内燃机等机械中。

6. 双滑块机构

在图 2-17a 所示的曲柄滑块机构中，通过构件形状的改变，则图 2-17a 所示的曲柄滑块机构可等效为图 2-17b 所示的机构。若将圆弧槽的半径逐渐增加至无穷大，则图 2-17b 所示机构就演化为图 2-17c 所示的机构。从而将曲柄滑块机构演化为具有两个移动副的四杆机构，称为双滑块机构。根据两个移动副所处位置的不同，可将双滑块机构分成以下四种形式：

1）两个移动副不相邻，如图 2-18 所示。这种机构中从动件 3 的位移与主动件转角的正切成正比，故称为正切机构。

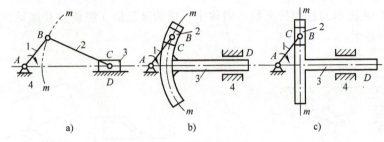

图 2-17 双滑块机构

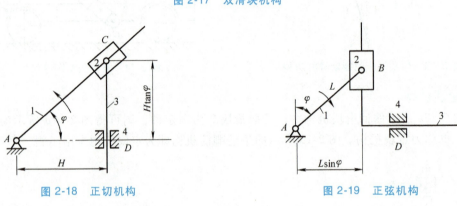

图 2-18 正切机构   图 2-19 正弦机构

2）两个移动副相邻，且其中一个移动副与机架相关联，如图 2-19 所示。这种机构从动件 3 的位移与主动件转角的正弦成正比，故称为正弦机构。

3）两个移动副相邻，且均不与机架相关联，如图 2-20a 所示这种机构的主动件 1 与从动件 3 具有相等的角速度。

图 2-20b 所示的滑块联轴器就是这种机构的应用实例，它可用于连接中心线不重合的两根轴。

4）两个移动副都与机架相关联。图 2-21 所示的椭圆仪就是这种机构的应用实例。当滑块 1 和 3 沿机架的十字槽滑动时，连杆 2 上的各点便描绘出长、短轴不同的椭圆。

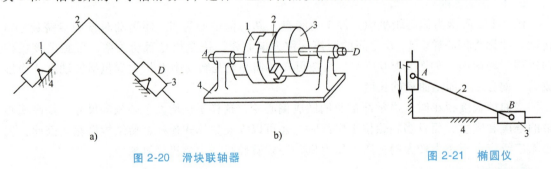

图 2-20 滑块联轴器   图 2-21 椭圆仪

2.3 平面四杆机构的工作特性及其应用

急回运动特性

2.3.1 急回运动特性

在图 2-22 所示的曲柄摇杆机构中，设曲柄 AB 为主动件，摇杆 CD 为从动件。主动曲柄

AB 以等角速度转动一周的过程中，当曲柄 AB 转至 AB_1 位置与连杆 B_1C_1 重合构成一直线

时，从动摇杆 CD 处于左极限位置 C_1D；而当曲柄
AB 继续转至 AB_2 位置与连杆 B_2C_2 拉成一直线时，
从动摇杆 CD 处于右极限位置 C_2D。从动摇杆两极
限位置间的夹角 ψ 称为摇杆摆角。当从动摇杆处
于左、右两极限位置时，主动曲柄两位置所夹的
锐角 θ 称为极位夹角。

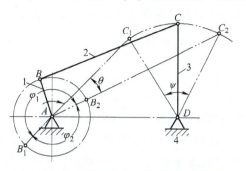

如图 2-22 所示，当曲柄 AB 从 AB_1 位置顺时
针转至 AB_2 位置时，其对应转角为 $\varphi_1 = 180° + \theta$，
而摇杆由位置 C_1D 摆至 C_2D 位置，摆角为 ψ，设

图 2-22　曲柄摇杆机构急回运动特性分析

所需时间为 t_1，C 点的平均速度为 v_1；当曲柄 AB 再继续从 AB_2 位置转至 AB_1 位置时，其对
应转角为 $\varphi_2 = 180° - \theta$，而摇杆则由 C_2D 位置摆回 C_1D 位置，摆角仍为 ψ，设所需时间为 t_2，
C 点的平均速度为 v_2。

由于摇杆往复摆动的摆角相同，C 点走过的圆弧长度相等，但是相应的曲柄转角不等，
即 $\varphi_1 > \varphi_2$，而曲柄又是等速转动的，所以有 $t_1 > t_2$，故有 $v_2 > v_1$。由此可见，当曲柄等速转动
时，摇杆往复摆动的平均速度是不同的，返程的速度大于推程的速度，这种运动特性称为急
回特性。通常用 v_2 与 v_1 的比值 K 来衡量急回特性的相对程度，K 称为行程速比系数，即

$$K = \frac{v_2}{v_1} = \frac{\overset{\frown}{C_1C_2}/t_2}{\overset{\frown}{C_1C_2}/t_1} = \frac{t_1}{t_2} = \frac{\varphi_1}{\varphi_2} = \frac{180° + \theta}{180° - \theta} \qquad (2-6)$$

当给定行程速比系数 K 后，机构的极位夹角 θ 可由下式计算，即

$$\theta = 180° \frac{K-1}{K+1} \qquad (2-7)$$

由上述分析可知：平面连杆机构有无急回运动取决于有无极位夹角 θ。极位夹角 θ 越
大，K 值越大，急回运动的性质也越显著，但机构运动的平稳性也越差。因此在设计时，应
根据工作要求，恰当地选择 K 值，在一般机械中，常取 $1 < K < 2$。

图 2-23a、b 中的 θ 分别为偏置曲柄滑块机构和摆动导杆机构的极位夹角。用式（2-6）
同样可求出行程速比系数 K。

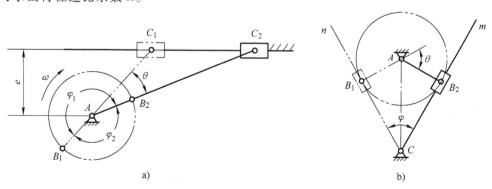

a)　　　　　　　　　　　　　　　　　b)

图 2-23　偏置曲柄滑块机构和摆动导杆机构的极位夹角

四杆机构的这种急回特性，在机器中可以用于节省空回行程（非工作行程）的时间，以节省动力并提高生产率，如在牛头刨床和摇摆式输送机中均利用了这一特性。

2.3.2 压力角与传动角

压力角与传动角

在生产实践中，不仅要求连杆机构能实现给定的运动规律，而且还希望机构运动灵活、效率较高，因此要求具有良好的传力性能。压力角（或传动角）则是判断机构传力性能优劣的重要标志。

在图 2-24a 所示的曲柄摇杆机构中，若忽略各杆的质量和运动副中的摩擦，则主动曲柄 AB 通过连杆 BC 作用于从动摇杆 CD 上的力 F 是沿杆 BC 方向的。把从动摇杆 CD 所受的力 F 与力作用点 C 的速度方向间所夹的锐角 α 称为压力角。力 F 在速度方向的分力为切向分力 $F_t = F\cos\alpha$，称为有效分力，做有效功；而沿摇杆 CD 方向的分力为法向分力 $F_n = F\sin\alpha$，称为无效分力，它非但不做有用功，而且还增大了运动副 C、D 中的径向力。显然，压力角 α 越小，F_t 越大，所做的有效功也越大，传力性能越好。因此，压力角的大小可以作为判别连杆机构传力性能好坏的一个依据。

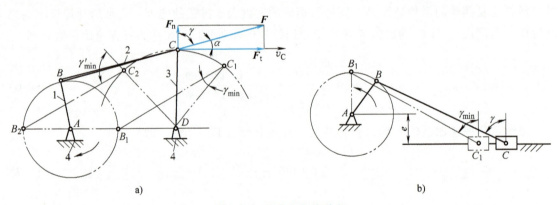

图 2-24 压力角和传动角

作用力 F 与分力 F_n 间所夹的锐角 γ 称为传动角。由图 2-24a 可见，$\alpha + \gamma = 90°$，故 α 与 γ 互为余角。由于传动角 γ 便于观察，故通常用 γ 值来衡量机构的传力性能。γ 越大，则 α 越小，机构的传力性能越好；反之越差。

在机构运动过程中，传动角 γ 的大小是随机构位置的改变而变化的。为了确保机构能正常工作，应使一个运动循环中最小传动角 γ_{min} 为 $40° \sim 50°$，具体数值可根据传递功率的大小而定。传递功率大时，γ_{min} 应取大些，如颚式破碎机、压力机等可取 $\gamma_{min} \geqslant 50°$。为此，必须确定 $\gamma = \gamma_{min}$ 时机构的位置，并检验 γ_{min} 的值是否满足上述的最小允许值。

曲柄摇杆机构的最小传动角 γ_{min} 出现在曲柄与机架共线的两个位置之一。

偏置曲柄滑块机构以曲柄为主动件，传动角 γ 为连杆与导路垂线所夹锐角，如图 2-24b 所示。最小传动角 γ_{min} 出现在曲柄垂直于导路时的位置，并且位于与偏距方向相反的一侧。对于对心曲柄滑块机构，即偏距 $e = 0$ 的情况，显然其最小传动角 γ_{min} 出现在曲柄垂直于导路的位置。

对以曲柄为主动件的摆动导杆机构，由于在任何位置时主动曲柄通过滑块传给从动杆的力的方向，与从动杆受力点的速度方向始终一致，所以传动角始终等于90°，表明导杆机构具有最好的力学性能。

2.3.3　死点

在图2-25所示的曲柄摇杆机构中，若以摇杆CD为原动件，而曲柄AB为从动件，则当摇杆摆到极限位置C_1D和C_2D时，连杆BC与从动件AB共线，若不计各杆的质量，则此时连杆加给曲柄的力将通过铰链中心A，即机构处于传动角$\gamma = 0°$（压力角$\alpha = 90°$）的位置，此时驱动力的有效分力为0。此力对A点不产生力矩，因此不能使从动件转动。机构的这种位置称为死点位置。由上述可见，四杆机构中是否存在死点位置，取决于从动件是否与连杆共线。

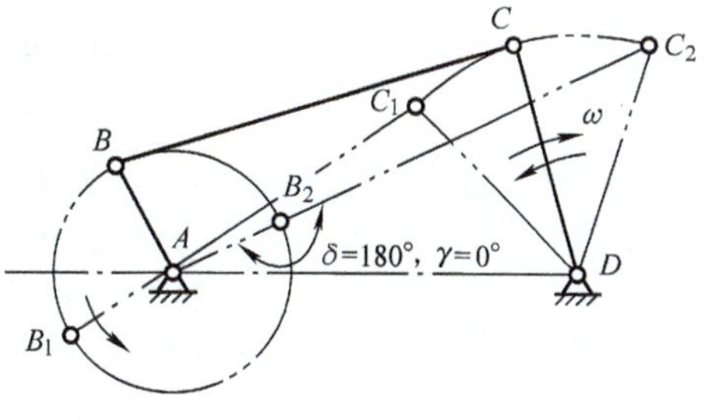

死点位置会使机构的从动件出现卡死或运动不确定的现象。出现死点对传动机构来说是一种缺陷，这种缺陷可以利用回转机构的惯性或添加辅助机构来克服。

图2-25　死点位置

例如，图2-1所示的缝纫机的踏板机构，在实际使用中，缝纫机有时会出现踏不动或倒车现象，这就是由于机构处于死点位置引起的。在正常运转时，借助安装在机头主轴上飞轮（即上带轮）的惯性作用，可以使缝纫机踏板机构的曲柄冲过死点位置。

再如，图2-26所示的机车驱动轮联动机构，利用机构的错位排列组合错开死点位置。

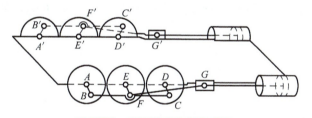

图2-26　机车驱动轮联动机构

机构的死点位置并非总是起消极作用。在工程实际中，不少场合也利用机构的死点位置来实现一定的工作要求。

例如，图2-27所示的用于夹紧工件的连杆式快速夹具，就是利用死点位置来夹紧工件的。当工件5需要被夹紧时，利用连杆BC与摇杆CD形成的死点位置，这时工件经杆1、杆2传给杆3的力，通过杆3的转动中心D。此力不能驱使杆3转动。故当撤去主动外力F后，在工件反力F_N的作用下，机构不会反转，工件依然被可靠地夹紧。

再如，图2-28所示的飞机起落架机构，在机轮放下时，杆CD与杆BC处于一条直线，此时虽然机轮上受了很大的力，但由于机构处于死点位置，经杆BC传递给杆CD的力通过其回转中心，所以起落架不会反转，这使得飞机降落更加安全可靠。

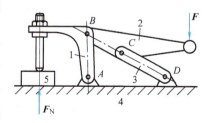

图2-27　连杆式快速夹具

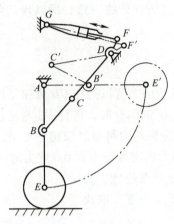

图 2-28 飞机起落架机构

2.4 平面四杆机构的设计（图解法）

按照给定连杆的预定位置设计四杆机构

平面四杆机构的设计，主要是根据工作要求选定机构的类型，再根据给定的运动要求确定机构的几何尺寸，并绘出运动简图。四杆机构设计的方法有图解法、解析法和实验法。图解法比较直观；解析法比较准确；实验法常需试凑。这里只讲图解法设计四杆机构。

1. 按照给定连杆的预定位置设计四杆机构

【例 2-2】 已知连杆的长度和它的三个位置 B_1C_1、B_2C_2、B_3C_3，如图 2-29 所示，试设计该铰链四杆机构。

解：由于在铰链四杆机构中，两个连架杆分别绕两个固定铰链 A 和 D 转动，所以连杆上点 B 的三个位置 B_1、B_2、B_3 应位于同一圆周上，其圆心即位于连架杆 AB 的固定铰链 A 的位置。因此，分别连接 B_1、B_2 及 B_2、B_3，并作两连线各自的中垂线 b_{12} 和 b_{23}，其交点即为固定铰链 A。同理，可求得连架杆 CD 的固定铰链 D。连线 AD 即为机架，再分别连接 AB_1、B_1C_1、C_1D（图 2-29 中粗实线）即得所求铰链四杆机构。

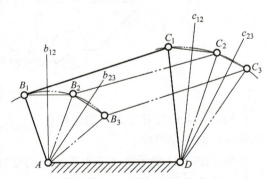

图 2-29 按给定位置设计铰链四杆机构

如果只给定连杆的两个位置，则点 A 和点 D 可分别在 B_1B_2 和 C_1C_2 各自的中垂线上任意选择。因此，有无穷多解。为了得到确定的解，可根据具体情况添加辅助条件，如给定机架位置、最小传动角或提出其他结构上的要求等。

【例 2-3】 试设计一砂箱翻转机构。已知：翻台在位置Ⅰ处造型，在位置Ⅱ处起模，翻台与连杆 BC 固连成一体，$l_{BC} = 0.5\text{m}$，机架 AD 为水平位置，如图 2-30 所示。

解：由题意可知此机构的两连杆位置，图形分析同前，作图步骤如下：

1) $\mu_l = 0.1\text{m/mm}$，则 $BC = l_{BC}/\mu_l = (0.5/0.1)\text{mm} = 5\text{mm}$，在给定位置作 B_1C_1、B_2C_2。

2）作 B_1B_2 的中垂线、C_1C_2 的中垂线。

3）按给定机架位置作水平线，与上述中垂线分别交得点 A、D。

4）连接 AB 和 CD，即得到各构件的长度为

$$l_{AB} = \mu_l \times AB = 0.1 \times 25 \text{m} = 2.5 \text{m}$$

$$l_{CD} = \mu_l \times CD = 0.1 \times 27 \text{m} = 2.7 \text{m}$$

$$l_{AD} = \mu_l \times AD = 0.1 \times 8 \text{m} = 0.8 \text{m}$$

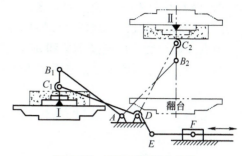

图 2-30　砂箱翻转机构设计

2. 按照给定的行程速比系数设计四杆机构

【例 2-4】　给定行程速比系数 K、摇杆长度 c 及其摆角 ψ，试用图解法设计此曲柄摇杆机构。

解：首先，根据式（2-7）算出极位夹角 θ。

再任选一点 D，由摇杆长度 c 及其摆角 ψ 作摇杆的两个极限位置 C_1D 和 C_2D，如图 2-31 所示。

然后，连直线 C_1C_2，作 $\angle C_1C_2O = \angle C_2C_1O = 90° - \theta$，得 C_1O 与 C_2O 的交点 O，可得 $\angle C_1OC_2 = 2\theta$。由于同弦上圆周角为圆心角的一半，故以 O 为圆心、OC_1 为半径作圆 L，则该圆周上任意点 A 与 C_1 和 C_2 连线夹角 $\angle C_1AC_2 = \theta$。从几何作图上看，点 A 的位置可在圆周 L 上任意选择；但是从传动上看，点 A 位置必须受到传动角的限制。例如，把点 A 选在 C_2D（或 C_1D）的延长线与圆 L 的交点 E（或 F）上时，最小传动角将成为 $0°$，该位置即死点位置。这时，即使以曲柄作为主动件，该机构也将不能起动。若把点 A 选在 EF 范围内，则将出现对摇杆的有效分力与摇杆给定的运动方向相反的情况，即不能实现给定的运动。纵然这样，点 A 的位置仍有无穷多解，欲使其有确定的解，可以通过添加其他附加条件来确定。

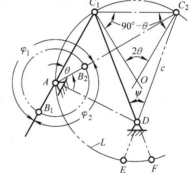

按照给定的行程速比系数设计四杆机构

图 2-31　按行程速比系数设计四杆机构

当点 A 位置确定后，便可根据极限位置时曲柄和连杆共线的原理，连 AC_1 和 AC_2，即得 $AC_2 = b+a$，$AC_1 = b-a$。其中，a 和 b 分别为曲柄和连杆的长度。由此可得 $a = (AC_2 - AC_1)/2$，$b = (AC_2 + AC_1)/2$，连线 AD 的长度即为机架的长度 d。以 A 点为圆心，a 为半径作圆，圆与 AC_1 的反向延长线及 AC_2 分别交于 B_1、B_2 点，连接 AB_1C_1D（或 AB_2C_2D）即得此机构。

【例 2-5】　给定行程速比系数 K 和滑块的行程 s，设计曲柄滑块机构。

解：首先，根据式（2-7）算出极位夹角 θ。

再作 C_1C_2 等于滑块的行程 s，如图 2-32 所示。从 C_1、C_2 两点分别作 $\angle C_1C_2O = \angle C_2C_1O = $

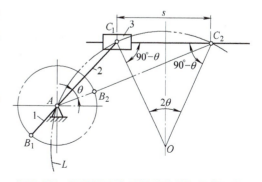

图 2-32　按行程速比系数设计曲柄滑块机构

$90°-\theta$，得 C_1O 与 C_2O 的交点 O。这样，得 $\angle C_1OC_2=2\theta$。再以 O 为圆心、OC_1 为半径作圆 L。若给出偏距 e 的值，则解就可以确定。

当点 A 确定后，再连接 AC_1 和 AC_2。根据 $a=(AC_2-AC_1)/2$，即可算出曲柄 1 的长度 a。以 A 为圆心，a 为半径作圆，该圆即为曲柄 AB 上点 B 的轨迹。

知识拓展——平面四杆机构的设计（解析法和实验法）

知识拓展——平面四杆机构的设计（解析法和实验法）

小结——思维导图讲解

小结——思维导图讲解

知识巩固与能力训练题

2-1 判断下列说法是否正确。

1）当机构的极位夹角 $\theta=0°$ 时，机构无急回特性。

2）机构是否存在死点位置与机构取哪个构件为主动件无关。

3）压力角就是主动件所受驱动力的方向线与该点速度的方向线之间的夹角。

4）在曲柄摇杆机构中，曲柄和连杆共线，就是死点位置。

5）铰链四杆机构的曲柄存在条件是：连架杆或机架中必有一个是最短杆；最短杆与最长杆的长度之和小于或等于其余两杆的长度之和。

6）在平面连杆机构中，只要以最短杆作为固定机架，就能得到双曲柄机构。

7）利用选择不同构件作为固定机架的方法，可把曲柄摇杆机构改变成双摇杆机构。

8）死点位置在传动机构和锁紧机构中给机构带来的后果是不同的。

2-2 根据图 2-33 所示各杆所注尺寸，判断各铰链四杆机构的类型。

2-3 如图 2-34 所示，已知杆 CD 为最短杆。若要构成曲柄摇杆机构，机架 AD 的长度应在什么范围？

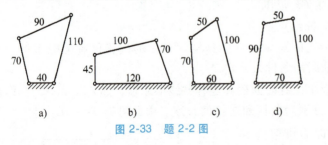

图 2-33 题 2-2 图

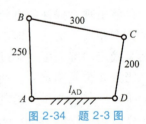

图 2-34 题 2-3 图

2-4 在图 2-35 所示机构中，主动件 1 做匀速顺时针转动，从动件 3 由左向右运动时，要求：

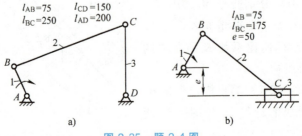

图 2-35 题 2-4 图

1）作各机构的极限位置图，并量出从动件的行程。

2）计算各机构行程速比系数。

3）作各机构出现最小传动角时的位置图，并量出最小传动角的大小。

2-5　用图解法设计一曲柄摇杆机构，已知机构的摇杆 DC 长度为150mm，摇杆两极限位置的夹角为45°，行程速比系数 $K=1.5$，机架长度取90mm。

2-6　图2-36所示为偏置曲柄滑块机构，已知：行程速比系数 $K=1.5$，滑块行程 $h=50$mm，偏距 $e=20$mm，试用图解法求曲柄长度和连杆长度。

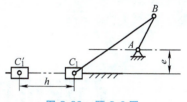

图2-36　题2-6图

2-7　某热处理炉炉门开闭状态示意图如图2-37所示，已知：炉门上两活动铰链中心距为500mm，炉门打开时，门面朝上，固定铰链设在垂直线 yy 上，其余尺寸如图2-37所示，试用图解法设计此炉门的开闭机构。

2-8　某牛头刨床的刨刀驱动机构示意图如图2-38所示。已知：主动曲柄绕轴心 A 做等速回转，从动件滑枕做往复移动，且 $l_{AC}=300$mm，刨头行程 $H=450$mm，行程速比系数 $K=2$，试用图解法设计此牛头刨床的刨刀驱动机构。

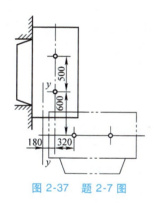

图2-37　题2-7图

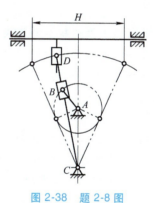

图2-38　题2-8图

凸轮机构和间歇运动机构的运动分析与设计

能力目标

1）能够认知凸轮机构的类型、特点并合理利用。
2）能够认知常见间歇运动机构的类型、特点并合理利用。
3）能够初步运用凸轮机构和间歇运动机构进行机械创新设计。

素质目标

1）通过各类凸轮机构在工程实践和生活中的应用，激发学生创新热情、培养学生创新精神；并结合对凸轮机构与连杆机构的优缺点对比分析，引导学生善于运用对比分析法对相关事物进行比较，以更好地认识事物的本质和规律，并做出正确的评价。

2）通过凸轮轮廓曲线设计时采取的方法、步骤和应注意的事项，教育引导学生树立严谨细致的工作态度、精益求精的大国工匠精神，培养学生工程意识和实践能力。

3）通过棘轮机构特点的学习拓展到心理学中的棘轮效应，并借助宋代政治家和文学家司马光名言"由俭入奢易，由奢入俭难"，教育学生把节俭当成一种美德、一种修养，更当作是对国家、民族与家庭的一种责任和一种力量。

案例导入

在设计机械时，常要求某些从动件的位移、速度或加速度按照预期的运动规律变化。然而，当这种要求用连杆机构不便实现时，特别是当从动件需要复杂的运动规律或间歇运动时，通常采用凸轮机构或间歇运动机构，这些机构能将主动件的连续等速运动变为从动件的往复变速运动或间歇运动，在自动机械、半自动机械中应用非常广泛。

生产生活中常见凸轮机构及其类型

图 3-1 所示为内燃机配气凸轮机构。盘形凸轮 1 做等速转动，通过其向径的变化可使从动杆 2 按预期规律做上、下往复移动，从而达到控制气阀开闭的目的，以控制可燃物质进入气缸或废气的排出。

图3-2所示为绕线机的排线凸轮机构。当绕线轴3快速转动时，经蜗轮带动凸轮1缓慢地转动，通过凸轮轮廓与从动件2尖顶A之间的高副接触，驱使从动件2往复摇动，从而使从动件2杆端的线4均匀地绕在绕线轴3上的卷筒上。

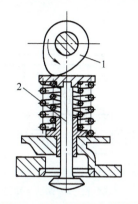

图3-1　内燃机配气凸轮机构

1—盘形凸轮　2—从动杆

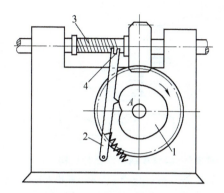

图3-2　绕线机的排线凸轮机构

1—凸轮　2—从动件　3—绕线轴　4—线

3.1　凸轮机构的组成、应用及分类

3.1.1　凸轮机构的组成、应用及特点

1. 凸轮机构的组成

从图3-1及图3-2中可以看出：凸轮机构是由凸轮、从动件和机架三个构件组成的高副机构。其中，凸轮是一个具有曲线轮廓或凹槽的构件，一般做等速连续转动，也有做往复移动的。在设计机械时，根据运动的需要，只要设计出适当的凸轮轮廓曲线，通过高副接触就可以使从动件实现连续或不连续的预期运动规律。

2. 凸轮机构的应用

除上述内燃机配气机构和绕线机排线机构外，凸轮机构在各种机器中应用广泛。

例如，图3-3所示的靠模车削移动凸轮机构，工件1回转时，移动凸轮（靠模板）3和工件1一起往右移动，刀架2在靠模板曲线轮廓的推动下做横向移动，从而切削出与靠模板曲线一致的工件。

再如，图3-4所示的自动机床中用于控制刀具进给运动的凸轮机构。刀具的一个进给运动循环包括：①刀具以较快的速度接近工件；②刀具等速进给来切削工件；③完成切削动作后，刀具快速退回；④刀具复位后停留一段时间等待更换工件等动作，然后重复上述运动循环。这样一个复杂的运动规律是由一个做等速回转运动的圆柱凸轮通过摆动从动件来控制实现的，其运动规律完全取决于凸轮凹槽曲线形状。

由以上实例可以看出：凸轮机构主要用于转换运动形式。它可将凸轮的转动变成从动件的连续或间歇的往复移动或摆动；或将凸轮的移动变成从动件的移动或摆动。

3. 凸轮机构的特点

凸轮机构的优点：只要设计出适当的凸轮轮廓，通过凸轮轮廓与从动件的高副接触便可使从动件得到任意的预期运动，而且结构简单、紧凑，设计方便，因此在自动机床、轻工机械、纺织机械、印刷机械、食品机械、包装机械和机电一体化产品中得到广泛应用。

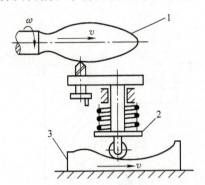

图3-3 靠模车削移动凸轮机构

1—工件 2—刀架 3—移动凸轮（靠模板）

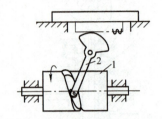

图3-4 刀具进给槽形凸轮机构

1—圆柱凸轮 2—摆动从动件

凸轮机构的缺点：凸轮与从动件间为点接触或线接触，易磨损，只宜用于传力不大的场合；凸轮轮廓精度要求较高，常采用数控机床进行加工；从动件的行程不能过大，否则会使凸轮变得笨重等。

3.1.2 凸轮机构的分类

1. 按凸轮的形状分类

（1）盘形凸轮 此种凸轮是一个绕固定轴线转动并具有变化向径的盘形构件，如图3-1和图3-2所示。盘形凸轮的结构比较简单，应用较多。它是凸轮的最基本形式。

（2）移动凸轮 当盘形凸轮的回转中心趋于无穷远时，凸轮相对机架做往复移动，这种凸轮称为移动凸轮，如图3-3所示。有时也可将凸轮固定，使从动件导路相对于凸轮运动。

（3）圆柱凸轮 此种凸轮可认为是将移动凸轮卷成圆柱体演化而成的。在圆柱体上开有曲线凹槽或制有外凸曲线的凸轮。圆柱绕轴线旋转，曲线凹槽或外凸曲线推动从动件运动，如图3-4所示。圆柱凸轮可使从动件得到较大行程，所以可用于要求行程较大的传动中。

盘形凸轮和移动凸轮与从动件之间的相对运动为平面运动；而圆柱凸轮与从动件之间的相对运动为空间运动，所以前两者属于平面凸轮机构，后者属于空间凸轮机构。

2. 按从动件的结构形式分类

（1）尖顶从动件 从动件与凸轮接触的一端是尖顶的，称为尖顶从动件，如图3-2所示。它是结构最简单的从动件。尖顶能与任何形状的凸轮轮廓保持逐点接触，因而能实现复杂的运动规律。但是因尖顶与凸轮是点接触，滑动摩擦严重，接触表面易磨损，故只适用于受力不大的低速凸轮机构。

（2）滚子从动件 它是用滚子来代替从动件的尖顶，如图3-3和图3-4所示，从而把滑动摩擦变成滚动摩擦，摩擦阻力小，磨损较少，所以可用于传递较大的动力。但由于它的结构比较复杂，滚子轴磨损后有噪声，所以只适用于重载或低速的场合。

（3）平底从动件 它是用平面代替尖顶的一种从动件，如图3-1所示。若忽略摩擦，凸轮对从动件的作用力垂直于从动件的平底，接触面之间易于形成油膜，有利于润滑，因而磨损小，效率高，常用于高速凸轮机构，但不能与内凹形凸轮轮廓接触。

3. 按从动件的运动形式和相对位置分类

（1）**直动从动件**　从动件相对机架做往复直线运动，如图 3-1 和图 3-3 所示。若直动从动件的导路中心线通过凸轮的回转中心，则称为对心直动从动件，否则称为偏置直动从动件。

（2）**摆动从动件**　从动件相对机架做往复摆动，如图 3-2 和图 3-4 所示。

4. 按凸轮与从动件维持高副接触（锁合）的方式分类

（1）**力锁合**　在这类凸轮机构中，主要利用重力、弹簧力或其他外力使从动件与凸轮始终保持接触，如图 3-1~图 3-3 所示。

（2）**几何锁合**　几何锁合也称为形锁合，在这类凸轮机构中，是依靠凸轮和从动件的特殊几何形状来保持两者的接触，如图 3-4 所示。

3.2　凸轮机构的工作过程及从动件的常用运动规律

　　凸轮的轮廓形状取决于从动件的运动规律。在设计凸轮机构时，首先应根据工作要求确定从动件的运动规律。本节分析凸轮机构的工作过程及从动件的常用运动规律。

凸轮机构工作过程中的相关术语

3.2.1　凸轮机构的工作过程

　　现以对心尖顶直动从动件盘形凸轮机构为例，说明凸轮机构的工作过程及其相关术语。如图 3-5a 所示，以凸轮轮廓曲线的最小向径 r_b 为半径所作的圆，称为凸轮的基圆，r_b 称为基圆半径。点 A 为凸轮轮廓曲线的起始点。当凸轮与从动件在 A 点接触时，从动件处于最低位置（即从动件处于距凸轮轴心 O 最近位置）。当凸轮以等角速度 ω_1 逆时针转动 δ_t 时，凸轮轮廓 AB 段的向径逐渐增加，推动从动件以一定的运动规律到达最高位置 B'（此时从动件处于距凸轮轴心 O 最远位置），这个过程称为推程。这时从动件移动的距离 h 称为升程，对应的凸轮转角 δ_t 称为推程运动角。当凸轮继续转动 δ_s 时，凸轮轮廓 BC 段向径不变，此时从动件处于最远位置停留不

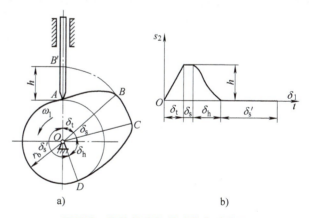

　　　a)　　　　　　　　　　　　　　　b)

图 3-5　凸轮轮廓与从动件位移线图
a）凸轮轮廓　b）从动件位移线图

动，相应的凸轮转角 δ_s 称为远休止角。当凸轮继续转动 δ_h 时，凸轮轮廓 CD 段的向径逐渐减小，从动件在重力或弹簧力的作用下，以一定的运动规律回到起始位置，这个过程称为回程，对应的凸轮转角 δ_h 称为回程运动角。当凸轮继续转动 δ_s' 时，凸轮轮廓 DA 段的向径不变，此时从动件在最低位置停留不动，相应的凸轮转角 δ_s' 称为近休止角。当凸轮再继续转动时，从动件重复上述运动循环。如果以直角坐标系的纵坐标代表从动件位移 s_2，横坐标代

表凸轮转角 δ_1，则可以画出从动件位移 s_2 与凸轮转角 δ_1 之间的关系线图，如图 3-5b 所示。它简称为从动件位移曲线。由于大多数凸轮是做等速转动，其转角与时间成正比，因此该线图的横坐标也代表时间 t。通过微分可以作从动件速度线图和加速度线图，它们统称为从动件运动线图。

3.2.2 从动件的常用运动规律

1. 等速运动规律

从动件推程和回程的运动速度为定值的运动规律称为等速运动规律。以推程为例，设凸轮以等角速度 ω_1 转动，推程运动角为 δ_1，从动件升程为 h，可得出从动件的运动方程为

$$\begin{cases} s_2 = \dfrac{h}{\delta_t}\delta_1 \\[2mm] v_2 = \dfrac{h}{\delta_t}\omega_1 \\[2mm] a_2 = 0 \end{cases} \tag{3-1}$$

由图 3-6b、c 可知，从动件在推程开始和终止的瞬时，速度有突变，其加速度在理论上为无穷大（实际上，由于材料的弹性变形，其加速度不可能达到无穷大），致使从动件在极短的时间内产生很大的惯性力，因而使凸轮机构受到极大的冲击。这种从动件在某瞬时速度突变，其加速度和惯性力在理论上趋于无穷大时所引起的冲击，称为刚性冲击。因此，等速运动规律只适用于低速轻载的凸轮机构。

2. 等加速等减速运动规律

从动件在一个行程的前半段为等加速，而后半段为等减速的运动规律，称为等加速等减速运动规律。如图 3-7 所示，从动件在升程 h 中，先做等加速运动，后做等减速运动，直至

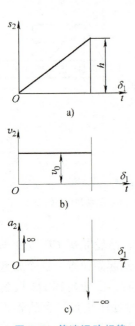

图 3-6 等速运动规律

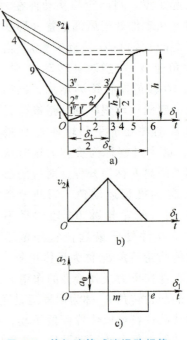

图 3-7 等加速等减速运动规律

停止。等加速度和等减速度的绝对值相等。这样，由于从动件等加速段的初速度和等减速段的末速度为零，故两段升程所需的时间必相等，即凸轮转角均为 $\delta_t/2$；两段升程也必相等，即均为 $h/2$。

推程时，可得出前半行程从动件做等加速运动时的运动方程，即

$$
\begin{cases}
s_2 = \dfrac{2h}{\delta_t^2}\delta_1^2 \\[3mm]
v_2 = \dfrac{4h\omega_1}{\delta_t^2}\delta_1 \quad (0 \leqslant \delta_1 \leqslant \delta_t/2) \\[3mm]
a_2 = \dfrac{4h\omega_1^2}{\delta_t^2} = 常数
\end{cases}
\tag{3-2}
$$

推程时，可得出后半行程从动件做等减速运动时的运动方程，即

$$
\begin{cases}
s_2 = h - \dfrac{2h}{\delta_t^2}(\delta_t - \delta_1)^2 \\[3mm]
v_2 = \dfrac{4h\omega_1}{\delta_t^2}(\delta_t - \delta_1) \quad (\delta_t/2 \leqslant \delta_1 \leqslant \delta_t) \\[3mm]
a_2 = -\dfrac{4h\omega_1^2}{\delta_t^2} = 常数
\end{cases}
\tag{3-3}
$$

图 3-7 所示为按公式作的等加速等减速运动线图。该图的位移曲线是一凹一凸两段抛物线连接的曲线，等加速部分的抛物线可按下述方法画出：在横坐标轴上将线段分成若干等份（图中为 3 等份），得 1、2、3 各点，过这些点作横轴的垂线，再过点 O 作任意的斜线 OO'，在其上以适当的单位长度自点 O 按 1：4：9 量取对应长度，得 1、4、9 各点；连接直线 9-3″，并分别过 4、1 两点，作其平行线 4-2″和 1-1″，分别与 s_2 轴相交于 2″、1″点，最后由 1″、2″、3″点分别向过 1、2、3 各点的垂线投射，得 1′、2′、3′点，将这些点连接成光滑的曲线，即为等加速段的抛物线。用同样的方法可得等减速段的抛物线。

由图 3-7c 可知，从动件在升程始末以及由等加速过渡到等减速的瞬时（即 O、m、e 三处），加速度出现有限值的突然变化，这将产生有限惯性力的突变，从而引起冲击。这种从动件在瞬时加速度发生有限值的突变时所引起的冲击称为柔性冲击。所以等加速等减速运动规律不适用于高速，仅用于中低速凸轮机构。

3. 简谐运动规律（余弦加速度运动规律）

点在圆周上做匀速运动时，它在这个圆的直径上的投影所构成的运动称为简谐运动，如图 3-8 所示。从动件做简谐运动时，其加速度呈余弦规律变化，故又称为余弦加速度运动规律。

简谐运动规律位移线图的作法如下：以从动件的行程 h 作为直径在纵坐标轴上画半圆，将此半圆分成若干等份，如 6 等份得 1″、2″、…、6″，再把凸轮运动角在横坐标轴上也分成相应的等份，并作垂线 11′、22′、…、66′，然后将圆周上的等分点投射到相应的垂线上得 1′、2′、…、6′。用光滑的曲线连接这些点，即得到从动件的位移线图。从动件推程做简谐

运动的运动方程为

$$
\begin{cases}
s_2 = \dfrac{h}{2}\left[1 - \cos\left(\dfrac{\pi}{\delta_t}\delta_1\right)\right] \\[3mm]
v_2 = \dfrac{\pi h \omega_1}{2\delta_t}\sin\left(\dfrac{\pi}{\delta_t}\delta_1\right) \\[3mm]
a_2 = \dfrac{\pi^2 h \omega_1^2}{2\delta_t^2}\cos\left(\dfrac{\pi}{\delta_t}\delta_1\right)
\end{cases}
\tag{3-4}
$$

图 3-8 所示为按公式作的简谐运动线图，可以看出，速度曲线连续，故不会产生刚性冲击，但在运动的起始和终止位置加速度曲线不连续，故会产生柔性冲击，此种运动规律常用于中速中载场合。

4. 摆线运动规律（正弦加速度运动规律）

当滚圆沿纵坐标轴做匀速纯滚动时，圆周上一点的轨迹为一摆线，如图 3-9 所示。此时该点在纵坐标轴上的投影随时间变化的规律称为摆线运动规律，由于其加速度曲线为正弦曲线，故又称为正弦加速度运动规律。

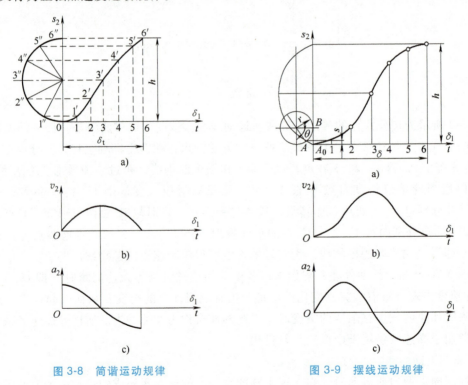

图 3-8　简谐运动规律　　　图 3-9　摆线运动规律

从图 3-9 中可以看出，速度曲线和加速度曲线均连续无突变，故既无刚性冲击也无柔冲击，适用于高速场合。

3.2.3　从动件运动规律的选择

凸轮轮廓曲线完全取决于从动件的运动规律，因此正确选择从动件的运动规律是凸轮设计的重要环节。选择从动件运动规律时，要综合考虑工作要求、动力特性和加工制造等方面。

（1）**满足工作要求**　凸轮设计必须首先要满足机器的工作过程对从动件的工作要求，根据工作要求选择从动件的运动规律，如各种机床中控制刀架进给的凸轮机构，从动件带动刀架运动，为了加工出表面光滑的零件，并使机床载荷稳定，则要求刀具进刀时做等速运动，所以从动件应选择等速运动规律。

（2）**加工制造方便**　当机器的工作过程对从动件的运动规律没有特殊要求时，对于低速凸轮机构主要考虑便于凸轮的加工，如夹紧送料等凸轮机构，可只考虑加工方便，采用圆弧、直线等组成的凸轮轮廓。

（3）**动力特性要好**　对于高速凸轮机构，主要考虑以减小惯性力为依据来选择从动件的运动规律。

在实际应用时，或者采用单一的运动规律，或者采用几种运动规律的配合，应视从动件的工作需要而定。原则上应注意减轻机构中的冲击。

3.3　凸轮轮廓曲线的设计

根据工作条件要求，选定了凸轮机构的类型和从动件的运动规律后，就可以进行凸轮轮廓曲线的设计。凸轮轮廓曲线的设计有图解法和解析法，图解法依据从动件的位移线图，而解析法依据从动件的位移方程。本节介绍盘形凸轮机构的图解法设计。

3.3.1　凸轮轮廓曲线设计的基本原理

凸轮机构工作时，通常凸轮是运动的。用图解法绘制凸轮轮廓曲线时，却需要凸轮与图面相对静止。因此，凸轮轮廓曲线的设计采用了反转法原理。

图 3-10 所示的对心尖顶直动从动件盘形凸轮机构，当凸轮以角速度 ω_1 绕轴 O 逆时针转动时，从动件的尖顶沿凸轮轮廓曲线相对其导路按预定的运动规律移动。现若给整个凸轮机构加上一个公共角速度 $-\omega_1$，根据相对运动原理，此时凸轮将相对静止不动，而凸轮和从动件之间的相对运动并未改变。

这样一来，从动件一方面随导路以角速度 $-\omega_1$ 绕轴 O 转动，另一方面又在导路中按预定的规律做往复移动。由于从动件尖顶始终与凸轮轮廓相接触，故反转后尖顶的运动轨迹就是凸轮轮廓曲线。这种以凸轮作为动参考系，按相对运动原理设计凸轮轮廓曲线的方法即称为反转法。

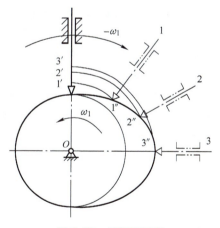

图 3-10　反转法原理

3.3.2　常用凸轮轮廓曲线的设计

1. 对心尖顶直动从动件盘形凸轮轮廓曲线的设计

已知从动件的位移运动规律如图 3-11b 所示，凸轮的基圆半径 r_b 以及凸轮以等角速度 ω_1 顺时针回转，试设计此凸轮轮廓曲线。

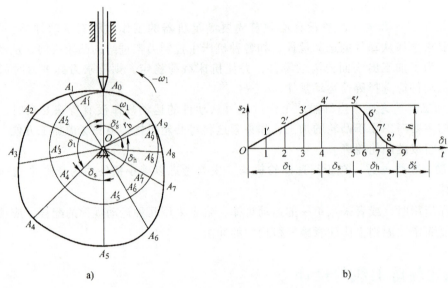

图 3-11　对心尖顶直动从动件盘形凸轮

根据反转法原理，可以作图如下：

1）将如图 3-11b 所示的已知从动件的位移线图的横坐标用若干点等分分段。

2）选 O 点为圆心，以 r_b 为半径作基圆。此基圆与导路的交点 A_0 便是从动件尖顶的起始位置。

3）自 OA_0 沿 ω_1 的相反方向取角度 δ_t、δ_s、δ_h、δ_s'，并将它们各分成与图 3-11b 对应的若干等份，得 A_1'、A_2'、A_3' 等。连接 OA_1'、OA_2'、OA_3' 等，它们便是反转后从动件导路的各个位置。

4）量取各个位移量，即取 $A_1 A_1' = 11'$、$A_2 A_2' = 22'$、$A_3 A_3' = 33'$ 等，得反转后尖顶的一系列位置 A_1、A_2、A_3 等。

5）将 A_0、A_1、A_2、A_3 等连成光滑曲线，便得到所求的凸轮轮廓，如图 3-11a 所示。

2. 对心滚子直动从动件盘形凸轮轮廓曲线的设计

把尖顶从动件改为滚子从动件时，其凸轮轮廓曲线的设计方法如图 3-12 所示。首先，把滚子中心看作尖顶从动件的尖顶，按照上面的方法画出一条理论轮廓曲线 β_0。再以 β_0 上各点为中心，以滚子半径为半径，画一系列圆，最后作这些圆的包络线 β，便是使用滚子从动件时凸轮的实际轮廓曲线。由作图过程可知，滚子从动件凸轮轮廓的基圆半径 r_b 应当在理论轮廓上度量。

3. 对心平底直动从动件盘形凸轮轮廓曲线的设计

对心平底直动从动件盘形凸轮轮廓的绘制方法也与上述相似。如图 3-13 所示，首先在平底上选一固定点 A_0，按照尖顶从动件凸轮轮廓的绘制方法，求出理论轮廓上一系列点 A_1、A_2、A_3 等，其次过这些点画出各个位置的平底 $A_1 B_1$、$A_2 B_2$、$A_3 B_3$ 等，然后作这些平底的包络线，便得到凸轮的实际轮廓曲线。在图 3-13 中，位置 3、7 是平底分别与凸轮轮廓相切时平底的最左位置和最右位置。为了保证平底始终与轮廓接触，平底左侧的长度应大于 a，右侧长度应大于 b。为了使平底从动件始终保持与凸轮实际轮廓相切，应要求凸轮实际轮廓曲线全部为外凸曲线。

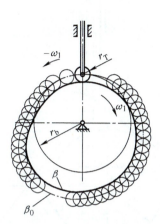

图 3-12　对心滚子直动从动件盘形凸轮

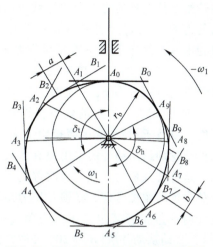

图 3-13　对心平底直动从动件盘形凸轮

4. 偏置尖顶直动从动件盘形凸轮轮廓曲线的设计

偏置尖顶直动从动件盘形凸轮轮廓曲线的设计方法如图 3-14 所示。由于从动件导路的轴线不通过凸轮转动中心，其偏距为 e，故从动件在反转过程中，其导路轴线始终与以偏距 e 为半径所作的偏距圆相切，因此从动件的位移应沿这些切线量取。

作图方法如下：

1）根据已知从动件的运动规律，作从动件的位移线图，并将横坐标分段等分。

2）在基圆上，任取一点 A_0 作为从动件升程的起始点，并过 A_0 作偏距圆的切线，该切线即是从动件导路的起始位置。

3）由 A_0 点开始，沿反转方向将基圆分成与位移线图相同的等份，得各等分点 A_1'、A_2'、A_3' 等。过 A_1'、A_2'、A_3' 等各点作偏距圆的切线并延长，则这些切线即为从动件在反转过程中依次占据的位置。

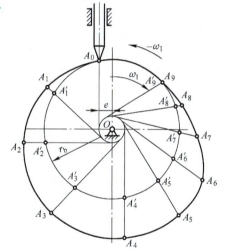

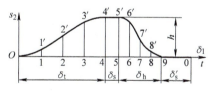

图 3-14　偏置尖顶直动从动件盘形凸轮

4）在各条切线上自 A_1'、A_2'、A_3' 等截取 $A_1'A_1 = 11'$，$A_2'A_2 = 22'$，$A_3'A_3 = 33'$ 等，得 A_1、A_2、A_3 等各点。将 A_0、A_1、A_2 等各点连成光滑曲线，即为凸轮轮廓曲线。

3.3.3　凸轮机构基本尺寸的确定

设计凸轮机构时，不仅要保证从动件实现预定运动规律，还要求传动时受力良好、结构紧凑，因此，还需校核压力角、确定滚子半径和基圆半径等。

1. 压力角的校核

凸轮机构和连杆机构一样，从动件作用点速度方向和接触点轮廓法线方向之间所夹的锐角称为压力角。图 3-15 所示尖顶直动从动件凸轮机构在推程中的一个位置，当不考虑摩擦时，凸轮给予从动件的力 F 是沿法线方向的，从动件速度方向与力 F 方向之间的夹角 α 即为压力角。若将 F 力分解为沿从动件运动方向的有用分力 F_y 和使从动件压紧导路的有害分力 F_x，其关系式为 $F_x = F_y \tan\alpha$。当驱动从动件的有用分力 F_y 一定时，压力角 α 越大，则有害分力 F_x 就越大，机构的效率就越低。当 α 增大到一定程度，以致 F_x 所引起的摩擦阻力大于有用分力 F_y 时，无论凸轮加给从动件的作用力有多大，从动件都不能运动，这种现象称为自锁。从改善受力情况，提高效率，避免自锁的角度考虑，必须对压力角加以限制。因此，设计时一般推荐规定许用压力角 $[\alpha]$。推程（工作行程）：直动从动件取 $[\alpha] = 30° \sim 38°$，摆动从动件取 $[\alpha] = 45° \sim 50°$；回程：因受力较小且无自锁问题，故许用压力角可取得大些，通常取 $[\alpha] = 70° \sim 80°$。

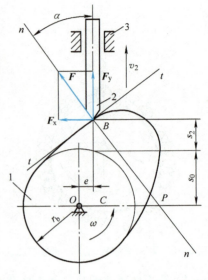

图 3-15　凸轮机构的压力角与半径的关系

2. 滚子半径的选择

当采用滚子从动件时，应注意滚子半径的选择，若选择不当，可能实现不了预期的功能。如图 3-16 所示，设理论轮廓曲率半径为 ρ、滚子半径为 r_T 及对应的实际轮廓曲率半径 ρ_a，它们之间有以下关系：

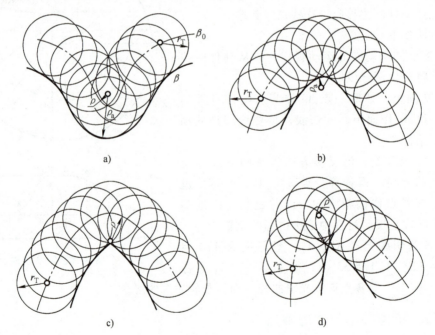

a)

b)

c)

d)

图 3-16　滚子半径对轮廓的影响

（1）凸轮理论轮廓的内凹部分　由图 3-16a 可得 $\rho_a = \rho + r_T$，即实际轮廓曲率半径总大于理论轮廓曲率半径。因而，不论选择多大的滚子，都能作出实际轮廓。

（2）凸轮理论轮廓的外凸部分　由图 3-16b 可得 $\rho_a = \rho - r_T$。

1）当 $\rho > r_T$ 时，$\rho_a > 0$，如图 3-16b 所示，实际轮廓为一平滑曲线。

2）当 $\rho = r_{\text{T}}$ 时，$\rho_{\text{a}} = 0$，如图 3-16c 所示，在凸轮实际轮廓曲线上产生了尖点，这种尖点极易磨损，磨损后就会改变从动件预定的运动规律。

3）当 $\rho < r_{\text{T}}$ 时，$\rho_{\text{a}} < 0$，如图 3-16d 所示，这时实际轮廓曲线发生相交，图中阴影部分的轮廓曲线在实际加工时被切去，这样就会使从动件的运动出现严重的失真。

为了使凸轮轮廓在任何位置既不变尖也不相交，滚子半径必须小于理论轮廓外凸部分的最小曲率半径 ρ_{min}，通常取 $r_{\text{T}} \leqslant 0.8\rho_{\text{min}}$。如果 ρ_{min} 过小，则选择的滚子半径太小而不能满足安装和强度要求，此时应当把凸轮基圆尺寸加大，重新设计凸轮轮廓曲线。在实际设计凸轮机构时，一般可按基圆半径 r_{b} 来确定滚子半径 r_{T}，通常取 $r_{\text{T}} = (0.1 \sim 0.5)r_{\text{b}}$。

3. 基圆半径的确定

设计凸轮机构时，凸轮的基圆半径取得越小，设计的机构越紧凑。但是，基圆半径过小会引起压力角增大，致使机构工作情况变坏。

3.4　常见间歇运动机构的工作原理及应用

在机械和仪器中，常需要主动件做连续运动，而从动件则产生周期性时动时停的间歇运动，实现这种间歇运动的机构称为间歇运动机构。间歇运动机构很多，在此介绍几种常用的间歇运动机构及其应用。

3.4.1　棘轮机构

1. 棘轮机构的工作原理

图 3-17 所示为外啮合棘轮机构。它由摆杆 1、棘爪 2、棘轮 3、止回爪 4 和机架 5 组成。通常以摆杆为主动件、棘轮为从动件。当摆杆连同棘爪顺时针转动时，棘爪进入棘轮的相应齿槽，并推动棘轮转过相应的角度；当摆杆逆时针转动时，棘爪在棘轮齿顶上滑过。为了防止棘轮跟随摆杆反转，设置止回爪。这样，摆杆不断地做往复摆动，棘轮便得到单向的间歇运动。

2. 棘轮机构的类型及应用

棘轮机构可分为轮齿式与摩擦式两大类，其中以轮齿式用得最为广泛。它有外啮合（图 3-17）和内啮合（图 3-18）两种类型。它们的特点是摆杆向一个方向摆动时，棘轮沿同一方向转过某一角度；而摆杆反向摆动时，棘轮静止不动。外啮合棘轮机构的棘爪或楔块均安装在棘轮的外部，而内啮合棘轮机构的棘爪或楔块均在棘轮内部。外啮合棘轮机构由于加工、安装和维修方便，应用较广。内啮合棘轮机构的特点是结构紧凑、外形尺寸小。另外还可做成移动棘轮，即棘条机构，如图 3-19 所示。

轮齿式棘轮机构结构简单，制造方便，动与停的时间比可通过选择合适的驱动机构实现。该机构的缺点是动程只能做有级调节，噪声、冲击和磨损较大，故不宜用于高速运动。

图 3-20 所示为摩擦式棘轮机构，当摆杆 1 做逆时针转动时，利用楔块 2 与摩擦轮 3 之间的摩擦产生自锁，从而带动摩擦轮 3 和摆杆一起转动；当摆杆 1 做顺时针转动时，楔块 2 与摩擦轮 3 之间产生滑动。这时由于楔块 4 的自锁作用能阻止摩擦轮反转。这样，在摆杆不断做往复运动时，摩擦轮便做单向的间歇运动。

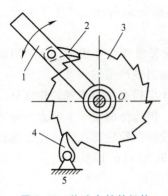

图 3-17 外啮合棘轮机构

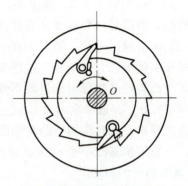

图 3-18 内啮合棘轮机构

1—摆杆 2—棘爪 3—棘轮 4—止回爪 5—机架

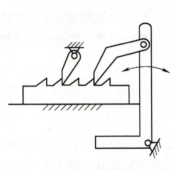

图 3-19 棘条机构

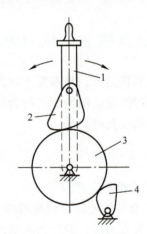

图 3-20 摩擦式棘轮机构

1—摆杆 2、4—楔块 3—摩擦轮

摩擦式棘轮机构是用偏心扇形楔块代替轮齿式棘轮机构中的棘爪,以无齿摩擦代替棘轮,其特点是传动平稳、无噪声;动程可无级调节。但因靠摩擦力传动,会出现打滑现象,虽然可起到安全保护作用,但是传动精度不高,适用于低速轻载的场合。

图 3-21 所示为自行车后轴上的棘轮机构。当脚蹬踏板时,经主动链轮和链条 2 带动内圈具有棘齿的链轮 1 顺时针转动,再经棘爪 4 带动后轮轴 3 顺时针转动,从而驱使自行车前进。当自行下坡或歇脚休息时,踏板不动,后轮轴借助下滑力或惯性超越链轮 1 而转动。此时棘爪在棘齿背上滑过,产生从动件转速超过主动件转速的超越运动,从而实现不蹬踏板的滑行。

图 3-22 所示超越离合器即为内接摩擦式棘轮机构,当星轮 1 逆时针旋转时,滚柱 3 靠摩擦力而滚向楔形空间的小端,将从动件套筒 4 楔紧并使其随星轮一起转动。当星轮顺时针回转时,滚柱滚向大端,使套筒松开。

图 3-23a 所示为牛头刨床工作台采用棘轮机构(图 3-23b)实现横向进给,齿轮 1 带动齿轮 2 连续回转,通过连杆 3 使摆杆 4 往复摆动,从而使棘爪 7 推动固定于进给丝杠 6 上一端的棘轮 5 做单向间歇转动,进而带动工作台做横向进给运动。

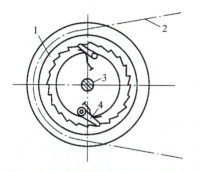

图 3-21　自行车后轴上的棘轮机构

1—链轮　2—链条　3—后轮轴　4—棘爪

棘轮机构在
生产生活中
的应用

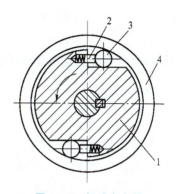

图 3-22　超越离合器

1—星轮　2—弹簧顶杆　3—滚柱　4—套筒

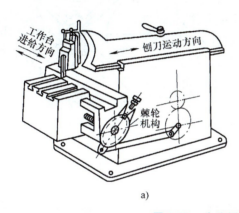

a)

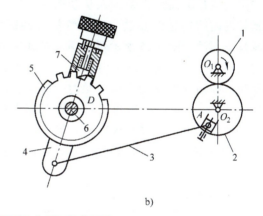

b)

图 3-23　牛头刨床工作台横向进给机构

1、2—齿轮　3—连杆　4—摆杆　5—棘轮　6—进给丝杠　7—棘爪

3. 棘轮机构的部分参数

如图 3-24 所示，棘轮机构中轮齿对棘爪的作用力有：正压力 F_N 和阻止棘爪下滑的摩擦力 F（$=F_N\tan\varphi$）。为了保证棘爪在此二力作用下正常工作，必须使棘爪顺利落到齿根而又不至于与齿脱开，其合力 F_R 应使棘爪有逆时针回转的力矩，这就要求轮齿工作面相对棘轮半径朝齿体内偏斜一角度 φ，φ 称为棘齿的偏斜角。通常取偏斜角 $\varphi = 20°$。

棘轮齿数 z 一般由棘轮机构的使用条件和运动要求选定。对于一般进给和分度所用的棘轮机构，可根据棘轮最小转角来确定棘轮的齿数（$z \leqslant 250$，一般取 $z = 8 \sim 30$），然后按强度要求确定模数 m。

棘轮与棘爪的主要几何尺寸可按以下计算：

顶圆直径　　　　　$D = mz$

全齿高　　　　　　$h = 0.75m$

齿顶厚　　　　　　$s = m$

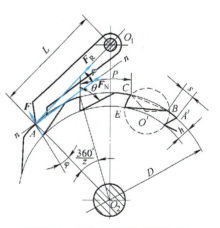

图 3-24　棘轮与棘爪的几何尺寸

齿槽夹角 $\theta = 60°$或$50°$

棘爪长度 $L = 2\pi m$

其他结构尺寸可参阅机械设计手册。

3.4.2 槽轮机构

1. 槽轮机构的工作原理

槽轮机构是由槽轮、装有圆销的拨盘和机架组成的间歇运动机构。如图3-25所示，它由带圆销A的主动拨盘1、具有径向槽的从动槽轮2和机架组成。当主动拨盘做匀速转动时，驱动从动槽轮做时转时停的单向间歇运动。工作时，当主动拨盘上圆销A未进入从动槽轮径向槽时，由于从动槽轮的内凹锁止弧β被主动拨盘的外凸圆弧α卡住，故槽轮静止不动。图3-25所示位置是圆销A刚开始进入从动槽轮径向槽时的情况，此时内凹锁止弧刚被松开，因此从动槽轮受圆销A的驱动开始沿顺时针方向转动；当圆销A离开径向槽时，从动槽轮的下一个内凹锁止弧又被主动拨盘的外凸圆弧卡住，致使从动槽轮静止，直到圆销A再次进入从动槽轮另一径向槽时，两者又重复上述的运动循环。

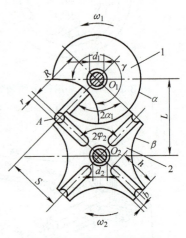

图3-25 外啮合槽轮机构

1—主动拨盘 2—从动槽轮

2. 槽轮机构的类型及应用

槽轮机构有外啮合与内啮合两种类型。图3-25所示为外啮合槽轮机构，其主动拨盘与从动槽轮的转向相反；图3-26所示为内啮合槽轮机构，其主动拨盘与从动槽轮的转向相同。

槽轮机构结构简单、工作可靠，且转位时间与静止时间之比为定值。但槽轮的转角大小不能调节，且在运动过程中的加速度变化较大，主动拨盘上圆销与从动槽轮的径向槽间冲击较严重。故槽轮机构一般应用于转速不高，要求间歇地转动一定角度的分度装置和自动化机械中。电影放映机中使用槽轮机构进行抓片，如图3-27所示。

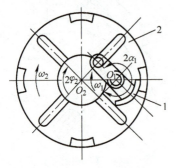

图3-26 内啮合槽轮机构

1—主动拨盘 2—从动槽轮

槽轮机构在电影放映机中的应用

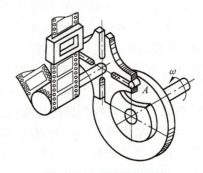

图3-27 间歇抓片机构

3. 从动槽轮的槽数 z 和主动拨盘的圆销数 K

（1）从动槽轮的槽数   如图3-25所示，为了使从动槽轮的起动和停止比较平稳，设计从动槽轮时，应使主动拨盘圆销进入和退出径向槽的速度方向与槽方向一致，这就可以保证槽轮起动和停止的瞬时角速度为零，以避免刚性冲击。所以，在这两个位置上主动拨盘与从动槽轮互相垂直，即 O_2A 应与 O_1A 垂直。设 z 为均匀分布的径向槽数，当从动槽轮转过 $2\varphi_2 = 2\pi/z$ 弧度时，主动拨盘相应转过的转角为

$$2\alpha_1 = \pi - 2\varphi_2 = \pi - \frac{2\pi}{z} \tag{3-5}$$

在一个运动循环内，从动槽轮的运动时间 t' 与主动拨盘转一周的总时间 t 之比，称为运动系数 τ。当主动拨盘等速转动时，这个时间比可以用从动槽轮与主动拨盘相应的转角之比来表示。若主动拨盘上只有一个圆销，则主动拨盘转一周，从动槽轮转位一次，t'、t 分别对应于主动拨盘的转角为 $2\alpha_1$、2π。因此，该槽轮机构的运动系数 τ 为

$$\tau = \frac{t'}{t} = \frac{2\alpha_1}{2\pi} = \frac{\pi - \dfrac{2\pi}{z}}{2\pi} = \frac{z-2}{2z} = \frac{1}{2} - \frac{1}{z} \tag{3-6}$$

$\tau = 0$ 表示槽轮始终不动，故 τ 值必须大于零。由上式可知，径向槽数应等于或大于3。增加径向槽数 z 可以增加机构运动的平稳性，但是机构尺寸随之增大，导致惯性力增大。所以一般取 $z = 4 \sim 8$。这种只有一个圆销的槽轮机构，它的运动系数 τ 总是小于0.5，即槽轮的运动时间总小于静止时间。

(2) 主动拨盘的圆销数 K　欲使槽轮机构的运动系数 $\tau > 0.5$，可在主动拨盘上装数个圆销。设主动拨盘上均匀分布的圆销数为 K，当主动拨盘转一整周时，从动槽轮将被拨动 K 次，故运动系数 τ 也为单数圆销时的 K 倍，即

$$\tau = \frac{K(z-2)}{2z} < 1 \tag{3-7}$$

$\tau = 1$ 表示从动槽轮与主动拨盘一样做连续运动，故 τ 应小于1。

由此可得

$$K < \frac{2z}{z-2} \tag{3-8}$$

由上式可知，当 $z = 3$ 时，圆销的数目可为 $1 \sim 5$，当 $z = 4$ 或 5 时，圆销数可为 $1 \sim 3$，而当 $z \geqslant 6$ 时，圆销的数目为 1 或 2。

3.4.3　不完全齿轮机构

1. 不完全齿轮机构的工作原理

不完全齿轮是指轮齿不布满整个圆周的齿轮，由这种齿轮组成的传动机构称为不完全齿轮机构，如图3-28所示。它常用作间歇传动机构。此种机构的主动轮1为只有一个齿或几个齿的不完全齿轮，而从动轮2上制出与主动轮轮齿相啮合的齿间。当主动轮的有齿部分作用时，从动轮转动；当主动轮的无齿圆弧部分作用时，从动轮停止不动，因而当主动轮连续转动时，从动轮2获得时转时停的间歇运动。由图3-28可知，每当主动轮连续转过1周时，从动轮2分别间歇地转过 1/8、1/4 和 1 周。为了防止从动轮在停歇期间游动，两轮轮缘上各装有锁止弧。

当主动轮匀速转动时，此种机构的从动轮在运动期间也保持匀速转动，但是当从动轮由停歇而突然到达某一转速，以及由某一转速突然停止时，都会像等速运动规律的凸轮机构那

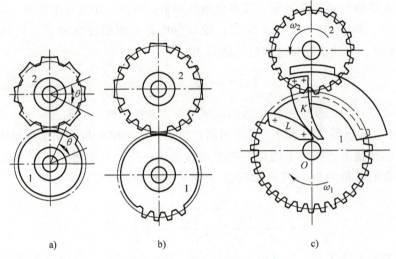

图 3-28　外啮合不完全齿轮机构

1—主动轮　2—从动轮

样产生刚性冲击。因此，对于转速较高的不完全齿轮机构，可在两轮的端面分别装上瞬心线附加杆 L 和 K，如图 3-28c 所示，使从动件的角速度由零逐渐增加到某一数值从而避免冲击。

2. 不完全齿轮机构的类型及应用

不完全齿轮机构有外啮合（图 3-28）和内啮合（图 3-29）两种形式，一般用外啮合形式。

与其他间歇运动机构相比，不完全齿轮机构的优点是设计灵活，结构简单，从动轮的运动角范围大，很容易实现一个周期中的多次动、停时间不等的间歇运动；缺点是在进入和退出啮合时速度有突变，引起刚性冲击，不宜用于高速传动。不完全齿轮机构常用于多工位自动机和半自动机工作台的间歇转位及某些间歇进给机构中。

图 3-30 所示为蜂窝煤压制机工作台五个工位的间歇转位机构示意图。该机构完成煤粉的装填、压制、退煤等动作，因此每转 1/5 周需要停歇一次。齿轮 3 是不完全齿轮，当它做连续转动时，通过齿轮 6 使工作台 7（其外周是一个大齿圈）获得预期的间歇运动。此外，

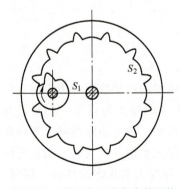

图 3-29　内啮合不完全齿轮机构

不完全齿轮
机构在蜂窝
煤压制机
中的应用

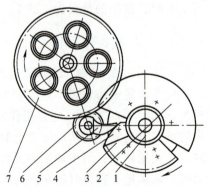

图 3-30　蜂窝煤压制机工作台五个工位
的间歇转位机构示意图

1—轴　2—轮盘　3、6—齿轮
4、5—附加板　7—工作台

为使工作比较平稳，在齿轮 3 和齿轮 6 上添加了一对起动用的附加板 4、5，还添加了凸形和凹形的圆弧板，以便起锁止弧的作用。

知识拓展——心理学中的棘轮效应

知识拓展——
心理学中的
棘轮效应

小结——思维导图讲解

知识巩固与能力训练题

3-1　判断下列说法是否正确。

1）盘形凸轮的基圆半径越大，行程也越大。

2）盘形凸轮制造方便，所以最适用于较大行程的传动。

3）凸轮轮廓曲线取决于从动杆的运动规律。

4）同一条凸轮轮廓曲线，对三种不同形式的从动杆都适用。

5）滚子从动杆凸轮机构中，凸轮的实际轮廓曲线和理论轮廓曲线一样。

6）盘形凸轮的理论轮廓曲线与实际轮廓曲线是否相同，与从动杆的形式有关。

7）凸轮机构的主要功能是将凸轮的连续运动（移动或转动）转变成从动件的按一定规律的往复移动或摆动。

8）从动件的位移线图是凸轮轮廓设计的重要依据。

9）为了避免出现尖点和运动失真现象，必须对所设计的凸轮理论轮廓曲线的最小曲率半径进行校验。

10）压力角不仅影响凸轮机构传动是否灵活，而且还影响凸轮机构尺寸是否紧凑。

11）能使从动件得到周期性的时停时动的机构，都是间歇运动机构。

12）棘轮机构和槽轮机构的主动件，都是做往复摆动运动的。

13）不完全齿轮机构在工作中是不会出现冲击现象的。

14）间歇运动机构的主动件和从动件，是可以互相调换的。

15）槽轮机构都有锁止圆弧，因此没有锁止圆弧的间歇运动机构都是棘轮机构。

3-2　试标出图 3-31 所示位移线图中的行程 h、推程运动角 δ_t、远休止角 δ_s、回程运动角 δ_h、近休止角 δ_s'。

3-3　试写出图 3-32 所示凸轮机构的名称，并在图上作出行程 h，基圆半径 r_b，凸轮转角 δ_t、δ_s、δ_h、δ_s' 以及 A、B 两处的压力角。

3-4　一对心滚子直动从动件盘形凸轮机构如图 3-33 所示，试在图中画出该凸轮的理论轮廓曲线、基圆半径、升程 h 和图示位置的凸轮机构压力角。

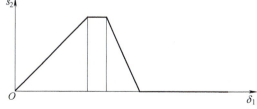

图 3-31　题 3-2 图

3-5　一偏心圆凸轮机构如图 3-34 所示，O 为偏心圆的几何中心，偏心距 $e = 15\text{mm}$，$d = 60\text{mm}$，试在图中画出：凸轮的基圆半径、从动件的升程 h 和推程运动角 δ_t；凸轮转过 $90°$ 时从动件的位移 s_2。

3-6　用图解法设计一对心平底直动从动件盘形凸轮机构的凸轮轮廓曲线。已知：基圆半径 $r_b = 50\text{mm}$，从动件平底与导路垂直，凸轮顺时针等速转动，运动规律如图 3-35 所示。

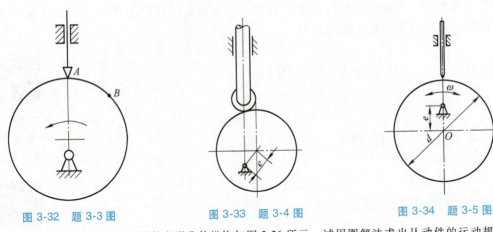

图 3-32　题 3-3 图　　　　　图 3-33　题 3-4 图　　　　　图 3-34　题 3-5 图

3-7　已知：偏置式滚子从动件盘形凸轮机构如图 3-36 所示，试用图解法求出从动件的运动规律 s_2-δ_1 曲线（要求清楚标明坐标与凸轮上详细对应点号位置）。

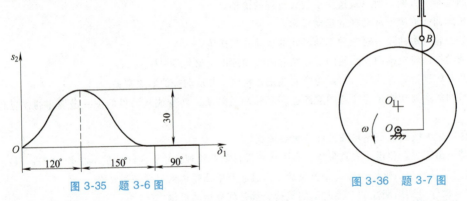

图 3-35　题 3-6 图　　　　　　图 3-36　题 3-7 图

3-8　设计一对心滚子直动从动件盘形凸轮机构。已知：凸轮顺时针匀速转动，基圆半径 $r_b = 40\text{mm}$，$h = 30\text{mm}$，滚子半径 $r_T = 10\text{mm}$，从动件的运动规律见表 3-1。

表 3-1　从动件的运动规律

δ_1	0°~90°	90°~180°	180°~240°	240°~360°
运动规律	等速上升	停止	等加速等减速下降	停止

3-9　牛头刨床工作台的横向进给螺杆的导程 $P_h = 3\text{mm}$，与螺杆固连的棘轮齿数 $z = 40$。试求：①该棘轮最小转动角度 φ_{min}；②该牛头刨床最小进给量 s_{min}。

3-10　有一外槽轮机构，已知：槽轮的槽数 $z = 6$，槽轮的停歇时间为 1s/r，槽轮的运动时间为 2s/r。试求：该槽轮的运动系数 τ，该槽轮所需的圆销数 K。

模块二

工程构件的受力分析与承载能力设计

模块简介

  机械与工程力学相互依存、相互促进，工程力学大量运用在机械产品的设计、制造与使用中，各种机械设备都是由若干个工程构件所组成的，作为机械产品不仅需满足运动功能要求，还需满足强度、刚度及稳定性等承载能力要求，从而保证产品安全可靠地正常工作。本模块将介绍工程构件的受力分析与承载能力设计，包括静力学公理及工程构件受力图的绘制、力系的合成与平衡分析、工程构件轴向拉伸与压缩的承载能力设计、工程构件剪切与挤压的承载能力设计、工程构件扭转的承载能力设计以及工程构件弯曲的承载能力设计六个学习情境。

静力学公理及工程构件受力图的绘制

能力目标

1) 能够运用静力学公理分析力学现象。
2) 能够分析工程中常见约束类型的特点。
3) 能够正确分析工程构件的受力情况，绘制受力图。

素质目标

1) 通过静力学发展简史及静力学公理中最基本规律的认知，让学生具有正确的科学观以及领悟力学中所蕴含的哲学思想，践行辩证唯物主义的认识论和方法论，理论来源于实践，又用于指导实践，遵循实践-理论-实践的规律。

2) 通过静力学在研究物体受外力的平衡问题时，忽略物体微小变形简化为刚体模型，而当后续材料力学分析物体承载能力时，则必须考虑其内部变形，建立变形体模型的这一分析方法，引导学生既要善于抓住事物的主要矛盾，同时又要学会具体问题具体分析。

3) 通过工程中活动铰支座可以在某一个方向上滚动，其受到的约束虽然比固定铰支座少，但很多时候在工程实践中却是十分必要的，如桥梁、房屋结构等，从而引申教育学生人与人的关系也具有类似道理，给予他人一定的空间，人际关系会更好。

案例导入

在工程或实际生活中，许多物体在力系作用下相对于地面保持静止或匀速直线运动状态，是物体机械运动的一种特殊状态，称为平衡，如图 4-1 所示的曲柄滑块机构及图 4-2 所示的起重机支架等。静力学就是研究物体在力系作用下的平衡规律及其在工程中的应用。

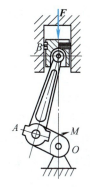

图 4-1　曲柄滑块机构

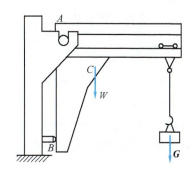

图 4-2　起重机支架

4.1　静力学的基本概念

静力学中的
基本概念

4.1.1　力的概念

当人们用手握、拉、掷及举起物体时，由于肌肉紧张而感受到力的作用，这种作用广泛存在于人与物及物与物之间。例如，举重运动员抓举或挺举起杠铃，汽车对路面产生压力，人通过转动扳手将螺母拧开或拧紧，千斤顶支承起重物，起重机吊起重物等。

1. 力的定义

力是物体对物体的作用。力有两种效应，一是力的运动效应，即力使物体的运动状态发生改变；二是力的变形效应，即力使物体的形状发生改变。前者称为力的外效应；后者称为力的内效应。一般来说这两种效应是同时存在的，静力学主要讨论力的外效应。

2. 力的三要素

实践证明，力对物体的作用效应，取决于力的大小、方向和作用点，这三个因素就称为力的三要素。在这三个要素中，如果改变其中任何一个，也就改变了力对物体的作用效应。例如，用扳手拧螺母时，作用在扳手上的力，因大小不同，或方向不同，或作用点不同，它们产生的效果就不同。

3. 力的表示方法

力是一个既有大小又有方向的矢量，可以用一个带箭头的有向线段来表示力的三要素。如图 4-3 所示，线段 AB 的长度按一定比例代表力的大小，线段的方位和箭头表示力的方向，其起点或终点表示力的作用点。通过力的作用点沿力的方向所画的直线称为力的作用线。通常用黑体字 F 代表力矢量，并以同一字母的非黑体字 F 代表该矢量的模（大小）。

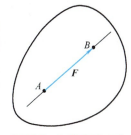

图 4-3　力的表示方法

4. 力的单位

我国法定计量单位规定，力的单位是牛顿或千牛顿，简称为牛（N）或千牛（kN），其换算关系为 1kN = 1000N。

4.1.2　力系的有关概念

作用于物体上的一群力称为力系。如果两个力系对同一物体的作用效应完全相同，则称这两个力系互为等效力系。当一个力系与一个力的作用效应完全相同时，把这一个力称为该力系的合力，而该力系中的每一个力称为该合力的分力。

4.1.3 平衡的有关概念

平衡是指物体相对于地面保持静止或匀速直线运动的状态。物体处于平衡状态时，作用于该物体上的力系称为平衡力系。力系平衡所满足的条件称为平衡条件。实际上物体的平衡总是暂时的、相对的，而永久的、绝对的平衡是不存在的。静力学研究物体的平衡问题，实际上就是研究作用于物体上的力系的平衡条件，并利用这些条件解决工程实际问题。

4.1.4 刚体的概念

刚体是指在受力状态下保持其几何形状和尺寸不变的物体。这是一个理想化的模型，实际上并不存在这样的物体。但是，工程实际中的机械零件和结构构件，在正常工作情况下所产生的变形，一般都是非常微小的，对于研究物体的外效应的影响极小，可以忽略不计，在静力学中把物体看作刚体以简化问题的研究。但是，当研究物体的变形问题时，就不能把物体看作是刚体，而是看作变形体，否则会导致错误的结果，甚至无法进行研究。

4.2 静力学公理及其应用

静力学公理是人们在长期的生活和生产实践中，发现和总结出来的最基本的力学规律，又经过实践的反复检验，证明是符合客观实际的普遍规律，并把这些规律作为力学研究的基本出发点。静力学公理是静力学的理论基础。

公理一 二力平衡公理

当一个刚体受两个力作用而处于平衡状态时，其充分必要条件是：这两个力大小相等、方向相反、作用于同一直线上（简称为等值、反向、共线），如图 4-4 所示。

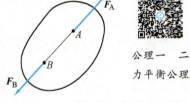

公理一 二力平衡公理

图 4-4 二力平衡

这个公理揭示了作用于物体上的最简单的力系在平衡时所必须满足的条件，它是静力学中最基本的平衡条件。

在机械和建筑结构中通常将只受两个力作用而平衡的构件统称为二力构件，如图 4-5 所示的 AB 构件（不考虑自重）。二力构件的受力特点是：两个力的方向必在两个力作用点的连线上。

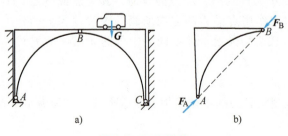

a)　　　　　　　　　b)

图 4-5 二力构件

应用此公理，可以很方便地判定结构中某些构件的受力方向。图 4-5a 所示的三铰拱中 AB 部分，当车辆不在该部分上且不计自重时，它只可能通过 A、B 两点受力，是一个二力构件，故 A、B 两点的作用力必沿 AB 连线的方向（图 4-5b）。

公理二 加减平衡力系公理

在刚体的原力系中，加上或减去任一平衡力系，不会改变原力系对刚体的作用效应。这个公理常被用来简化某一已知力。根据此公理，可以得出一个重要推论。

推论 1 力的可传性原理

作用于刚体上的力可以沿其作用线移至刚体内任一点，而不改变原力对刚体的作用效应。例如，在图 4-6 所示车后 A 点加一水平力推车，与在车前 B 点加一水平力拉车，其效果是一样的。

公理二 加减
平衡力系公理

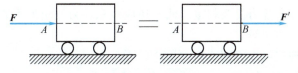

图 4-6 力的可传性

此原理可以利用上述公理推证如下。

1）设 F 作用于 A 点，如图 4-7a 所示。

2）在力的作用线上任取一点 B，并在 B 点加一平衡力系（F_1，F_2），使 $F_1 = -F_2 = -F$，如图 4-7b 所示，由加减平衡力系公理知，这并不影响原力 F 对刚体的作用效应。

3）再从该力系中去掉平衡力系（F，F_1），则剩下的 F_2 与原力 F 等效，如图 4-7c 所示。

因此，就把原来作用在 A 点的力 F 沿其作用线移到了 B 点。

根据力的可传性原理，力在刚体上的作用点已被它的作用线所代替，所以作用于刚体上的力的三要素又可以说是：力的大小、方向和作用线。

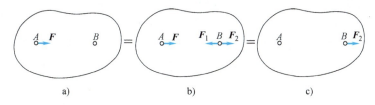

图 4-7 力的可传性原理推证

公理三 力的平行四边形法则

作用于物体同一点的两个力可以合成为一个合力，合力也作用于该点，其大小和方向由以这两个力为邻边所构成的平行四边形的对角线确定，即合力矢等于这两个分力矢的矢量和。如图 4-8 所示，其矢量表达式为

$$F_R = F_1 + F_2 \tag{4-1}$$

力的平行四边形法则总结了最简单的力系简化规律，它是较复杂力系合成的主要依据。

从图 4-9 中可以看出，在求合力时，也可只作力的平行四边形的一半，即一个三角形就行。为了图形清晰起见，通常把这个三角形画在力所作用的物体之外，其方法是自任意点 O 先画出一力矢 F_1，然后再由 F_1 的终点画一力矢 F_2，最后由 O 点至力矢 F_2 的终点作一矢量 F_R，它就代表 F_1、F_2 的合力，如图 4-9a 所示。此种作图方法称为力的三角形法则。

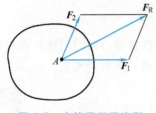

图 4-8 力的平行四边形

公理三 力的平行四边形法则

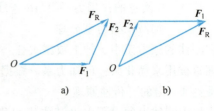

a)

b)

图 4-9 力的三角形

在作力三角形时，必须遵循这样一个原则，即分力力矢首尾相接，但次序可变（图 4-9b），合力力矢箭头与最后一个分力箭头相接。此外还应注意，力三角形只表示力的大小和方向，而不表示力的作用点或作用线。

运用公理二与公理三可以得到下面的推论。

推论 2 三力平衡汇交定理

刚体受不平行的三个力作用而平衡时，此三个力的作用线必汇交于一点且位于同一平面内。

如图 4-10 所示，设刚体上 A、B、C 三点分别作用三个力 F_1、F_2、F_3，刚体处于平衡，其中 F_1 和 F_2 作用线汇交于 O 点，将此二力沿其作用线移到汇交点 O 处，并将其合成为合力 F_{12}，则 F_{12} 和 F_3 构成二力平衡力系，所以 F_3 必通过汇交点 O，且三力必共面，定理得证。

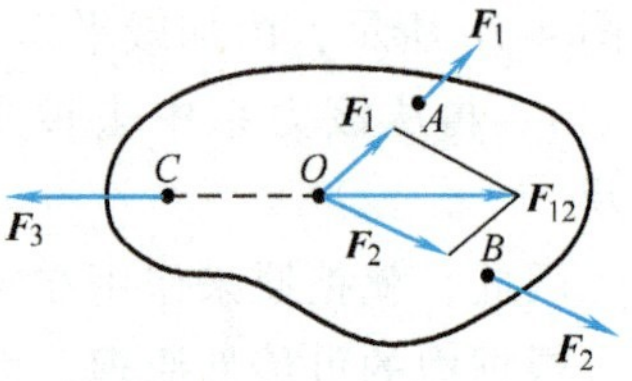

工程结构中，常把受三个力而平衡的构件称为三力构件。

图 4-10 三力平衡汇交

公理四 作用力与反作用力定律

两个物体间的作用力与反作用力，总是大小相等，方向相反，并沿同一直线，分别作用于这两个不同的物体上。

此公理概括了自然界的物体相互作用的关系，表明了作用力和反作用力总是成对出现的。有作用力就必然有反作用力，它们之间相互依存，同时出现、共同消失，分别作用在相互作用的两个物体上。

作用力与反作用力一般用同一字母表示。为了便于区别，在其中一个字母的右上角处加一小撇"′"，如 F 表示作用力，则 F' 表示反作用力。

公理四 作用力与反作用力定律

【例 4-1】 根据静力学公理分析图 4-11a 所示拱形结构 AB、BC 的受力情况（不考虑 AB、BC 自重）。

解：根据二力平衡公理，AB 为二力构件，故 AB 构件受力如图 4-11b 所示。

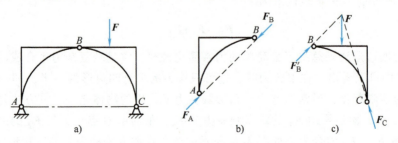

a)

b)

c)

图 4-11 拱形结构受力分析

根据作用与反作用定律，可得 *BC* 构件在 *B* 点的受力方向，再根据三力平衡汇交定理，*BC* 为三力构件，从而可得 *BC* 构件受力如图 4-11c 所示。

工程中常见的约束及其约束反力

4.3　工程中常见的约束及其约束反力

4.3.1　约束的相关概念

工程中的机器或者机构，总是由许多构件组成，而这些构件总是受到周围物体的限制。被限制的物体称为被约束物体。例如：卧式车床的刀架受床身导轨的限制，只能沿床身导轨移动；电动机转子受轴承的限制，只能绕轴线转动；放到地面上的物体，其向下的运动受到地面的限制等。凡是限制物体运动的其他物体，称为约束，如导轨就是刀架的约束，轴承就是电动机转子的约束，地面就是物体的约束。

约束之所以限制被约束物体的运动，是因为约束对被约束物体有力的作用。约束作用于被约束物体的力称为约束反力，简称为约束力或反力。

约束反力的作用点总是在约束与被约束物体的接触处，其方向总是与该约束所能限制的运动或运动趋势的方向相反。

约束反力以外的其他力统称为主动力，其作用在物体上促使物体有运动或有运动趋势，工程中也称为载荷，如物体的自重、风力等，这类力一般是已知的或可以测量的。

4.3.2　工程中常见的约束及其约束反力特点

1. 柔性约束

由柔软的绳索、传动带、链条等形成的约束称为柔性约束。这类约束的特点是只能承受拉力而不能承受压力。由于柔性约束只能限制物体沿其中心线伸长方向的运动，所以柔性约束的约束反力一定是通过接触点，沿着柔性约束的中心线作用的拉力，常用 F_T 表示。例如，图 4-12a 所示的用钢丝绳悬挂一重物，钢丝绳对重物的约束反力如图 4-12b 所示。再如，图 4-13a 所示传动带绕过带轮时的情况，传动带对带轮的约束反力沿着轮缘的切线，方向背离带轮，如图 4-13b 所示。

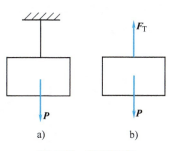

图 4-12　绳索约束

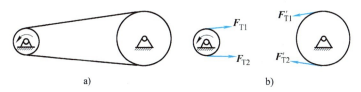

图 4-13　传动带约束

2. 光滑面约束

当两物体直接接触，如果接触面非常光滑，摩擦力可忽略不计，则这种约束就称为光滑面约束。这类约束不能限制物体沿接触面切线方向的运动，只能限制物体沿接触面的公法线方向的运动。要保证两物体间相互接触，接触面间只能是压力而不能是拉力。因此，光滑面约束的约束反力是通过接触点沿公法线方向指向被约束物体，常用字母 F_N 表示。图 4-14a、b 分别所示为光滑曲面对刚体球的约束和齿轮传动机构中齿轮轮齿的约束。图 4-15a 所示为直杆与方槽在 A、B、C 三点接触，三处的约束反力沿接触点的公法线方向作用，如图 4-15b 所示。

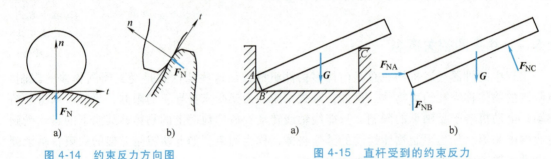

图 4-14　约束反力方向图　　　　图 4-15　直杆受到的约束反力

3. 光滑圆柱铰链约束

铰链是工程上常见的一种约束。光滑圆柱铰链是用一圆柱销将两个或更多个构件连接在一起，孔与圆柱销之间的摩擦忽略不计，这种约束称为光滑圆柱铰链约束，如图 4-16 所示。门窗所用的合页、活塞与连杆、起重机的动臂与机座的连接等，都是常见的铰链连接。

这种约束只能限制物体间的相对径向移动，不能限制物体绕销轴线的相对转动或沿其轴线方向的移动。因此，其约束反力沿接触点与销中心的连线作用。一般认为销与构件光滑接触，所以这也是一种光滑面约束，约束反力应通过接触点 K 沿公法线方向指向构件，如图 4-17a 所示，但实际上很难确定 K 的位置，因此约束反力 F_N 的方向无法确定。所以，这种约束反力通常是用两个通过铰链中心的大小和方向未知的正交分力 F_x、F_y 来表示，如图 4-17b 所示。

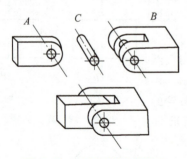

图 4-16　光滑圆柱铰链约束

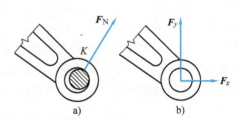

图 4-17　铰链约束反力

工程中常用的铰链约束类型有：

（1）固定铰支座　将圆柱销连接的两构件中的一个固定起来，即用以将构件和基础连接，如起重机与机架的连接、桥钢架同固定支承面的连接就应用了这种支座，如图 4-18a 所示。图 4-18b 所示为其约束反力的表示方法。

（2）中间铰链　用于连接两个可以相对转动但不能相对移动的构件，如曲柄滑块机构中

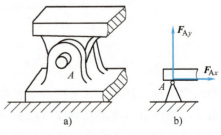

图 4-18　固定铰支座

曲柄与连杆、连杆与滑块的连接，如图 4-19 所示。通常在两个构件连接处用一个小圆表示铰链，如图 4-19c 所示。

（3）**活动铰支座**　在铰支座与支承面之间安装几个滚子称为活动铰支座，如图 4-20a 所示。它经常使用在桥梁、屋架等结构中。由于滚子的作用，被支承构件可沿支承面的切线方向移动，只限制了构件沿支承面法线方向的移动，故其约束反力的方向只能在滚子与支承面接触面的公法线方向。其约束反力的表示方法如图 4-20b 所示。当桥梁等长度因热胀冷缩而发生变化时，活动铰支座可相应地沿支承面移动，从而避免了因温差而产生的应力。

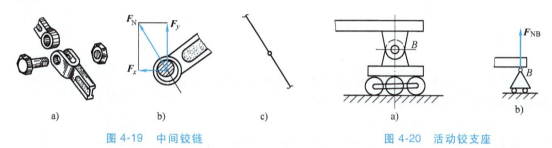

图 4-19　中间铰链　　　　　　　图 4-20　活动铰支座

4.4　工程构件受力图的绘制

工程构件受力图的绘制

在对物体进行力学分析过程中，首先要明确研究对象，然后分析研究对象受到哪些力的作用及各力作用线的位置，这一过程称为物体的受力分析。

为了便于分析、计算，需将研究对象从与它相联系的周围约束中"分离"出来，单独画出。这种从周围约束和受力中分离出来的研究对象称为分离体。然后把分离体所受的所有力（包括主动力和约束反力）全部画出来，这种表示物体受力情况的简明图形，称为受力图。

恰当地选取研究对象，正确地画出受力图是分析、解决力学问题的前提。

画受力图的步骤如下：

1）明确研究对象，取分离体。

2）在分离体上画出全部主动力。

3）在分离体上画出约束反力。

如果没有特别说明，则物体的重力一般不计，并认为接触面都是光滑的。

下面以应用实例说明受力图的画法及注意事项。

【例 4-2】　重力为 G 的圆球放在板 AC 与墙壁 AB 之间，如图 4-21a 所示。设板 AC 重力不计，试画出球与板 AC 的受力图。

解：先取球为研究对象，球上主动力 G，约束反力有 F_{ND} 和 F_{NE}，均属光滑面约束的法向反力。故圆球受力图如图 4-21b 所示。

再取板 AC 作为研究对象。由于板的自重不计，故只有 A、C、E 处的约束反力。其中 A 处为固定铰支座，其反力可用一对正交分力 F_{Ax}、F_{Ay} 表示；C 处为柔性约束，其反力为拉力 F_T；E 处的反力为法向反力 F'_{NE}（该反力与球在该处所受反力 F_{NE} 为作用力与反作用力的关系）。故板的受力图如图 4-21c 所示。

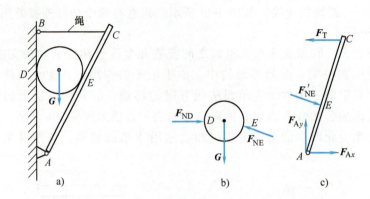

图 4-21　圆球和板的受力图

【例 4-3】　图 4-22a 所示的曲柄滑块机构处于平衡，不计各构件的自重，试画出图中滑块的受力图。

解：取滑块为分离体，画出它的主动力和约束反力。滑块上作用的主动力 F，连杆对滑块作用力 F_R 沿连杆 AB 的连线指向滑块，滑道对滑块的约束反力使滑块单面靠紧滑道，故产生一个与约束面相垂直的反力 F_N，滑块在 F、F_R、F_N 三个力作用下处于平衡。根据三力平衡汇交定理，滑块受力图如图 4-22b 所示。

【例 4-4】　图 4-23a 所示为一起重机支架，已知支架重量 W、吊重 G。试画出重物、吊钩、滑车与支架以及物系整体的受力图。

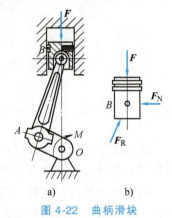

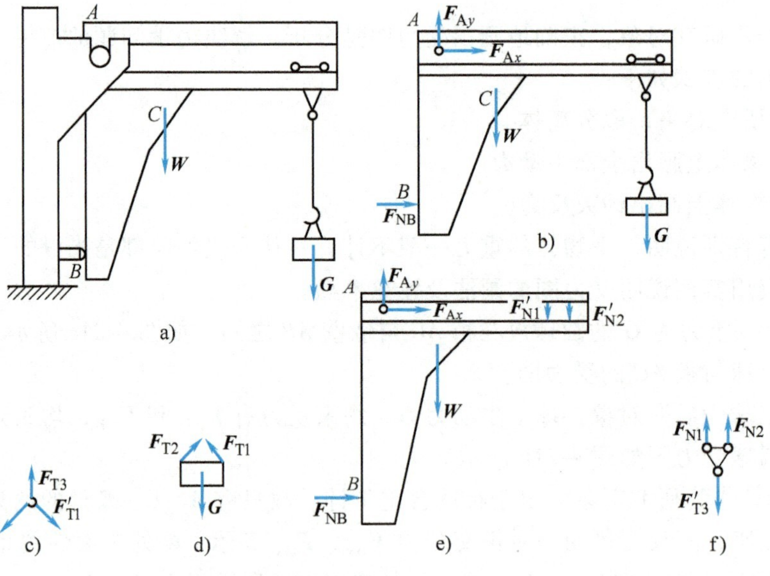

图 4-22　曲柄滑块
机构滑块受力图

图 4-23　起重机支架受力图

解：重物上作用有重量 G 和绳索对重物的拉力 F_{T1}、F_{T2}（图 4-23d）。

吊钩受绳索约束，沿各绳上画拉力 F'_{T1}、F'_{T2}、F_{T3}（图 4-23c）。

滑车上有钢梁的约束反力 F_{N1}、F_{N2} 及吊钩绳索的拉力 F'_{T3}（图 4-23f）。

支架上有 A 点的约束反力 F_{Ax}、F_{Ay}，B 点水平的约束反力 F_{NB} 及滑车滚轮的压力 F'_{N1}、F'_{N2}，支架自重 W（图 4-23e）。

整个物系作用有 G、W、F_{NB}、F_{Ax}、F_{Ay}，其余为内力，均不显示（图 4-23b）。

说明：工程中的机械都是由若干个物体通过一定形式的约束组合在一起的，称为物体系统，简称为物系。物系外的物体与物系之间的作用力称为外力，而物系内部物体间的相互作用力称为内力。内力总是成对出现且等值、反向、共线，当对整体进行受力分析时，内力的合力恒为零。故画整体受力图时，内力不画出。但内力与外力的划分又与所取研究对象有关，随所取对象的不同，内力与外力是可以互相转化的。

【例 4-5】　如图 4-24a 所示，梯子两部分 AB 和 AC 在点 A 铰接，又在 D、E 两点用水平绳连接。梯子放在光滑水平面上，若其自重不计，但在 AB 中点 H 处作用一铅直载荷 F。试分别画出绳子 DE 和梯子 AB、AC 部分以及整个系统的受力图。

解：分别取两梯子及绳子为研究对象，按照约束反力表示方法，并应用作用力与反作用力特点，画出 AB、AC 及 DE 受力图如图 4-24b、c 所示。取整体为研究对象时，由于 A 点、D 点及 E 点处的受力为系统的内力，整体受力分析时不表示出来，故整体受力图如图 4-24d 所示。

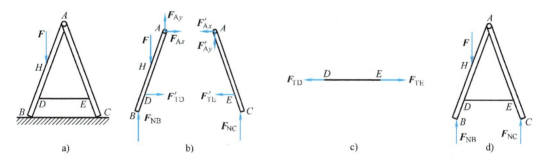

图 4-24　梯子受力图

知识拓展——静力学发展简史

小结——思维导图讲解

知识拓展——
静力学发
展简史

小结——思维
导图讲解

知识巩固与能力训练题

4-1　复习思考题。

1）作用力与反作用力是一对平衡力，请问是否正确？为什么？

2）可否将图 4-25a 所示三铰拱架中左边拱架上的作用力 **F**，依据力的可传性原理移到右边拱架上 *D* 点，为什么？

3）图 4-25b、c 中所画出的两个力三角形有何区别？

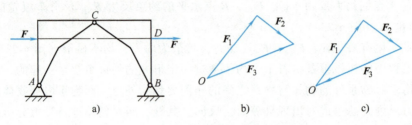

图 4-25　题 4-1 图

4-2　指出图 4-26 中哪些构件是二力构件？哪些构件是三力构件？并画出各构件的受力图。

4-3　画出图 4-27 中各个刚体的受力图。

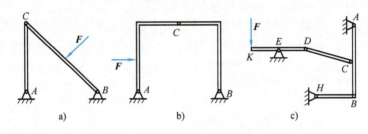

图 4-26　题 4-2 图

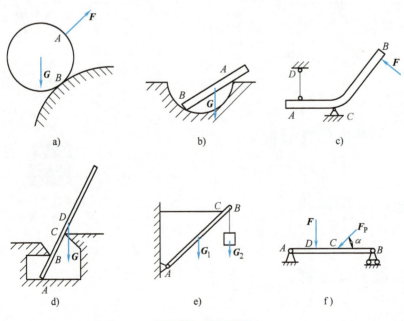

图 4-27　题 4-3 图

4-4　画出图 4-28 所示组合体中各构件的受力图。

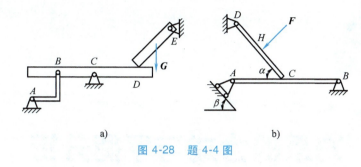

a)　　　　　　　　　　　　b)

图 4-28　题 4-4 图

力系的合成与平衡分析

能力目标

1）能够分析并解决工程构件在平面力系作用下的合成与平衡问题。

2）能够运用力学知识分析工程中的力学现象。

素质目标

1）通过对不同力系平衡问题的研究方法与解决办法（针对特殊情况建立，并推广到普遍情况）的探讨，教育学生善于认识事物的普遍性与特殊性，充分运用唯物辩证法、方法论进行问题的分析和解决。

2）通过力的平移定理在打乒乓球时的削球、转轴上齿轮受力、攻螺纹等力学问题的分析，引导学生善于运用力学知识解释工程及生活中的相关现象，并指导实践。同时教育学生在工作、生活中要具有规则意识、质量意识以及专心专注、一丝不苟的态度。

3）通过塔吊、起重机等工程应用实例的平衡问题分析以及结合工程实践中许多因设计缺陷、操作不当等导致的重大安全事故案例，引导学生树立生命至上的安全观，养成严谨的工作态度、精益求精的工匠精神，积极践行社会主义核心价值观。

案例导入

在工程中，若作用于物体上的力系中各力作用线在同一平面内，则该力系称为平面力系。当力系中各力作用线不在同一平面而呈空间分布时，则该力系称为空间力系。平面力系按各力作用线的分布情况，可分为平面汇交力系（各力的作用线汇交于一点，如图 5-1 所示的简易起重机）、平面平行力系（各力作用线相互平行，如图 5-2 所示的塔吊）和平面任意力系（各力作用线既不完全汇交于一点也不完全相互平行，如图 5-3 所示的悬臂吊车）。

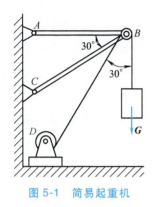

图 5-1　简易起重机

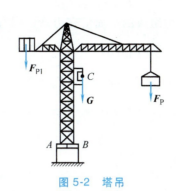

图 5-2　塔吊

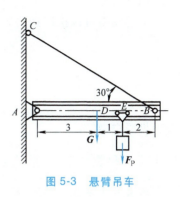

图 5-3　悬臂吊车

5.1　平面汇交力系的合成与平衡分析

5.1.1　力在平面直角坐标轴上的投影

如图 5-4 所示，在力 F 的作用面内选取直角坐标系 xOy，过 F 两端向坐标轴引垂线，垂足在 x 轴和 y 轴上所截下的线段为 ab、$a'b'$，分别称为力 F 在 x、y 轴上的投影，记作 F_x、F_y。

力在轴上的投影是代数量，其正负号规定为：若力起点的投影到终点的投影的指向与坐标轴正方向的指向一致，则力在该坐标轴上的投影为正，反之为负。

在图 5-4 中，若已知 F 的大小及其与 x 轴所夹的锐角 α，则有

$$\begin{cases} F_x = F\cos\alpha \\ F_y = -F\sin\alpha \end{cases} \tag{5-1}$$

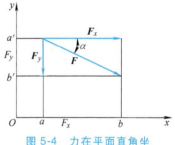

图 5-4　力在平面直角坐标轴上的投影

如将 F 沿坐标轴方向分解，所得分力 F_x、F_y 的值与在同轴上的投影 F_x、F_y 的绝对值相等。但需注意，力在轴上的投影是代数量，而分力是矢量，不可混为一谈。

如果已知力的投影 F_x、F_y 值，可求出 F 的大小和方向，即

$$\begin{cases} F = \sqrt{F_x^2 + F_y^2} \\ \tan\alpha = \left| F_y / F_x \right| \end{cases} \tag{5-2}$$

5.1.2　合力投影定理

合力投影定理

如图 5-5 所示，物体受 F_1、F_2 两个作用点汇交的力的作用，其合力为 F_R，在其作用平面内取直角坐标系 xOy，将合力 F_R 及分力 F_1 和 F_2 分别向 x 轴投影，由图可得

$$F_{Rx} = ad; \quad F_{1x} = ab; \quad F_{2x} = ac = bd$$

$$ad = ab + bd = ab + ac$$

即

$$F_{Rx} = F_{1x} + F_{2x}$$

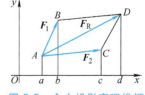

图 5-5　合力投影定理推证

同理可得 $$F_{Ry}=F_{1y}+F_{2y}$$

上述关系可以推广到由 n 个力组成的平面汇交力系，则有

$$\begin{cases} F_{Rx}=F_{1x}+F_{2x}+\cdots+F_{nx}=\sum F_x \\ F_{Ry}=F_{1y}+F_{2y}+\cdots+F_{ny}=\sum F_y \end{cases} \tag{5-3}$$

上式表明：合力在某一轴上的投影等于力系中各分力在同一轴上投影的代数和。此即为合力投影定理。

5.1.3 平面汇交力系的合成

若进一步将式（5-3）按式（5-2）运算，即可求得合力 F_R 的大小及方向，即

$$\begin{cases} F_R=\sqrt{\left(\sum F_x\right)^2+\left(\sum F_y\right)^2} \\ \tan\alpha=\left|\sum F_y / \sum F_x\right| \end{cases} \tag{5-4}$$

【例 5-1】 一吊环受到三条钢丝绳的拉力 F_1、F_2、F_3，如图 5-6 所示。已知：$F_1=2kN$，$F_2=2.5kN$，$F_3=2.5kN$。试求该吊环所受合力的大小和方向。

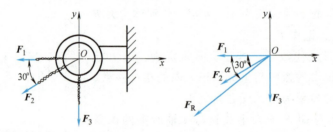

图 5-6 吊环受力分析

解：建立直角坐标系 xOy，并应用式（5-3），可得

$$F_{Rx}=F_{1x}+F_{2x}+F_{3x}=-F_1-F_2\cos30°+0kN=-2kN-2.17kN+0kN=-4.17kN$$

$$F_{Ry}=F_{1y}+F_{2y}+F_{3y}=0kN-F_2\sin30°-F_3=0kN-1.25kN-2.5kN=-3.75kN$$

再按式（5-4）可得合力 F_R 的大小为

$$F_R=\sqrt{F_{Rx}^2+F_{Ry}^2}=\sqrt{(-4.17kN)^2+(-3.75kN)^2}=5.6kN$$

$$\alpha=\arctan\left|\frac{F_{Ry}}{F_{Rx}}\right|=\arctan\left|\frac{-3.75}{-4.17}\right|=42°$$

因 F_{Rx}、F_{Ry} 均为负，故合力 F_R 在第三象限。

5.1.4 平面汇交力系的平衡方程及应用

力系平衡条件的解析表达式称为平衡方程。由前面分析可知，平面汇交力系平衡的充分必要条件是该力系的合力为零。根据式（5-4）可得平面汇交力系的平衡条件

$$\begin{cases} \sum F_x=0 \\ \sum F_y=0 \end{cases} \tag{5-5}$$

上式称为平面汇交力系的平衡方程。平面汇交力系有两个独立方程，可求解两个未

知量。

【例 5-2】 图 5-7a 所示为简易起重机，其利用绞车 D 和绕过滑轮 B 的绳索吊起重物，重物重量 $G = 50\text{kN}$，各杆件与滑轮的重力不计。滑轮 B 的大小可忽略不计，试求系统平衡时杆 AB 与 BC 所受的力。

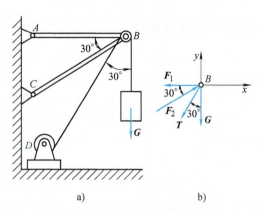

解: 1) 取节点 B 为研究对象，画其受力图，如图 5-7b 所示。由于杆 AB 与 BC 均为二力构件，对 B 的约束反力分别为 F_1 与 F_2，滑轮两边绳索的约束反力相等，即 $T = G$。

2) 选取坐标系 xBy。

图 5-7　简易起重机

3) 列平衡方程，求解未知力。

$$\sum F_x = 0, F_2\cos30° - F_1 - T\sin30° = 0 \tag{1}$$

$$\sum F_y = 0, F_2\sin30° - T\cos30° - G = 0 \tag{2}$$

由式（2）得 $\qquad\qquad F_2 = 186.5\text{kN}$

代入式（1）得 $\qquad\qquad F_1 = 136.5\text{kN}$

根据计算结果，由于此两力均为正值，说明 F_1 与 F_2 的实际方向与图示一致。再根据作用力与反作用力关系，即求出 AB 与 BC 杆受力，且 AB 杆受拉力，BC 杆受压力。

5.2　力对点之矩及合力矩定理的应用

5.2.1　力对点之矩

根据生活实践知道，力除了能使物体移动外，还能使物体产生绕某一点的转动。力使物体转动的效果不仅与力的大小和方向有关，还与力的作用线到这点的距离有关。例如，用扳手拧螺母时（图 5-8），螺母的转动效应除与力 F 的大小和方向有关外，还与点 O 到力作用线的距离 h 有关。距离 h 越大，转动的效果就越好，且越省力，反之则越差。

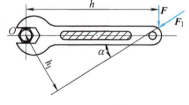

为了度量力使物体绕某点 O 转动的转动效应，以力 F 对 O 之矩表示，简称为**力矩**，记作 $M_O(F)$，即

$$M_O(F) = \pm Fh \tag{5-6}$$

图 5-8　扳手拧螺母

式中，点 O 称为矩心；h 称为力臂。力矩的大小等于力 F 的大小与点 O 到力的作用线距离 h 的乘积。$M_O(F)$ 是一个代数量，其正负号通常规定：使物体逆时针方向转动的力矩为正，反之为负。力矩的单位为牛顿·米（N·m）或千牛顿·米（kN·m）。

根据定义，图 5-8 所示的力 F_1 对点 O 的矩为 $M_O(F_1) = -F_1h_1 = -F_1h\sin\alpha$。

由力矩的定义可知:

1) 力矩的大小和转向与矩心位置有关，同一力对不同矩心的力矩不同。

2) 力的作用线如果通过矩心，力矩为零。

3）力沿其作用线滑移时，力对点之矩不变（因力的大小、方向未变，力臂也未变）。

5.2.2　合力矩定理

合力矩
定理

在有些计算力矩的实际问题中，力臂不易求出，用力矩的定义来求力矩比较麻烦。这时可以将这个力分解成两个力臂容易求出的分力，由这两个分力的力矩来计算合力的力矩。分力力矩与合力力矩间的关系由合力矩定理给出。

合力矩定理：平面汇交力系的合力对平面上任一点之矩，等于所有分力对同一点力矩的代数和，即

$$M_O(\boldsymbol{F}_R) = \sum M_O(\boldsymbol{F}) \tag{5-7}$$

上述合力矩定理不仅适用于平面汇交力系，对于其他力系，如平面任意力系、空间力系等，也都同样成立。

【例 5-3】　图 5-9a 所示圆柱直齿轮的齿面受一啮合角（$\alpha = 20°$）的法向压力（$F_n = 0.5\text{kN}$）的作用，齿面分度圆直径 $d = 120\text{mm}$。试计算力对轴心 O 的力矩。

解法 1：按力对点之矩的定义，有

$$M_O(\boldsymbol{F}_n) = F_n h = F_n d\cos\alpha/2 = 28.2\text{N}\cdot\text{m}$$

解法 2：按合力矩定理

将 $\boldsymbol{F}_n$ 分解成一组正交的圆周力 $F_t = F_n\cos\alpha$ 与径向力 $F_r = F_n\sin\alpha$，如图 5-9b 所示。

$$M_O(\boldsymbol{F}_R) = M_O(\boldsymbol{F}_t) + M_O(\boldsymbol{F}_r) = F_t r + 0 = F_n r\cos\alpha = 28.2\text{N}\cdot\text{m}$$

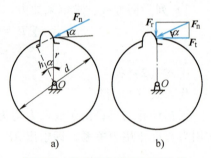

图 5-9　圆柱直齿轮轮齿受力图

【例 5-4】　如图 5-10 所示，在 ABO 弯杆上 A 点作用一力 $\boldsymbol{F}$，已知：$a = 180\text{mm}$，$b = 400\text{mm}$，$\alpha = 60°$，$F = 200\text{N}$。求力 $\boldsymbol{F}$ 对 O 点之矩。

解：由于力 $\boldsymbol{F}$ 对矩心 O 的力臂 d 不易求出，故将 $\boldsymbol{F}$ 在 A 点分解为正交的 $\boldsymbol{F}_x$、$\boldsymbol{F}_y$，再应用合力矩定理，有

$$M_O(\boldsymbol{F}) = M_O(\boldsymbol{F}_x) + M_O(\boldsymbol{F}_y)$$

$$F_x = F\cos\alpha = 200\text{N}\times\cos60° = 100\text{N}$$

$$F_y = F\sin\alpha = 200\text{N}\times\sin60° = 173.2\text{N}$$

$$M_O(\boldsymbol{F}_x) = F_x a = 100\text{N}\times0.18\text{m} = 18\text{N}\cdot\text{m}$$

$$M_O(\boldsymbol{F}_y) = -F_y b = -173.2\text{N}\times0.4\text{m} = -69.3\text{N}\cdot\text{m}$$

所以　$M_O(\boldsymbol{F}) = 18\text{N}\cdot\text{m} - 69.3\text{N}\cdot\text{m} = -51.3\text{N}\cdot\text{m}$

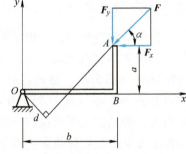

图 5-10　弯杆力对点之矩计算

5.3　力偶及平面力偶系的合成与平衡分析

5.3.1　力偶的概念

在工程实际和日常生活中，常见到物体受一对大小相等、方向相反、作用线平行而不共线的力来使物体转动。例如，图 5-11 所示的驾驶员用双手转动汽车的方向盘以及钳工对丝锥的操作等。

由一对大小相等、方向相反但不共线的平行力组成的力系称为力偶，记作（$\boldsymbol{F}$，$\boldsymbol{F}'$）。

此二力之间的距离称为力偶臂。力偶中的两个力不满足平衡条件，也不能平衡，也不能使物体产生移动效应，只能使物体产生转动效应。

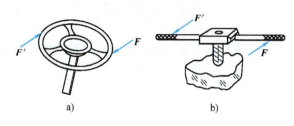

力偶使物体产生转动效应与力的大小或力偶臂的大小有关，以 F 的大小与力偶臂 d 的乘积来度量，称为力偶矩，并记作 $M(F, F')$ 或 M。即

图 5-11　力偶实例

$$M(F, F') = M = \pm Fd \tag{5-8}$$

力偶矩与力矩一样，也是代数量，其正负号表示力偶的转向，规定与力矩相同，即：逆时针转向为正，反之为负。力偶的单位也与力矩相同，常用 N·m 和 kN·m。力偶对物体的转动效应取决于力偶矩的大小、转向和力偶的作用面的方位，称为力偶的三要素。改变任何一个要素，力偶的作用效应就会改变。

5.3.2　力偶的性质

性质 1　力偶在任意坐标轴上的投影之和为零。

由图 5-12 可知，在力偶作用面内任取一坐标轴 x，力偶的两个力在 x 轴上的投影的代数和为

$$\sum F_x = -F\cos\alpha + F'\cos\alpha = 0$$

故力偶无合力，力偶不能与一个力等效，也不能用一个力来平衡。力偶只能用力偶来平衡。因此，力与力偶是力系的两个基本元素。

性质 2　力偶对其作用面内任意点的力矩恒等于此力偶的力偶矩，而与矩心的位置无关。

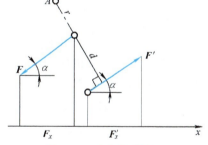

图 5-12　力偶性质推证

由图 5-12 可知，力偶（F，F'）的力偶矩为 $M = Fd$，在力偶作用面内任取一点 A 为矩心，力偶对 A 点的力矩和为

$$M_A(F) + M_A(F') = -Fr + F'(d+r) = Fd = M$$

性质 3　凡是三要素相同的力偶，彼此等效，可以相互替代。

由上述性质，可以得到以下两个推论。

推论 1　力偶在其作用面内，可以任意转移位置，其作用效应和原力偶相同，即力偶对于刚体上任意点的力偶矩值不因移位而改变。

推论 2　力偶在不改变力偶矩大小和转向的条件下，可以同时改变力偶中两反向平行力的大小、方向以及力偶臂的大小，而力偶的作用效应保持不变。

5.3.3　平面力偶系的合成及平衡

作用在同一物体上同一平面内的若干力偶，称为平面力偶系。

可以证明：平面力偶系合成的结果为一合力偶，合力偶矩为各分力偶矩的代数和，即

$$M = M_1 + M_2 + \cdots + M_n = \sum M \tag{5-9}$$

由合成结果可知，要使力偶系平衡，则合力偶必须等于零，因此平面力偶系平衡的必要充分条件是：力偶系中各分力偶矩的代数和等于零，即

$$\sum M = 0 \tag{5-10}$$

平面力偶系的独立平衡方程只有一个，故只能求解一个未知数。

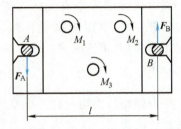

图 5-13 多头钻床工件钻孔实例

【例 5-5】 一多头钻床在水平工件上钻孔，如图 5-13 所示，设每个钻头作用于工件上的切削力在水平面上构成一个力偶。$M_1 = M_2 = 13.5\text{N} \cdot \text{m}$，$M_3 = 17\text{N} \cdot \text{m}$。求工件受到的合力偶矩。如果工件在 A、B 两处用螺栓固定，A 和 B 之间的距离 $l = 0.4\text{m}$，试求两螺栓在工件平面内所受的力。

解：1）求三个主动力偶的合力偶矩。

$$M = \sum M = -M_1 - M_2 - M_3 = (-13.5 - 13.5 - 17)\text{N} \cdot \text{m} = -44\text{N} \cdot \text{m}$$

负号表示合力偶矩为顺时针方向。

2）求两个螺栓所受的力。选工件为研究对象，工件受三个主动力偶作用和两个螺栓的反力作用而平衡，故两个螺栓的反力 F_A 与 F_B 必然组成为一力偶，设它们的方向如图 5-13 所示，由平面力偶系的平衡条件有 $\qquad \sum M = 0$

$$F_A l - M_1 - M_2 - M_3 = 0$$

解得 $\qquad\qquad\qquad\qquad F_A = (M_1 + M_2 + M_3)/l = 110\text{N}$

所以 $\qquad\qquad\qquad\qquad F_A = F_B = 110\text{N}$，方向如图 5-13 所示。

【例 5-6】 四连杆机构在图 5-14a 所示位置平衡，已知：$OA = 120\text{cm}$，$O_1B = 80\text{cm}$，作用在摇杆 OA 上的力偶矩 $M_1 = 2\text{N} \cdot \text{m}$，不计杆自重，求力偶矩 M_2 的大小。

解：1）画受力图，进行受力分析。先取 OA 杆分析，如图 5-14b 所示，在杆上作用有主动力偶矩 M_1，根据力偶的性质，力偶只与力偶平衡，所以在杆的两端点 O、A 上必作用有大小相等、方向相反的一对力 F_O 及 F_A，而连杆 AB 为二力杆，所以 F_A 的作用方向被确定。

再取 O_1B 杆分析，如图 5-14c 所示，此时杆上作用力偶 M_2，此力偶与作用在 O_1、B 两端点上的约束反力构成的力偶平衡。

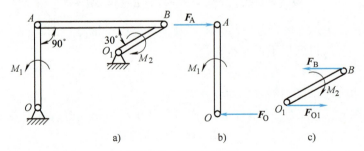

图 5-14 四连杆机构

2）对图 5-14b 所示 OA 杆列平衡方程。

$$\sum M = 0 , M_1 - F_A \times OA = 0$$

得

$$F_A = \frac{M_1}{OA} = \frac{2\mathrm{N} \cdot \mathrm{m}}{120 \times 10^{-2}\mathrm{m}} = 1.67\mathrm{N}$$

3）对图 5-14c 所示 O_1B 杆列平衡方程。

$$\sum M = 0 , \ F_B \times O_1B\sin30° - M_2 = 0$$

因

$$F_B = F_A = 1.67\mathrm{N}$$

得

$$M_2 = F_A \times O_1B \times 0.5 = 1.67\mathrm{N} \times 0.8\mathrm{m} \times 0.5 = 0.67\mathrm{N} \cdot \mathrm{m}$$

5.4　平面任意力系的简化与平衡分析

力系中各力的作用线都处在同一平面内，既不完全汇交于一点，也不完全互相平行的力系称为平面任意力系。它是工程实际中最常见的一种力系，工程计算中的许多实际问题都可以简化为平面任意力系问题来进行处理，如图 5-3 所示的悬臂吊车。

5.4.1　力的平移定理

力的平移定理及工程实例解释

作用在刚体上 A 点处的力 $\boldsymbol{F}$，可以平移到刚体内任意点 O，但必须同时附加一个力偶，其力偶矩等于原力 $\boldsymbol{F}$ 对新作用点 O 的矩（图 5-15），此即为力的平移定理。

证明：根据加减平衡力系公理，在任意点 O 加上一对与 $\boldsymbol{F}$ 等值的平衡力 $\boldsymbol{F}'$、$\boldsymbol{F}''$，如图 5-15b 所示，则 $\boldsymbol{F}$ 与 $\boldsymbol{F}''$ 为一对等值反向不共线的平行力，组成了力偶，其力偶矩等于原力 $\boldsymbol{F}$ 对 O 点的矩，即 $M = M_O(\boldsymbol{F}) = Fd$。于是作用在 A 点的力 $\boldsymbol{F}$ 就与作用于 O 点的平移力 $\boldsymbol{F}'$ 和附加力偶 M 的联合作用等效，如图 5-15c 所示。

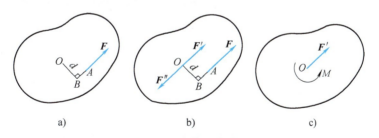

a)　　　　　　　　　　b)　　　　　　　　　　c)

图 5-15　力的平移定理

力的平移定理表明了力对绕力作用线外的中心转动的物体有两种作用：一是平移力的作用，二是附加力偶对物体产生的转动作用。

【例 5-7】　削乒乓球、转轴上的齿轮、攻螺纹力学问题分析。

以削乒乓球为例，如图 5-16 所示，分析力 $\boldsymbol{F}$ 对球的作用效应，可将力 $\boldsymbol{F}$ 平移至球心，得平移力 $\boldsymbol{F}'$ 与附加力偶 M，平移力 $\boldsymbol{F}'$ 决定球心的轨迹，而附加力偶 M 则使球产生转动。

又如图 5-17 所示转轴上的齿轮，圆周力 $\boldsymbol{F}$ 作用于转轴上的齿轮，为观察力 $\boldsymbol{F}$ 的作用效应，可将力 $\boldsymbol{F}$ 平移至轴心 O 点，则有平移力 $\boldsymbol{F}'$ 作用于轴上，同时有附加力偶 M 使齿轮绕轴转动。

再如用扳手和丝锥攻螺纹时，如图 5-18 所示，如果只用一只手在扳手的一端 A 加力 $\boldsymbol{F}$，由力的平移定理可知，这等效于在转轴 O 处加一与力 F 等值平行的力 F' 和一附加力偶 M，附加力偶可以使丝锥转动，但力却使丝锥弯曲，影响攻螺纹的精度，甚至使丝锥折断，因此这样操作是不允许的。

图 5-16 削乒乓球实例

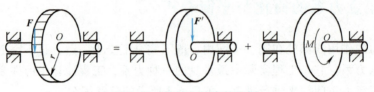

图 5-17 转轴上的齿轮实例

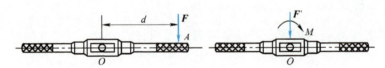

图 5-18 攻螺纹实例

5.4.2 平面任意力系的简化

1. 平面任意力系向平面内任一点简化

设在物体上作用有一平面任意力系 F_1、F_2、$\cdots$、F_n，如图 5-19a 所示，在平面内任意取一点 O，称为简化中心。

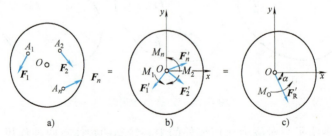

图 5-19 平面任意力系向平面内任一点简化

根据力的平移定理，将各力都向 O 点平移，得到一个汇交于 O 点的平面汇交力系 F_1'、F_2'、$\cdots$、F_n' 以及平面力偶系 M_1、M_2、$\cdots$、M_n，如图 5-19b 所示。

1）平面汇交力系 F_1'、F_2'、$\cdots$、F_n' 可以合成为一个作用于 O 点的一个力，用 F_R' 表示，如图 5-19c 所示。它等于力系中各力的矢量和。

$$F_R' = \sum F' = \sum F \tag{5-11}$$

矢量 F_R' 称为原平面任意力系的主矢。主矢的大小、方向可利用合力投影定理确定。写成直角坐标系下的投影形式，即

$$\begin{cases} F'_{Rx} = F_{1x} + F_{2x} + \cdots + F_{nx} = \sum F_x \\ F'_{Ry} = F_{1y} + F_{2y} + \cdots + F_{ny} = \sum F_y \end{cases}$$

因此，主矢 $\boldsymbol{F}'_R$ 的大小及其与 x 轴正向的夹角分别为

$$\begin{cases} F'_R = \sqrt{F'^2_{Rx} + F'^2_{Ry}} = \sqrt{\left(\sum F_x\right)^2 + \left(\sum F_y\right)^2} \\ \alpha = \arctan\left|\dfrac{F'_{Ry}}{F'_{Rx}}\right| = \arctan\left|\dfrac{\sum F_y}{\sum F_x}\right| \end{cases} \qquad (5\text{-}12)$$

2）附加平面力偶系 M_1、M_2、$\cdots$、M_n 可以合成为一个合力偶矩 M_0，即

$$M_0 = M_1 + M_2 + \cdots + M_n = \sum M_0(\boldsymbol{F}) \qquad (5\text{-}13)$$

合力偶矩 M_0 被称为原平面力系对简化中心 O 的主矩。

综上所述，得到如下结论：平面任意力系向平面内任一点简化可以得到一个力和一个力偶，这个力等于力系中各力的矢量和，作用于简化中心，称为原平面力系的主矢；这个力偶矩等于原力系中各力对简化中心之矩的代数和，称为原平面力系的主矩。

原力系与主矢 $\boldsymbol{F}'_R$ 和主矩 M_0 的联合作用等效。主矢 $\boldsymbol{F}'_R$ 的大小和方向与简化中心的选择无关。主矩 M_0 的大小和转向与简化中心的选择有关。

下面利用平面任意力系的简化来分析固定端约束的约束反力。

固定端约束是使被约束体插入约束内部，被约束体一端与约束成为一体而完全固定，既不能移动也不能转动的一种约束形式。工程中的固定端约束是很常见的，例如：车床上装夹加工工件的卡盘对工件的约束，如图 5-20a 所示；大型机器中立柱对横梁的约束，如图 5-20b 所示；房屋建筑中墙壁对雨篷的约束，如图 5-20c 所示等。

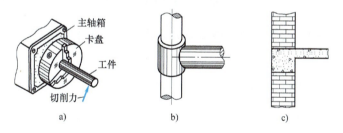

图 5-20　固定端约束实例

如图 5-21 所示，固定端约束的约束反力是由约束与被约束体紧密接触而产生的一个分布力系，当外力为平面力系时，约束反力所构成的这个分布力系也是平面力系。由于其中各个力的大小与方向均难以确定，因而可将该力系向 A 点简化，得到的主矢用一对正交分力表示，而将主矩用一个反力偶矩来表示，这就是固定端约束的约束反力。固定端约束在平面上限制了物体可能存在的三种运动，即两个垂直方向的平移运动和一个转动。

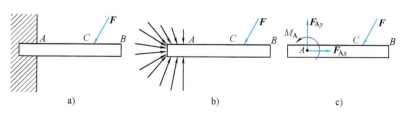

图 5-21　固定端约束的约束反力

2. 平面任意力系的简化结果分析

由前述可知，平面任意力系向一点简化后，一般得到一个力 F'_R（主矢）和一个力偶 M_O（主矩），根据主矢和主矩是否存在，简化结果可能有以下四种情况：

（1）$F'_R = 0$，$M_O \neq 0$　此时力系无主矢，而最终简化为一个力偶，其力偶矩就等于力系的主矩，此时主矩与简化中心的位置无关。

（2）$F'_R \neq 0$，$M_O = 0$　此时原力系的简化结果是一个力，而且这个力的作用线恰好通过简化中心，此时 F'_R 与原力系的合力 F_R 大小相等。

（3）$F'_R \neq 0$，$M_O \neq 0$　根据力的平移定理逆过程，这种情况还可以进一步简化，可以把 F'_R 和 M_O 合成一个合力 F_R。合成过程如图 5-22 所示，合力 F_R 的作用线到简化中心 O 的距离为

$$d = \left| \frac{M_O}{F_R} \right| = \left| \frac{M_O}{F'_R} \right| \tag{5-14}$$

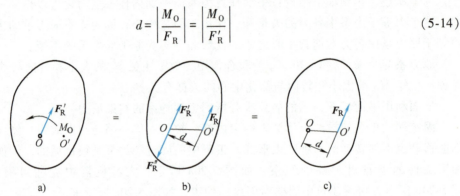

图 5-22　力和力偶合成为力

（4）$F'_R = 0$，$M_O = 0$　此时表明物体在原力系作用下处于平衡状态，既不转动也不移动，原力系为一平衡力系。

5.4.3　平面任意力系的平衡方程及其应用

1. 平面任意力系的平衡方程

由平面任意力系的简化结果讨论可知，只有当力系的主矢 F'_R 和力系对任意简化中心的主矩 M_O 都为零，力系才平衡；反之，若力系平衡，则其主矢、主矩必同时为零。因此，平面任意力系平衡的充分必要条件是

$$\begin{cases} F'_R = \sqrt{\left(\sum F_x \right)^2 + \left(\sum F_y \right)^2} = 0 \\ M_O = \sum M_O(F) = 0 \end{cases} \tag{5-15}$$

故得平面任意力系的平衡方程为

$$\begin{cases} \sum F_x = 0 \\ \sum F_y = 0 \\ \sum M_O(F) = 0 \end{cases} \tag{5-16}$$

即平面任意力系的平衡条件为：力系各力在任意两坐标轴上投影的代数和等于零，且各力对平面内任意一点之矩的代数和等于零。前两个方程称为投影方程，后一个方程称为力矩方程。

平面任意力系的平衡方程还有以下两种形式：

二矩式

$$\begin{cases} \sum F_x = 0 \\ \sum M_A(\boldsymbol{F}) = 0 \\ \sum M_B(\boldsymbol{F}) = 0 \end{cases}$$ (5-17)

附加条件：AB 连线不得与 x 轴相垂直。

三矩式

$$\begin{cases} \sum M_A(\boldsymbol{F}) = 0 \\ \sum M_B(\boldsymbol{F}) = 0 \\ \sum M_C(\boldsymbol{F}) = 0 \end{cases}$$ (5-18)

附加条件：A、B、C 三点不在同一直线上。

需指出的是，平面任意力系只能列三个独立的平衡方程，最多只能解三个未知量。

2. 平面任意力系平衡问题的解题步骤

1）选取研究对象，画出其受力图。

2）建立直角坐标系。应尽可能使坐标轴与未知力平行（重合）或垂直，尽可能将矩心选在两个未知力的交点，这样可使每一个方程未知量少，使解题过程简化。

3）列平衡方程，求解未知量。实际应用时，选取哪种平衡方程形式，取决于计算是否方便。

【例 5-8】　简易起重机如图 5-23a 所示，水平梁 AB 的 A 端以铰链固定，B 端用拉杆 BC 拉住。水平梁 AB 自重 $G = 4\text{kN}$，载荷 $F_P = 10\text{kN}$，尺寸单位为 m，BC 杆自重不计，求拉杆 BC 的拉力和铰链 A 的约束反力。

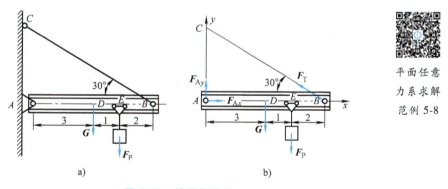

平面任意
力系求解
范例 5-8

a)　　　　　　　　　b)

图 5-23　简易起重机

解：1）选取水平梁 AB（含重物）为研究对象，画出受力图。水平梁 AB 除受到主动力 $\boldsymbol{G}$、$\boldsymbol{F}_P$ 作用外，还有未知约束反力，包括拉杆的拉力 $\boldsymbol{F}_T$ 和铰链 A 的约束反力 $\boldsymbol{F}_{Ax}$、$\boldsymbol{F}_{Ay}$。因杆 BC 为二力杆，故拉力 $\boldsymbol{F}_T$ 沿 BC 中心线方向，如图 5-23b 所示。

2）选取坐标系 xAy，矩心为 A 点（图 5-23）。

3）列平衡方程。

$$\sum F_x = 0, \quad F_{Ax} - F_T\cos 30° = 0$$

$$\sum F_y = 0, \quad F_{Ay} + F_T\sin 30° - G - F_P = 0$$

$$\sum M_A(\boldsymbol{F}) = 0, \quad F_T\sin 30° \times 6 - G \times 3 - F_P \times 4 = 0$$

得 $\qquad F_T = 17.3\text{kN}, \quad F_{Ax} = 15\text{kN}, \quad F_{Ay} = 5.3\text{kN}$

【例5-9】 悬臂梁如图5-24a所示，梁上作用有均布载荷 q，在 B 端作用有集中力 $F = ql$ 和力偶 $M = ql^2$，梁长度为 $2l$，求固定端 A 的约束反力。

解：1）取梁 AB 为研究对象，画受力图（图5-24b），均布载荷 q 可简化为作用于梁中点的一个集中力 $F_Q = q \times 2l$。

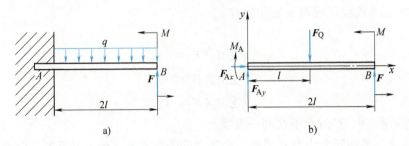

图5-24 悬臂梁固定端约束反力求解

2）列平衡方程。

$$\sum F_x = 0, \quad F_{Ax} = 0$$
$$\sum M_A(F) = 0, \quad M - M_A + F \times 2l - F_Q l = 0$$

故 $\qquad M_A = M + 2Fl - F_Q l = ql^2 + 2ql^2 - 2ql^2 = ql^2$

$$\sum F_y = 0, \quad F_{Ay} + F - F_Q = 0$$

故 $\qquad F_{Ay} = F_Q - F = 2ql - ql = ql$

【例5-10】 塔吊如图5-25a所示，机身重 $G = 100\text{kN}$，其重心 C 与右轨 B 的距离 $b = 0.6\text{m}$；最大起重量 $F_P = 36\text{kN}$，与右轨 B 的距离 $l = 10\text{m}$；塔吊上平衡铁重 F_{P1}，其重心 O 与左轨 A 的距离 $e = 4\text{m}$；轨距 $a = 3\text{m}$。欲使塔吊满载时不向右倾覆，空载时不向左倾覆，求相应的平衡铁重 F_{P1} 值的大小。

解：1）取整个塔吊为研究对象，画受力图如图5-25b所示，塔吊上作用有主动力 G、F_P、F_{P1} 及约束反力 F_{NA}、F_{NB}，它们组成平面平行力系。

2）满载时（$F_P = 36\text{kN}$）塔吊处于将要向右倾覆而又未倾覆的临界状态，此时，$F_{P1} = F_{P1min}$，$F_{NA} = 0$，选 B 点为矩心，如图5-25c所示。空载时（$F_P = 0$）塔吊处于将要向左倾覆而又未倾覆的临界状态，此时，$F_{P1} = F_{P1max}$，$F_{NB} = 0$，选 A 点为矩心，如图5-25d所示。

3）分别以 A、B 为矩心建立平衡方程求解。

空载时 $\qquad \sum M_A(F) = 0, \quad F_{P1max}e - G(a+b) = 0$

得 $\qquad F_{P1max} = \dfrac{G(a+b)}{e} = \dfrac{100 \times (3+0.6)}{4}\text{kN} = 90\text{kN}$

满载时 $\qquad \sum M_B(F) = 0, \quad F_{P1min}(e+a) - Gb - F_P l = 0$

得 $\qquad F_{P1min} = \dfrac{Gb + F_P l}{e+a} = \dfrac{100 \times 0.6 + 36 \times 10}{4+3}\text{kN} = 60\text{kN}$

故为保证塔吊正常工作，平衡铁重的范围值为 $60\text{kN} < F_{P1} < 90\text{kN}$。

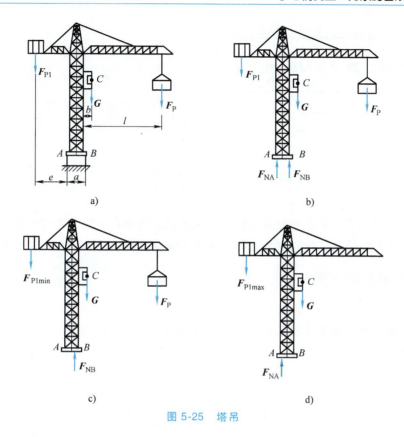

图 5-25　塔吊

5.5　物体系统的平衡分析

5.5.1　静定与静不定问题的概念

物系平衡时，组成系统的每一个物体也都保持平衡。若物系由 n 个物体组成，对每个受平面任意力系作用的物体至多只能列出 3 个独立的平衡方程，对整个物系至多只能列出 $3n$ 个独立的平衡方程。在刚体静力学分析中，若问题中未知量的数目少于或等于独立的平衡方程的数目，则全部未知量可以用平衡方程解出，这类问题称为静定问题。但是在工程实际中，有时为了提高构件或结构的刚度和稳固性，常对物体增加一些支承或约束，因而使这些构件的未知量的数目多于独立平衡方程的数目，这些未知量则单靠平衡方程不能全部解出，这类问题称为静不定问题或超静定问题。例如，图 5-26 所示为静定结构，图 5-27 所示为静

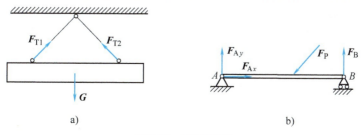

图 5-26　静定结构

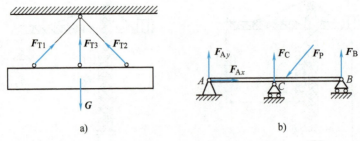

图 5-27 静不定结构

不定结构。

静不定问题仅用静力平衡方程是不能完全解决的，需要把物体作为变形体，考虑作用于物体上的力与变形的关系，再列出补充方程才能求解全部约束反力。在此仅分析静定问题。

5.5.2 物体系统的平衡分析

前面研究了单个物体的平衡问题，但在工程实际中常需要研究由几个物体组成的系统的平衡问题。此时，不仅需要确定系统所受的外部约束反力（系统的外力），而且还要求出系统内部各物体之间的相互作用力（系统的内力）。在考虑整个物体系统的平衡时，不必考虑系统的内力。求解物体系统平衡（简称为物系平衡）问题的步骤是：

1）选择适当的研究对象，画出各研究对象的分离体受力图。注意，研究对象可以是物系整体、单个物体，也可以是物系中几个物体的组合。

2）分析各受力图，确定求解顺序。如某物体受平面任意力系作用，共有四个未知量，但有三个未知量汇交于一点，则可先取该三力汇交点为矩心，列方程解出不汇交于该点的那个未知力，这便是解题的突破口。因某些未知量的求出，其他不可解的研究对象也成为可解了，由此方便问题的求解。

物体系统的平衡分析步骤及范例 5-11

3）列平衡方程，求解约束反力。

【例 5-11】 组合梁由 AC 和 CE 用铰链连接，载荷及支承情况如图 5-28a 所示，已知：$l = 8\text{m}$，$F = 5\text{kN}$，均布载荷集度 $q = 2.5\text{kN/m}$，力偶的矩 $M = 5\text{kN} \cdot \text{m}$。求支座 A、B、E 及中间铰 C 的反力。

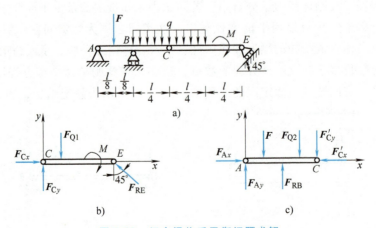

图 5-28 组合梁物系平衡问题求解

解：1）分别取梁 CE 及 AC 为研究对象，画出各分离体的受力图，如图 5-28b、c 所示。其中 F_{Q1} 和 F_{Q2} 分别为梁 CE、梁 AC 上均布载荷的合力。

2）列平衡方程求解。图 5-28c 中有五个未知力，不可解；图 5-28b 中有三个未知力，可解。故先以梁 CE 为研究对象，列平衡方程，即

$$\sum F_x = 0, F_{Cx} - F_{RE}\cos45° = 0$$
$$\sum F_y = 0, F_{Cy} - F_{Q1} + F_{RE}\sin45° = 0$$
$$\sum M_C(\boldsymbol{F}) = 0, -F_{Q1}×1-5+F_{RE}\sin45°×4 = 0$$

得
$$F_{RE} = 3.54\text{kN}, F_{Cx} = 2.5\text{kN}, F_{Cy} = 2.5\text{kN}$$

3）以梁 AC 为研究对象，列平衡方程，即

$$\sum F_x = 0, F_{Ax} - F'_{Cx} = 0$$
$$\sum F_y = 0, F_{Ay} - F - F_{Q2} - F'_{Cy} + F_{RB} = 0$$
$$\sum M_A(\boldsymbol{F}) = 0, -F×1+F_{RB}×2-F_{Q2}×3-F'_{Cy}×4 = 0$$

得
$$F_{Ax} = 2.5\text{kN}, F_{Ay} = -2.5\text{kN}(\text{方向向下}), F_{RB} = 15\text{kN}$$

【例 5-12】 图 5-29a 所示的人字梯 ACB 置于光滑水平面上，且处于平衡，已知人重为 G，夹角为 α，长度为 l，求 A、B 和铰链 C 处的约束反力。

解：1）选取研究对象，画出整体及每个物体的受力图如图 5-29b~d 所示。

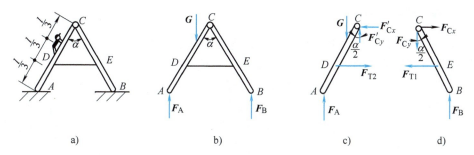

图 5-29 人字梯物系平衡求解

AC 和 BC 杆所受的力系均为平面任意力系，每个杆都有四个未知力，暂不可解。但由于物系整体受平面平行力系作用，可解。故先以整体为研究对象，求出 F_A、F_B，则 AC 和 BC 杆所受的约束力便可解了。

2）取整体为研究对象，列平衡方程求解。

$$\sum M_A(\boldsymbol{F}) = 0, F_B×2l\sin\frac{\alpha}{2} - G×\frac{2}{3}l\sin\frac{\alpha}{2} = 0$$

得
$$F_B = \frac{G}{3}$$

$$\sum F_y = 0, F_A + F_B - G = 0$$

得
$$F_A = G - F_B = G - \frac{G}{3} = \frac{2}{3}G$$

3）取 BC 杆为研究对象，列平衡方程求解。

$$\sum F_y = 0, F_B - F_{Cy} = 0$$

得
$$F_{Cy} = F_B = \frac{G}{3}$$

$$\sum M_{\mathrm{E}}(\boldsymbol{F})=0, F_{\mathrm{B}}\frac{l}{3}\sin\frac{\alpha}{2}+F_{Cy}\frac{2l}{3}\sin\frac{\alpha}{2}-F_{Cx}\frac{2l}{3}\cos\frac{\alpha}{2}=0$$

得
$$F_{Cx}=\frac{G}{2}\tan\frac{\alpha}{2}$$

5.6　考虑摩擦时的平衡问题分析

在前面任务中讨论物体的平衡问题时，都假定物体的接触表面是绝对光滑的，这是实际情况的理想化，完全光滑的表面实际上并不存在。当摩擦力很小对研究问题影响不大时，可忽略摩擦。但在大多数工程技术问题中，它是不可忽略的重要因素。摩擦通常表现为有利的和有害的两个方面。如车靠摩擦制动，人靠摩擦行走，螺钉无摩擦将自动松开，带轮无摩擦将无法传动，这些都是摩擦有利的一面。但是，摩擦也会引起零件磨损、机械发热、降低机械效率和减少使用寿命等问题，这些是摩擦有害的一面。研究摩擦的目的在于掌握摩擦规律，从而达到兴利除弊的目的。

摩擦可分为滑动摩擦和滚动摩擦，本部分主要介绍滑动摩擦的相关概念、性质以及考虑摩擦时物体平衡问题的分析。

5.6.1　滑动摩擦的相关概念

两个相互接触的物体，沿着它们的接触面有相对滑动或相对滑动的趋势时，在接触面间彼此作用着阻碍相对滑动的力，这种力称为滑动摩擦力。

可通过以下实验来认识滑动摩擦力的规律。设在表面粗糙的固定水平面上放重为 G 的物体，这时物体在重力 G 与法向反力 F_{N} 作用下处于平衡，如图 5-30a 所示。若给物体一水平拉力 F_{P}，并由零逐渐增大，接触面的摩擦力将出现以下几种情况，分别讨论如下：

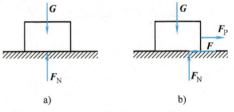

图 5-30　滑动摩擦情况分析

1. 静摩擦力

在拉力 F_{P} 值由零逐渐增大至某一临界值的过程中，物体虽有向右滑动的趋势但仍保持静止状态，这说明在两接触面之间除法向反力外必存在一阻碍物体滑动的切向阻力 F，如图 5-30b 所示。这个力称为静滑动摩擦力，简称为静摩擦力。静摩擦力 F 的大小随主动力 F_{P} 而改变，其方向与物体滑动趋势方向相反，由平衡条件确定。

2. 最大静摩擦力

当拉力 F_{P} 达到某一临界值时，物体处于将要滑动而未滑动的临界状态，即力 F_{P} 再增大一点，物体即开始滑动。这时，静摩擦力达到最大值，称为最大静滑动摩擦力，简称为最大静摩擦力，以 $F_{\max}$ 表示。实验证明：最大静摩擦力的大小与两物体间的正压力（法向反力）成正比，即

$$F_{\max}=f_{\mathrm{s}}F_{\mathrm{N}} \tag{5-19}$$

式（5-19）称为静摩擦定律，又称为库仑摩擦定律。式中 f_{s} 称为静摩擦因数，它的大小与两接触物体的材料以及接触表面情况有关，而与接触面的大小无关，其数值可在机械工

程手册中查到。

3. 动摩擦力

当拉力 F_P 再增大，只要稍大于 F_{max}，物体就开始向右滑动，这时物体间的摩擦力称为动滑动摩擦力，简称为动摩擦力，以 F' 表示。

实验证明，动摩擦力的大小也与两物体间的正压力（即法向反力）成正比，即

$$F' = f F_N \qquad (5-20)$$

式（5-20）称为动摩擦定律。式中 f 称为动摩擦因数，它主要取决于接触面材料的表面情况。在一般情况下 f 略小于 f_s，可近似认为 $f=f_s$。

由以上分析可知，考虑滑动摩擦问题时，要分清物体处于静止、临界平衡和滑动三种情况中的哪种状态，然后选用相应的方法进行计算。

滑动摩擦定律提供了利用摩擦和减小摩擦的途径。若要增大摩擦力，可以通过加大正压力和增大摩擦因数来实现。例如，在带传动中，要增加带和带轮之间的摩擦，可用张紧轮，也可采用 V 带代替平带的方法。又如，火车在下雪后行驶时，可在铁轨上洒细沙，以增大摩擦因数，避免打滑等。另外，要减小摩擦时可以设法减小摩擦因数，在机器中常用降低接触表面的表面粗糙度或加润滑剂等方法，以减小摩擦和损耗。

5.6.2　摩擦角和自锁

1. 摩擦角

在考虑摩擦时，支承面对物体的反力包括法向反力 F_N 和切向摩擦力 F 两个分量，它们可合成为一个反力 F_R，称为全反力。全反力与接触面法线成某一夹角 φ，如图 5-31a 所示。φ 角将随主动力的变化而变化，当物体处于平衡的临界状态时，静摩擦力达到最大静摩擦力 F_{max}，φ 角也将达到相应的最大值 φ_f，称为摩擦角。如图 5-31b 所示，由图中几何关系可得

$$\tan\varphi_f = \frac{F_{max}}{F_N} = \frac{f_s F_N}{F_N} = f_s \qquad (5-21)$$

上式表明，摩擦角的正切等于静摩擦因数。这说明摩擦角与静摩擦因数都是表示材料摩擦性质的物理量，只与物体接触面的材料、表面状况等因素有关。

2. 自锁

物体静止时，由于静摩擦力总是小于或等于最大值 F_{max}，因此全反力与接触面法线间的夹角 φ 角总是小于或等于摩擦角 φ_f：$0 \le \varphi \le \varphi_f$，即全反力的作用线不可能超出摩擦角的范围。

由此可知：

1）当主动力的合力 F_Q 的作用线在摩擦角 φ_f 以内时，由二力平衡公理可知，全反力 F_R 与之平衡，如图 5-32 所示。因此，只要主动力合力的作用线与接触面法线间的夹角 α 不超过 φ_f，则不论该合力的大小如何，物体总能保持静止，这种现象称为自锁。这种与主动力大小无关，而只和摩擦角有关的条件称为自锁条件。利用自锁原理可设计某些机构或夹具，如千斤顶、压榨机、圆锥销等，使之始终保持在平衡状态下工作。即自锁条件为

$$\alpha \le \varphi_f \qquad (5-22)$$

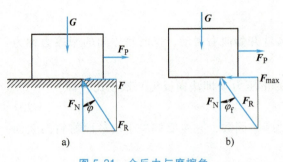

图 5-31　全反力与摩擦角

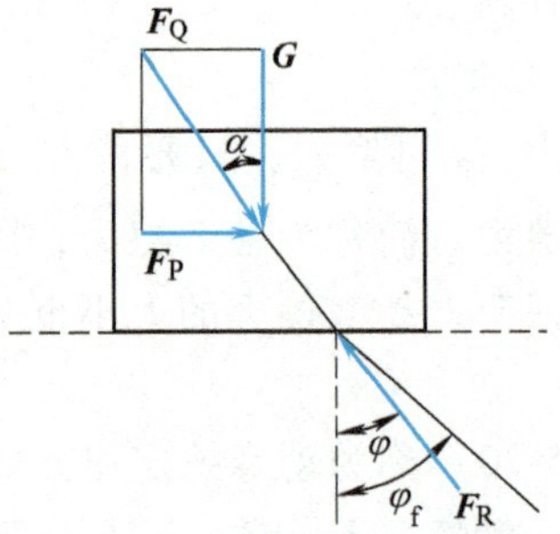

图 5-32　自锁分析图

2）当主动力合力的作用线与接触面法线间的夹角 $\alpha > \varphi_f$ 时，全反力不可能与之平衡，因此不论这个力多么小，物体一定会滑动。工程上，传动机构就是利用这个原理，避免自锁的，使机构不致卡死。

5.6.3　考虑摩擦时的平衡问题分析

求解考虑摩擦时的平衡问题，其方法和步骤与不计摩擦时的平衡问题分析方法基本相同，只是在受力分析和建立平衡方程时必须考虑摩擦力。因此，关键在于正确分析摩擦力。需分清物体是处于一般平衡状态还是临界状态，在一般平衡状态下，静摩擦力的大小由平衡条件确定，并满足 $F \leqslant F_{max}$ 关系式；在临界状态下，静摩擦力为一确定值，满足 $F = F_{max} = f_s F_N$ 关系式。由于静摩擦力可在零与 F_{max} 之间变化，所以物体平衡时的解也有一个变化范围。为了避免解不等式，一般先假设物体处于临界状态，求得结果后再讨论解的范围。

考虑摩擦时的平衡问题分析方法及范例 5-13

【例 5-13】　重量为 G 的物体放在倾角为 α 的固定斜面上，α 大于摩擦角 φ_f，如图 5-33a 所示，试求维持物体平衡的水平推力 F 的取值范围。

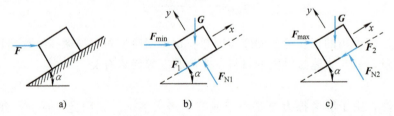

图 5-33　物体平衡问题水平推力求解分析

解：由题意可知，F 值过大，物块将上滑，F 值过小，物块将下滑，故 F 值只在一定范围内（$F_{min} \leqslant F \leqslant F_{max}$）才能保持物块静止。$F_{min}$ 对应物块处于即将下滑的临界状态，F_{max} 对应物块处于即将上滑的临界状态。下面就两种情况进行分析。

1）求 F_{min}。假设静摩擦力 F_1 的方向应沿斜面向上，故其受力图如图 5-33b 所示。

由平衡方程

$$\sum F_x = 0, \quad F_{min}\cos\alpha + F_1 - G\sin\alpha = 0$$

$$\sum F_y = 0, \quad -F_{min}\sin\alpha - G\cos\alpha + F_{N1} = 0$$

由静摩擦定律，建立补充方程

$$F_1 = f_s F_{N1} = F_{N1}\tan\varphi_f$$

解得
$$F_{\min} = G\frac{\sin\alpha - f_s\cos\alpha}{\cos\alpha + f_s\sin\alpha} = G\tan(\alpha - \varphi_f)$$

2）求 $F_{\max}$。假设静摩擦力 $\boldsymbol{F}_2$ 的方向应沿斜面向下，故其受力图如图 5-33c 所示。由平衡方程

$$\sum F_x = 0, \quad F_{\max}\cos\alpha - G\sin\alpha - F_2 = 0$$

$$\sum F_y = 0, \quad -F_{\max}\sin\alpha - G\cos\alpha + F_{N2} = 0$$

由静摩擦定律，建立补充方程

$$F_2 = f_s F_{N2} = F_{N2}\tan\varphi_f$$

解得
$$F_{\max} = G\frac{\sin\alpha + f_s\cos\alpha}{\cos\alpha - f_s\sin\alpha} = G\tan(\alpha + \varphi_f)$$

综合上述两个结果得知：欲使物体保持平衡，力 $\boldsymbol{F}$ 的取值范围为

$$G\tan(\alpha - \varphi_f) \leq F \leq G\tan(\alpha + \varphi_f)$$

【例 5-14】　重量为 200N 的梯子 AB（长度为 l）一端靠在铅垂的墙壁上，另一端搁置在水平地面上，如图 5-34a 所示，其中 $\theta =$ arctan4/3。假设梯子与墙壁间为光滑约束，而与地面之间存在摩擦，静摩擦因数 $f_s = 0.5$。试问梯子是处于静止还是会滑倒？此时，摩擦力的大小为多少？

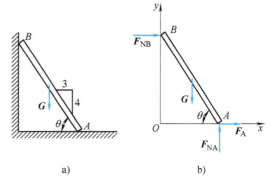

解：取梯子为研究对象，其受力图如图 5-34b 所示。此时，设梯子 A 端有向左滑动的趋势。由平衡方程

图 5-34　梯子平衡问题求解分析

$$\sum F_x = 0, \quad F_A + F_{NB} = 0$$

$$\sum F_y = 0, \quad F_{NA} - G = 0$$

$$\sum M_A(\boldsymbol{F}) = 0, \quad G\frac{l}{2}\cos\theta - F_{NB}l\sin\theta = 0$$

解得

$$F_{NA} = G = 200\text{N}$$

$$F_A = -F_{NB} = -\frac{1}{2}G\cot\theta = -\frac{200}{2}\times\frac{3}{4}\text{N} = -75\text{N}$$

据静摩擦定律，可能达到的最大静摩擦力

$$F_{A\max} = f_s F_{NA} = 0.5\times200\text{N} = 100\text{N}$$

求得的静摩擦力为负值，说明它真实的指向与假设方向相反，即梯子应具有向右的趋势，又因为 $|F_A| < F_{A\max}$，说明梯子处于静止状态。

对于此种类型的摩擦平衡问题，即已知作用在物体上的主动力，需判断物体是否处于平衡状态，可将摩擦力作为一般约束反力来处理，然后用平衡方程求出所受的摩擦力，并通过与最大静摩擦力进行比较，判断物体所处的状态。

知识拓展——空间力系的合成与平衡分析

知识拓展——空间力系的合成与平衡分析　小结——思维导图讲解

小结——思维导图讲解

知识巩固与能力训练题

5-1　复习思考题。

1）力 F 沿轴 Ox 、Oy 轴的分力与该力在 Ox 、Oy 两轴上的投影有何区别？

2）为什么力偶不能与一个力平衡，如何解释图 5-35a 所示转轮的平衡现象？

3）如图 5-35b 所示，一力系由力 F_1、F_2、F_3 和 F_4 组成，已知 $F_1=F_2=F_3=F_4$，试问力系向 A 点和 B 点简化的结果是什么？两者是否等效？

4）如图 5-35c 所示，在物体上 A、B、C 三点处分别有等值且互成 $60°$ 夹角的力 F_1、F_2 和 F_3，试问此物体是否平衡？为什么？

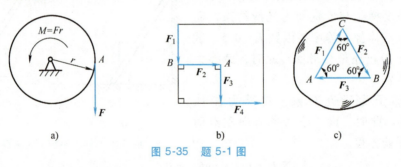

图 5-35　题 5-1 图

5-2　已知 $F_1=200N$、$F_2=150N$、$F_3=200N$、$F_4=100N$，各力的方向如图 5-36 所示，求各力在坐标轴上的投影。

5-3　求图 5-37 所示平面汇交力系的合力。

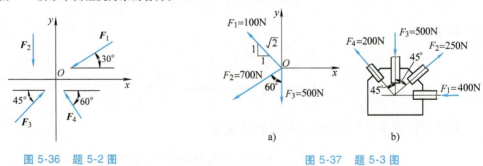

图 5-36　题 5-2 图　　图 5-37　题 5-3 图

5-4　简易起重机如图 5-38 所示，用钢丝绳吊起重 $G=2000N$ 的重物，各杆及滑轮自重不计，A、B、C 三处均为光滑铰链连接，试分别求杆 AB 和 AC 受到的力。

5-5　如图 5-39 所示，刚架上作用力为 F，分别计算力 F 对点 A 和 B 的力矩。

5-6　试计算图 5-40 中力 F 对点 O 之矩。

5-7　构件的载荷及支承情况如图 5-41 所示，$l=4m$，求支座 A、B 的约束反力。

5-8　如图5-42所示，多轴钻床在工件上同时钻四个直径相同的孔，每个钻头的主切削力在水平面内组成一力偶，各力偶矩的大小均为 $M=10\text{N}\cdot\text{m}$，工件在 AB 两处用螺栓固定，AB 两孔的距离 $l=250\text{mm}$，求螺栓在工件平面内所受到的力。

5-9　锻锤工作时，锻件给锻锤的反作用力有偏心，如图5-43所示。已知：打击力 $F=1000\text{kN}$，偏心距 $e=2\text{cm}$，锤体高 $h=20\text{cm}$。试求锤头给两侧导轨的压力。

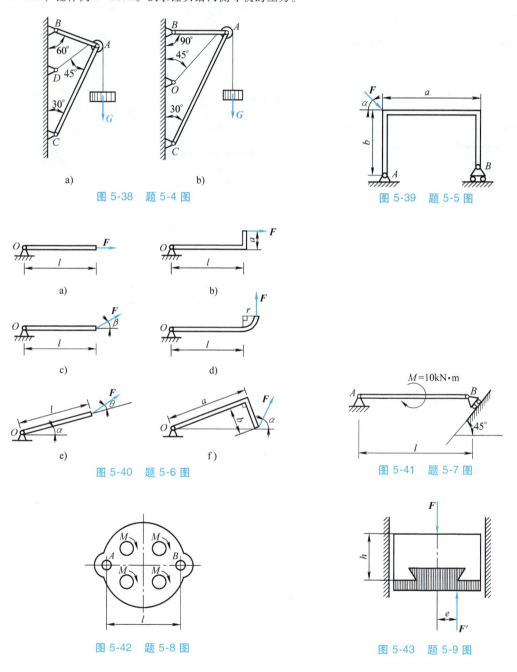

图 5-38　题 5-4 图

图 5-39　题 5-5 图

图 5-40　题 5-6 图

图 5-41　题 5-7 图

图 5-42　题 5-8 图

图 5-43　题 5-9 图

5-10　已知：q、a，且 $F=qa$、$M=qa^2$。求图5-44所示各梁的支座反力。

5-11　图5-45所示为汽车起重机平面简图，已知：车重 $G_Q=26\text{kN}$，臂重 $G=4.5\text{kN}$，起重机旋转及固定部分的重量 $G_x=31\text{kN}$。设伸臂在起重机对称面内。试求图5-45所示位置汽车不致翻倒的最大起重载

荷 G_P。

5-12 体重为 G 的体操运动员在吊环上做十字支撑，如图 5-46 所示，已知：l、θ、d（两肩关节间距离）、G_1（两臂总重）。假设手臂为均质杆，试求肩关节受力。

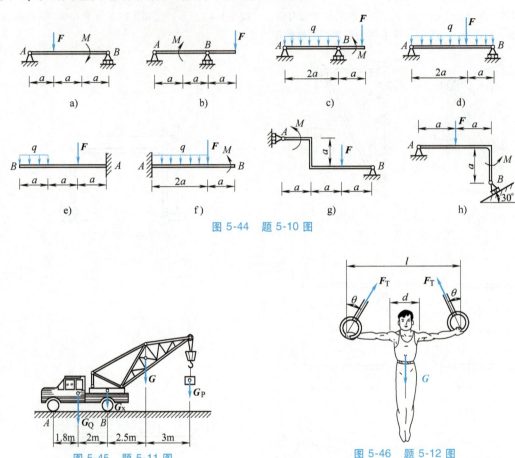

a)

b)

c)

d)

e)

f)

g)

h)

图 5-44 题 5-10 图

图 5-45 题 5-11 图

图 5-46 题 5-12 图

5-13 试求图 5-47 所示梁的支座反力。已知：$F = 6kN$，$q = 2kN/m$，$M = 2kN \cdot m$，$a = 1m$。

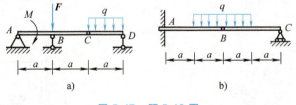

a)

b)

图 5-47 题 5-13 图

5-14 重 $G = 980N$ 的物体放在倾角 $\alpha = 30°$ 的斜面上，如图 5-48 所示。已知：接触面间的静摩擦因数 $f_s = 0.2$。现用 $F_Q = 588N$ 的力沿斜面推物体，试问物体在斜面上处于静止还是滑动？此时摩擦力为多大？

5-15 砖夹宽 28cm，尺寸如图 5-49 所示（单位：cm）。爪 AHB 和 $BCED$ 在 B 点铰接。被提砖的重量为 G，提举力 F 作用在砖夹中心线上，已知砖夹与砖之间的摩擦因数 $f_s = 0.5$，试问尺寸 b 应为多少时才能保证砖不致下滑？

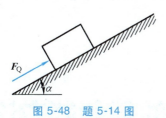

图 5-48 题 5-14 图

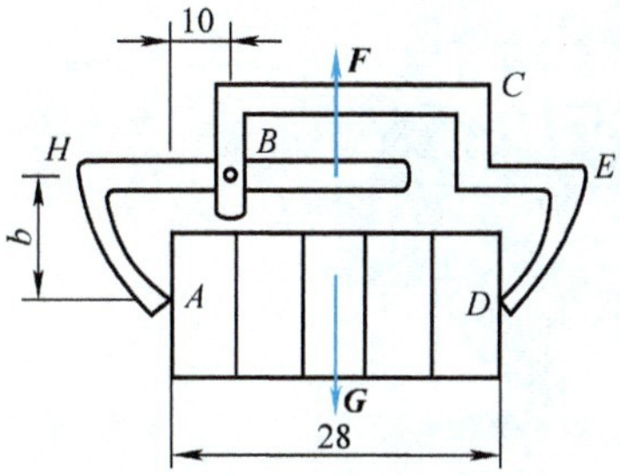

图 5-49 题 5-15 图

工程构件轴向拉伸与压缩的承载能力设计

能力目标

1) 能够分析哪些工程构件承受轴向拉伸或压缩作用，并求其内力。
2) 能够校核受轴向拉伸与压缩的构件的强度和刚度。
3) 能够根据工程需要设计合格的承受轴向拉伸与压缩作用的构件。
4) 能够确定某一杆件所能承受的最大拉伸与压缩载荷。

素质目标

1) 通过材料力学的任务是既要保证构件安全，又要经济的这一特点，将安全与经济这一矛盾统一起来，教育学生在安全的基础上，实现最大限度经济要求，尽可能以最低的消耗创造出最大的价值，这不仅是国家发展的需要，也是科学发展和高质量发展的要求。

2) 通过河北赵州石拱桥至今仍发挥重要作用，就是充分利用石材的抗压性能好，以及四川安澜竹索桥以木排为桥面，并用粗如碗口的竹缆横飞江面，正是充分利用竹材的抗拉性能好的特点，说明我国古桥设计中蕴含的智慧和巧妙，结合港珠澳大桥（集桥、岛、隧于一体）等现代工程，树立学生民族自豪感和工匠精神，培养学生爱国主义情怀。

案例导入

在工程实际中，承受轴向拉伸与压缩的构件非常多。例如，图 6-1 所示冷镦机的曲柄滑块机构，在镦压工件时，连杆承受压力的作用，产生压缩变形；再如，图 6-2 所示气缸夹具，当活塞按照图示工作时，活塞杆承受拉力的作用，产生拉伸变形。这类杆件的受力特点是杆件承受外力的作用线与杆件轴线重合，变形特点是杆件沿着轴线伸长或缩短。

轴向拉伸与压缩的工程实例

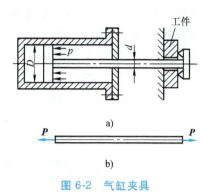

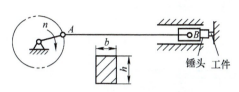

图 6-1　冷镦机的曲柄滑块机构

图 6-2　气缸夹具

6.1　构件承载能力与杆件变形形式

在静力学中，所研究的受力对象都被假想成刚体。而事实上，刚体是不存在的。任何物体在受力的情况下都会产生变形和破坏。材料力学的主要研究内容就是物体受力后的变形和破坏。当构件工作时，为确保构件在载荷作用下能正常可靠工作，必须满足以下三点要求：

（1）**有足够的强度**　保证构件在载荷作用下不发生破坏，如起吊重物的绳索不能被拉断。构件这种抵抗破坏的能力称为强度。

（2）**有一定的刚度**　保证构件在载荷作用下产生的变形不影响其正常工作。例如，车床主轴的变形不能过大，否则会影响其加工零件的精度。构件这种抵抗变形的能力称为刚度。

（3）**有足够的稳定性**　保证构件不会失去原有的平衡形式而丧失工作能力。例如，细长直杆不能承受太大的轴向压力，否则会突然变弯或折断。构件这种保持其原有几何平衡状态的能力称为稳定性。

综上所述，为了保证构件能够正常工作，构件必须具有足够的强度、刚度和稳定性。构件的强度、刚度和稳定性与构件材料的力学性能有关。材料力学的任务就是：在保证构件既安全又经济的前提下，为构件选择合适的材料或确定合理的截面形状和尺寸，提供必要的理论基础、计算方法和实验技术。在保证足够的强度、刚度、稳定性的前提下，构件所承受的最大载荷称为构件的承载能力。

材料力学中的研究对象是变形固体，构件变形可分为弹性变形和塑性变形。载荷卸除后可以恢复的变形称为弹性变形；载荷卸除后不可以恢复的变形称为塑性变形。为便于材料力学问题的理论分析，对变形固体进行如下假设：

（1）**连续性假设**　即认为构成变形固体的物质无缝隙充满了固体所占几何空间。

（2）**均匀性假设**　即认为变形固体内部各点处的力学性能完全相同。

（3）**各向同性假设**　即认为变形固体在任意一点处沿各个方向有相同的力学性能。

材料力学中研究的变形主要是指构件的小变形，即构件的变形量远小于其原始尺寸的变形。因而在研究构件的平衡问题时，仍按原始尺寸进行计算。

工程中常见的构件主要有杆、板、块、壳等。材料力学主要研究对象是杆件。所谓杆件，是指长度方向尺寸远大于其他两个方向尺寸的构件，如一般的轴、梁、柱等。

在不同的外力作用下，杆件的变形各种各样。但归纳起来，杆件的基本变形有以下几种形式：轴向拉伸与压缩变形、剪切变形、扭转变形及弯曲变形，如图 6-3 所示。

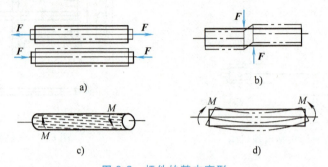

图 6-3　杆件的基本变形

a）轴向拉伸与压缩变形　b）剪切变形　c）扭转变形　d）弯曲变形

6.2　轴向拉伸与压缩的轴力、轴力图及应力计算

轴向拉压杆
的内力及轴
力图的绘制

6.2.1　内力的概念

为了分析构件的承载能力，除了研究构件所受的外力外，更重要的是研究构件受力后，它的内部各质点间相互作用力的情况。物体在未受外力时，它的分子间本来就有相互作用着的力，正是由于存在这些力，物体才保持固定的形状，该力称为内力。物体在外力作用下将发生变形，物体内部各质点间相互作用的力也发生了改变，这种改变量称为附加内力。由外力的作用而引起的附加内力，在材料力学中通常简称为内力。它的大小及其在构件内部的分布规律随外部载荷的变化而变化，并与构件的强度、刚度和稳定性等密切相关。若内力的大小超过一定的限度，则构件将不能正常工作。所以，内力分析是材料力学的基础。

6.2.2　截面法、轴力和轴力图

为了求图 6-4a 所示两端受轴向拉力 F 的杆件任一截面 1—1 上的内力，可以假想地用与杆件轴线垂直的平面在 1—1 截面处把杆件截成 Ⅰ、Ⅱ 两段；然后保留 Ⅰ 段，移除 Ⅱ 段，用该截面上的分布内力的合力 F_N 代替 Ⅱ 段对 Ⅰ 段的作用力，如图 6-4b 所示；取 Ⅰ 段为研究对象，建立平衡方程，可得 $F_N = F$。这种方法称为截面法。

如果再次应用截面法求 1—1 截面的内力，但保留 Ⅱ 段，如图 6-4c 所示，这时 F'_N 代表 Ⅰ 段对 Ⅱ 段的作用力，同样可得 $F'_N = F$。

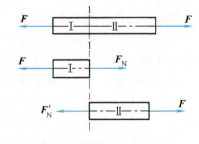

图 6-4　截面法求内力

由于外力 F 的作用线与杆件的轴线重合，内力的合力 F_N 的作用线也必然与杆件的轴线重合，所以 F_N 称为轴力，并且规定，当杆件受拉伸，即轴力 F_N（或 F'_N）背离截面时为正号，反之，杆件受压缩，即 F_N（或 F'_N）指向截面时为负号。

在实际问题中，杆件所受外力可能很复杂，杆件各部分截面上轴力不尽相同。为了表示轴力随截面位置的变化，往往画出轴力沿杆件轴向方向变化的图形，即轴力图。

轴力的计算法则：轴力等于截面一侧所有外力的代数和。在求代数和时，背离被研究截面的外力为正，指向被研究截面的外力为负。

【例 6-1】　试画出图 6-5a 所示直杆的轴力图。

解：此杆在 A、B、C、D 点承受轴向外力，因此把直杆分为 AB、BC、CD 三段。使用截面法，先在 AB 段内取 1—1 截面，假想地将直杆分成两段，弃去右段，并画出左段的受力图，如图 6-5b 所示，用 F_{N1} 表示右段对左段的作用力。设 F_{N1} 为正的轴力，等于截面左侧所有外力的代数和，则

$$F_{N1} = 2F$$

外力 $2F$ 背离 1—1 截面，所以在求外力代数和时为正。这说明原先假设拉力是正确的，同时也就表示轴力是正的。AB 段内任一截面的轴力都等于 $2F$。

同理如图 6-5c 所示，取截面 2—2，设 F_{N2} 为正的轴力，等于截面左侧所有外力的代数和，则

$$F_{N2} = 2F - 3F = -F$$

$2F$ 背离 2—2 截面，所以在求代数和时为正；$3F$ 指向 2—2 截面，所以在求代数和时为负。F_{N2} 为负号，说明该轴段轴力实际是压力，同时又表明轴力是负的。

同理，取截面 3—3，如图 6-5d 所示，则

$$F_{N3} = 2F - 3F - F = -2F$$

如果研究截面 3—3 右边一段，如图 6-5e 所示，同样得到

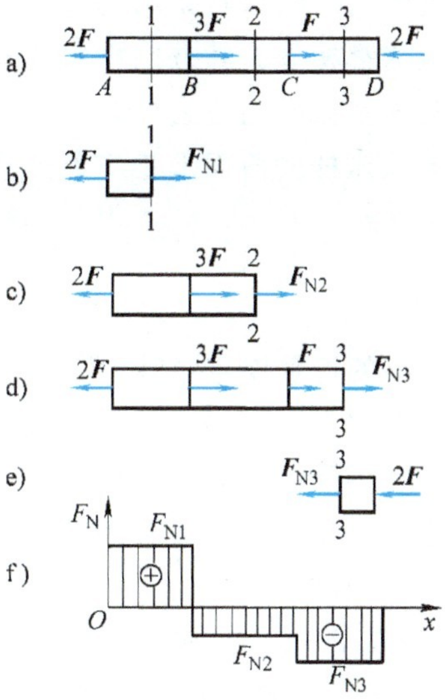

$$F_{N3} = -2F$$

图 6-5　直杆轴力图绘制

所得结果与前面相同。

然后以 x 轴表示截面的位置，以垂直 x 轴的坐标表示对应截面的轴力，即可按选定的比例尺画出轴力图，如图 6-5f 所示。在轴力图中，将拉力画在 x 轴的上侧，压力画在 x 轴的下侧。这样，轴力图不但显示出杆件各段的轴力大小，而且还可以表示出各段内的变形是拉伸还是压缩。

通过对直杆所受外力情况与轴力图的观察对比，轴力图还可采用简便方法绘制，具体绘制方法为：从轴的最左端截面开始，由左向右绘制，若某截面外力向左，轴力在该处向上突变（突变值等于该外力）；外力向右，则向下突变（突变值等于该外力）；若某轴段没有外力，则保持突变后的常量，这样即可直接绘制出轴力图。若需知道某轴段或某截面的轴力，从轴力图上可直接得到。

6.2.3　拉压杆横截面上的应力

两根相同材料做成的粗细不同的直杆在相同拉力作用下，虽然其轴力是相同的，但若逐渐将拉力增大，则细杆将先被拉断。这说明杆件的强度不仅与内力有关，还与横截面积有关。可见，内力的密集程度才是影响强度的主要因素。在工程中，把内力的密集程度称为

应力。

为确定拉压杆横截面上的应力，首先需知道横截面上内力的分布规律。取一等直杆，先在杆表面上画垂直于轴线的横向线 ab 和 cd，如图 6-6 所示。当杆的两端受一对轴向拉力 F 作用后，可以发现 ab 和 cd 仍为直线，且垂直于轴线，只是分别平移至 $a'b'$ 和 $c'd'$ 位置。于是，做出如下假设：直杆在轴向拉压时横截面仍保持为平面，称为"平面假设"。根据"平面假设"可知，杆件在它的任意两个横截面之间的伸长变形是均匀的。因材料是均匀连续的，即在横截面上各点处的应力都相等，其方向垂直于横截面。通常将方向垂直于它所在截面的应力称为正应力，并以 σ 表示。若杆轴力为 F_N，横截面积为 A，于是得到轴向拉压杆横截面上正应力计算公式，即

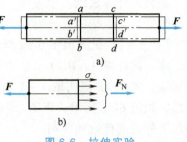

图 6-6　拉伸实验

$$\sigma = \frac{F_N}{A} \tag{6-1}$$

σ 的符号规定与轴力 F_N 一致，当轴力为正时（拉力），σ 为拉应力，取正号；当轴力为负时（压力），σ 为压应力，取负号。

在国际单位制中，应力的单位是 Pa（帕斯卡或简称为帕），$1Pa = 1N/m^2$。由于此单位太小，使用不便，通常用 MPa、GPa，其中，$1MPa = 10^6 Pa$，$1GPa = 10^9 Pa$。

【例 6-2】　一变截面拉压杆件，其受力情况如图 6-7 所示，试确定其危险截面。

解：运用截面法求各段内力，作轴力图，如图 6-7b 所示。

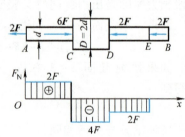

图 6-7　变截面杆危险截面分析

AC 段：$F_{N1} = 2F$

CD 段：$F_{N2} = 2F - 6F = -4F$

DE 段：$F_{N3} = 2F - 6F + 2F = -2F$

EB 段：$F_{N4} = 0$

根据内力计算应力，则得

AC 段：
$$\sigma_1 = \frac{F_{N1}}{A_1} = \frac{F_{N1}}{\dfrac{\pi d^2}{4}} = \frac{8F}{\pi d^2}$$

CD 段：
$$\sigma_2 = \frac{F_{N2}}{A_2} = \frac{-4F}{\dfrac{\pi (2d)^2}{4}} = \frac{-4F}{\pi d^2}$$

DE 段：
$$\sigma_3 = \frac{F_{N3}}{A_3} = \frac{-2F}{\dfrac{\pi d^2}{4}} = -\frac{8F}{\pi d^2}$$

EB 段

$$\sigma_4 = \frac{F_{N4}}{A_4} = \frac{0}{\dfrac{\pi d^2}{4}} = 0$$

最大应力所在的截面称为危险截面。由计算可知，AC 段和 DE 段为危险截面。

6.3　轴向拉伸与压缩时的强度计算

轴向拉伸与压
缩时的强度计
算及其范例

6.3.1　极限应力、安全系数和许用应力

构件在载荷作用下出现的断裂和屈服都是因强度不足而引起的失效。引起构件丧失正常工作能力的应力称为极限应力，用 σ_u 表示。塑性材料和脆性材料的失效原因各不相同。对于塑性材料，取 $\sigma_u = R_{eL}$；对于脆性材料，取 $\sigma_u = R_m$。

构件工作时产生的应力称为工作应力。最先发生强度失效的那些横截面称为危险截面，危险截面上的应力称为最大工作应力。极限应力是理论上的设计极限值，为保证构件能正常工作，实际设计不是按照极限应力设计，要考虑构件必要的安全储备。一般把极限应力除以大于 1 的系数，即安全系数 n，作为强度设计时最大许可值，称为许用应力，用 $[\sigma]$ 表示。

对于塑性材料

$$[\sigma] = \frac{\sigma_u}{n_s} = \frac{R_{eL}}{n_s} \qquad (6\text{-}2)$$

对于脆性材料

$$[\sigma] = \frac{\sigma_u}{n_b} = \frac{R_m}{n_b} \qquad (6\text{-}3)$$

式中，n_s、n_b 分别是塑性材料与脆性材料的安全系数。各种材料在不同的工作条件下的许用应力和安全系数可从有关规定或设计手册中查到。在静载荷作用下，一般杆件的安全系数 $n_s = 1.5 \sim 2.5$，$n_b = 2.0 \sim 3.5$；在动载荷作用下，则一般取得比静载荷大很多。

6.3.2　轴向拉压时的强度计算

为保证拉压杆安全正常工作，必须使杆横截面上的最大工作应力 σ_{max} 不超过材料的许用应力 $[\sigma]$，即

$$\sigma_{max} \le [\sigma] \qquad (6\text{-}4)$$

对于拉压杆可以直接写成

$$\sigma_{max} = \frac{F_N}{A} \le [\sigma] \qquad (6\text{-}5)$$

利用强度条件，可解决下列三类强度计算问题，现以拉压杆为例加以说明。

(1) 强度校核　已知外载荷、杆件的各部分尺寸以及材料的许用应力，检验危险截面的应力是否满足强度条件。若 $\sigma_{max} = \dfrac{F_N}{A} \le [\sigma]$，则构件安全。

(2) 设计截面　已知外载荷及材料的许用应力值，根据强度条件设计杆件横截面尺寸。$A \ge \dfrac{F_N}{[\sigma]}$，先计算截面面积，再根据形状确定尺寸。

（3）**确定许用载荷** 已知杆件横截面尺寸以及材料的许用应力值，确定杆件或整个结构所能承受的最大载荷。$F_N \leqslant A[\sigma]$，可以确定构件在工作时所承受的最大载荷。

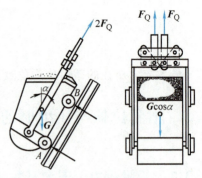

【例6-3】 图6-8所示的上料小车，每根钢丝绳的拉力 $F_Q = 105$kN，拉杆的横截面积 $A = 6 \times 10^3$mm^2，材料为 Q235 钢，$R_{eL} = 240$MPa，安全系数 $n_s = 4$。试校核拉杆的强度。

图6-8 上料小车拉杆强度校核

解：由于钢丝绳的作用，拉杆轴向受拉，每根拉杆的轴力为

$$F_N = F_Q = 105\text{kN}$$

横截面积

$$A = 6 \times 10^3 \text{mm}^2$$

许用应力

$$[\sigma] = \frac{R_{eL}}{n_s} = \frac{240}{4}\text{MPa} = 60\text{MPa}$$

强度条件

$$\sigma = \frac{F_N}{A} = \frac{105 \times 10^3 \text{N}}{6 \times 10^3 \text{mm}^2} = 17.5\text{MPa} \leqslant [\sigma]$$

故拉杆符合强度要求。

【例6-4】 某冷镦机的曲柄滑块机构如图6-1所示。连杆直径 $d = 240$mm，连杆 AB 接近水平位置时，镦压力 $F_p = 3780$kN。连杆材料为 45 钢，许用应力 $[\sigma] = 90$MPa，试校核连杆；如果连杆由圆形改为矩形截面，高与宽之比为 $h/b = 1.4$，试设计连杆的尺寸 h 和 b。

解：1）求连杆的轴力。由题意可用截面法求得连杆的轴力为

$$F_N = F_p = 3780\text{kN}$$

2）校核圆截面连杆的强度。连杆横截面上的正应力为

$$\sigma = \frac{F_N}{A} = \frac{3780 \times 10^3}{\pi \times (240)^2 / 4}\text{MPa} = 83.6\text{MPa} \leqslant [\sigma]$$

故连杆的强度合格。

3）设计矩形截面连杆的尺寸。

$$A = bh = 1.4b^2 \geqslant \frac{F_N}{[\sigma]} = \frac{3780 \times 10^3}{90}\text{mm}^2 = 42000\text{mm}^2$$

分别计算出 $b \geqslant 173$mm，$h \geqslant 242$mm。实际设计时可取整为 $b = 175$mm，$h = 245$mm。

6.4 轴向拉伸与压缩时的变形计算

杆件受轴向拉力时，纵向尺寸要伸长，而横向尺寸将缩小；当受轴向压力时，则纵向尺寸要缩短，而横向尺寸将增大。

如图6-9所示，设拉杆原长为 l，横截面积为 A。在轴向

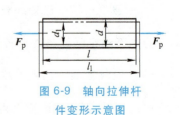

图6-9 轴向拉伸杆件变形示意图

拉力 F_p 作用下，长度由 l 变为 l_1，杆件在轴线方向的伸长为 Δl，$\Delta l = l_1 - l$。

试验表明，工程上使用的大多数材料都有一个弹性阶段，在此阶段范围内，轴向拉压杆件的伸长或缩短量 Δl，与轴力 F_N（$F_N = F_p$）和杆长 l 成正比，与横截面积 A 成反比。即

$$\Delta l \propto \frac{F_N l}{A}$$

引入比例常数 E，则得到

$$\Delta l = \frac{F_N l}{EA} \tag{6-6}$$

这就是计算拉伸（或压缩）变形的公式，称为胡克定律。比例常数 E 称为材料的弹性模量，它表明材料抵抗弹性变形的性质，其数值随材料的不同而异。几种常用材料的 E 值已列入表 6-1 中。从公式可以看出，乘积 EA 越大，杆件的拉伸（或压缩）变形越小，所以 EA 称为杆件的抗拉（压）刚度。

表 6-1　几种常用材料的 E 和 μ 的约值

材料名称	E/GPa	μ
碳素钢	196~216	0.24~0.28
合金钢	186~206	0.25~0.30
灰铸铁	78.5~157	0.23~0.27
铜及其合金	72.6~128	0.31~0.42
铝合金	70	0.33

式（6-6）的适用条件为：

1）杆件的变形应在线弹性范围内。

2）在长为 l 的杆段内，F_N、E、A 均为常量。

式（6-6）改写为

$$\frac{F_N}{A} = E \frac{\Delta l}{l}$$

其中 $\frac{F_N}{A} = \sigma$，而 $\frac{\Delta l}{l}$ 表示杆件单位长度的伸长或缩短，称为线应变（简称为应变）ε，即 $\varepsilon = \frac{\Delta l}{l}$。$\varepsilon$ 是一个无量纲的量，规定伸长为正，缩短为负。

则式（6-6）可改写为

$$\sigma = E\varepsilon \tag{6-7}$$

式（6-7）表示在弹性范围内，正应力与线应变成正比，这一关系为胡克定律的另一种表示形式。

杆件在拉伸（或压缩）时，横向也有变形。设拉杆原来的横向尺寸为 d，变形后为 d_1，则横向线应变 ε' 为

$$\varepsilon' = \frac{\Delta d}{d} = \frac{d_1 - d}{d}$$

实验指出，当应力不超过比例极限时，横向线应变与纵向线应变之比的绝对值为常

数，即

$$\left|\frac{\varepsilon'}{\varepsilon}\right| = \mu \qquad (6\text{-}8)$$

μ 称为横向变形系数或泊松比，是一个无量纲的量。和弹性模量 E 一样，泊松比 μ 也是材料固有的弹性常数。几种常见材料的 μ 值见表 6-1。

因为当杆件轴向伸长时，横向缩小；而轴向缩短时，横向增大，故 ε' 和 ε 符号是相反的。

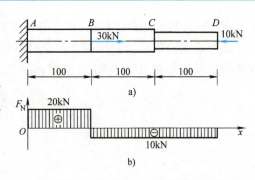

图 6-10　阶梯状直杆受力及其轴力图

【例 6-5】　阶梯状直杆受力如图 6-10 所示，试求杆的总变形量。已知其横截面积分别为 $A_{CD} = 300 \text{mm}^2$、$A_{AB} = A_{BC} = 500 \text{mm}^2$，$E = 200 \text{GPa}$。

解：1）用截面法求得 CD 和 BC 段轴力：$F_{NCD} = F_{NBC} = -10 \text{kN}$；$AB$ 段的轴力为 $F_{NAB} = 20 \text{kN}$；作轴力图。

2）计算各段杆的变形量。

$$\Delta l_{AB} = \frac{F_{NAB} l_{AB}}{E A_{AB}} = \frac{20 \times 10^3 \times 100}{200 \times 10^3 \times 500} \text{mm} = 0.02 \text{mm}$$

$$\Delta l_{BC} = \frac{F_{NBC} l_{BC}}{E A_{BC}} = \frac{-10 \times 10^3 \times 100}{200 \times 10^3 \times 500} \text{mm} = -0.01 \text{mm}$$

$$\Delta l_{CD} = \frac{F_{NCD} l_{CD}}{E A_{CD}} = \frac{-10 \times 10^3 \times 100}{200 \times 10^3 \times 300} \text{mm} = -0.0167 \text{mm}$$

3）计算杆的总变形量。

$$\Delta l = \Delta l_{AB} + \Delta l_{BC} + \Delta l_{CD} = (0.02 - 0.01 - 0.0167) \text{mm} = -0.0067 \text{mm}$$

知识拓展——赵州石拱桥与安澜竹索桥

小结——思维导图讲解

知识拓展——　小结——思维
赵州石拱桥与　导图讲解
安澜竹索桥

知识巩固与能力训练题

6-1　两根不同材料制成的等截面直杆，承受相同的轴向拉力，它们的横截面积和长度都相等。试说明以下问题并解释原因。

1）它们横截面上的应力是否相等？

2）它们的强度是否相同？

3）它们的绝对变形是否相同？

6-2　求出图 6-11 所示各杆 1—1、2—2、3—3 截面上的轴力，并作轴力图。

6-3　已知如图 6-12 所示等截面直杆的面积 $A = 500 \text{mm}^2$，受轴向力作用：$F_1 = 1000 \text{N}$，$F_2 = 2000 \text{N}$，$F_3 =$

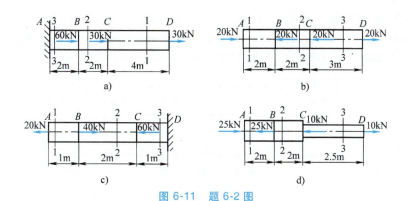

图 6-11　题 6-2 图

2000N。试求杆中各段的内力及应力。

6-4　一吊环螺钉如图 6-13 所示，其外径 $d = 48$mm，内径 $d_1 = 42.6$mm，吊重 $G = 50$kN，试求螺钉横截面上的应力。

6-5　汽车离合器踏板如图 6-14 所示。已知：踏板受到压力 $F_Q = 400$N，拉杆直径 $D = 9$mm，杠杆臂长 $L = 330$mm，$l = 56$mm，拉杆的许用应力 $[\sigma] = 50$MPa，试校核拉杆的强度。

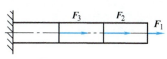

图 6-12　题 6-3 图

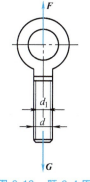

图 6-13　题 6-4 图

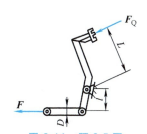

图 6-14　题 6-5 图

6-6　用绳索吊起重物如图 6-15 所示。已知：$F = 20$kN，绳索的横截面积 $A = 12.6$cm^2，许用应力 $[\sigma] = 10$MPa。试校核 $\alpha = 45°$ 及 $\alpha = 60°$ 两种情况下绳索的强度。

6-7　某悬臂起重机结构如图 6-16 所示，最大起重量 $G = 20$kN，AB 杆为 Q235 圆钢，许用应力 $[\sigma] = 120$MPa。试按图 6-16 中位置设计 AB 杆的直径。

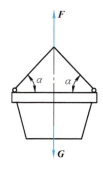

图 6-15　题 6-6 图

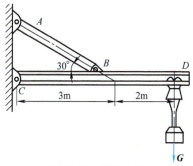

图 6-16　题 6-7 图

6-8　圆截面阶梯状杆如图 6-17 所示，受到拉力 $F = 150\text{kN}$ 的作用。已知：中间部分的直径 $d_1 = 30\text{mm}$，两端部分的直径均为 $d_2 = 50\text{mm}$，杆的总长 $L = 250\text{mm}$，中间部分的长度 $L_1 = 150\text{mm}$，两端部分长度相等，材料的弹性模量 $E = 200\text{GPa}$。试计算：①各截面上的正应力；②整个杆的总伸长量。

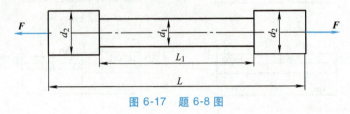

图 6-17　题 6-8 图

工程构件剪切与挤压的承载能力设计

能力目标

1) 能够分析哪些工程构件受剪切与挤压作用,并求其内力。

2) 能够根据工程需要设计合格的承受剪切与挤压作用的构件或校核构件的强度。

3) 能够确定某一杆件所能承受的最大剪切与挤压载荷。

素质目标

1) 通过拓展学习中国榫卯技术(古代匠人不用一个钉子、一个螺栓就实现构件间的牢固结合),激发学生民族自豪感。同时,也教育学生要坚定文化自信、保护好文化遗产、传承好优秀文化,以实际行动为国家富强建功立业。

2) 通过工程中虽然承受剪切与挤压作用的构件相对于整个机器设备所占的体积或重量比例相当小,但却发挥十分重要作用的事实,教育学生细节决定成败的哲学道理,培养学生精益求精、注重细节的大国工匠精神。

案例导入

图 7-1a 所示的联接螺栓,当在两个相反的力 F 和 F' 作用下,可以简化为如图 7-1b 所示。在 F 和 F' 的作用面上,螺栓会产生局部压缩变形,这种现象称为挤压。发生挤压变形的作用面称为挤压面,挤压面上的力称为挤压力,挤压面与外力方向垂直。

在受到两个大小相等、方向相反、作用线平行且相距很近的外力 F 和 F' 的交界面处,螺栓发生相对错动,这种现象称为剪切,如图 7-1c 所示。发生剪切的面称为剪切面,在剪切面上的内力称为剪力,剪切面与外力方向平行。如果构件只有一个剪切面,称为单剪,如图 7-1 所示;如果构件有两个剪切面,称为双剪,如图 7-2 所示。

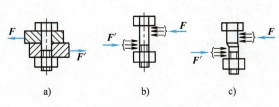

图 7-1 联接螺栓

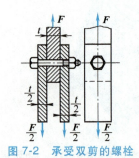

图 7-2 承受双剪的螺栓

7.1 剪切的工程实例及实用计算

剪切的工程实例
及实用计算

7.1.1 剪切的内力和应力分析

机器中的一些联接件，如螺栓、销、键及铆钉等都属于剪切的工程实例。以图 7-3 所示的螺栓为例进行分析，其受力简图如图 7-3a 所示，图中以合力 F 代替均匀分布的作用力。由于螺栓的剪切变形为截面的相对错动，因此抵抗这种变形的内力必然是沿着错动的反方向作用的。仍可以用截面法求内力，将螺栓假想地沿剪切面 $m—m$ 切开，取左边部分为研究对象，如图 7-3b 所示。根据静力平衡条件 $\sum F = 0$，在剪切面上必然有一个与 F 平行的分布内力系的合力 F_S 作用，且 $F_S = F$。F_S 与剪切面 $m—m$ 相切，就是截面 $m—m$ 上的剪力。

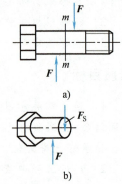

图 7-3 剪切的内力
和应力分析

联接件一般并非细长杆，而且实际受力和变形情况比较复杂，工程中为了便于计算，通常认为应力在剪切面内是均匀分布的，若 A 为剪切面面积，则切应力为

$$\tau = \frac{F_S}{A} \tag{7-1}$$

式中，F_S 是剪力，单位为 N；A 是剪切面面积，单位为 mm^2；τ 是切应力，单位为 MPa。

7.1.2 剪切的强度条件及实用计算

为了保证联接件工作时的安全可靠，要求切应力不超过材料的许用切应力。由此得到剪切的强度条件为

$$\tau = \frac{F_S}{A} \leqslant [\tau] \tag{7-2}$$

式中，$[\tau]$ 是材料的许用切应力。常用材料的许用切应力可以通过有关手册查出。此公式也可以用于计算联接件满足剪切强度的最小面积和联接件承受的最大载荷。

【例 7-1】 在图 7-2 所示的联接件中，已知：$F = 200kN$，$t = 20mm$，螺栓的 $[\tau] = 80MPa$，$[\sigma_{bs}] = 200MPa$（暂不考虑板的强度），试求所需螺栓的最小直径。

分析：在螺栓上外力 F 和两个 $F/2$ 之间的接合面处，受剪切作用；在 F 和两个 $F/2$ 的

直接作用面上，受挤压作用。在此，先按照剪切作用计算螺栓的最小直径。

解：螺栓受力情况如图 7-4 所示，可求得：$F_S = F/2$。

按剪切强度设计：两个剪切面的受力情况是一样的。

设螺栓直径为 d，则

$$A = \pi d^2 / 4$$

根据

$$\tau = \frac{F_S}{A} \leqslant [\tau]$$

即

$$\tau = \frac{2F}{\pi d^2} \leqslant [\tau]$$

得

$$d \geqslant \sqrt{\frac{2F}{\pi[\tau]}} = \sqrt{\frac{2 \times 200 \times 10^3 \text{N}}{\pi \times 80 \text{MPa}}} = 39.9 \text{mm}$$

故取螺栓最小直径为 40mm。

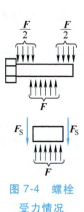

图 7-4　螺栓受力情况

7.2　挤压的工程实例及实用计算

前面讲到的螺栓、销、键、铆钉等联接件除承受剪切外，在联接件和被联接件的接触面上还将承受挤压。所以对联接件还要进行挤压强度计算。下面以图 7-5 所示的螺栓为例，进行挤压强度计算分析。

挤压的工程实例及实用计算

一般挤压力用 F_{bs} 表示，挤压面面积用 A_{bs} 表示。由挤压力引起的应力称为挤压应力，用 σ_{bs} 表示。在挤压面上的挤压应力分布相当复杂，工程中通常认为挤压应力在挤压面上是均匀分布的。由此得到挤压应力的计算公式为

$$\sigma_{bs} = \frac{F_{bs}}{A_{bs}} \qquad (7-3)$$

当挤压面为平面时，如键联接挤压面积就等于实际挤压面积；当挤压面为圆柱面时，如螺栓、销、铆钉等挤压面积等于半圆柱面的正投影面积，即 $A_{bs} = td$，如图 7-5c 所示。

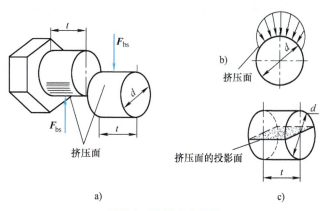

图 7-5　挤压应力分析

为了保证构件在挤压的情况下能够正常工作，必须限制其挤压应力不超过材料的许用挤压应力 $[\sigma_{bs}]$。因此挤压的强度条件为

$$\sigma_{bs} = \frac{F_{bs}}{A_{bs}} \leqslant [\sigma_{bs}] \qquad (7-4)$$

许用挤压应力 $[\sigma_{bs}]$ 可从有关手册中查得。这个公式也可以通过转换用于计算联接件满足挤压强度的最小面积和联接件承受的最大载荷。

在上一节中，解决了【例 7-1】中满足剪切强度的螺栓最小直径，下面按照挤压强度计算螺栓最小直径。

挤压力为 F，挤压面面积为 $A_{bs} = td$，因此

$$\sigma_{bs} = \frac{F_{bs}}{A_{bs}} = \frac{F}{td} \leq [\sigma_{bs}]$$

得

$$d \geq \frac{F}{t[\sigma_{bs}]} = \frac{200 \times 10^3 \text{N}}{20 \times 200 \text{MPa}} = 50 \text{mm}$$

分析：按剪切强度计算最小直径为 40mm，而按挤压强度计算最小直径为 50mm，要同时满足剪切强度和挤压强度的要求，应该取 50mm。

【例 7-2】 图 7-6 所示压力机的最大冲压力为 400kN，冲头材料的 $[\sigma_{bs}] = 440$MPa，被冲剪钢板的剪切极限应力 $\tau_b = 360$MPa，试求在最大冲压力作用下所能冲剪的圆孔的最小直径 d_{min} 以及这时所能冲剪的钢板的最大厚度 t_{max}。

解：1）确定圆孔的最小直径 d_{min}。冲剪的孔径等于冲头的直径，冲头工作时需要满足挤压强度条件，即

$$\sigma_{bs} = \frac{F_{bs}}{A_{bs}} = \frac{4F}{\pi d^2} \leq [\sigma_{bs}]$$

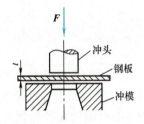

得

$$d \geq \sqrt{\frac{4F}{\pi[\sigma_{bs}]}} = \sqrt{\frac{4 \times 400 \times 10^3 \text{N}}{\pi \times 440 \text{MPa}}} = 34 \text{mm}$$

取最小直径 d_{min} 为 34mm。

2）确定钢板的最大厚度 t_{max}。冲剪时钢板剪切面为与 F 平行的圆柱面，面积 $A = \pi dt$，剪切力 $F_S = F$，为能冲剪成孔，需要满足的条件为

图 7-6 压力机冲剪钢板

$$\tau = \frac{F_S}{A} = \frac{F}{\pi dt} \geq \tau_b$$

得

$$t \leq \frac{F}{\pi d \tau_b} = \frac{400 \times 10^3}{\pi \times 34 \times 360} \text{mm} = 10.4 \text{mm}$$

故最小直径 d_{min} 为 34mm 时，钢板的最大厚度 t_{max} 为 10.4mm。

知识拓展——民族自豪之中国榫卯技术

知识拓展——
民族自豪之中
国榫卯技术

小结——思维
导图讲解

小结——思维导图讲解

知识巩固与能力训练题

7-1 试校核图 7-7 所示联接销的剪切强度。已知：$F = 100$kN，销直径 $d = 30$mm，其许用切应力 $[\tau] = 60$MPa。若强度不够，应改用多大直径的销？

7-2 木榫接头如图 7-8 所示，$a = b = 12$cm，$h = 35$cm，$c = 4.5$cm，$F = 40$kN。试求接头的切应力和挤压应力。

7-3　铆接接头如图 7-9 所示，板和铆钉都用同一种钢材制成，板厚 $t=$ 2mm，板宽 $b=15$mm，铆钉直径 $d=4$mm，拉力 $F=1.25$kN，材料的许用切应力 $[\tau]=100$MPa，许用挤压应力 $[\sigma_{bs}]=300$MPa，拉伸许用应力 $[\sigma]=160$MPa。试校核此接头的强度。

7-4　用图 7-10 所示的夹剪剪断直径为 3mm 的铅丝。若铅丝的剪切极限应力为 100MPa，试问需要多大的力 F？若销 B 的直径为 8mm，试求此时销内的切应力。

7-5　一铆钉接头如图 7-11 所示，板和铆钉都用同一种钢材制成，已知：$[\tau]=80$MPa，$[\sigma_{bs}]=200$MPa，$[\sigma]=120$MPa。试校核此接头部分的强度。

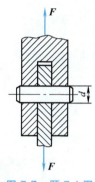

图 7-7　题 7-1 图

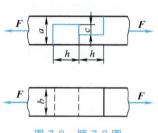

图 7-8　题 7-2 图

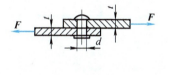

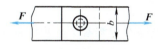

图 7-9　题 7-3 图

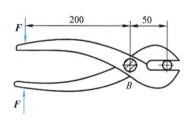

图 7-10　题 7-4 图

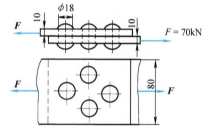

图 7-11　题 7-5 图

工程构件扭转的承载能力设计

能力目标

1) 能够分析哪些工程构件承受扭转作用，并求其内力。
2) 能够根据工程需要设计合格的承受扭转作用的构件或校核构件的强度和刚度。
3) 能够确定某一杆件所能承受的最大扭转载荷。

素质目标

1) 通过借鉴轴力图的绘制方法类比绘制扭矩图，轴所受最大扭矩随轴上主动轮和从动轮安装位置的不同而不同以及传动轴在强度相同情况下采用空心轴与实心轴的用料分析，引导学生善于思考，结合专业知识科学地分析问题、解决问题。

2) 通过拓展学习工程活动中的基本伦理原则，教育引导学生提高对工程伦理问题的敏感性，树立工程伦理责任意识，加强工程伦理道德，提升工程伦理素养，规范工程活动行为，这不仅是工程自身发展需要，也是顺应时代发展及建设和谐社会的需要。

案例导入

扭转的工程
实例及特点

工程中许多杆件承受扭转变形，如图 8-1 所示的简单传动系统，动力源（电动机）带动工作机转动，需要经过一系列的传动，传动轴在传动过程中，就会发生扭转变形。最典型的是减速器转轴，如图 8-2 所示，轮 C 为输入轮，轮 A、轮 B 和轮

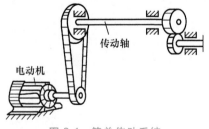

图 8-1　简单传动系统

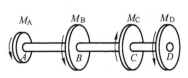

图 8-2　减速器转轴

D 为输出轮，转速和动力从轮 C 传递到轮 A、轮 B 和轮 D 上，必须经过轴的传动，因此这根轴承受扭转载荷。

8.1　扭转的工程实例及概念

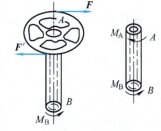

图 8-3　方向盘

在工程中经常遇到扭转变形的构件。例如，当汽车转向时，驾驶员的两手在方向盘上的平面内施加一对大小相等、方向相反、作用线平行的力 F 和 F'，如图 8-3 所示，它们形成一个力偶，作用在操纵杆的 A 端，而在操纵杆的 B 端则受到来自转向器的阻力偶作用，这样操纵杆便发生扭转变形。再如搅拌器的主轴（图 8-4），主轴在工作时也会发生扭转变形。

从这两个工程实例可以看出，扭转的受力特点是：在杆的两端垂直于杆轴线的平面内作用着两个力偶，其力偶矩相等，转向相反。扭转的变形特点是：杆上各个横截面均绕杆的轴线发生相对转动，杆的轴线始终保持直线，如图 8-5 所示。这种变形称为扭转变形。以扭转变形为主的杆件称为轴。在本学习情境中，只研究工程上常见圆轴的扭转变形。

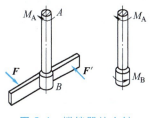

图 8-4　搅拌器的主轴

图 8-5　扭转变形

8.2　外力偶矩的计算、扭矩和扭矩图

8.2.1　外力偶矩的计算

通常，工程中给出传动轴的转速及其传递的功率，而作用于轴上的外力偶矩并不直接给出，这需要根据传动轴的转速和功率计算出外力偶矩，计算公式为

$$M = 9550 \frac{P}{n} \tag{8-1}$$

式中，M 是外力偶矩，单位为 N·m；P 是传递的功率，单位为 kW；n 是主轴的转速，单位为 r/min。

在同一根轴上，如果不计功率损耗，输入功率的总和等于输出功率的总和。通常工程中根据输入轮的输入功率计算输入力偶矩，利用每个输出轮的功率，计算其输出力偶矩。输入力偶矩为主动力偶矩，其转向与轴的转向相同；输出力偶矩为阻力偶矩，其转向与轴的转向相反。

8.2.2 扭矩

以图 8-6a 所示的等截面圆轴为例,圆轴两端作用有一对平衡外力偶。现在用截面法求圆轴截面上的内力。假想地将圆轴沿 $m—m$ 截面分成两部分,任取其中一部分,如取 Ⅰ 部分作为研究对象,如图 8-6b 所示。由于整个轴是平衡的,所以部分 Ⅰ 也处于平衡,由平衡条件 $\sum M_x = 0$,则

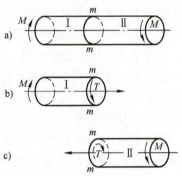

扭矩及扭矩图的绘制

$$T - M = 0 \quad 即 \quad T = M$$

因此在 $m—m$ 截面上必然存在一个内力偶矩来平衡外力偶矩 M。这个内力偶矩称为扭矩,用 T 表示,单位为 $N \cdot m$。它是 Ⅰ、Ⅱ 部分在 $m—m$ 截面上相互作用的分布内力系的合力偶矩。如果取 Ⅱ 部分为研究对象,如图 8-6c 所示,可得到相同结果,只是扭矩 T 的方向相反,它们是作用与反作用的关系。

图 8-6 等截面圆轴

为了使不论取左段还是右段为研究对象,求得的扭矩大小、正负一致,对扭矩的正负规定如下:按右手螺旋法则,四指顺着扭矩的转向握住轴线,大拇指的指向与截面的外法线方向一致时为正,反之为负。如图 8-7 所示,当截面上的扭矩实际转向未知时,一般先假设扭矩为正,若求得结果为正,则表示扭矩的实际转向与假设转向相同;若求得结果为负,则表示扭矩的实际转向与假设转向相反。

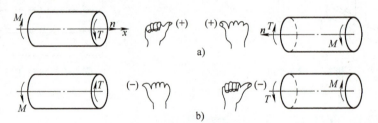

图 8-7 扭矩符号判定

对于杆件一侧作用多个外力偶矩的情况,任一截面的内力偶矩等于该截面一侧所有外力偶矩的代数和,即

$$T = \sum M_i \tag{8-2}$$

式中,外力偶矩的正负判定也是用右手螺旋法则。

8.2.3 扭矩图

通常,扭转圆轴的各横截面上的扭矩是不同的,以与轴线平行的 x 轴表示横截面的位置,以垂直于 x 轴的 T 轴表示扭矩,将各截面扭矩按代数值标在坐标轴上,得到的图形称为扭矩图。下面举例说明扭矩图的画法。

【例 8-1】 传动轴如图 8-8a 所示。主动轮 A 输入功率 $P_A = 36.75 \mathrm{kW}$,从动轮 B、C、D 输出功率分别为 $P_B = P_C = 11 \mathrm{kW}$、$P_D = 14.75 \mathrm{kW}$,轴的转速 $n = 300 \mathrm{r/min}$。试画出轴的扭矩图。

解：（1）计算外力偶矩 根据式（8-1）得

$$M_A = 9550 \frac{P_A}{n} = 9550 \times \frac{36.75}{300} \text{N} \cdot \text{m} = 1170 \text{N} \cdot \text{m}$$

$$M_B = M_C = 9550 \frac{P_B}{n} = 9550 \times \frac{11}{300} \text{N} \cdot \text{m} = 350 \text{N} \cdot \text{m}$$

$$M_D = 9550 \frac{P_D}{n} = 9550 \times \frac{14.75}{300} \text{N} \cdot \text{m} = 470 \text{N} \cdot \text{m}$$

（2）计算扭矩 外力偶矩的作用位置将轴分为三段：BC、CA、AD。现分别在各段中任取一横截面，也就是用截面法，根据平衡条件计算其扭矩。

BC 段：以 T_1 表示截面 Ⅰ—Ⅰ 上的扭矩，并把 T_1 的方向假设为图 8-8b 所示的方向。根据式（8-2）得

$$T_1 = -M_B = -350 \text{N} \cdot \text{m}$$

结果的负号说明实际扭矩的方向与所设方向相反。BC 段内各截面上的扭矩不变，均为 $-350 \text{N} \cdot \text{m}$。所以这一段内扭矩图为一水平线。

同理，在 CA 段（图 8-8c）内 $T_2 = -M_C - M_B = -350 \text{N} \cdot \text{m} - 350 \text{N} \cdot \text{m} = -700 \text{N} \cdot \text{m}$

AD 段（图 8-8d） $T_3 = M_D = 470 \text{N} \cdot \text{m}$

根据所得数据，即可画出扭矩图，如图 8-8e 所示。由扭矩图可知，最大扭矩发生在 CA 段内，且 $T_{max} = 700 \text{N} \cdot \text{m}$。

对同一根轴来说，若轴上各轮传递的外力偶矩不变，而调换各轮位置时，其扭矩图将发生改变。例如，在本例中若把主动轮 A 放在轴的右端，其扭矩图将如图 8-9 所示。这时轴的最大扭矩是：$T_{max} = 1170 \text{N} \cdot \text{m}$。可见，传动轴上的主动轮和从动轮的安置位置不同，轴所承受的最大扭矩也就不同。两者比较，图 8-8 所示的布局比较合理。

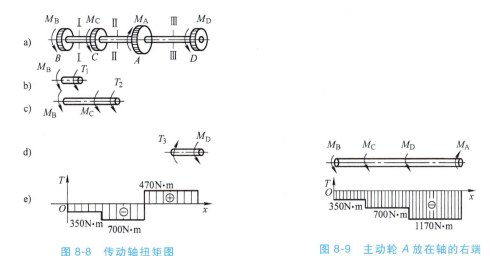

图 8-8 传动轴扭矩图　　　　图 8-9 主动轮 A 放在轴的右端

通过对轴所受外力偶矩与扭矩图的观察对比，扭矩图也可采用类似轴力图的简便方法，在不需要求出各轴段扭矩的情况下直接绘制扭矩图，其简便方法如下：

从该轴的最左截面开始，由左向右绘制，按右手螺旋法则，四指顺着外力偶矩的转向握住轴线，大拇指的指向向左时，扭矩在该处向上突变（突变值等于该外力偶矩）；大拇指的

指向向右时，则向下突变（突变值等于该外力偶矩）；若某轴段没有外力偶矩，则保持突变后的常量，这样即可直接绘制出扭矩图。若需知道某轴段或某截面的扭矩，从扭矩图上便可直接得到。

8.3　圆轴扭转时的应力计算和强度条件

圆轴扭转的
应力计算和
强度条件

8.3.1　圆轴扭转时的应力

圆轴扭转时，求出在已知横截面上的扭矩后，还应进一步研究横截面上的应力分布规律，以便求出最大应力。根据分析，横截面上任意一点的切应力计算公式为

$$\tau_\rho = \frac{T\rho}{I_p} \tag{8-3}$$

式中，τ_ρ 是横截面上任意一点的切应力，圆轴扭转的截面上只存在与半径垂直的切应力；T 是横截面上的扭矩；I_p 是横截面对圆心 O 的极惯性矩；ρ 是所求应力点到圆心的距离。

由式（8-3）可以看出，当横截面一定时，I_p 为常量，故切应力的大小与所求点到圆心的距离成正比，即呈线性分布。切应力的方向与横截面扭矩的转向一致，切应力作用线与半径垂直。切应力在横截面上的分布规律如图 8-10 所示。

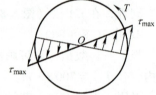

图 8-10　切应力在横截面上的分布规律

显然，当 $\rho = 0$ 时，也就是在圆心处，切应力为 0；当 ρ 等于横截面半径 R 时，即圆轴横截面边缘各点切应力最大，其值为

$$\tau_{max} = \frac{TR}{I_p} \tag{8-4}$$

式中，τ_{max} 是横截面上最大切应力，单位为 MPa；T 是横截面上的扭矩，单位为 N·mm；R 是横截面半径，单位为 mm；I_p 是截面对圆心 O 的极惯性矩，单位为 mm^4。

也可以把式（8-4）写成

$$\tau_{max} = \frac{T}{I_p/R}$$

令

$$W_p = I_p/R \tag{8-5}$$

W_p 称为抗扭截面模量，单位为 mm^3，于是横截面上的最大切应力为

$$\tau_{max} = \frac{T}{W_p} \tag{8-6}$$

实心圆轴 I_p 的计算公式为

$$I_p = \int_A \rho^2 \mathrm{d}A = 2\pi \int_0^R \rho^3 \mathrm{d}\rho = \frac{\pi R^4}{2} = \frac{\pi D^4}{32} \tag{8-7}$$

式中，D 是圆截面的直径，单位为 mm。由此求出

$$W_{\mathrm{p}} = \frac{I_{\mathrm{p}}}{R} = \frac{\pi R^3}{2} = \frac{\pi D^3}{16} \tag{8-8}$$

如果是空心圆轴，则计算公式为

$$I_{\mathrm{p}} = \int_A \rho^2 \mathrm{d}A = 2\pi \int_{d/2}^{D/2} \rho^3 \mathrm{d}\rho = \frac{\pi}{32}(D^4 - d^4) = \frac{\pi D^4}{32}(1 - \alpha^4) \tag{8-9}$$

$$W_{\mathrm{p}} = \frac{I_{\mathrm{p}}}{R} = \frac{\pi}{16D}(D^4 - d^4) = \frac{\pi D^3}{16}(1 - \alpha^4) \tag{8-10}$$

式中，$\alpha = d/D$，D 和 d 分别是空心圆截面的外径和内径；R 是外半径。

8.3.2　圆轴扭转的强度条件

为了保证受扭圆轴能正常工作，不会因强度不足而破坏，其强度条件为：最大工作应力 $\tau_{\max}$ 不超过材料的许用切应力 $[\tau]$，即

$$\tau_{\max} \leqslant [\tau] \tag{8-11}$$

对于等截面轴来说，从轴的受力情况或由扭矩图上可确定最大扭矩 $T_{\max}$，最大切应力 $\tau_{\max}$ 就发生于 $T_{\max}$ 所在截面的周边各点处。由式（8-6）可把式（8-11）写成

$$\tau_{\max} = \frac{T_{\max}}{W_{\mathrm{p}}} \leqslant [\tau] \tag{8-12}$$

对阶梯轴来说，各段的抗扭截面模量 W_{p} 不同，要确定其最大工作应力 $\tau_{\max}$，必须综合考虑扭矩 T 和 W_{p} 两种因素。需把阶梯轴逐段分析，再相互比较得到最大值。

在静载荷的情况下，扭转许用切应力 $[\tau]$ 与许用拉应力 $[\sigma]$ 之间有如下关系：

材料为钢时，取 $[\tau] = (0.5 \sim 0.6)[\sigma]$；材料为铸铁时，取 $[\tau] = (0.8 \sim 1)[\sigma]$

但考虑到扭转轴所受载荷多为动载荷，因此所取 $[\tau]$ 值应比上述许用切应力值还要低些。

【例 8-2】　图 8-11 所示的汽车传动轴 AB，由 45 钢无缝钢管制成，该轴的外径 $D = 90\mathrm{mm}$，壁厚 $t = 2.5\mathrm{mm}$，工作时的最大扭矩 $T = 1.5\mathrm{kN \cdot m}$，材料的许用切应力 $[\tau] = 60\mathrm{MPa}$。试求：①校核 AB 轴的强度；②若将 AB 轴改为实心轴，且在强度相同的条件下，则确定轴的直径，并比较实心轴和空心轴的重量。

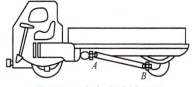

图 8-11　汽车传动轴分析

解：1）校核 AB 轴的强度。

$$\alpha = \frac{d}{D} = \frac{D - 2t}{D} = \frac{90\mathrm{mm} - 2 \times 2.5\mathrm{mm}}{90\mathrm{mm}} = 0.944$$

$$W_{\mathrm{p}} = \frac{\pi D^3}{16}(1 - \alpha^4) = \frac{\pi \times 90^3}{16}(1 - 0.944^4)\mathrm{mm}^3 = 29453\mathrm{mm}^3$$

轴的最大切应力为

$$\tau_{\max} = \frac{T_{\max}}{W_{\mathrm{p}}} = \frac{1500\mathrm{N \cdot m}}{29453 \times 10^{-9}\mathrm{m}^3} = 51 \times 10^6 \mathrm{Pa} = 51\mathrm{MPa} < [\tau]$$

故 AB 轴满足强度要求。

2）确定实心轴的直径。按题意，要求设计的实心轴应与原空心轴强度相同，因此要求

实心轴的最大切应力也应该是 $\tau_{max} = 51\text{MPa}$。

设实心轴的直径为 D_1，则

$$\tau_{max} = \frac{T}{W_p} = \frac{1500\text{N} \cdot \text{m}}{\frac{\pi}{16}D_1^3} = 51\text{MPa}$$

$$D_1 = \sqrt[3]{\frac{1500 \times 16}{\pi \times 51 \times 10^6}}\text{m} = 0.0531\text{m} = 53.1\text{mm}$$

在两轴长度相同、材料相同的情况下，两轴重量之比等于其横截面积之比，即

$$\frac{A_{空心}}{A_{实心}} = \frac{90^2 - 85^2}{53.1^2} = 0.31$$

上述结果表明，在载荷相同的条件下，空心轴所用材料只是实心轴的 31%，因而节省了 2/3 以上的材料。这是因为横截面上的切应力沿半径线性分布，轴心附近的应力很小，材料没有充分发挥作用。若把轴心附近的材料向边缘移置，这样可以充分发挥材料的强度性能；也可以使轴的抗扭截面模量大大增加，从而有效地提高了轴的强度。因此，在用料相同的条件下，空心轴比实心轴具有更高的承载能力，而且节省材料，降低消耗。因此工程上较大尺寸的传动轴常被设计为空心轴。

8.4 圆轴扭转时的变形计算和刚度条件

8.4.1 圆轴扭转时的变形计算

扭转变形的标志是两个横截面绕轴线的相对转角，即扭转角，如图 8-5 所示，其计算公式为

$$\varphi = \frac{Tl}{GI_p} \tag{8-13}$$

式中，l 是两截面之间的距离，单位为 mm；T 是这一段轴的扭矩，如果这一段轴上扭矩发生变化，则要分段计算；G 是比例常数，称为材料的切变模量，单位为 GPa；I_p 是这一段轴的截面极惯性矩，由于 I_p 与截面的直径相关，因此这一段轴的直径如果发生变化，则要分段计算，GI_p 是圆轴的抗扭刚度；φ 是距离为 l 的两截面之间的扭转角，单位为 rad。

根据以上分析，得到阶梯轴的扭转变形的计算公式为

$$\varphi = \sum_{i=1}^{n} \frac{T_i l_i}{GI_{pi}} \tag{8-14}$$

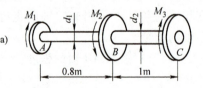

a)

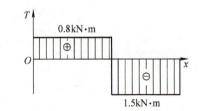

b)

图 8-12 阶梯轴变形分析

【例 8-3】 图 8-12a 所示的阶梯轴。AB 段的直径 $d_1 = 4\text{cm}$，BC 段的直径 $d_2 = 7\text{cm}$，外力偶矩 $M_1 = 0.8\text{kN} \cdot \text{m}$，$M_3 = 1.5\text{kN} \cdot \text{m}$，已知材料的切变模量 $G = 80\text{GPa}$，试计算 φ_{AC}。

解： 1）用截面法逐段求得

$$T_1 = M_1 = 0.8 \text{kN} \cdot \text{m}; \quad T_2 = -M_3 = -1.5 \text{kN} \cdot \text{m}$$

画出扭矩图，如图 8-12b 所示。

2）计算极惯性矩。

$$I_{p1} = \frac{\pi d_1^4}{32} = \frac{\pi \times 4^4}{32} \text{cm}^4 = 25.1 \text{cm}^4 \qquad I_{p2} = \frac{\pi d_2^4}{32} = \frac{\pi \times 7^4}{32} \text{cm}^4 = 236 \text{cm}^4$$

3）求扭转角 φ_{AC}。由于 AB 段和 BC 段内扭矩不等，且横截面尺寸也不相同，故需求出每段的扭转角 φ_{AB} 和 φ_{BC}，再取 φ_{AB} 和 φ_{BC} 的代数和，即求得轴两端面的扭转角 φ_{AC}。

$$\varphi_{AB} = \frac{T_1 l_1}{GI_{p1}} = \frac{0.8 \times 10^6 \times 800}{80 \times 10^3 \times 25.1 \times 10^4} = 0.0318 \text{rad}$$

$$\varphi_{BC} = \frac{T_2 l_2}{GI_{p2}} = \frac{-1.5 \times 10^6 \times 1000}{80 \times 10^3 \times 236 \times 10^4} = -0.008 \text{rad}$$

$$\varphi_{AC} = \varphi_{AB} + \varphi_{BC} = 0.0318 \text{rad} - 0.008 \text{rad} = 0.0238 \text{rad} = 1.36°$$

8.4.2　圆轴扭转时的刚度计算

在实际工程中，为使轴能正常工作，除了满足强度要求外，往往还要考虑它的变形情况。例如：车床的丝杠扭转变形过大会影响螺纹的加工精度；发动机的凸轮轴扭转变形过大会影响气门启闭时间的准确性等。所以，轴还应该满足刚度要求。

根据式（8-13）得知，轴的扭转角的大小和轴的长度有关，而衡量扭转变形的程度应该消除长度的影响，利用扭转轴单位长度的扭转角，称为扭转的刚度，用 θ 表示，其单位为 rad/m。如果圆轴的截面不变，且只在两端有外力偶距作用，则有

$$\theta = \frac{\varphi}{l} = \frac{T}{GI_p} \tag{8-15}$$

扭转的刚度条件为

$$\theta_{\max} = \frac{T_{\max}}{GI_p} \leqslant [\theta] \tag{8-16}$$

式中，$\theta_{\max}$ 是单位长度的最大扭转角，单位为 rad/m；$[\theta]$ 是许用扭转角，单位为 rad/m。

在实际工程中，$[\theta]$ 的单位习惯上用（°）/m。故把式（8-16）中的弧度换算为度，得

$$\theta_{\max} = \frac{T_{\max}}{GI_p} \times \frac{180°}{\pi} \leqslant [\theta] \tag{8-17}$$

许用扭转角 $[\theta]$ 的数值可根据轴的工作条件和机器的精度要求，按实际情况从有关手册中查到。在工程中，精密机器的轴：$[\theta] = (0.25° \sim 0.50°)/\text{m}$；一般传动轴：$[\theta] = (0.5° \sim 1.0°)/\text{m}$；精度较低的轴：$[\theta] = (1° \sim 2.5°)/\text{m}$。

【例 8-4】　实心轴如图 8-13a 所示。已知：该轴转速 $n = 300 \text{r/min}$，主动轮输入功率 $P_C = 40 \text{kW}$，从动轮的输出功率分别为 $P_A = 10 \text{kW}$、$P_B = 12 \text{kW}$、$P_D = 18 \text{kW}$。材料的切变模量 $G = 80 \text{GPa}$，若 $[\tau] = 50 \text{MPa}$，$[\theta] = $

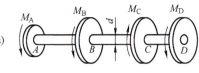

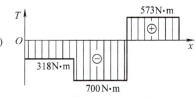

图 8-13　轴的承载设计实例

0.3°/m，试按强度条件和刚度条件设计此轴的直径。

解：1）求外力偶矩。

$$M_A = 9550 \frac{P_A}{n} = 9550 \times \frac{10}{300} \text{N} \cdot \text{m} = 318 \text{N} \cdot \text{m}$$

$$M_B = 9550 \frac{P_B}{n} = 9550 \times \frac{12}{300} \text{N} \cdot \text{m} = 382 \text{N} \cdot \text{m}$$

$$M_C = 9550 \frac{P_C}{n} = 9550 \times \frac{40}{300} \text{N} \cdot \text{m} = 1273 \text{N} \cdot \text{m}$$

$$M_D = 9550 \frac{P_D}{n} = 9550 \times \frac{18}{300} \text{N} \cdot \text{m} = 573 \text{N} \cdot \text{m}$$

2）求扭矩、画扭矩图。

AB 段 $\qquad T_1 = -M_A = -318 \text{N} \cdot \text{m}$

BC 段 $\qquad T_2 = -M_A - M_B = -318 \text{N} \cdot \text{m} - 382 \text{N} \cdot \text{m} = -700 \text{N} \cdot \text{m}$

CD 段 $\qquad T_3 = M_D = 573 \text{N} \cdot \text{m}$

根据以上三段的扭矩画出扭矩图，如图 8-13b 所示。由此图可知，最大扭矩发生在 BC 段内，其值为

$$|T|_{max} = 700 \text{N} \cdot \text{m}$$

因该轴为等截面圆轴，所以危险截面为 BC 段内的各横截面。

3）按强度条件设计轴的直径，由强度条件

$$\tau_{max} = \frac{T_{max}}{W_p} \leqslant [\tau]$$

$$W_p = \frac{\pi d^3}{16}$$

得 $\qquad d \geqslant \sqrt[3]{\frac{16 T_{max}}{\pi [\tau]}} = \sqrt[3]{\frac{16 \times 700 \times 10^3}{\pi \times 50}} \text{mm} = 41.5 \text{mm}$

4）按刚度条件设计轴的直径，由刚度条件

$$\theta_{max} = \frac{T_{max}}{G I_p} \times \frac{180°}{\pi} \leqslant [\theta]$$

$$I_p = \frac{\pi d^4}{32}$$

得 $\qquad d \geqslant \sqrt[4]{\frac{32 T_{max} \times 180}{G \pi^2 [\theta]}} = \sqrt[4]{\frac{32 \times 700 \times 10^3 \times 180}{80 \times 10^3 \times \pi^2 \times 0.3 \times 10^{-3}}} \text{mm} = 64.2 \text{mm}$

故为使轴同时满足强度条件和刚度条件，所设计轴的直径应不小于 64.2mm。

知识拓展——工程活动中的基本伦理原则

小结——思维导图讲解

知识巩固与能力训练题

8-1　指出图8-14所示的圆轴横截面上各应力分布图中哪些是正确的?

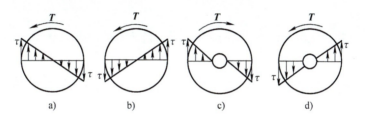

图 8-14　题 8-1 图

8-2　直径相同而材料不同的两根等长实心轴,在相同的扭矩作用下,最大切应力 τ_{max}、扭转角 φ 和极惯性矩 I_p 是否相同?

8-3　绘制图8-15所示各轴的扭矩图。

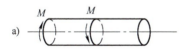

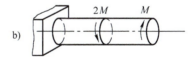

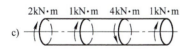

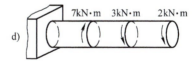

图 8-15　题 8-3 图

8-4　直径 $D=5cm$ 的圆轴,受到扭矩 $T=2.15kN\cdot m$ 的作用,试求在距离轴心 1cm 处的切应力,并求轴截面上的最大切应力。

8-5　图8-16所示传动轴的圆截面直径为80mm,轴上作用的外力偶矩 $M_1=1000N\cdot m$, $M_2=600N\cdot m$, $M_3=200N\cdot m$, $M_4=200N\cdot m$,试求:①作出此轴的扭矩图;②计算各段轴内的最大切应力;③若将外力偶矩 M_1 和 M_2 的作用位置互换一下,问圆轴的直径是否可以减少?

8-6　图8-17所示传动轴的转速 $n=500r/min$,主动轮1输入功率 $P_1=367.5kW$,从动轮2、3分别输出功率 $P_2=147kW$、$P_3=220.5kW$。已知:$[\tau]=70MPa$,$[\theta]=1°/m$,$G=80GPa$。试求:①确定 AB 段的直径

d_1 和 BC 段的直径 d_2；②若 AB 和 BC 两段选用同一直径，试确定直径 d；③主动轮和从动轮应如何安排才比较合理？

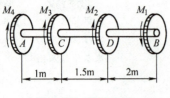

图 8-16　题 8-5 图

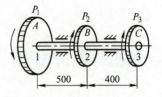

图 8-17　题 8-6 图

工程构件弯曲的承载能力设计

能力目标

1) 能够分析哪些工程构件承受弯曲作用，并求其内力。
2) 能够正确校核承受弯曲作用构件的强度。
3) 能够根据工程要求设计合格的承受弯曲作用的构件。
4) 能够确定某一弯曲构件所能承受的最大载荷。
5) 能够正确分析提高梁弯曲承载能力的措施。

素质目标

1) 通过剪力图、弯矩图的绘制训练，引导学生善于从复杂问题中寻找规律，提高解决问题的能力和效率，培养学生耐心、细致的工作作风和敬业、精益、专注、创新的工匠精神。

2) 通过以危险截面的应力作为在强度计算时的依据，并引用"千里之堤，溃于蚁穴"的警句，教育学生要抓住关键、注重细节，树立安全质量意识和一丝不苟的工作态度。

3) 通过自然界树木、竹子截面上细下粗以及工程中许多提高梁弯曲承载能力的应用实例分析，培养学生善于欣赏自然之美、树立工程意识以及勇于探究创新的科学精神。

案例导入

工程中有很多承受弯曲作用的构件，如图 9-1 所示的行车大梁，在工作时，电葫芦、吊钩以及吊起的重物会使大梁产生向下的弯曲。再如图 9-2 所示减速器中的轴，此轴工作过程

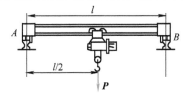

图 9-1　行车大梁

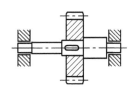

图 9-2　减速器中的轴

中会发生扭转变形，与此同时还会受到弯曲作用，产生弯曲变形。

9.1 弯曲的工程实例和概念

弯曲的工程
实例及概念

9.1.1 平面弯曲的概念

图 9-3 所示的火车轮轴，图 9-4 所示的桥式吊车梁以及桥梁中的主梁，房屋建筑中的梁等都是弯曲变形的实例。这些构件的受力特点是：在通过杆的轴线的平面内，受到力偶或者垂直于轴线的外力作用。它们的变形特点是：受力后这些直杆的轴线将由原来的直线弯成曲线，这种变形称为弯曲。以弯曲变形为主的杆件通常称为梁。

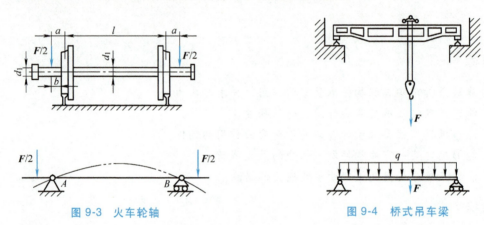

图 9-3　火车轮轴　　　　　　　　　　图 9-4　桥式吊车梁

工程中常见的直梁，其横截面一般都有一个或者几个对称轴，如图 9-5 所示。

由横截面的对称轴与梁的轴线组成的平面称为梁的纵向对称平面。当所有外力都作用在梁的纵向对称平面内时，梁的轴线弯成位于纵向对称平面内的一条平面曲线（图 9-6），这种弯曲称为平面弯曲。在本学习情境内只讨论平面弯曲时横截面上的内力、应力和变形问题。

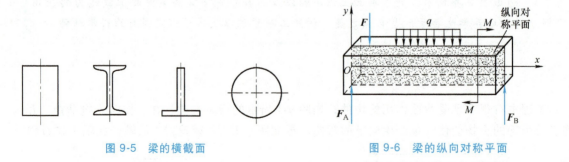

图 9-5　梁的横截面　　　　　　　　　图 9-6　梁的纵向对称平面

9.1.2 梁的简化及基本形式

在工程上，梁的截面形状、受载情况和支承情况一般都比较复杂，但为了便于分析和计算，一般对梁进行一些简化处理，包括梁本身的简化、载荷的简化以及支座的简化。

不管直梁的截面多么复杂，都可把它简化成一直杆，并用梁的轴线表示。

作用于梁上的外力，无论是主动外载荷还是约束反力，都可以简化成集中载荷和分布载荷。集中载荷又分为集中力和集中力偶，分布载荷即为作用线垂直于梁轴线的分布力，如图9-7所示。梁的轴线上单位长度所受的载荷称为载荷集度，用 q 表示，单位为 N/m。

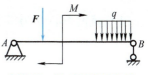

图9-7　梁上载荷的类型

根据支座对梁约束的不同特点，可以简化为静力学中的三种形式：活动铰支座、固定铰支座和固定端支座。因此可以把简单的梁分为三种类型：

（1）**简支梁**　一端是固定铰支座、另一端是活动铰支座的梁，如图9-8a所示。

（2）**外伸梁**　一端是固定铰支座、另一端是活动铰支座，并且有一端（或两端）伸出支座以外的梁，如图9-8b所示。

（3）**悬臂梁**　一端为固定端支座、另一端自由的梁，如图9-8c所示。

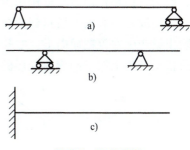

图9-8　梁的类型

上述简支梁、外伸梁和悬臂梁，都可以利用静力学的平衡条件来求出其支座反力，因此，又统称为静定梁。有时为了工程上的需要，为一个梁设置较多的支座，因而使梁的支座反力数目多于独立的平衡方程数目，这时只用平衡方程就不能确定支座反力。这种梁称为超静定梁。本学习情境将仅限于研究静定梁。

9.2　弯曲的内力计算及剪力图和弯矩图的绘制

9.2.1　平面弯曲时梁横截面上的内力

图9-9a所示的简支梁，承受集中力 F_1、F_2、F_3 作用。先利用静力学平衡方程求出其支座反力 F_A、F_B。现在用截面法计算距 A 为 x 处的横截面 C 上的内力，将梁在 C 截面假想截开，分成左右两段，现任选一段，如左段（图9-9b），研究其平衡。在左段梁上作用着外力 F_A 和 F_1，在 C 截面上一定存在着某些内力以维持其平衡。由平衡条件可知，在 C 截面上必定有维持左段梁平衡的横向力 F_Q 及力偶 M。

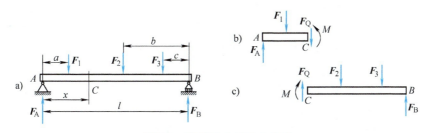

图9-9　横梁弯曲的内力分析

由左段梁在 y 方向的受力平衡条件可得

$$\sum F_y = 0 \qquad F_A - F_1 - F_Q = 0$$

得

$$F_Q = F_A - F_1$$

以 C 截面形心 O 为矩心列平衡方程得

$$\sum M_O = 0 \qquad M + F_1(x-a) - F_A x = 0$$

得

$$M = F_A x - F_1(x-a)$$

F_Q 是 C 截面上切向分布内力的合力，称为 C 截面上的剪力；M 是横截面上法向分布内力的合力偶矩，称为 C 截面上的弯矩。

同理，若以右段为研究对象（图 9-9c），并根据 CB 段梁的平衡条件计算 C 截面的内力，将得到与以左段为研究对象时数值相同的剪力和弯矩，但其方向均相反。这一结果是必然的，因为它们是作用力与反作用力的关系。

为使取左段和取右段得到的剪力和弯矩符号一致，对剪力和弯矩的符号做如下规定：使微段横梁产生左侧截面向上、右侧截面向下相对错动的剪力为正，反之为负（图 9-10）；使微段横梁产生上凹下凸弯曲变形的弯矩为正，反之为负（图 9-11）。

图 9-10　剪力的正负规定　　　　图 9-11　弯矩的正负规定

总结上述分析中对剪力和弯矩的计算，可以得出剪力和弯矩的计算式。

剪力的计算式：横截面上的剪力在数值上等于该截面左侧（或右侧）梁上所有外力的代数和，即

$$F_Q = \sum F \qquad\qquad (9\text{-}1)$$

在使用式（9-1）计算剪力时，对外力正负号的规定是：截面左段梁上向上的外力或截面右段梁上向下的外力为正，反之为负。可归纳为一个简单的口诀"左上右下，剪力为正"。

弯矩的计算式：横截面上的弯矩在数值上等于该截面左段（或右段）所有外力对该截面形心 O 所产生的力矩代数和，即

$$M = \sum M_O \qquad\qquad (9\text{-}2)$$

在使用式（9-2）计算弯矩时，对外力产生的力矩正负号的规定是：截面左段梁上外力对截面形心 O 产生的矩（或外力偶矩）为顺时针转向，或者截面右段梁上外力对截面形心 O 产生的矩（或外力偶矩）为逆时针转向时为正，反之为负。可归纳为一个简单的口诀"左顺右逆，弯矩为正"。

【例 9-1】　图 9-12a 所示的简支梁 AB 中，试计算 C、B 截面上的内力（B 截面是指无限接近于 B 点并位于其左侧的截面）。

解：首先计算其约束反力，设其方向如图 9-12a 所示。

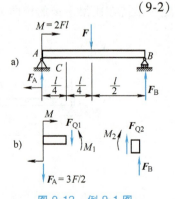

图 9-12　例 9-1 图

由平衡方程得

$$\sum M_A = 0 \qquad -M - Fl/2 + F_B l = 0$$
$$F_B = 5F/2$$
$$\sum M_B = 0 \qquad -F_A l - M + Fl/2 = 0$$
$$F_A = -3F/2$$

F_A 为负，说明它的实际方向与图示方向相反。

计算 C 截面的内力。假想将梁在 C 截面截开，如果保留左段，可先设剪力 F_{Q1} 与弯矩 M_1 皆为正，如图 9-12b 所示，则：$F_{Q1} = -3F/2$；$M_1 = M - F_A l/4 = 13Fl/8$。

计算 B 截面的内力。将梁假想在 B 截面截开，并选右段为研究对象，设 F_{Q2} 与 M_2 皆为正，其方向如图 9-12b 所示，则：$F_{Q2} = -F_B = -5F/2$；$M_2 = F_B \times 0 = 0$。

9.2.2 剪力方程和弯矩方程

在梁上取不同的截面，其剪力和弯矩一般是不断发生变化的。若以横坐标 x 表示横截面的位置，则梁内各横截面上的剪力和弯矩都可以表示为 x 的函数，即

$$\begin{cases} F_Q = F_Q(x) \\ M = M(x) \end{cases}$$

上述两式即为梁的剪力方程和弯矩方程。在列方程时，应根据梁上载荷的分布情况分段进行，集中力（包括支座反力）、集中力偶和分布载荷起点、止点均为分段点。

9.2.3 剪力图和弯矩图

为了能够一目了然表明梁的各横截面上剪力和弯矩沿轴线的分布情况，通常按 $F_Q = F_Q(x)$ 和 $M = M(x)$ 绘出函数图形，这种图形分别称为剪力图和弯矩图。

利用剪力图和弯矩图可以很容易看出梁的剪力和弯矩的变化规律，并确定最大剪力和最大弯矩的数值及其所在截面，找出危险截面位置，进行强度计算和变形计算。

【例 9-2】 图 9-13a 所示为一直齿圆柱齿轮传动轴。该轴可简化为简支梁，当仅考虑齿轮上的径向力 F 对轴的作用时，其计算简图如图 9-13b 所示。试作轴的剪力图和弯矩图。

解：先取传动轴为研究对象，列静力学平衡方程式 $\sum M_B = 0$ 和 $\sum M_A = 0$ 分别求得支座反力为：$F_A = Fb/l$；$F_B = Fa/l$。

在集中载荷 F 的左、右两段梁的剪力和弯矩方程均不相同。

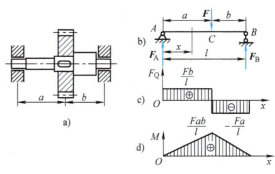

图 9-13 例 9-2 图

列剪力方程

$$F_Q = F_A = Fb/l \qquad (0 \leq x \leq a)$$
$$F_Q = F_A - F = Fb/l - F = -F(l-b)/l = -Fa/l \qquad (a \leq x \leq l)$$

根据剪力方程画出剪力图，如图 9-13c 所示。

列弯矩方程

$$M = F_A x = Fbx/l \qquad\qquad (0 \leq x \leq a)$$

$$M = F_A x - F(x-a) = Fa(l-x)/l \quad (a \leq x \leq l)$$

根据弯矩方程画出弯矩图，如图9-13d所示。

由图9-13可见，当 $b > a$ 时，在 AC 段梁的任意横截面的剪力值为最大，即 $F_{Q\max} = Fb/l$，且在集中载荷作用处剪力发生突变，突变的大小就等于此处集中载荷的大小，而集中载荷作用处的横截面上的弯矩值为最大，即 $M_{\max} = Fab/l$。

【例9-3】 图9-14a所示为装有直齿锥齿轮的传动轴，可简化为图9-14b所示的简支梁。当仅考虑齿轮上的轴向力 F_a 对轴的力偶矩 $M_0 = F_a r$ 时，试作轴的剪力图和弯矩图。

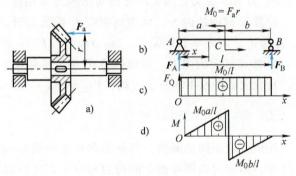

图9-14 例9-3图

解：取传动轴为研究对象。列静力学平衡方程式 $\sum M_B = 0$ 和 $\sum M_A = 0$，分别求得支座反力为：$F_A = M_0/l$；$F_B = -M_0/l$。

列剪力方程

$$F_Q = F_A = M_0/l \quad (0 \leq x \leq l)$$

根据剪力方程画出的剪力图如图9-14c所示。

列弯矩方程

$$M = F_A x = M_0 x/l \qquad\qquad (0 \leq x \leq a)$$

$$M = F_A x - M_0 = -M_0(l-x)/l \qquad (a \leq x \leq l)$$

根据弯矩方程画出的弯矩图如图9-14d所示。

由图9-14可见，在梁 AB 的任意横截面上剪力值相等，而在集中力偶作用 C 处的横截面上其弯矩值发生突变，变化的大小就等于此处集中力偶的大小。

【例9-4】 图9-15a所示为一钢板校平机的示意图，其轧辊可简化为一简支梁，工作时所受压力可近似地简化为作用于全梁的均布载荷 q，如图9-15b所示，试作梁的剪力图和弯矩图。

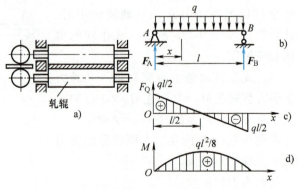

图9-15 例9-4图

解：取简支梁 AB 为研究对象，梁 AB 在均布载荷 q 的作用下，其合力是 ql，列静力学平衡方程 $\sum M_B = 0$ 和 $\sum M_A = 0$，得：$F_A = F_B = ql/2$。

均布载荷 q 分布在整根梁 AB 上，因此列剪力方程和弯矩方程时不需要分段，即

剪力方程 $\qquad F_Q = F_A - qx = ql/2 - qx \quad (0 \leq x \leq l)$

根据剪力方程画出剪力图，如图 9-15c 所示。

弯矩方程　　　　　　　$M = F_A x - qx^2/2 = qlx/2 - qx^2/2$　　（$0 \leq x \leq l$）

根据弯矩方程画出弯矩图，如图 9-15d 所示。

由图 9-15 可见，在梁上的两端点，即 A 点和 B 点的剪力值为最大，即 $F_Q = ql/2$，而在梁的中间处弯矩值为最大，即 $M_{max} = ql^2/8$。

总结：根据上述应用实例很容易知道，弯矩、剪力、均布载荷间存在微分关系，由此可得出剪力图和弯矩图的特点和规律，具体如下：

1）梁上某段无分布载荷时，则该段剪力图为水平线，弯矩图为斜直线。

2）梁上某段有向下的分布载荷时，则该段剪力图递减（＼），弯矩图为向上凸的曲线（⌢）；反之，当有向上的分布载荷时，剪力图递增（／），弯矩图为向下凸的曲线（⌣）。若为均布载荷时，则剪力图为斜直线，弯矩图为二次抛物线。

3）在集中力 F 作用处，剪力图有突变（突变值等于集中力 F），弯矩图为折角。

4）在集中力偶 M 作用处，弯矩图有突变（突变值等于力偶 M），剪力图无变化。

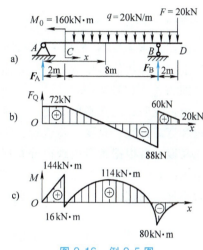

图 9-16　例 9-5 图

5）某截面 $F_Q = 0$，则在该截面弯矩有极值（极大或极小）。

【例 9-5】　外伸梁 AD 受载荷如图 9-16a 所示，试利用微分关系作剪力图及弯矩图。

解：（1）求支座反力　由平衡条件 $\sum M_B = 0$ 和 $\sum M_A = 0$ 可求得

$$F_A = 72kN；\quad F_B = 148kN$$

（2）作剪力图　根据梁上受力情况应分为 AC、CB、BD 三段。AC 段无均布载荷，所以剪力图应为一水平直线。CB 及 BD 段有向下的均布载荷作用，所以剪力图为向下倾斜的直线，且两段斜率一样。在集中力作用处剪力图发生突变，其突变值等于集中力的大小。这样，根据梁上受力情况便可看出剪力图的大致形状（图 9-16b）。所以作剪力图时只要计算下面几个控制点处的剪力值，即

在 AC 段内　　　　　　$F_Q = F_A = 72kN$

在 B 点左侧　　　　　　$F_Q = 72kN - 20kN/m \times 8m = -88kN$

在 B 点右侧　　　　　　$F_Q = 20kN + 20kN/m \times 2m = 60kN$

在 D 点左侧　　　　　　$F_Q = F = 20kN$

根据上面数值可作剪力图，如图 9-16b 所示。

（3）作弯矩图　根据剪力图可以看出弯矩图的形状。AC 段 F_Q 为正值常数，所以弯矩图为向上倾斜的直线。在 C 处有集中力偶，所以弯矩图在此有突变。CB 段 F_Q 由正值变到负值，所以弯矩图在 $F_Q = 0$ 的截面以左为向右上的凸曲线，以右为向右下的上凸曲线，在 $F_Q = 0$ 处，弯矩图有极大值。在 B 点处 F_Q 有突变，所以弯矩图在此形成尖角。BD 段 F_Q 为正值并由大到小，所以弯矩图为向右上的上凸曲线。作弯矩图时，只计算下面几个控制点的弯矩值，即

在 C 点左侧 $M = 72kN \times 2m = 144kN \cdot m$

在 C 点右侧 $M = 72kN \times 2m - 160kN \cdot m = -16kN \cdot m$

在 B 点 $M = -20kN \times 2m - 20kN/m \times 2m \times 1m = -80kN \cdot m$

在 CB 段内 $F_Q = 0$ 处，可令 CB 段的剪力方程等于零而求得该截面距梁左段的距离 x，

因为 $F_Q = F_A - q(x-2) = 0$

所以 $$x = \frac{F_A}{q} + 2m = 5.6m$$

由此得 $M = 72kN \times 5.6m - 160kN \cdot m - 20kN/m \times 3.6m \times 1.8m = 114kN \cdot m$。

根据上面数值可作弯矩图，如图 9-16c 所示。由弯矩图可见，最大弯矩值发生在 C 点左侧，即 $M_{max} = 144kN \cdot m$。

上例说明，当熟悉剪力图和弯矩图的规律以后，在作剪力图和弯矩图时，可以不写剪力方程和弯矩方程，只要三步就行：①计算支座反力；②分段定形，即根据梁受力情况，将梁分成几段，再根据各段内载荷分布情况，利用 q、F_Q、M 的微分关系，确定该段内剪力图和弯矩图的几何形状；③定值作图，即计算若干个控制截面（内力规律发生变化的截面，即外力不连续的截面）的内力值，就可绘出梁的剪力图和弯矩图。

9.3　横梁弯曲的应力计算和强度条件

9.3.1　梁横截面上正应力分布规律

在研究了平面弯曲梁的内力之后，从剪力图和弯矩图上可以确定发生最大剪力和最大弯矩的危险截面。实验表明，当梁比较细长时，正应力是决定梁是否破坏的主要因素，切应力是次要因素。因此，此处主要研究梁横截面上的正应力。

图 9-17 所示的矩形等截面简支梁 AB，其上作用两个对称的集中力 F，在梁的 AC 和 DB 段上，剪力 F_Q 和弯矩 M 同时存在，这种弯曲称为剪切弯曲；在梁的 CD 段上，只有弯矩 M，没有剪力 F_Q，这种弯曲称为纯弯曲。在工程中，对于梁的长度大于 5 倍梁高的情形，通常可忽略剪力对梁的作用，将梁视为纯弯曲。

观察如图 9-18 所示纯弯曲梁的变形，可以看出，梁的下部纤维伸长，上部纤维压缩。由于梁变形的连续性，沿梁的高度方向一定有一层纵向纤维既不伸长也不压缩，这一层纤维称为中性层。中性层与横截面的交线称为中性轴，如图 9-19 所示的 z 轴。

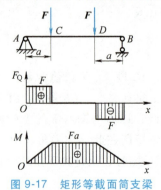

图 9-17　矩形等截面简支梁

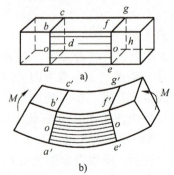

图 9-18　纯弯曲梁的变形

在纯弯曲的情况下，梁的横截面只有弯曲正应力。通过研究梁的变形，可以得到梁横截面上的正应力的分布规律：横截面上任一点处的正应力与该点到中性轴的距离成正比，而在距中性轴等远的同一横线上的各点处的正应力相等（图9-20）。显然，距离中性轴的最远处，即梁的上下边缘处正应力最大，而中性轴上各点的正应力为零。

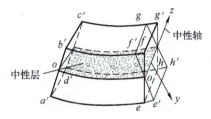

图 9-19　中性层与中性轴

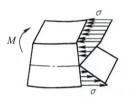

图 9-20　梁的横截面上正应力分布

9.3.2　梁的正应力计算

经理论分析，纯弯曲时梁横截面上的正应力计算公式为

$$\sigma = \frac{My}{I_z} \tag{9-3}$$

式中，σ 是横截面上任一点的弯曲正应力，单位为 MPa；M 是横截面上的弯矩，单位为 N·mm；y 是横截面上任一点到中性轴的距离，单位为 mm；$I_z = \int_A y^2 \mathrm{d}A$ 是横截面对中性轴 z 的惯性矩，单位为 mm^4，只与横截面的形状和尺寸有关的几何量。

由式（9-3）可知，梁弯曲时，横截面上任一点处的正应力与该截面上的弯矩成正比，与惯性矩成反比，并沿横截面高度呈线性分布。

如图9-20所示，当弯矩为正时，梁下部纤维伸长，故产生拉应力；上部纤维缩短而产生压应力。若弯矩为负时，则相反。一般用式（9-3）计算正应力时，M 与 y 均代以绝对值，而正应力的拉、压由观察判断。

因梁的最大正应力发生在最大弯矩截面的上、下边缘处，故

$$\sigma_{\max} = \frac{M_{\max} y_{\max}}{I_z} = \frac{M_{\max}}{I_z / y_{\max}}$$

这里的 $I_z / y_{\max}$ 是只决定于截面的几何形状和尺寸的几何量，以 W_z 表示，称为截面对于中性轴 z 的抗弯截面模量，或弯曲截面系数，单位为 m^3。于是有

$$\sigma_{\max} = \frac{M_{\max}}{W_z} \tag{9-4}$$

应该指出，式（9-3）和式（9-4）是根据纯弯曲的情形导出的，但对于剪切弯曲（即剪力、弯矩均不为零的情形），也可以足够精确地用于计算正应力。

工程上常用的矩形截面梁、圆形截面梁和环形截面梁的惯性矩和抗弯截面模量见表9-1。对于其他截面和各种轧制型钢，其惯性矩和抗弯截面模量可查相关资料。

表 9-1 简单截面的惯性矩和抗弯截面模量

图形	中性轴惯性矩	抗弯截面模量
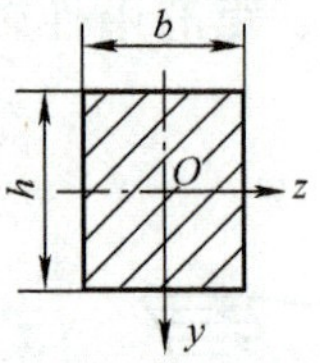	$I_z = \dfrac{bh^3}{12}$ $I_y = \dfrac{hb^3}{12}$	$W_z = \dfrac{bh^2}{6}$
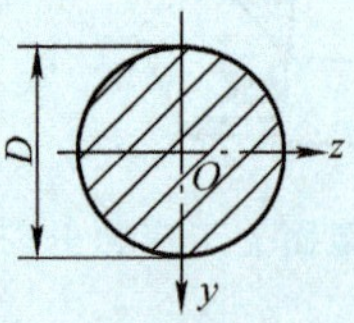	$I_z = \dfrac{\pi D^4}{64}$	$W_z = \dfrac{\pi D^3}{32}$
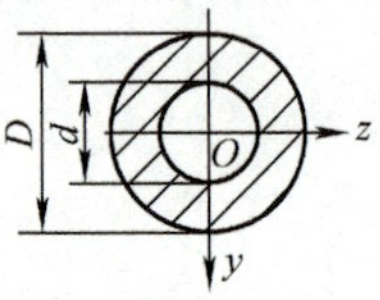	$I_z = \dfrac{\pi D^4}{64}(1-\alpha^4)$ $\alpha = \dfrac{d}{D}$	$W_z = \dfrac{\pi D^3}{32}(1-\alpha^4)$ $\alpha = \dfrac{d}{D}$

对于与中性轴平行的轴的惯性矩，由惯性矩的平行移轴定理可得到

$$I_{z'} = I_z + a^2 A \qquad (9-5)$$

式中，I_z 是截面对中性轴的惯性矩；$I_{z'}$ 是截面对于与中性轴平行的任一轴的惯性矩；a 是两轴之间的距离；A 是该截面的面积。

式（9-5）可用于计算简单组合图形对其中性轴的惯性矩。

9.3.3　弯曲正应力的强度计算

为了保证梁能安全的工作，必须使梁具备足够的强度。对等截面梁来说，最大弯曲正应力发生在弯矩最大的截面的上、下边缘处，而上、下边缘处各点的切应力为零，处于单向拉伸或者压缩状态，如果梁材料的许用应力为 $[\sigma]$，则梁的弯曲正应力强度条件为

$$\sigma_{\max} \leqslant [\sigma] \qquad (9-6)$$

在应用式（9-6）解决梁的弯曲正应力强度时，要注意以下问题：

（1）对于塑性材料　由于塑性材料的抗拉能力和抗压能力基本相同，为了使截面上的最大拉应力和最大压应力同时达到其许用应力，通常将梁的横截面做成关于中性轴对称的形状，如工字形、圆形、矩形等，所以强度条件为

$$\sigma_{\max} = \frac{M_{\max}}{W_z} \leqslant [\sigma] \qquad (9-7)$$

注意：对于中性轴不是截面的对称轴的梁，其最大拉应力值与最大压应力值不相等。

（2）对于脆性材料　由于脆性材料的抗拉能力远小于其抗压能力，为使截面上的压应力大于拉应力，常将梁的横截面做成不是关于中性轴对称的形状，如 T 形截面，此时应分别计算横截面的最大拉应力和最大压应力，则强度条件为

$$\sigma_{\mathrm{tmax}} = \frac{M_{z\max} y_1}{I_z} \leqslant [\sigma_{\mathrm{t}}] \qquad (9-8)$$

$$\sigma_{cmax} = \frac{M_{zmax}y_2}{I_z} \leqslant [\sigma_c] \qquad (9\text{-}9)$$

式（9-8）和式（9-9）中的 y_1 和 y_2 分别表示受拉和受压边缘到中性轴的距离。

根据强度条件，一般可进行对梁的强度校核、截面设计及确定许可载荷。

【例 9-6】 简支梁受均布载荷 q 作用，如图 9-21 所示，已知：$q = 2\text{kN/m}$，梁跨度 $l = 3\text{m}$，截面为矩形，$b = 80\text{mm}$，$h = 100\text{mm}$。求梁的最大正应力及其位置。

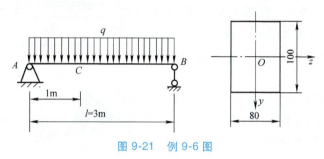

图 9-21 例 9-6 图

解：（1）求支座反力

$$F_A = ql/2 = 3\text{kN}$$
$$F_B = 3\text{kN}$$

（2）作弯矩图 弯矩图如图 9-22 所示。

从图 9-22 可以得到弯矩最大值发生在跨中截面处，其值为

$$M_{max} = F_A \times l/2 - q \times \frac{l}{2} \times \frac{l}{4} = ql^2/8 = 2.25 \times 10^6 \text{N} \cdot \text{mm}$$

（3）计算截面对中性轴 z 的惯性矩

$$I_z = bh^3/12 = 80 \times 100^3 \text{mm}^4/12 = 6.67 \times 10^6 \text{mm}^4$$

（4）梁的最大正应力计算 梁的最大正应力发生在跨中截面的上、下边缘处，最大正应力值为

$$\sigma_{max} = \frac{M_{max}y_{max}}{I_z} = \frac{2.25 \times 10^6 \times 50}{6.67 \times 10^6}\text{MPa} = 16.9\text{MPa}$$

试想一下，如果把上例中的梁截面横放，梁上的最大应力是多少？和梁截面竖放对比，哪一种放置方法更合理？

【例 9-7】 某矩形截面外伸梁，尺寸和载荷如图 9-23a 所示，材料的弯曲许用应力 $[\sigma] = 100\text{MPa}$，试校核梁的强度。

解：（1）求支座反力

$$F_B = F_C = 30\text{kN}$$

（2）作梁的弯矩图 从图 9-23b 可以得到弯矩最大值发生在梁的 BC 段，其值为

$$M_{max} = 30\text{kN} \cdot \text{m}$$

（3）计算矩形截面的抗弯截面模量

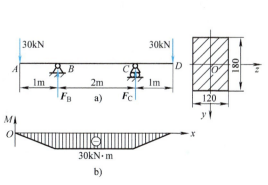

图 9-23 例 9-7 图

$$W_z = bh^2/6 = 120 \times 180^2 \, \mathrm{mm}^3/6 = 6.48 \times 10^5 \, \mathrm{mm}^3$$

（4）梁的最大正应力及强度校核

$$\sigma_{\max} = \frac{M_{\max}}{W_z} = \frac{30 \times 10^3}{6.48 \times 10^5 \times 10^{-9}} \, \mathrm{Pa} = 46.3 \, \mathrm{MPa} < [\sigma]$$

因此梁的强度合格。

【例9-8】　图9-24所示为 T 形铸铁梁。已知：$F_1 = 10 \mathrm{kN}$，$F_2 = 4 \mathrm{kN}$，铸铁的许用拉应力 $[\sigma_t] = 36 \mathrm{MPa}$，许用压应力 $[\sigma_c] = 60 \mathrm{MPa}$，截面对中性轴 z 的惯性矩 $I_z = 763 \mathrm{cm}^4$，$y_1 = 52 \mathrm{mm}$。试校核梁的强度。

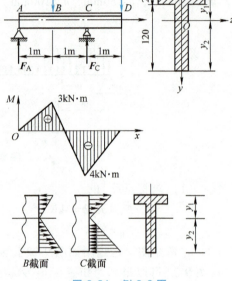

图9-24　例9-8图

解：（1）求支座反力

由 $\sum M_C = 0$ 得　$F_A = 3 \mathrm{kN}$

由 $\sum M_A = 0$ 得　$F_C = 11 \mathrm{kN}$

（2）画弯矩图

$$M_A = M_D = 0$$
$$M_B = F_A \times 1\mathrm{m} = 3 \mathrm{kN} \cdot \mathrm{m}$$
$$M_C = -F_2 \times 1\mathrm{m} = -4 \mathrm{kN} \cdot \mathrm{m}$$

（3）强度校核　根据弯矩图，得到最大弯矩发生在 C 截面，即

$$M_{\max} = M_C = -4 \mathrm{kN} \cdot \mathrm{m}$$

由于 M_B 为正弯矩，其值虽然小于 M_C 的绝对值，但应注意到在截面 B 处最大拉应力发生在距离中性轴较远的截面下边缘各点，而截面 C 处最大拉应力发生在距离中性轴较近的截面上边缘各点。通过比较 $M_B y_2$ 与 $M_C y_1$ 的大小，很容易得出截面 B 比截面 C 的拉应力更大，所以下面对截面 B 抗拉强度校核。

截面 B 抗拉强度校核

$$\sigma_{t\max} = \frac{M_B y_2}{I_z} = \frac{3 \times 10^6 \, \mathrm{N} \cdot \mathrm{mm} \times (120 + 20 - 52) \, \mathrm{mm}}{763 \times 10^4 \, \mathrm{mm}^4} = 34.6 \, \mathrm{MPa} \leqslant [\sigma_t]$$

在截面 C 弯矩最大，而且截面 C 处的最大压应力发生在距离中性轴较远的截面下边缘各点，所以只需要对截面 C 进行抗压强度校核。

截面 C 抗压强度校核

$$\sigma_{c\max} = \frac{M_C y_2}{I_z} = \frac{4 \times 10^6 \, \mathrm{N} \cdot \mathrm{mm} \times (120 + 20 - 52) \, \mathrm{mm}}{763 \times 10^4 \, \mathrm{mm}^4} = 46.2 \, \mathrm{MPa} \leqslant [\sigma_c]$$

因此梁的强度合格。

9.4　提高梁弯曲承载能力的措施

梁弯曲承载能力主要取决于梁的弯曲强度和刚度。弯曲正应力的强度条件为

提高横梁弯曲承载能力的措施

$$\sigma_{max} = \frac{M_{max}}{W_z} \leq [\sigma]$$

根据上述强度条件可知，应从两方面考虑：降低最大弯矩或提高梁的抗弯截面模量。

提高梁的刚度也应从两方面考虑：降低梁承受的载荷和提高梁的抗弯刚度（关于横梁弯曲的变形计算和刚度条件详见知识拓展部分）。另外梁的跨度对弯曲变形的影响很大。

综合上述各因素，提高梁的弯曲强度和刚度，可采取下面的措施：

9.4.1 合理安排梁的受力情况

1. 合理安排支承位置

承受均布载荷的简支梁如图 9-25a、b 所示，最大弯矩值为 $ql^2/8$，最大挠度为 $5ql^4/(384EI)$，若将两端支承各向内侧移动 $2l/9$（图 9-25c），则最大弯矩降为 $2ql^2/81$（图 9-25d），前者约为后者的 5 倍，同时因缩短了梁的跨度，使梁的变形大大减小，最大挠度降为 $0.11ql^4/(384EI)$。若增加中间支承（图 9-25e）则最大弯矩减为 $ql^2/32$，是原来的 $1/4$，同时最大挠度减至原来的 $1/40$。也就是说，仅仅改变一下支承的位置或增加支承，可将梁的承载能力成倍提高。

2. 合理配置载荷

图 9-26a 所示一受集中力作用的简支梁。集中力 F 作用于中点时，其最大弯矩为 $Fl/4$

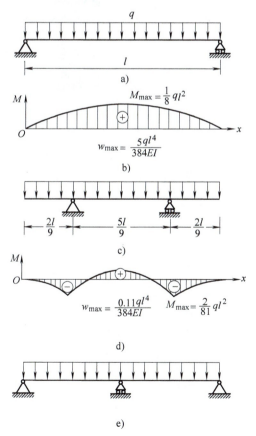

图 9-25　合理安排支承位置

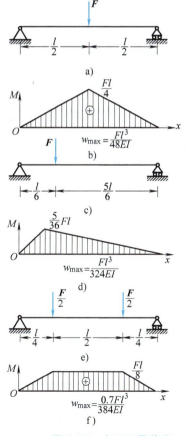

图 9-26　合理配置载荷

（图 9-26b），最大挠度为 $Fl^3/(48EI)$。若将集中力 F 移至离支承 $l/6$ 处，则最大弯矩降为 $5Fl/36$（图 9-26c、d），最大挠度降为 $Fl^3/(324EI)$，梁的最大弯矩与最大挠度都显著降低。又若将集中力分到两处（图 9-26e、f），最大弯矩与最大挠度同样将大大降低。

9.4.2 合理选择梁的截面形状

梁的强度和弯曲刚度都与梁截面的惯性矩有关，选择惯性矩较大的截面形状能有效提高梁的强度和刚度。在面积相同的情况下（图 9-27），工字形、槽形、T 形截面比矩形截面有更大的惯性矩，圆形截面的惯性矩最小。所以工程中常见的梁多为工字形、T 形等。同时，对于相同截面的梁，横放与竖放对梁的承载能力也有较大影响。

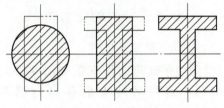

图 9-27 梁的截面形状

另外，为了既保证梁的承载能力，又节省材料，工程中还常常运用等强度理论，根据不同梁段的弯矩不同，设计不同的截面尺寸，如阶梯轴、摇臂钻床的摇臂、汽车的底板弹簧等。

知识拓展——横梁弯曲的变形计算和刚度条件

知识拓展——横梁弯曲的
变形计算和刚度条件

小结——思维导图讲解

小结——思维
导图讲解

知识巩固与能力训练题

9-1 试用截面法求图 9-28 所示各梁的 C 及 D 截面上的剪力和弯矩。其中集中载荷 F、均布载荷 q 及集中力偶 M 作用点的 C、D 截面，应取在作用点的左边，并无限接近于作用点的截面。

9-2 试列出图 9-29 中各梁各段的剪力方程及弯矩方程，画出剪力图和弯矩图，并求出 F_{Qmax} 及 M_{max} 值及其所在的截面位置。

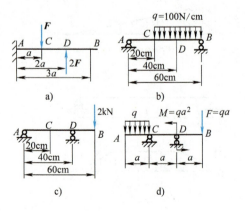

图 9-28 题 9-1 图

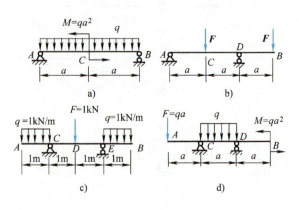

图 9-29 题 9-2 图

9-3 悬臂梁受力及截面尺寸如图 9-30 所示。已知：$q = 60\text{kN/m}$，$F = 100\text{kN}$。试求：①梁 1—1 截面上 A、B 两点的正应力；②整个梁横截面上的最大正应力。

9-4 简支梁受力如图 9-31 所示。梁为圆截面，直径 $d = 40\text{mm}$，试求梁横截面上的最大正应力。

9-5 矩形截面悬臂梁如图 9-32 所示，已知：$l = 4\text{m}$，$b/h = 2/3$，$q = 10\text{kN/m}$，$[\sigma] = 10\text{MPa}$，试确定此梁横截面的尺寸。

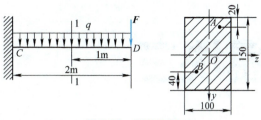

图 9-30 题 9-3 图

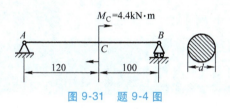

图 9-31 题 9-4 图

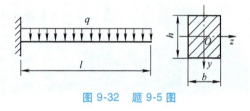

图 9-32 题 9-5 图

9-6 铸铁梁受力和截面尺寸如图 9-33 所示。已知：$q = 10\text{kN/m}$，$F = 20\text{kN}$，许用拉应力 $[\sigma_t] = 40\text{MPa}$，许用压应力 $[\sigma_c] = 160\text{MPa}$，试按正应力强度条件校核梁的强度。若载荷不变，将 T 形梁倒置成为 ⊥ 形，是否合理？

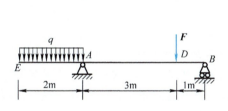

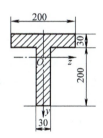

图 9-33 题 9-6 图

模块三

常用机械传动装置的分析与设计

模块简介

机械设备要把动力系统的运动和力传递给执行系统，使执行构件按给定的运动规律运动，实现预期的工作，需要通过相关机构或传动装置来实现。作为常用的机械传动装置，带传动、链传动、齿轮传动及轮系等发挥着重要的作用，应用十分广泛。本模块将介绍常用机械传动装置的分析与设计，包括带传动和链传动的分析与设计、齿轮传动的分析与设计、轮系传动比的计算及应用三个学习情境。

带传动和链传动的分析与设计

能力目标

1) 能根据现场需要选择合适的带传动类型。
2) 能读懂 V 带标识，能对带传动的工作能力进行分析。
3) 能根据工作需要确定带轮的材料及结构并借助手册完成 V 带传动设计。
4) 能够正确安装、张紧与维护带传动。
5) 能够对链传动进行初步使用和维护。

素质目标

1) 通过带传动中弹性滑动是正常存在的（不可避免），但当过载后弹性滑动的滑动弧扩大到整个接触弧段后就将发生打滑（可以避免）的现象，运用唯物辩证法中量变与质变的关系，教育学生"勿以善小而不为，勿以恶小而为之"，成功在于平时一点一滴的努力和积累。

2) 通过带传动中的打滑一方面将导致带传动失效，但另一方面又可以对机器设备起到过载保护作用的特点，教育学生要善于运用马克思主义唯物辩证法对立统一的思想辩证看待事物的两面性，以便较全面地认识问题、分析问题和解决问题。

3) 通过传动带工作时若带过于松弛，将影响其工作能力，而张紧力过大又会对带的疲劳寿命产生不利影响这一现象，教育学生在学习、工作及生活中要张弛有度，注重劳逸结合，善于自我调适，保持健康的身体及心理状态。

案例导入

带传动和链传动都是典型的挠性机械传动装置，在生产、生活中有着广泛的应用，如输送机、发动机、拖拉机、数控机床、摩托车等。带传动在发动机上的应用及链传动在输送机上的应用实例，如图 10-1 所示。挠性机械传动装置是利用中间挠性件（带、链）传递运动和动力，主要的特点是结构简单，安装

带传动和
链传动的
工程实例

方便，成本低廉，能够缓冲振动，适合中心距较大的场合，缺点是外廓尺寸较大，挠性件易磨损，寿命较低。

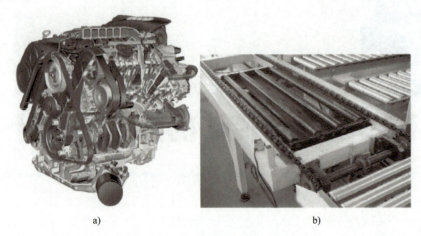

a)   b)

图 10-1   带传动和链传动应用实例

a）发动机   b）输送机

10.1   带传动的类型及特点

带传动的类型

10.1.1   带传动的类型

带传动的基本结构包括主动带轮 1、从动带轮 2 和挠性带 3，通过带与带轮之间的摩擦或啮合，将主动带轮 1 的运动传给从动带轮 2，如图 10-2 所示。

根据工作原理不同，带传动可分为摩擦带传动和啮合带传动两类。

1. 摩擦带传动

摩擦带传动是依靠带与带轮之间的摩擦力传递运动和动力的。按带的横截面形状可分为四种类型，如图 10-3 所示。

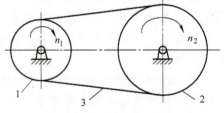

图 10-2   带传动示意图

1—主动带轮   2—从动带轮   3—挠性带

（1）平带传动   平带的横截面为扁平矩形（图 10-3a），内表面与轮缘接触为工作面。常用的平带有普通平带（胶帆布带）、皮革平带和棉布带等，在高速传动中常使用麻织带和丝织带。其中以普通平带应用最广。平带可适用于平

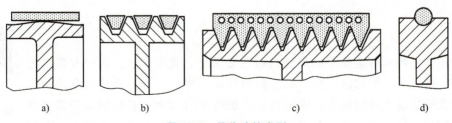

a)   b)   c)   d)

图 10-3   带传动的类型

行轴传动（图 10-4a）、平行轴交叉传动（图 10-4b）和交错轴的半交叉传动（图 10-4c）。

（2）V 带传动　V 带的横截面为梯形，两侧面为工作面（图 10-3b），工作时 V 带与带轮槽两侧面接触，在同样压力的作用下，V 带传动的摩擦力约为平带传动的三倍，故能传递较大的载荷。

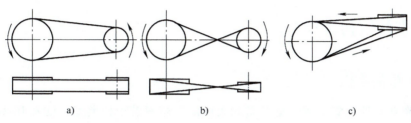

a)　　　　　　　　　　b)　　　　　　　　　　c)

图 10-4　平带传动的布置形式

（3）多楔带传动　多楔带是若干 V 带的组合（图 10-3c），可避免多根 V 带长度不等、传力不均的缺点。

（4）圆带传动　圆带的横截面为圆形（图 10-3d），常用皮革或棉绳制成，适用于小功率传动。

2. 啮合带传动

啮合带传动依靠带轮上的齿与带上的齿或孔啮合传递运动。啮合带传动有两种类型，如图 10-5 所示。

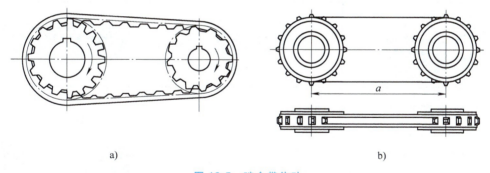

a)　　　　　　　　　　　　　　　　　　b)

图 10-5　啮合带传动

a）同步带传动　b）齿孔带传动

（1）同步带传动　利用带上的齿与带轮上的齿相啮合传递运动和动力，带与带轮间为啮合传动，没有相对滑动，可保持主、从动带轮线速度同步（图 10-5a）。

（2）齿孔带传动　带上的孔与带轮上的齿相啮合，同样可避免带与带轮之间的相对滑动，使主、从动带轮保持同步运动（图 10-5b）。

10.1.2　带传动的特点

带传动的主要优点有：①适用于两轴中心距较大的场合；②带具有弹性，可缓和冲击和吸收振动；③过载时带与带轮间会出现打滑，可防止其他零件损坏；④传动平稳，噪声小；⑤结构简单，制造容易，维护方便，成本低。

带传动的主要缺点有：①带传动的外轮廓尺寸较大，所需工作空间较大；②带传动效率较低；③由于带与带轮的相对滑动，瞬时传动比不准确，不适用于要求传动比精确的场合；④传动带的寿命较短。

带传动多用于原动机与工作机之间的传动，一般传递的功率 $P \leq 100kW$；带速 $v = 5 \sim 25m/s$；传动效率 $\eta = 0.90 \sim 0.95$；适用于传动比要求不高的机械传动中。

10.2　V 带的结构及规格

10.2.1　V 带的结构

V 带有普通 V 带、窄 V 带、宽 V 带和大楔角 V 带等若干种类型，见表 10-1。其中常用的是普通 V 带，目前窄 V 带也得到了越来越多的应用。

表 10-1　V 带结构

普通 V 带	窄 V 带	联组 V 带
齿形 V 带	大楔角 V 带	宽 V 带

V 带的横断面结构如图 10-6 所示，其中图 10-6a 所示为帘布芯结构，图 10-6b 所示为绳芯结构，均包括下面几部分。

(1) 包布　由胶帆布制成，起保护作用。

(2) 顶胶（伸张层）　由橡胶制成，当带弯曲时承受拉力。

(3) 底胶（压缩层）　由橡胶制成，当带弯曲时承受压力。

(4) 抗拉体　由几层挂胶的帘布或浸胶的棉线（或尼龙）绳构成，承受基本拉伸载荷。

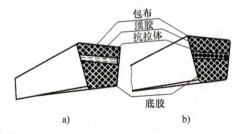

图 10-6　V 带的横断面结构
a）帘布芯结构　b）绳芯结构

帘布芯结构的普通 V 带，制造比较方便，抗拉强度高，应用较多；绳芯结构的普通 V 带，抗弯强度高，耐疲劳，柔韧性好，适用于转速较高、载荷不大、带轮直径较小的场合。在 V 带中采用尼龙绳和钢丝绳做抗拉体，能提高 V 带的抗拉强度。

10.2.2　V 带的规格

V 带在规定张紧力下弯绕在带轮上时外层受拉伸变长，内层受压缩变短，两层之间存在一长度不变的中性层，沿中性层形成的面称为节面，如图 10-7 所示。节面的宽度称为节宽 b_p。节面的周长为带的基准长度 L_d。

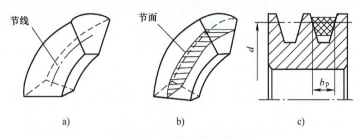

图 10-7　带的节线与节面

　　V 带和带轮有两种尺寸制，即有效宽度制和基准宽度制。基准宽度制是以 V 带的节宽为特征参数的传动体系。普通 V 带和 SP 型窄 V 带为基准宽度制传动用带。

　　按 GB/T 11544—2012 规定，普通 V 带分为 Y、Z、A、B、C、D、E 七种，截面高度与节宽的比值为 0.7；SP 型窄 V 带分为 SPZ、SPA、SPB、SPC 四种，截面高度与节宽的比值为 0.9。V 带的截面尺寸见表 10-2，基准长度系列见表 10-3。窄 V 带采用高强度绳芯，能承受较大的预紧力，且可挠曲次数增加，当带高与普通 V 带相同时，其带宽较普通 V 带小约 1/3，而承载能力可提高 1.5～2.5 倍。在传递相同功率时，带轮宽度和直径可减小，费用比普通 V 带降低 20%～40%，故应用日趋广泛。

表 10-2　V 带的截面尺寸（摘自 GB/T 11544—2012）　　　　（单位：mm）

带型		节宽 b_p	顶宽 b	高度 h		楔角 α
普通 V 带	窄 V 带					
Y		5.3	6	4		
Z	SPZ	8.5	10	6	8	
A	SPA	11.0	13	8	10	
B	SPB	14.0	17	11	14	40°
C	SPC	19.0	22	14	18	
D		27.0	32	19		
E		32.0	38	23		

注：在高度一列中有两个数据的，左边一个对应普通 V 带、右边一个对应窄 V 带。

表 10-3　V 带的基准长度系列及带长修正系数 K_L（摘自 GB/T 13575.1—2008）

普通 V 带													
Y		Z		A		B		C		D		E	
L_d/mm	K_L	L_d/mm	K_L	L_d/mm	K_L	L_d/mm	K_L	L_d/mm	K_L	L_d/mm	K_L	L_d/mm	K_L
200	0.81	405	0.87	630	0.81	930	0.83	1565	0.82	2740	0.82	4660	0.91
224	0.82	475	0.90	700	0.83	1000	0.84	1760	0.85	3100	0.86	5040	0.92
250	0.84	530	0.93	790	0.85	1100	0.86	1950	0.87	3330	0.87	5420	0.94
280	0.87	625	0.96	890	0.87	1210	0.87	2195	0.90	3730	0.90	6100	0.96
315	0.89	700	0.99	990	0.89	1370	0.90	2420	0.92	4080	0.91	6850	0.99
355	0.92	780	1.00	1100	0.91	1560	0.92	2715	0.94	4620	0.94	7650	1.01
400	0.96	920	1.04	1250	0.93	1760	0.94	2880	0.95	5400	0.97	9150	1.05

（续）

普通 V 带													
Y		Z		A		B		C		D		E	
L_d/mm	K_L	L_d/mm	K_L	L_d/mm	K_L	L_d/mm	K_L	L_d/mm	K_L	L_d/mm	K_L	L_d/mm	K_L
450	1.00	1080	1.07	1430	0.96	1950	0.97	3080	0.97	6100	0.99	12230	1.11
500	1.02	1330	1.13	1550	0.98	2180	0.99	3520	0.99	6840	1.02	13750	1.15
		1420	1.14	1640	0.99	2300	1.01	4060	1.02	7620	1.05	15280	1.17
		1540	1.54	1750	1.00	2500	1.03	4600	1.05	9140	1.08	16800	1.19
				1940	1.02	2700	1.04	5380	1.08	10700	1.13		
				2050	1.04	2870	1.05	6100	1.11	12200	1.16		
				2200	1.06	3200	1.07	6815	1.14	13700	1.19		
				2300	1.07	3600	1.09	7600	1.17	15200	1.21		
				2480	1.09	4060	1.13	9100	1.21				
				2700	1.10	4430	1.15	10700	1.24				
						4820	1.17						
						5370	1.20						
						6070	1.24						

窄 V 带				
L_d/mm	K_L			
	SPZ	SPA	SPB	SPC
630	0.82			
710	0.84			
800	0.86	0.81		
900	0.88	0.83		
1000	0.90	0.85		
1120	0.93	0.87		
1250	0.94	0.89	0.82	
1400	0.96	0.91	0.84	
1600	1.00	0.93	0.86	
1800	1.01	0.95	0.88	
2000	1.02	0.96	0.90	0.81
2240	1.05	0.98	0.92	0.83
2500	1.07	1.00	0.94	0.86
2800	1.09	1.02	0.96	0.88
3150	1.11	1.04	0.98	0.90
3550	1.13	1.06	1.00	0.92
4000		1.08	1.02	0.94
4500		1.09	1.04	0.96
5000			1.06	0.98
5600			1.08	1.00
6300			1.10	1.02
7100			1.12	1.04
8000			1.14	1.06
9000				1.08
10000				1.10
11200				1.12
12500				1.14

按 GB/T 1171—2017 规定，V 带的型号和基准长度都压印在传动带的外表面上，以供识别和选用。如 B2300 GB/T 1171—2017，表示 B 型 V 带，带的基准长度为 2300mm。

10.3　V带轮的材料及结构

10.3.1　V带轮的材料

制造 V 带轮的材料可以是灰铸铁、钢、铝合金或工程塑料，以灰铸铁应用最为广泛。当带速 $v \leqslant 25\text{m/s}$ 时，采用 HT150；当 $v > 25 \sim 30\text{m/s}$ 时，采用 HT200；速度更高的带轮可采用球墨铸铁或铸钢，也可采用钢板冲压后焊接。小功率传动可采用铸铝或工程塑料。

10.3.2　V带轮的结构

V 带轮
的结构

带轮由轮缘、轮毂、轮辐或腹板三部分组成。轮缘用于安装传动带，轮毂用于安装在轴上，轮辐或腹板用于连接轮缘和轮毂。

V 带轮按轮辐结构不同分为四种形式：实心式、腹板式、孔板式及轮辐式，如图 10-8 所示。

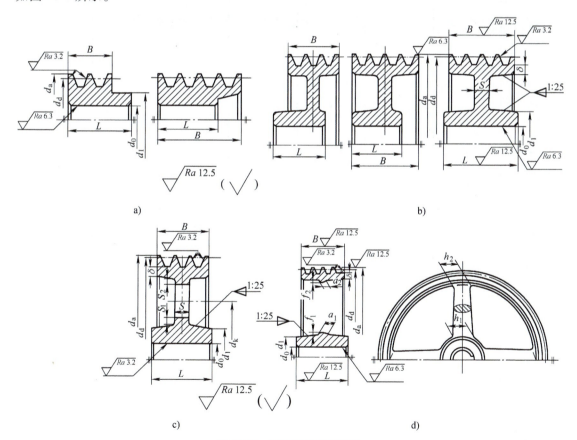

图 10-8　V带轮的典型结构
a）实心式　b）腹板式　c）孔板式　d）轮辐式

$d_1 = (1.8 \sim 2) d_0$，$L = (1.5 \sim 2) d_0$，S 查机械设计手册，$S_1 \geqslant 1.5S$，$S_2 \geqslant 0.5S$，$h_1 \text{（mm）} = 290 \sqrt[3]{\dfrac{P}{nA}}$

（式中，P 是传递的功率（kW）；n 是带轮的转速（r/min）；A 是轮辐数），$h_2 = 0.8h_1$，
$a_1 = 0.4h_1$，$a_2 = 0.8a_1$，$f_1 = 0.2h_1$，$f_2 = 0.2h_2$

带轮基准直径 $d_d \leq 2.5 d_0$ 时，可采用实心式带轮；$d_d \leq 300mm$ 时可采用腹板式带轮；当 $d_d - d_1 \geq 100mm$ 时，可采用孔板式带轮；$d_d > 300mm$ 时可采用轮辐式带轮。V带轮的基准直径可从表 10-4 中查得，V带轮的轮缘尺寸可查表 10-5。带轮的其他部分的尺寸按经验公式决定，可查阅机械设计手册。

表 10-4　V带轮的基准直径系列（摘自 GB/T 13575.1—2008）　　　（单位：mm）

d_d	槽 型						
	Y	Z　SPZ	A　SPA	B　SPB	C　SPC	D	E
20	+						
22.4	+						
25	+						
28	+						
31.5	+						
35.5	+						
40	+						
45	+						
50	+	+					
56	+	+					
63		·					
71		·					
75		·	+				
80	+	·	+				
85			+				
90	+	·	+				
95							
100	+	·	·				
106							
112	+	·	·				
118			·				
125	+	·	·	+			
132		·	·	+			
140		·	·	·			
150		·	·	·			
160		·	·	·			
170			·	·			
180				·			
200		·	·	·	+		
212					+		
224		·	·	·	·		
236					·		
250		·	·	·	·		
265					·		
280		·	·	·	·		
300					·		
315		·	·	·	·		
335					·		
355		·	·	·	·	+	
375						+	
400		·	·	·	·	+	

（续）

d_d	槽　型						
	Y	Z　SPZ	A　SPA	B　SPB	C　SPC	D	E
425						+	
450		·	·	·		+	
475						+	
500	·	·	·	·		+	+
530							+
560		·	·	·		+	+
600			·	·		+	+
630	·	·	·	·		+	+
670							+
710			·	·	·	+	+
750			·			+	
800		·	·	·	·	+	+
900			·	·	·	+	+
1000			·	·	·	+	+
1060						+	
1120			·	·	·	+	+
1250				·	·	+	+
1350							
1400					·	+	+
1500						+	+
1600					·	+	+
1700							
1800						+	+
2000					·	+	+
2120							
2240							+
2360							
2500							+

注：1. 表中带"+"符号的尺寸只适用于普通 V 带。

　　2. 表中带"·"符号的尺寸同时适用于普通 V 带和窄 V 带。

　　3. 不推荐使用表中未注符号的尺寸。

表 10-5　V 带轮的轮缘尺寸（摘自 GB/T 13575.1—2008）　　　（单位：mm）

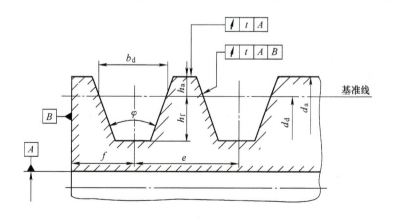

（续）

项　目		符　号	槽　型						
			Y	Z　SPZ	A　SPA	B　SPB	C　SPC	D	E
基准宽度		b_d	5.3	8.5	11.0	14.0	19.0	27.0	32.0
基准线上槽深		h_{amin}	1.6	2.0	2.75	3.5	4.8	8.1	9.6
基准线下槽深		h_{fmin}	4.7	7.0　9.0	8.7　11.0	10.8　14.0	14.3　19.0	19.9	23.4
槽间距		e	8±0.3	12±0.3	15±0.3	19±0.4	25.5±0.5	37±0.6	44.5±0.7
槽边距		f_{min}	6	7	9	11.5	16	23	28
带轮宽		B	$B = (z-1)e + 2f$　　z 是轮槽数						
外径		d_a	$d_a = d_d + 2h_a$						
轮槽角 φ	32°	相应的基准 直径 d_d	≤60	—	—	—	—	—	—
	34°		—	≤80	≤118	≤190	≤315	—	—
	36°		>60	—	—	—	—	≤475	≤600
	38°		—	>80	>118	>190	>315	>475	>600
	偏　差		±30′						

10.4　V 带传动的工作能力分析

10.4.1　带传动的受力分析

为使带传动能正常工作，带需以一定的预紧力安装在带轮上。静止时带轮两边的拉力相等，均为预紧力 F_0，如图 10-9a 所示。负载工作时，由于带与带轮接触面摩擦力的作用，带绕上主动带轮的一边被拉紧，称为紧边，紧边的拉力由 F_0 增加到 F_1；另一边被放松，称为松边，拉力由 F_0 降至 F_2，如图 10-9b 所示。紧边与松边拉力的差值（$F_1 - F_2$）为带传动中起传递力矩作用的拉力，称为有效拉力 F，即

$$F = F_1 - F_2 \tag{10-1}$$

若带传递功率为 P（kW）、带速为 v（m/s），则

$$F = 1000P/v \tag{10-2}$$

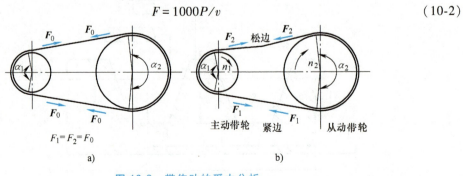

$F_1 = F_2 = F_0$

a)　　　　　　　　　　　　　b)

图 10-9　带传动的受力分析

a）静止时　b）工作时

此力也等于带和带轮在接触面上的摩擦力的总和 F_μ；如果近似地认为工作前后传动带总长不变，则带的紧边拉力增加量应等于松边拉力的减少量，$F_1-F_0=F_0-F_2$ 即

$$F_1+F_2=2F_0 \tag{10-3}$$

由式（10-1）、式（10-3）得

$$\begin{cases} F_1=F_0+F/2 \\ F_2=F_0-F/2 \end{cases} \tag{10-4}$$

10.4.2　带传动的应力分析

带在工作过程中主要承受拉应力、弯曲应力和离心应力，如图 10-10 所示。

三种应力叠加后，最大应力发生在紧边绕入小带轮处，其值为

$$\sigma_{max}=\sigma_1+\sigma_{b1}+\sigma_c \leqslant [\sigma] \tag{10-5}$$

式中，$\sigma_1=F_1/A$ 是紧边拉应力，单位为 MPa，A 是带的横截面积，单位为 mm^2；$\sigma_{b1}=Eh/d_{d1}$ 是带绕过小带轮时发生弯曲而产生的弯曲应力，E 是带的弹性模量，单位为 MPa，h 是带的高度，单位为 mm，d_{d1} 是小带轮的基准直径，单位为 mm；$\sigma_c=qv^2/A$ 是带绕带轮做圆周运动产生的离心应力，q 为每米长带的质量，单位为 kg/m。

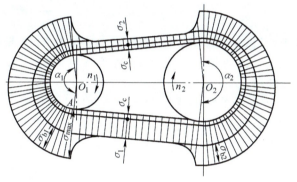

图 10-10　传动带应力分布

由上式分析：拉应力沿着带的转动方向，绕在主动带轮上的传动带的拉应力由 σ_1 渐渐地减小到 σ_2，绕在从动带轮上传动带的拉应力则由 σ_2 渐渐增大到 σ_1。

弯曲应力与带高和带轮的基准直径有关，当传动带的高度越大、带轮的基准直径越小，传动带所受的弯曲应力就越大，寿命也就越短。在带的高度 h 一定的情况下，为防止过大的弯曲应力，各种型号的 V 带都规定了最小带轮基准直径 d_{dmin}，见表 10-6。

表 10-6　V 带轮的最小带轮基准直径

型　号	Y	Z	SPZ	A	SPA	B	SPB	C	SPC	D	E
d_{dmin}/mm	20	50	63	75	90	125	140	200	224	355	500

10.4.3　带的弹性滑动与打滑

1. 弹性滑动

由于带在工作中存在紧边和松边，在紧边时带被弹性拉长，到松边时又产生收缩，引起带在带轮上发生微小局部滑动，这种现象称为弹性滑动。弹性滑动造成带的线速度略低于带轮的圆周速度，导致从动带轮的圆周速度 v_2 低于主动带轮的圆周速度 v_1，其速度降低率用相对滑动率 ε 表示。相对滑动率 $\varepsilon=0.01\sim0.02$，故在一般计算中可不考虑，此时传动比计算公式可简化为

$$i = \frac{n_1}{n_2} = \frac{d_{d2}}{d_{d1}} \qquad (10\text{-}6)$$

2. 打滑

当外载较小时，弹性滑动只发生在带即将从主、从动带轮离开的一段弧上，当传递外载增大时，有效拉力随之加大，弹性滑动区域也随之扩大，当有效拉力达到或超过某一极限值时，带与小带轮在整个接触弧上的摩擦力达到极限，若外载继续增加，带将沿整个接触弧滑动，这种现象称为打滑。出现打滑时，主动带轮不能有效带动传动带和从动带轮运动，这就使传动失效。出现打滑将使带的磨损加剧，传动效率降低，故在带传动中应防止出现打滑。

在一定条件下，当摩擦力达到极限值时，带的紧边拉力 F_1 与松边拉力 F_2 之间的关系可用柔韧体摩擦的欧拉方程来表示，即

$$\frac{F_1}{F_2} = e^{\mu \alpha} \qquad (10\text{-}7)$$

式中，F_1、F_2 是紧边和松边拉力，单位为 N；μ 是带与轮之间的摩擦因数；α 是带在带轮上的包角（传动带与带轮的接触弧所对应的圆心角），单位为 rad；e 是自然对数的底，$e \approx 2.718$。

由式（10-7）可知，增大包角和增大摩擦因数，都可提高带传动所能传递的圆周力。对于带传动，在一定的条件下 μ 为一定值，所以摩擦力的最大值取决于 α。

由式（10-3）和式（10-7）可得带传动的最大摩擦力 $F_{\max}$ 为

$$F_{\max} = 2F_0 \frac{e^{\mu \alpha} - 1}{e^{\mu \alpha} + 1} \qquad (10\text{-}8)$$

上式表明，带所传递的圆周力 F 与初拉力 F_0、摩擦因数 μ、包角 α 有关。F 与 F_0 成正比，增大初拉力 F_0，带与带轮间正压力增大，则传动时产生的摩擦力就越大，故 F 越大。但 F_0 过大会加剧带的磨损，致使带轮过快松弛，缩短工作寿命。μ 越大，摩擦力也越大，F就越大。与平带相比，V 带的摩擦因数 μ 较大，所以 V 带传递能力远高于平带。

包角 α 是带传动的一个重要参数。在相同的条件下，包角越大，传动带的摩擦力和能传递的功率也越大。小带轮和大带轮的包角分别用 α_1 和 α_2 来表示。由于大带轮的包角 α_2大于小带轮的包角 α_1，故打滑首先发生在小带轮上。一般要求 $\alpha_1 \geqslant 120°$。

10.5　V 带传动的设计

10.5.1　设计准则和单根 V 带的额定功率

1. 设计准则

根据带传动工作时受力状况可知，带传动的主要失效形式是：打滑和疲劳损坏。打滑：由于过载、带松弛或张紧力不足导致带在带轮上打滑，无法传递运动和动力。疲劳损坏：在变应力的作用下带会发生拉断、撕裂、脱层。因此，摩擦带传动的设计准则是：在保证带传动不打滑的情况下，使 V 带具有一定的疲劳强度和寿命。

2. 单根 V 带所能传递的额定功率

经推导可得单根 V 带在既不打滑又有一定的疲劳强度时，所能传递的额定功率 P_1

（kW）为

$$P_1 = ([\sigma] - \sigma_{b1} - \sigma_c)(1 - 1/e^{f_v\alpha})Av10^{-3} \qquad (10\text{-}9)$$

式中，v 是带速，单位为 m/s；f_v 是当量摩擦因数，$f_v = \mu/\sin\dfrac{\varphi}{2}$，$\varphi$ 是带轮轮槽角。

在特定带长、使用寿命、传动比（$i=1$、$\alpha=180°$）以及在载荷平稳条件下，通过试验测得带的许用应力 $[\sigma]$ 后，代入式（10-9）便可求出特定条件下的 P_1 值，见表 10-7。

表 10-7　单根 V 带的额定功率 P_1　　　　　（单位：kW）

型号	小带轮直径 d_{d1}/mm	小带轮转速 n_1/(r/min)												
		200	400	700	800	950	1200	1450	1600	2000	2400	2800	3200	3600
Z	56	0.04	0.06	0.11	0.12	0.14	0.17	0.19	0.20	0.25	0.30	0.33	0.35	0.37
	63	0.05	0.08	0.13	0.15	0.18	0.22	0.25	0.27	0.32	0.37	0.41	0.45	0.47
	71	0.06	0.09	0.17	0.20	0.23	0.27	0.30	0.33	0.39	0.46	0.50	0.54	0.58
	80	0.10	0.14	0.20	0.22	0.26	0.30	0.35	0.39	0.44	0.50	0.56	0.61	0.64
	90	0.10	0.14	0.22	0.24	0.28	0.33	0.36	0.40	0.48	0.54	0.60	0.64	0.68
A	75	0.15	0.26	0.40	0.45	0.51	0.60	0.68	0.73	0.84	0.92	1.00	1.04	1.08
	90	0.22	0.39	0.61	0.68	0.77	0.93	1.07	1.15	1.34	1.50	1.64	1.75	1.83
	100	0.26	0.47	0.74	0.83	0.95	1.14	1.32	1.42	1.66	1.87	2.05	2.19	2.28
	112	0.31	0.56	0.90	1.00	1.15	1.39	1.61	1.74	2.04	2.30	2.51	2.68	2.78
	125	0.37	0.67	1.07	1.19	1.37	1.66	1.92	2.07	2.44	2.74	2.98	3.16	3.26
	140	0.43	0.78	1.26	1.41	1.62	1.96	2.28	2.45	2.87	3.22	3.48	3.65	3.72
	160	0.51	0.94	1.51	1.69	1.95	2.36	2.73	2.94	3.42	3.80	4.06	4.19	4.17
B	125	0.48	0.84	1.30	1.44	1.64	1.93	2.19	2.33	2.64	2.85	2.96	2.94	2.80
	140	0.59	1.05	1.64	1.82	2.08	2.47	2.82	3.00	3.42	3.70	3.85	3.83	3.63
	160	0.74	1.32	2.09	2.32	2.66	3.17	3.62	3.86	4.40	4.75	4.89	4.80	4.46
	180	0.88	1.59	2.53	2.81	3.22	3.85	4.39	4.68	5.30	5.67	5.76	5.52	4.92
	200	1.02	1.85	2.96	3.30	3.77	4.50	5.13	5.46	6.13	6.47	6.43	5.95	4.98
	224	1.19	2.17	3.47	3.86	4.42	5.26	5.97	6.33	7.02	7.25	6.95	6.05	4.47
SPZ	63	0.20	0.35	0.54	0.60	0.68	0.81	0.93	1.00	1.17	1.32	1.45	1.56	1.66
	71	0.25	0.44	0.70	0.78	0.90	1.08	1.25	1.35	1.59	1.81	2.00	2.18	2.33
	80	0.31	0.55	0.88	0.99	1.14	1.38	1.60	1.73	2.05	2.34	2.61	2.85	3.06
	90	0.37	0.67	1.09	1.21	1.40	1.70	1.98	2.14	2.55	2.93	3.26	3.57	3.84
	100	0.43	0.79	1.28	1.44	1.66	2.02	2.36	2.55	3.05	3.49	3.90	4.26	4.58
SPA	90	0.43	0.75	1.17	1.30	1.48	1.76	2.02	2.16	2.49	2.77	3.00	3.16	3.26
	100	0.53	0.94	1.49	1.65	1.89	2.27	2.61	2.80	3.27	3.67	3.99	4.25	4.42
	112	0.64	1.16	1.86	2.07	2.38	2.86	3.31	3.57	4.18	4.71	5.15	5.49	5.72
	125	0.77	1.40	2.25	2.52	2.90	3.5	4.06	4.38	5.15	5.80	6.34	6.76	7.03
	140	0.92	1.68	2.71	3.03	3.49	4.41	4.91	5.29	6.22	7.01	7.64	8.11	8.39
	160	1.11	2.04	3.30	3.70	4.27	5.17	6.01	6.47	7.60	8.53	9.24	9.72	9.94
SPB	140	1.08	1.92	3.02	3.35	3.83	4.55	5.19	5.54	6.31	6.86	7.15	7.17	6.89
	160	1.37	2.47	3.92	4.37	5.01	5.98	6.86	7.33	8.38	9.13	9.52	9.53	9.10
	180	1.65	3.01	4.82	5.37	6.16	7.38	8.46	9.46	10.34	11.21	11.62	11.43	10.77
	200	1.94	3.54	5.69	6.35	7.30	8.74	10.02	10.70	12.18	13.11	13.41	13.01	11.83
	224	2.28	4.18	6.73	7.52	8.63	10.33	11.81	12.59	14.21	15.10	15.14	14.22	—
	250	2.64	4.86	7.84	8.75	10.04	11.99	13.66	14.51	16.19	16.89	16.44	—	—

（续）

型号	小带轮直径 d_{d1} /mm	小带轮转速 n_1/(r/min)												
		200	400	700	800	950	1200	1450	1600	2000	2400	2800	3200	3600
SPC	224	2.90	5.19	8.13	8.99	10.19	11.89	13.22	13.81	14.58	14.01	—	—	—
	250	3.50	6.31	9.95	11.02	12.51	14.61	16.21	16.92	17.70	16.69	—	—	—
	280	4.18	7.59	12.01	13.31	15.10	17.60	19.44	20.20	20.75	18.86	—	—	—
	315	4.97	9.07	14.36	15.90	18.01	20.88	22.87	23.58	23.47	19.98	—	—	—
	355	5.87	10.72	16.96	18.76	21.17	24.34	26.29	26.80	25.37	19.22	—	—	—
	400	6.86	12.56	19.79	21.84	24.52	27.33	29.46	29.53	25.81	—	—	—	—

型号	小带轮直径 d_{d1} /mm	小带轮转速 n_1/(r/min)												
		100	200	300	400	500	600	700	950	1200	1450	1600	1800	2000
C	200	—	1.39	1.92	2.41	2.87	3.30	3.69	4.58	5.29	5.84	6.07	6.28	6.34
	224	—	1.70	2.37	2.99	3.58	4.12	4.64	5.78	6.71	7.45	7.75	8.00	8.05
	250	—	2.03	2.85	3.62	4.33	5.00	5.64	7.04	8.21	9.04	9.38	9.63	9.62
	280	—	2.42	3.40	4.32	5.19	6.00	6.76	8.49	9.81	10.72	11.06	11.22	11.04
	315	—	2.84	4.04	5.14	6.17	7.14	8.09	10.05	11.53	12.46	12.72	12.67	12.14
	400	—	3.91	5.54	7.06	8.52	9.82	11.02	13.48	15.04	15.53	15.24	14.08	11.95
D	355	3.01	5.31	7.35	9.24	10.90	12.39	13.70	16.15	17.25	16.77	15.63	12.97	—
	400	3.66	6.52	9.13	11.45	13.55	15.42	17.07	20.06	21.20	20.15	18.31	14.28	—
	450	4.37	7.90	11.02	13.85	16.40	18.67	20.63	24.01	24.84	22.02	19.59	13.34	—
	500	5.08	9.21	12.88	16.20	19.17	21.78	23.99	27.50	27.61	23.59	18.88	9.59	—
	560	5.91	10.76	15.07	18.95	22.38	25.32	27.73	31.04	29.67	22.58	15.13	—	—
E	500	6.21	10.86	14.96	18.55	21.65	24.21	26.21	28.32	25.53	16.82	—	—	—
	560	7.32	13.09	18.10	22.49	26.25	29.30	31.59	33.40	28.49	15.35	—	—	—
	630	8.75	15.65	21.69	26.95	31.36	34.83	37.26	37.92	29.17	8.85	—	—	—
	710	10.31	18.52	25.69	31.83	36.85	40.58	42.87	41.02	25.91	—	—	—	—
	800	12.05	21.70	30.05	37.05	42.53	46.26	47.96	41.59	16.46	—	—	—	—

10.5.2　V带传动设计步骤、参数选择及设计实例

1. 已知数据及所要设计的内容

V带传动设计计算时，通常已知：传动用途和工作情况；传递的功率 P；主动带轮、从动带轮的转速 n_1、n_2（或传动比 i）；传动位置要求和外廓尺寸要求；原动机类型等。设计内容：带的型号、长度和根数，带轮的材料、结构及尺寸，传动的中心距，带的初拉力和压轴力，张紧和防护等。

2. 设计的方法和步骤

（1）确定设计功率 P_d　设计功率（kW）公式为

$$P_d = K_A P \tag{10-10}$$

式中，P 是带传递的额定功率，单位为 kW；K_A 为工况系数，见表10-8。

（2）选择 V 带的型号　根据设计功率 P_d 和主动带轮转速 n_1，由图10-11或图10-12选择 V 带的型号。

当选取点落在两种带型交界线附近时，可以选用这两种带型分别计算，从两种结果中选择最合适的设计方案。

表 10-8 工况系数 K_A

工况		K_A					
		空、轻载起动			重载起动		
		每天工作小时数/h					
		<10	10~16	>16	<10	10~16	>16
载荷变动最小	液体搅拌机、通风机和鼓风机(≤7.5kW)、离心式水泵和压缩机、轻载荷输送机	1.0	1.1	1.2	1.1	1.2	1.3
载荷变动小	带式输送机(不均匀载荷)、通风机(>7.5kW)、旋转式水泵和压缩机(非离心式)、发电机、金属切削机床、印刷机、旋转筛、锯木机和木工机械	1.1	1.2	1.3	1.2	1.3	1.4
载荷变动较大	制砖机、斗式提升机、往复式水泵和压缩机、起重机、磨粉机、冲剪机床、橡胶机械、振动筛、纺织机械、重载输送机	1.2	1.3	1.4	1.4	1.5	1.6
载荷变动很大	破碎机(旋转式、颚式等)、磨碎机(球磨、棒磨、管磨)	1.3	1.4	1.5	1.5	1.6	1.8

注：1. 空、轻载起动——电动机（交流起动、三角起动、直流并励）、四缸以上的内燃机、装有离心式离合器和液力联轴器的动力机。

2. 重载起动——电动机（联机交流起动、直流复励或串励）、四缸以下的内燃机。

3. 反复起动、正反转频繁、工作条件恶劣等场合，K_A 应乘以 1.2。

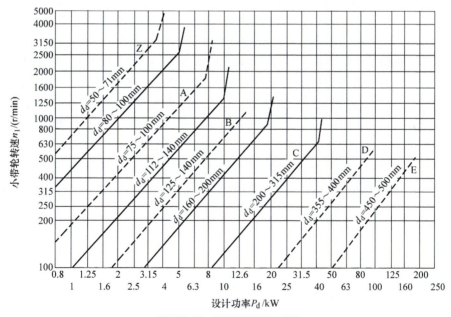

V 带选型图的应用

图 10-11 普通 V 带选型图

（3）确定带轮的基准直径 d_{d1} 和 d_{d2} 小带轮直径 d_{d1} 应大于或等于表 10-6 中所列的最小直径 d_{dmin}，并参照图 10-11 或图 10-12 中 d_d 的范围，然后在表 10-4 中选取标准值。带轮的尺寸过大会使外廓尺寸增大。在结构尺寸允许的情况下，应该选取较大的带轮直径，这样在传递功率一定时，可以增大带速，减小带的有效拉力和带的根数。

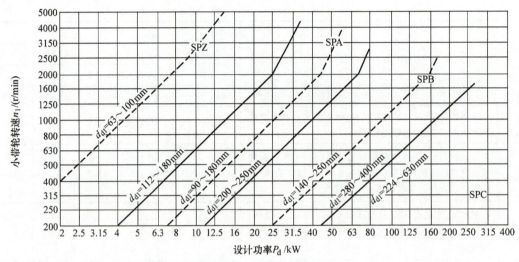

图 10-12　窄 V 带选型图

大带轮的基准直径可以由传动关系确定，即

$$d_{d2} = \frac{n_1}{n_2} d_{d1} = i d_{d1} \tag{10-11}$$

d_{d1}、d_{d2} 均应符合带轮直径系列尺寸，见表 10-4。

（4）验算带速 v　带速的计算公式为

$$v = \frac{\pi d_{d1} n_1}{60 \times 1000} \tag{10-12}$$

普通 V 带带速范围为：$5\text{m/s} < v < 25\text{m/s}$，窄 V 带带速范围为 $5\text{m/s} < v < 35\text{m/s}$。带速 $v < 5\text{m/s}$ 时不能充分发挥带传动的能力，导致带的根数增加；带速过大时会使离心力过大，不仅产生过大的拉应力，降低带的疲劳强度，而且会减小带与带轮之间的正压力，使摩擦力下降，降低传动能力。带速不合适时可以重新选择小带轮的直径将带速调整到合适的范围。

（5）确定中心距 a 和带的基准长度 L_d　中心距小时结构紧凑，但单位时间内带绕过带轮的次数增多，带的应力循环次数增多，降低了带的寿命。中心距过大又使传动尺寸增大，载荷变化时容易引起带的抖动。结构尺寸在无特殊要求时，可按下式初选中心距 a_0，即

$$0.7(d_{d1} + d_{d2}) \leqslant a_0 \leqslant 2(d_{d1} + d_{d2}) \tag{10-13}$$

由带传动的几何关系，可得带的基准长度计算公式为

$$L_{d0} = 2a_0 + \frac{\pi}{2}(d_{d1} + d_{d2}) + \frac{(d_{d2} - d_{d1})^2}{4a_0} \tag{10-14}$$

按 L_{d0} 查表 10-3 得相近的 V 带的基准长度 L_d，再按下式近似计算实际中心距，即

$$a \approx a_0 + \frac{L_d - L_{d0}}{2} \tag{10-15}$$

当采用改变中心距方法进行安装调整和补偿初拉力时，其中心距的变化范围为

$$\begin{cases} a_{max} = a + 0.030 L_d \\ a_{min} = a - 0.015 L_d \end{cases} \tag{10-16}$$

（6）验算小带轮包角 α_1　小带轮包角 α_1 的计算公式为

$$\alpha_1 \approx 180° - \frac{d_{d2} - d_{d1}}{a} \times 57.3° \geqslant 120° \tag{10-17}$$

α_1 与传动比 i 有关，i 越大，$(d_{d2} - d_{d1})$ 差值越大，则 α_1 越小。所以 V 带传动的传动比一般小于 7，推荐值为 2~5。传动比不变时，可用增大中心距 a 或加张紧轮的方法增大 α_1。

（7）**确定 V 带根数 Z**　V 带根数 Z 的计算公式为

$$Z \geqslant \frac{P_d}{[P_1]} = \frac{P_d}{(P_1 + \Delta P_1)K_\alpha K_L} \tag{10-18}$$

式中，K_α 是包角修正系数，考虑 $\alpha_1 < 180°$ 时对传动能力的影响，查表 10-10；K_L 是带长修正系数，考虑不是特定长度时，对传动能力的影响，查表 10-3；P_d 是设计功率，按式（10-10）计算；P_1 是单根 V 带所能传递的功率，单位为 kW，查表 10-7；ΔP_1 是 $i>1$ 时的额定功率增量，单位为 kW，查表 10-11。

（8）**确定单根 V 带初拉力 F_0**　单根 V 带初拉力 F_0 的计算公式为

$$F_0 = \frac{500 P_d}{Zv}\left(\frac{2.5}{K_\alpha} - 1\right) + mv^2 \tag{10-19}$$

式中，m 是每米长度 V 带的质量，单位为 kg/m，可查表 10-9；其他符号意义同前。

表 10-9　每米长度 V 带的质量 m　　（单位：kg/m）

带型	Y	Z	A	B	C	D	E
m	0.023	0.060	0.105	0.170	0.300	0.630	0.970

（9）**计算带对轴的压力 F_r（图 10-13）**　压力 F_r 的计算公式为

$$F_r = 2Z F_0 \sin(\alpha_1/2) \tag{10-20}$$

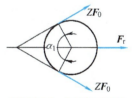

图 10-13　压轴力计算

【例 10-1】　设计某带式输送机上电动机与主轴箱的 V 带传动。已知：电动机为笼型异步电动机，功率 $P = 7.5\text{kW}$，转速 $n_1 = 1450\text{r/min}$，传动比 $i_{12} = 2.3$，中心距 a 为 700mm 左右，单班制工作，工作中有轻微冲击，开式传动。

解：带式输送机带传动设计过程见表 10-12。

表 10-10　小带轮的包角修正系数 K_α

$\alpha_1/(°)$	K_α	$\alpha_1/(°)$	K_α
180	1.00	130	0.86
175	0.99	125	0.84
170	0.98	120	0.82
165	0.96	115	0.80
160	0.95	110	0.78
155	0.93	105	0.76
150	0.92	100	0.74
145	0.91	95	0.72
140	0.89	90	0.69
135	0.88		

表 10-11　单根普通 V 带额定功率的增量 ΔP_1　　　　　　（单位：kW）

带型	小带轮转速 n_1/（r/min）	传动比 i									
		1.00~1.01	1.02~1.04	1.05~1.08	1.09~1.12	1.13~1.18	1.19~1.24	1.25~1.34	1.35~1.51	1.52~1.99	≥2.0
Z	400	0.00	0.00	0.00	0.00	0.00	0.00	0.00	0.00	0.01	0.01
	700	0.00	0.00	0.00	0.00	0.00	0.00	0.01	0.01	0.01	0.02
	800	0.00	0.00	0.00	0.00	0.01	0.01	0.01	0.01	0.02	0.02
	950	0.00	0.00	0.00	0.01	0.01	0.01	0.01	0.02	0.02	0.02
	1200	0.00	0.00	0.01	0.01	0.01	0.01	0.02	0.02	0.02	0.03
	1450	0.00	0.00	0.01	0.01	0.01	0.02	0.02	0.02	0.02	0.03
	2800	0.00	0.01	0.02	0.02	0.03	0.03	0.03	0.04	0.04	0.04
A	400	0.00	0.01	0.01	0.02	0.02	0.03	0.03	0.04	0.04	0.05
	700	0.00	0.01	0.02	0.03	0.04	0.05	0.06	0.07	0.08	0.09
	800	0.00	0.01	0.02	0.03	0.04	0.05	0.06	0.08	0.09	0.10
	950	0.00	0.01	0.03	0.04	0.05	0.06	0.07	0.08	0.10	0.11
	1200	0.00	0.02	0.03	0.05	0.07	0.08	0.10	0.11	0.13	0.15
	1450	0.00	0.02	0.04	0.06	0.08	0.09	0.11	0.13	0.15	0.17
	2800	0.00	0.04	0.08	0.11	0.15	0.19	0.23	0.26	0.30	0.34
B	400	0.00	0.01	0.03	0.04	0.06	0.07	0.08	0.10	0.11	0.13
	700	0.00	0.02	0.05	0.07	0.10	0.12	0.15	0.17	0.20	0.22
	800	0.00	0.03	0.06	0.08	0.11	0.14	0.17	0.20	0.23	0.25
	950	0.00	0.03	0.07	0.10	0.13	0.17	0.20	0.23	0.26	0.30
	1200	0.00	0.04	0.08	0.13	0.17	0.21	0.25	0.30	0.34	0.38
	1450	0.00	0.05	0.10	0.15	0.20	0.25	0.31	0.36	0.40	0.46
	2800	0.00	0.10	0.20	0.29	0.39	0.49	0.59	0.69	0.79	0.89
C	400	0.00	0.04	0.08	0.12	0.16	0.20	0.23	0.27	0.31	0.35
	700	0.00	0.07	0.14	0.21	0.27	0.34	0.41	0.48	0.55	0.62
	800	0.00	0.08	0.16	0.23	0.31	0.39	0.47	0.55	0.63	0.71
	950	0.00	0.09	0.19	0.27	0.37	0.47	0.56	0.65	0.74	0.83
	1200	0.00	0.12	0.24	0.35	0.47	0.59	0.70	0.82	0.94	1.06
	1450	0.00	0.14	0.28	0.42	0.58	0.71	0.85	0.99	1.14	1.27
	2800	0.00	0.27	0.55	0.82	1.10	1.37	1.64	1.92	2.19	2.47

表 10-12　带式输送机带传动设计过程

设计步骤	计算过程及说明	计算结果
1. 确定设计功率 P_d	由表 10-8 取 $K_A = 1.1$ 得　$P_d = 1.1 \times 7.5\text{kW} = 8.25\text{kW}$	$P_d = 8.25\text{kW}$
2. 选择带型号	根据 $P_d = 8.25\text{kW}$，$n_1 = 1450\text{r/min}$，由图 10-11 选 A 型 V 带	选 A 型 V 带
3. 确定小带轮基准直径 d_{d1}	由图 10-11、表 10-4、表 10-6 取 $d_{d1} = 100\text{mm}$	$d_{d1} = 100\text{mm}$
4. 确定大带轮基准直径 d_{d2}	$d_{d2} = i_{12}d_{d1} = 2.3 \times 100\text{mm} = 230\text{mm}$，由表 10-4 取 $d_{d2} = 224\text{mm}$	$d_{d2} = 224\text{mm}$
5. 验算带速 v	$v = \pi d_{d1} n_1 / (60 \times 1000) = 3.14 \times 100 \times 1450 / (60 \times 1000)\text{m/s}$ 　$= 7.59\text{m/s}$ $5\text{m/s} < v < 25\text{m/s}$ 符合要求	$v = 7.59\text{m/s}$ 符合要求
6. 初定中心距 a_0	按要求取 $a_0 = 700\text{mm}$	$a_0 = 700\text{mm}$

（续）

设计步骤	计算过程及说明	计算结果
7. 确定带的基准长度 L_d	$L_{d0} = 2a_0 + \pi(d_{d1} + d_{d2})/2 + (d_{d2} - d_{d1})^2/4a_0$ $\quad = 2 \times 700\text{mm} + \pi(100\text{mm} + 224\text{mm})/2 + (224\text{mm} - 100\text{mm})^2/$ $\quad\quad (4 \times 700\text{mm})$ $\quad = 1914\text{mm}$ 由表 10-3 取 $L_d = 1940\text{mm}$	$L_d = 1940\text{mm}$
8. 确定实际中心距 a	$a \approx a_0 + (L_d - L_{d0})/2 = 700\text{mm} + (1940\text{mm} - 1914\text{mm})/2 = 713\text{mm}$ 中心距变动调整范围： $a_{max} = a + 0.03L_d = 713\text{mm} + 0.03 \times 1940\text{mm} = 771\text{mm}$ $a_{min} = a - 0.015L_d = 713\text{mm} - 0.015 \times 1940\text{mm} = 684\text{mm}$	$a = 713\text{mm}$ $a_{max} = 771\text{mm}$ $a_{min} = 684\text{mm}$
9. 验算小带轮包角 α_1	$\alpha_1 \approx 180° - \dfrac{d_{d2} - d_{d1}}{a} \times 57.3° = 180° - \dfrac{224 - 100}{713} \times 57.3° = 170°$ $\alpha_1 > 120°$，可用	$\alpha_1 = 170°$ 可用
10. 确定单根 V 带的额定功率 P_1	根据 $d_{d1} = 100\text{mm}$，$n_1 = 1450\text{r/min}$，由表 10-7 查得 A 型带 $P_1 = 1.32\text{kW}$	$P_1 = 1.32\text{kW}$
11. 确定额定功率增量 ΔP_1	由表 10-11 查得 $\Delta P_1 = 0.17\text{kW}$	$\Delta P_1 = 0.17\text{kW}$
12. 确定 V 带根数 Z	$Z \geqslant \dfrac{P_d}{[P_1]} = \dfrac{P_d}{(P_1 + \Delta P_1)K_\alpha K_L}$ 由表 10-10 查得 $K_\alpha = 0.98$ 由表 10-3 查得 $K_L = 1.02$ $Z \geqslant \dfrac{8.25}{(1.32 + 0.17) \times 0.98 \times 1.02} = 5.54$ 取 $Z = 6$ 根	$Z = 6$ 根
13. 确定单根 V 带的初拉力 F_0	单根 V 带质量查表 10-9，$m = 0.1\text{kg/m}$ $F_0 = 500\dfrac{P_d}{Zv}\left(\dfrac{2.5}{K_\alpha} - 1\right) + mv^2 = 500\dfrac{8.25}{6 \times 7.59}\left(\dfrac{2.5}{0.98} - 1\right)\text{N} + 0.1 \times 7.59^2\text{N}$ $\quad = 146.25\text{N}$	$q = 0.1\text{kg/m}$ $F_0 = 146.25\text{N}$
14. 计算带对轴的压力 F_r	$F_r = 2ZF_0\sin(\alpha_1/2) = 2 \times 6 \times 146.25\sin(170°/2)\text{N} = 1748.32\text{N}$	$F_r = 1748.32\text{N}$
15. 确定带轮结构，绘工作图	带轮结构工作图略	

10.6　带传动的张紧、安装与维护

10.6.1　带传动的张紧

带工作一段时间后会由于自身塑性变形而松弛，使张紧力减小、传动能力下降，为保证带传动能力，需要重新张紧。常用张紧方法有以下几种：

1. 调整中心距法

（1）定期张紧　图 10-14 所示为一种调节水平布置带传动张力的张紧装置。将装有带轮的电动机 1 装在水平滑道 2 上，通过旋转调节螺钉 3 可增大或减小中心距，从而达到张紧或

松开的目的。

图 10-15 所示为一种调节竖直布置的 V 带的张紧装置，把电动机 1 装在一摆动底座 2 上，通过调节螺钉 3 使摆动底座摆动以调节中心距，达到张紧的目的。

（2）自动张紧 如图 10-16 所示，将电动机安装在浮动架上，电动机可以绕铰点转动，利用电动机的自重完成自动张紧的目的。

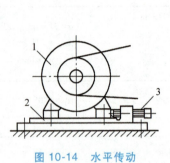

图 10-14 水平传动
定期张紧装置

1—电动机 2—水平滑道
3—调节螺钉

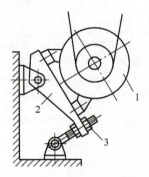

图 10-15 垂直传动定
期张紧装置

1—电动机 2—摆动底座
3—调节螺钉

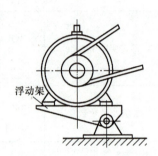

图 10-16 自动张紧装置

2. 张紧轮法

带传动的中心距无法调整时，可采用张紧轮法。

V 带和同步带张紧时，张紧轮一般放在带的松边内侧并应尽量靠近大带轮一边，这样可使带只受单向弯曲，且小带轮的包角不致过分减小。平带传动时，张紧轮一般应放在松边外侧，并要靠近小带轮处。这样小带轮包角可以增大，提高了平带的传动能力。图 10-17a 所示的定期张紧装置，定期调整张紧轮的位置可达到张紧的目的。图 10-17b 所示为摆锤式自动张紧装置，依靠摆锤重力并通过张紧轮达到自动张紧的目的。

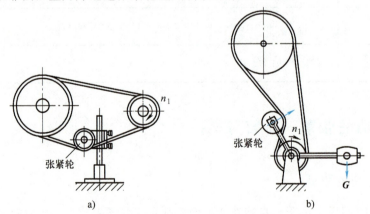

图 10-17 张紧轮的布置

10.6.2 带传动的安装与维护

为了延长带的寿命，保证带传动的正常运转，必须正确地使用和维护带传动装置。

1）安装传动带时，严禁强行撬入和撬出，以免损伤传动带，张紧程度要合适。安装传动带时，应先将两带轮中心距缩小，将带套入，然后慢慢调整中心距，用大拇指按下带中间部位 15mm 左右，带的张紧程度为合适。

2）平行轴传动时各带轮的轴线必须保持规定的平行度。如图 10-18 所示，若有偏差，偏角误差要小于 20′。否则，带易发生偏磨，影响传动能力，降低带的使用寿命。

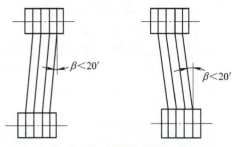

图 10-18　带轮的安装位置

3）V 带在轮槽中要有正确的位置。V 带顶面要与轮槽外缘表面相平齐或略高出一些，底面与轮槽底部留有一定间隙，以保证带两侧面与轮槽良好接触，增加带传动的工作能力。如果带顶面高出轮槽外缘表面过多，带与轮槽接触面积减小，则摩擦力减小，带传动能力下降。如果带顶面过低，V 带的底面与轮槽底部接触，则摩擦力锐减，甚至丧失。

4）对带传动应定期检查、及时调整，发现损坏的 V 带应及时更换，新旧带、普通 V 带和窄 V 带、不同规格的 V 带、不同厂家的 V 带均不能混合使用。

5）带传动装置必须安装安全防护罩，防酸、碱、油，避免在 60℃ 以上的环境下工作，防止日光曝晒而使 V 带老化。

10.7　链传动的特点、类型、使用与维护

10.7.1　链传动的特点及类型

链传动是在两个或多个链轮之间用链条作为中间挠性件的啮合传动。常用的链传动由主动链轮 1、从动链轮 3 和链条 2 组成，如图 10-19 所示。

1. 链传动的特点

主要优点：①无弹性滑动和打滑，平均传动比准确；②不需要很大的张紧力，作用在轴上的压力小；③能在温度较高、湿度较大、有油污等恶劣环境中使用；④链轮制造安装精度要求低；⑤中心距大，可实现远距离传动。

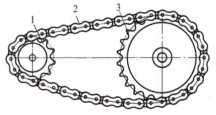

图 10-19　链传动
1—主动链轮　2—链条　3—从动链轮

主要缺点：①瞬时传动比不恒定，传动平稳性较差；②工作时有一定的冲击和噪声；③链节磨损后易发生跳齿；④不宜在载荷变化大和急速反转的传动中应用；⑤制造费用比带传动高。

2. 链传动的类型

按用途不同，链传动可分为传动链、起重链和输送链。传动链主要用来传递动力，通常圆周速度 $v \leqslant 20\text{m/s}$，传动比 $i \leqslant 8$，传递功率 $P \leqslant 100\text{kW}$，传动效率为 $0.95 \sim 0.98$。起重链主要用于起重机械中提升重物，其工作速度不大于 0.25m/s。输送链主要用于运输机械中移动重物，其工作速度小于 4m/s。

链传动的类型

按结构不同，链传动可分为滚子链、套筒链、齿形链，如图 10-20 所示。滚子链结构较简单、自重轻、价格较便宜，已标准化，应用最广。套筒链结构与滚子链相同，只是没有滚子，结构简单、自重轻、价格比滚子链低，但寿命较短，常用于低速场合。齿形链与滚子链相比，工作平稳、噪声较小、承受冲击载荷能力较强，但结构复杂、较重、价格较贵，常用于高速或运动精度要求较高的传动中。

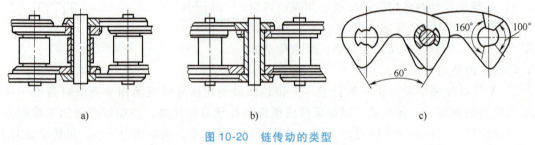

图 10-20　链传动的类型

a）滚子链　b）套筒链　c）齿形链

10.7.2　链传动的使用与维护

1. 链传动的安装要求

1）主、从动轴上的链轮要共面，并在对应轴上正确定位。

2）两链轮中心线最好水平布置或与水平线成 45°以下的倾斜角，尽量避免垂直布置。

3）主、从动轴的轴线是平行的，传动的两链轮应在同一水平面内旋转。

2. 链传动的张紧

链传动张紧的目的，主要是为了避免在链条垂度过大时产生啮合不良和链条振动的现象，同时也可以增大链条与链轮的啮合包角。当两轮轴心连线倾斜角大于 60°时，通常应设有张紧装置。常用的张紧方法有：调整中心距法；中心距不可调时可采用张紧轮或压板张紧；中心距很大时，可用托板将下垂的链条托起。

3. 链传动的润滑

链传动装置润滑越好，其使用寿命越长。一旦润滑不充分，则销轴和套筒、套筒和滚子将直接接触形成干摩擦或半干摩擦而发生磨损，并由此引起链条与链轮啮合失调，噪声增大，链节伸长，甚至造成断链事故，使之无法继续使用。因此应正确选择润滑方法（含润滑油、给油位置及方法、给油间隔和注油量等），使链条各摩擦表面之间充分润滑。链条的润滑方法有：

1）人工润滑。用刷子或油壶周期性供油。供油量和供油频率应足以防止链条中的润滑油变污。

2）滴油润滑。润滑油滴从滴油器直接落到链节链板之间。滴油量和滴油频率应足以防止链条中的润滑油变污。

3）油池或溅油润滑。链条下垂边通过链传动装置壳体的油池，油液面应高于其运转最低点的节线位置 6~12mm。

4）连续润滑。采用油泵供油对链条连续润滑。采用此方法时，润滑油应该顺着链条宽度均匀地注入链框内，并且直接浇在下部的松垂边上。

4. 链传动的检查与维护

对链传动要进行定期检查，检查项目主要有以下几方面的内容：

1）链条与链轮齿侧磨损的检查。若存在链条与链轮齿侧磨损，则表明链轮中性平面不在链宽中心线，需要进行调整。

2）链轮磨损的检查。若存在链轮齿廓面的磨损，表现为链轮齿廓面变亮，则表明链条与链轮之间润滑不良，需要改善润滑条件。

3）链条伸长的检查。链条的磨损会使链条节距伸长，链条节距伸长过度可引起传动过程中链条跳齿。

4）清洁度的检查。检查链条和链轮间的杂物或外界金属的积聚情况和腐蚀情况。若存在这些情况，要及时消除，否则将影响链传动的寿命。

链传动的具体设计可参考相关设计手册。

知识拓展——同步带传动的特点、类型及规格

知识拓展——同步带传动的特点、类型及规格

小结——思维导图讲解

小结——思维导图讲解

知识巩固与能力训练题

10-1　复习思考题。

1）普通 V 带传动和平带传动各有什么特点？在相同的条件下，为什么 V 带比平带的传动能力大？

2）普通 V 带有哪几种型号？窄 V 带有哪几种型号？V 带标识的含义是什么？

3）什么是带的弹性滑动和打滑？引起带弹性滑动和打滑的原因是什么？带的弹性滑动和打滑对带传动性能有什么影响？带的弹性滑动和打滑的本质有何不同？

4）带传动工作时，带内应力如何变化？最大应力发生在什么位置？由哪些应力组成？探讨带内应力变化的目的是什么？

5）带传动为什么要张紧？常用的张紧方法有哪几种？在什么情况下使用张紧轮？张紧轮应装在什么地方？

6）与带传动相比较，链传动有哪些优缺点？链传动为什么要张紧？常用张紧方法有哪些？

10-2　从下列各小题给出的 A、B、C、D 选项中选择正确的答案。

1）带传动是依靠＿＿＿＿＿＿来传递运动和功率的。

A. 带与带轮接触面之间的正压力　　　B. 带与带轮接触面之间的摩擦力

C. 带的紧边拉力　　　　　　　　　　D. 带的松边拉力

2）带张紧的目的是＿＿＿＿＿＿。

A. 减轻带的弹性滑动　　　　　　　　B. 提高带的寿命

C. 改变带的运动方向　　　　　　　　D. 使带具有一定的初拉力

3）选取 V 带型号，主要取决于＿＿＿＿＿＿。

A. 带传递的功率和小带轮转速　　　　B. 带的线速度

C. 带的紧边拉力　　　　　　　　　　D. 带的松边拉力

4）两带轮直径一定时，减小中心距将引起_____。

A. 带的弹性滑动加剧　　　　　　　　　B. 带传动效率降低

C. 带工作噪声增大　　　　　　　　　　D. 小带轮上的包角减小

5）带传动在工作时，假定小带轮为主动带轮，则带内应力的最大值发生在带_____。

A. 进入大带轮处　　　　　　　　　　　B. 进入小带轮处

C. 离开大带轮处　　　　　　　　　　　D. 离开小带轮处

6）带传动在工作中产生弹性滑动的原因是_____。

A. 带与带轮之间的摩擦因数较小　　　　B. 带绕过带轮产生了离心力

C. 带的弹性与紧边和松边存在拉力差　　D. 带传递的中心距大

7）一定型号的 V 带传动，当小带轮转速一定时，其能传递的功率增量，取决于_____。

A. 小带轮上的包角　　　　　　　　　　B. 带的线速度

C. 传动比　　　　　　　　　　　　　　D. 大带轮上的包角

8）与 V 带传动相比较，同步带传动的突出优点是_____。

A. 传递功率大　　　　　　　　　　　　B. 传动比准确

C. 传动效率高　　　　　　　　　　　　D. 带的制造成本低

9）与带传动相比较，链传动的优点是_____。

A. 工作平稳，无噪声　　　　　　　　　B. 寿命长

C. 制造费用低　　　　　　　　　　　　D. 能保持准确的瞬时传动比

10）链传动张紧的目的是_____。

A. 使链条产生初拉力，以使链传动能传递运动和功率

B. 使链条与轮齿之间产生摩擦力，以使链传动能传递运动和功率

C. 避免链条垂度过大时产生啮合不良

D. 避免打滑

10-3　已知某 V 带传动的主动带轮基准直径 $d_{d1} = 100\text{mm}$，从动带轮基准直径 $d_{d2} = 400\text{mm}$，中心距 $a = 485\text{mm}$，主动带轮装在转速 $n_1 = 1450\text{r/min}$ 的电动机上，三班制工作，载荷平稳，采用两根基准长度 $L_d = 1940\text{mm}$ 的 A 型普通 V 带，试求该传动所能传递的功率。

10-4　设计一减速器用普通 V 带传动。动力机为 Y 系列三相异步电动机，功率 $P = 7\text{kW}$，转速 $n_1 = 1420\text{r/min}$，减速器工作平稳，转速 $n_2 = 700\text{r/min}$，每天工作 8h，希望中心距大约为 600mm（已知：工况系数 $K_A = 1.0$，选用 A 型 V 带，取主动带轮基准直径 $d_{d1} = 100\text{mm}$，单根 A 型 V 带的基本额定功率 $P_1 = 1.30\text{kW}$，功率增量 $\Delta P_1 = 0.17\text{kW}$，包角修正系数 $K_\alpha = 0.98$，带长修正系数 $K_L = 1.0$，带的单位质量 $m = 0.1\text{kg/m}$）。

10-5　设计由电动机至凸轮造型机凸轮轴的 V 带传动，电动机的功率 $P = 1.7\text{kW}$，转速 $n_1 = 1450\text{r/min}$，凸轮轴的转速要求 $n_2 = 285\text{r/min}$ 左右，根据传动布置，要求中心距约为 500mm，带传动每天工作 16h。

10-6　设计一破碎机装置用的 V 带传动。已知：电动机的额定功率 $P = 5.5\text{kW}$，转速 $n_1 = 950\text{r/min}$，传动比 $i = 2$，两班工作制，要求轴间距 $a < 600\text{mm}$。

齿轮传动的分析与设计

能力目标

1) 能够计算标准圆柱齿轮几何尺寸。

2) 能够根据工作条件确定齿轮传动的主要失效形式。

3) 能够根据工作条件选用合适的设计准则，并借助手册设计标准直齿圆柱齿轮传动。

4) 能够正确选用齿轮的结构及润滑方式。

5) 能够正确对斜齿轮传动和蜗杆传动进行受力分析与旋向判定。

6) 能够根据锥齿轮传动的特点，在生产生活中适当选用。

素质目标

1) 通过引入中国高铁能跑出"世界第一速度"关键之一就在于攻克了高铁齿轮传动系统的技术难关，引导学生理解"核心技术掌握在自己手里"的深刻内涵，树立为实现中华民族伟大复兴而努力奋斗的志向，激发学生爱国报国热情和对中国特色社会主义道路的自豪感。

2) 通过观察啮合传动中每个齿轮都有若干个有凹有凸的轮齿，一对运行的齿轮可以互相补足从而产生动力，象征着一个团队里的每个人要互相配合、互相帮助、精诚合作，教育引导学生作为集体中的个体、国家建设的参与者，要发挥好每个人的作用，学习齿轮的精神。

3) 通过学习齿轮齿根弯曲应力超过其疲劳极限时，将产生疲劳裂纹，若裂纹不断扩展将致使轮齿折断的现象，引导学生理解量变与质变的辩证关系，教育学生不要放纵一个个小错误，当达到一定程度就汇集成一个大错误，甚至可能不可弥补与挽救。同时，也教育学生成功不是一蹴而就的，而是一个不断坚持、不懈努力、长期积累的过程。

4) 通过学习齿轮在不同条件下的失效形式不同，采用相应的设计准则的设计思想，引申教育到每个人也应该常常自省，及时发现自身的薄弱环节和缺点，并有针对性地及时调整和改正，不断完善和提高，让自己变得更加优秀，更好地服务社会。

案例导入

在机械设备和仪器仪表中，许多场合都运用齿轮传动来实现相应的目的，如机床、钟表、输送机减速器、汽车变速器、工程机械、测量工具等。齿轮传动在指示表及带式输送机上的应用，如图11-1所示。

齿轮传动的
应用实例

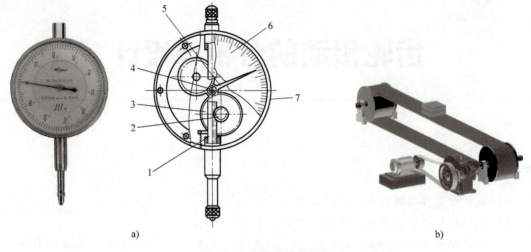

a）   b）

图 11-1 齿轮传动的应用

a）指示表   b）带式输送机

1—带齿的测量轴 2—小齿轮 3—大齿轮 4—中心轮 5—指针 6—表盘 7—支座

11.1 齿轮传动的特点、类型及齿廓啮合基本定律

11.1.1 齿轮传动的特点和类型

1. 齿轮传动的特点

齿轮传动是各种机械传动中应用最广泛的一种传动机构。它的主要优点是：①能保证瞬时传动比恒定不变；②适用的圆周速度和功率范围很广；③结构紧凑；④传动效率高，一般效率 $\eta = 0.94 \sim 0.99$；⑤工作可靠且寿命长。它的主要缺点是：①对制造及安装精度要求较高，成本较高；②低精度齿轮在传动时会产生噪声和振动；③不适宜于远距离两轴之间的传动。

2. 齿轮传动的类型

（1）按两齿轮轴线之间的相对位置 齿轮传动分为平行轴齿轮传动、相交轴齿轮传动和交错轴齿轮传动；按轮齿方向不同可分为直齿轮、斜齿轮和人字齿轮；按啮合方式不同可分为外啮合、内啮合和齿轮齿条传动。常用齿轮传动的类型如图11-2所示。

（2）按工作条件 齿轮传动分为闭式齿轮传动、开式齿轮传动和半开式齿轮传动。在闭式齿轮传动中，齿轮和轴承等零件全部封闭于一个箱体内，润滑条件好，重要传动大部分都采用这种传动方式，如减速器齿轮、汽车变速器齿轮等；在开式齿轮传动中，齿轮的轮齿外露于工作环境中，不能保证良好润滑，工作时环境中粉尘、杂质容易进入啮合面，轮齿易

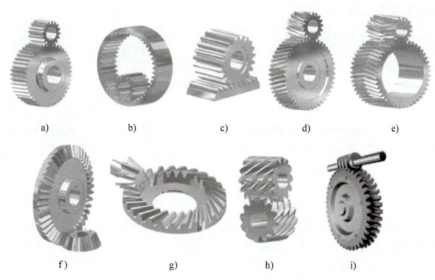

图 11-2　常用齿轮传动的类型

a）外啮合直齿轮　b）内啮合直齿轮　c）齿轮齿条　d）外啮合斜齿轮　e）外啮合
人字齿轮　f）直齿锥齿轮　g）斜齿锥齿轮　h）交错轴斜齿轮　i）蜗轮蜗杆

磨损，一般适用于简单机械设备或不重要的工作场合；半开式齿轮传动介于开式和闭式之间，通常在齿轮的外面安装简易的护罩，虽不封闭但也不致使齿轮完全暴露在外。

（3）按齿轮的齿廓曲线形状　齿轮分为渐开线齿轮、摆线齿轮和圆弧齿轮。其中渐开线齿轮的渐开线齿廓具有制造容易、便于安装、互换性好等优点，应用最广泛，本书主要介绍渐开线齿轮。

（4）按齿面硬度　齿轮分为软齿面齿轮（硬度≤350HBW）和硬齿面齿轮（硬度>350HBW）。

（5）按齿轮的圆周速度　$v<3$m/s 时为低速齿轮传动，$v=3\sim15$m/s 时为中速齿轮传动，$v>15$m/s 时为高速齿轮传动。

11.1.2　齿廓啮合的基本定律

齿廓啮合的基本定律

一对轮齿相互接触并进行相对运动的状态称为啮合。齿轮传动就是靠主动齿廓依次推动从动齿廓来实现的。相互啮合传动的一对齿轮，主动轮 1 的瞬时角速度 ω_1 与从动轮 2 的瞬时角速度 ω_2 之比 ω_1/ω_2 称为两齿轮的传动比，用 i 表示，即 $i=\omega_1/\omega_2$。齿轮传动的基本要求是其瞬时传动比必须恒定不变，否则会产生惯性力，影响齿轮寿命，同时也引起振动，影响其工作精度。

图 11-3 所示为一对渐开线齿轮的啮合过程，其特点如下：

1）主动轮 1、从动轮 2 分别以角速度 ω_1、ω_2 转动。

2）主、从动轮轮齿 C_1、C_2 在 K 点接触。

3）直线 N_1N_2 为过 K 点的两齿廓的公法线，与两齿轮连心线 O_1O_2 交于 C 点。C 点称为节点。以 O_1、O_2 为圆心，以 O_1C、O_2C 为半径所作的圆称为节圆，节圆半径分别用 r_1' 和 r_2' 表示。

两轮齿廓在 K 点的线速度分别为

$$\begin{cases} v_{K1} = \omega_1 \overline{O_1 K} \\ v_{K2} = \omega_2 \overline{O_2 K} \end{cases} \quad (11\text{-}1)$$

v_{K1} 和 v_{K2} 在公法线 N_1N_2 上的分速度应相等，否则两齿廓将会压坏或分离，即

$$v_{K1}\cos\alpha_{K1} = v_{K2}\cos\alpha_{K2} \quad (11\text{-}2)$$

由式（11-1）、式（11-2）得

$$\frac{\omega_1}{\omega_2} = \frac{\overline{O_2 K}\cos\alpha_{K2}}{\overline{O_1 K}\cos\alpha_{K1}} \quad (11\text{-}3)$$

过 O_1、O_2 分别作 N_1N_2 的垂线 O_1N_1 和 O_2N_2，得 $\angle KO_1N_1 = \alpha_{K1}$、$\angle KO_2N_2 = \alpha_{K2}$，故式（11-3）可写成

$$\frac{\omega_1}{\omega_2} = \frac{\overline{O_2 K}\cos\alpha_{K2}}{\overline{O_1 K}\cos\alpha_{K1}} = \frac{\overline{O_2 N_2}}{\overline{O_1 N_1}} \quad (11\text{-}4)$$

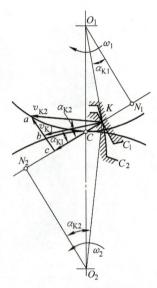

图 11-3 一对渐开线齿轮的啮合过程

又因 $\triangle CO_1N_1 \backsim \triangle CO_2N_2$，得

$$\frac{\overline{O_2 N_2}}{\overline{O_1 N_1}} = \frac{\overline{O_2 C}}{\overline{O_1 C}} \quad (11\text{-}5)$$

则传动比可写为

$$i_{12} = \frac{\omega_1}{\omega_2} = \frac{\overline{O_2 C}}{\overline{O_1 C}} = \frac{r_2'}{r_1'} \quad (11\text{-}6)$$

式（11-6）表明：两轮的角速度之比与连心线被齿廓接触点的公法线分得的两线段成反比；由式（11-6）有 $\omega_1 \overline{O_1 C} = \omega_2 \overline{O_2 C}$，通过节点的两节圆具有相同的圆周速度，说明两轮齿廓在节点啮合时的相对速度为零，即一对齿轮的啮合传动相当于它们的节圆做纯滚动。

由此可知，要保证传动比为定值，则比值 $\overline{O_2 C}/\overline{O_1 C}$ 应为常数。现因两轮轴心连线 $\overline{O_1 O_2}$ 为定长，故欲满足上述要求，C 点应为连心线上的定点。因此，为使齿轮保持恒定的传动比，必须使 C 点为连心线上的固定点。

或者说，欲使齿轮保持定传动比，不论齿廓在任何位置接触，过接触点所作的齿廓公法线都必须与两轮的连心线交于节点 C。这就是齿廓啮合的基本定律。

凡满足齿廓啮合基本定律而互相啮合的一对齿廓，称为共轭齿廓。理论上，符合齿廓啮合基本定律的齿廓曲线有无穷多，传动齿轮的齿廓曲线除要求满足定传动比外，还必须考虑制造、安装和强度等要求。在机械中，渐开线齿廓应用最为广泛。

11.2 渐开线齿廓及其啮合特点

11.2.1 渐开线的形成及性质

如图 11-4 所示，一直线 L 与半径为 r_b 的圆相切，当直线沿该圆做纯滚动时，直线上任

一点的轨迹即为该圆的渐开线。这个圆称为渐开线的基圆，而做纯滚动的直线 L 称为渐开线的发生线。

由渐开线的形成过程可知，渐开线具有以下性质：

1）因发生线在基圆上做无滑动的纯滚动，故发生线在基圆上滚过的一段长度等于基圆上相应被滚过的一段弧长，即 $\overline{KN} = \overset{\frown}{AN}$。

2）因 N 点是发生线沿基圆滚动时的速度瞬心，故发生线 KN 是渐开线 K 点的法线。又因发生线始终与基圆相切，所以渐开线上任一点的法线必与基圆相切。

3）发生线与基圆的切点 N 即为渐开线上 K 点的曲率中心，线段 $\overline{KN}$ 为 K 点的曲率半径 ρ_K。K 点离基圆越远，相应曲率半径越大；K 点离基圆越近，相应的曲率半径越小。

4）渐开线的形状取决于基圆的大小。如图 11-5 所示，基圆半径越小，渐开线越弯曲；基圆半径越大，渐开线越趋平直。当基圆半径趋于无穷大时，渐开线便成为直线。所以渐开线齿条（直径为无穷大的齿轮）具有直线齿廓。

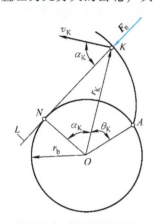

图 11-4　渐开线的形成

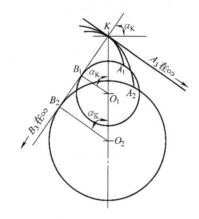

图 11-5　基圆大小与渐开线形状的关系

5）渐开线是从基圆开始向外逐渐展开的，故基圆以内无渐开线。

齿轮啮合传动时，渐开线上任一点 K 的法线压力方向线 $\boldsymbol{F}_n$（即渐开线在 K 点的法线）和 K 点速度方向 v_K 之间所夹锐角 α_K 称为 K 点的压力角。渐开线所对的圆心角为渐开线在 K 点的展角 θ_K。由图 11-4 可知

$$\cos\alpha_K = \frac{\overline{ON}}{\overline{OK}} = \frac{r_b}{r_K} \tag{11-7}$$

式中，r_b 是基圆半径，单位为 mm；r_K 是渐开线上 K 点的向径，单位为 mm。

式（11-7）表明：渐开线上各点的压力角 α_K 的大小随 K 点的位置而异，K 点距圆心越远，其压力角越大；反之，压力角越小。基圆上的压力角为零。

11.2.2　渐开线齿廓的啮合特点

1. 渐开线齿廓满足瞬时传动比恒定

以渐开线为齿廓曲线的齿轮称为渐开线齿轮。

如图 11-6 所示，两渐开线齿轮的基圆分别为 r_{b1}、r_{b2}，过两轮齿廓啮合点 K 作两齿廓的公法线 N_1N_2，根据渐开线的性质，该公法线必与两基圆相切，即为两基圆的内公切线。又因两轮的基圆为定圆，在其同一方向的内公切线只有一条，所以无论两齿廓在任何位置接触，过接触点所作两齿廓的公法线（即两基圆的内公切线）为一固定直线，该直线与连心线 O_1O_2 的交点 C 必是定点，即节点固定。由此证明渐开线齿廓满足定传动比恒定的传动要求，保证了齿轮传动的平稳性。

由图 11-6 可知，两轮的传动比为

$$i_{12} = \frac{\omega_1}{\omega_2} = \frac{\overline{O_2C}}{\overline{O_1C}} = \frac{r_2'}{r_1'} = \frac{r_{b2}}{r_{b1}} \qquad (11\text{-}8)$$

上式表明两轮的传动比为一定值，并与两轮的基圆半径成反比。

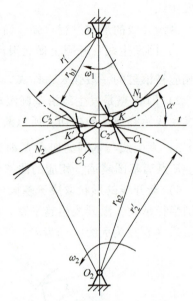

图 11-6　渐开线齿廓的啮合

2. 四线合一

如图 11-6 所示，当齿廓转到 K' 啮合时，过 K' 点作的两齿廓的公法线也是两基圆的公切线。齿轮基圆固定，公法线是唯一的。不管齿轮在哪点啮合，啮合点总在这条公法线 N_1N_2 上。因此，N_1N_2 是齿轮传动时齿廓啮合点的轨迹，称为渐开线齿廓的啮合线 N_1N_2，即啮合线与公法线重合。

综上所述，N_1N_2 线同时具有四种含义，即

1）两基圆的内公切线。

2）啮合点 K 的轨迹线，为理论上的啮合线。

3）两轮齿廓啮合点 K 的公法线。

4）在两齿廓之间不计摩擦时的力的作用线。

3. 啮合角的不变性

啮合线 N_1N_2 与两轮连心线 O_1O_2 的垂线 tt 方向（过节点的两节圆的公切线）所夹的锐角 α' 称为啮合角。由图 11-6 可知，当两轮的位置一定时，渐开线齿廓在传动过程中啮合角的大小不变，且等于渐开线在节圆上的压力角。

啮合角 α' 不变，表示两啮合齿廓间正压力不变，即始终沿 N_1N_2 方向。当齿轮传递的转矩不变时，在不计齿廓间摩擦时，齿轮之间、轴与轴承之间压力大小和方向均不变，这是渐开线齿轮传动的一大优点。

4. 中心距的可分性

如上所述，由于渐开线齿轮传动的瞬时传动比是恒定的，与两轮基圆半径成反比，因此，当由于制造误差、安装误差等原因，造成实际中心距（两轮轴心 O_1、O_2 之间的距离）与设计的理论中心距有变动时，其传动比大小仍保持不变，这种特性称为中心距的可分性。这是渐开线齿轮传动所特有的优点。

11.3 渐开线标准直齿圆柱齿轮各部分名称及其几何尺寸

11.3.1 渐开线齿轮各部分名称

渐开线外啮合直齿圆柱齿轮的一部分，如图 11-7 所示。为了使齿轮在正反两个方向都能转动，轮齿两侧齿廓由形状相同、方向相反的渐开线曲面组成。

下面介绍齿轮各部分的名称和符号。

1）齿顶圆。过齿轮各轮齿顶部所作的圆，其直径和半径分别用 d_a 和 r_a 表示。

2）齿根圆。过齿轮各齿槽底部所作的圆，其直径和半径分别用 d_f 和 r_f 表示。

3）分度圆。具有标准模数和标准压力角的圆，而且便于设计、制造、测量和互换。分度圆介于齿顶圆和齿根圆之间，是计算齿轮各部分几何尺寸的基准圆，其直径和半径分别用 d 和 r 表示。

4）基圆。生成渐开线的圆，其直径和半径分别用 d_b 和 r_b 表示。

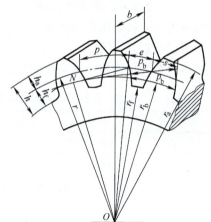

图 11-7 齿轮的结构要素

5）齿顶高。齿顶圆与分度圆之间的径向距离，用 h_a 表示。

6）齿根高。齿根圆与分度圆之间的径向距离，用 h_f 表示。

7）齿高。齿顶圆与齿根圆之间的径向距离，用 h 表示，$h = h_a + h_f$。

8）齿厚。一个齿的两侧齿廓之间的分度圆弧长，用 s 表示。

9）齿槽宽。一个齿槽的两侧齿廓之间的分度圆弧长，用 e 表示。

10）齿距。相邻两齿的同侧齿廓之间的分度圆弧长，用 p 表示，显然有 $p = s + e$。

11）齿宽。一个轮齿沿齿轮轴线方向的长度，用 b 表示。

11.3.2 渐开线齿轮主要参数

1）齿数 z。齿数是指齿轮整个圆周上轮齿的总数。

2）模数 m。由齿距定义可知，分度圆的圆周长 $\pi d = zp$，由此可得 $d = \dfrac{p}{\pi}z$。由于 π 为一无理数，为了便于设计、制造和测量，人为地把 $\dfrac{p}{\pi}$ 规定为标准值，使其成为整数或简单的有理数，并作为计算齿轮几何尺寸的一个基本参数，这个比值称为模数，用 m 表示，单位为 mm，则可知：

齿距 $\qquad\qquad\qquad\qquad p = \pi m \qquad\qquad\qquad\qquad\qquad (11\text{-}9)$

分度圆直径 $\qquad\qquad\qquad d = mz \qquad\qquad\qquad\qquad\qquad (11\text{-}10)$

模数是齿轮的一个重要参数，直接影响齿轮的大小、轮齿齿形和齿轮的强度。对于相同齿数的齿轮，模数越大，齿轮的几何尺寸越大，轮齿也越大，如图 11-8 所示。

为了便于齿轮的互换使用和简化加工刀具，齿轮的模数已经标准化。我国规定的渐开线圆柱齿轮模数系列见表 11-1。设计齿轮时模数必须取标准值。

注意：齿轮不同圆周上的模数是不同的，只有分度圆上的模数才是标准值。

3）压力角 α。渐开线齿廓在不同圆周上有不同的压力角。通常所说的齿轮压力角，是指渐开线在分度圆上的压力角，以 α 表示，并规定分度圆上的压力角为标准值。国家标准规定，$\alpha = 20°$。

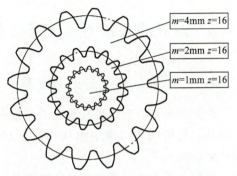

$m=4\text{mm } z=16$

$m=2\text{mm } z=16$

$m=1\text{mm } z=16$

图 11-8　不同模数的轮齿大小比较

表 11-1　渐开线圆柱齿轮模数系列（摘自 GB/T 1357—2008）（单位：mm）

第一系列	1　1.25　1.5　2　2.5　3　4　5　6　8　10　12　16　20　25　32　40　50
第二系列	1.125　1.375　1.75　2.25　2.75　3.5　4.5　5.5　(6.5)　7　9　11　14　18　22　28　36　45

注：优先采用第一系列，括号内的模数尽可能不用。

由式（11-7）和式（11-10）可推出基圆直径

$$d_b = d\cos\alpha = mz\cos\alpha = mz\cos20° \qquad (11\text{-}11)$$

上式说明：渐开线齿廓形状取决于基圆，即取决于模数、齿数和压力角三个基本参数。

4）齿顶高系数 h_a^* 和顶隙系数 c^*。为了以模数 m 表示齿轮的几何尺寸，使齿形对称，规定齿顶高和齿根高分别为

$$h_a = h_a^* m \qquad (11\text{-}12)$$

$$h_f = (h_a^* + c^*) m \qquad (11\text{-}13)$$

式中，h_a^* 是齿顶高系数；c^* 是顶隙系数。这两个参数已经标准化，国家标准规定：正常齿制，$h_a^* = 1$、$c^* = 0.25$；短齿制，$h_a^* = 0.8$、$c^* = 0.3$。

顶隙是指一对齿轮啮合时，一个齿轮的齿顶圆到另一个齿轮的齿根圆的径向距离，用 c 表示，$c = c^* m$。顶隙可防止一对齿轮在传动过程中一齿轮的齿顶与另一齿轮的齿根发生顶撞，同时可以储存润滑油，有利于齿轮啮合传动。

11.3.3　标准直齿圆柱齿轮几何尺寸计算

根据上述，模数、压力角、齿顶高系数和顶隙系数均为标准值，且分度圆上的齿厚和齿槽宽相等（$s = e$）的齿轮称为标准齿轮，则有

$$s = e = p/2 = \pi m/2 \qquad (11\text{-}14)$$

渐开线标准直齿圆柱齿轮（外啮合）几何尺寸计算公式见表 11-2。对于内齿轮和齿条的尺寸计算公式，读者可自行分析得出。

当基圆直径无穷大时，渐开线变为直线，齿轮就演变为齿条。齿轮各圆转化为直线，其中分度圆转化为分度线，也称为齿条中线；齿条各高度上齿距相等，直线齿廓上各点的压力角均为 20°，如图 11-9 所示。

表 11-2 渐开线标准直齿圆柱齿轮（外啮合）几何尺寸计算公式

名　　称	符　号	计　算　公　式
齿数	z	设计选定
模数	m	强度计算后获得，并选取标准值
齿距	p	$p = \pi m$
齿厚	s	$s = \pi m / 2$
齿槽宽	e	$e = \pi m / 2$
齿顶高	h_a	$h_a = h_a^* m$
齿根高	h_f	$h_f = h_a + c = (h_a^* + c^*) m$
齿高	h	$h = h_a + h_f = (2h_a^* + c^*) m$
分度圆直径	d	$d = mz$
齿顶圆直径	d_a	$d_a = d + 2h_a = m(z + 2h_a^*)$
齿根圆直径	d_f	$d_f = d - 2h_f = m(z - 2h_a^* - 2c^*)$
基圆直径	d_b	$d_b = d\cos\alpha = mz\cos\alpha$
基圆齿距	p_b	$p_b = p\cos\alpha$
标准中心距	a	$a = m(z_1 + z_2)/2$

【例 11-1】 已知一对标准渐开线外啮合直齿圆柱齿轮传动，模数 $m = 2\text{mm}$，$z_1 = 19$，$z_2 = 68$，试求小齿轮的各参数：分度圆直径、齿顶圆直径、齿根圆直径、基圆直径、齿距、齿厚、齿槽宽和标准中心距。

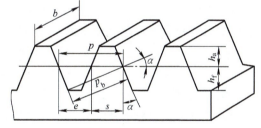

图 11-9 齿条的结构要素

解：1）小齿轮的分度圆直径：$d_1 = mz_1 = 2\text{mm} \times 19 = 38\text{mm}$。

2）小齿轮的齿顶圆直径：$d_{a1} = m(z_1 + 2h_a^*) = 2\text{mm} \times (19 + 2 \times 1) = 42\text{mm}$。

3）小齿轮的齿根圆直径：$d_{f1} = m(z_1 - 2h_a^* - 2c^*) = 2\text{mm} \times (19 - 2 \times 1 - 2 \times 0.25) = 33\text{mm}$。

4）小齿轮的基圆直径：$d_{b1} = mz_1\cos\alpha = 2\text{mm} \times 19 \times \cos20° = 35.71\text{mm}$。

5）小齿轮的齿距：$p = \pi m = 3.14 \times 2\text{mm} = 6.28\text{mm}$。

6）小齿轮的齿厚和齿槽宽：$s = e = p/2 = 6.28\text{mm}/2 = 3.14\text{mm}$。

7）标准中心距：$a = m(z_1 + z_2)/2 = 2\text{mm} \times (19 + 68)/2 = 87\text{mm}$。

11.4 渐开线标准直齿圆柱齿轮的啮合分析

11.4.1 正确啮合条件

虽然渐开线齿廓能实现定传动比传动，但这并不意味着任意参数的一对齿轮都能进行正确平稳的啮合（瞬时传动比不变）传动。

根据工业生产的实际经验，两个齿轮要组成一个传动机构，实现正确的传动关系，必须

渐开线标准直齿圆柱齿轮正确啮合条件

满足以下**两个条件**：

1）**两个齿轮正确啮合**，即一个齿轮的轮齿能放入另一个齿轮的齿槽中。

2）**具有连续准确的传动**，即当主动轮以一恒定速度匀速转动时，从动轮也应该以一恒定的速度匀速转动。

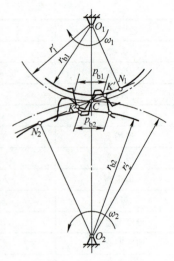

一对齿轮啮合传动时，它的每一对轮齿仅啮合一段时间便要分离，而由后一对轮齿接替。通过分析可知，一对渐开线齿轮传动时，其齿廓啮合点都应在啮合线 N_1N_2 上。图 11-10 所示为一对渐开线齿轮的啮合情况，当前一对轮齿在啮合线上的 K 点接触时，其后一对轮齿应在啮合线上另一点 K' 接触。这样，当前一对轮齿分离时，后一对轮齿才能不中断地接替传动。$\overline{KK'}$ 既是齿轮 1 的法向齿距，又是齿轮 2 的法向齿距。由此可知，两齿轮要正确啮合，它们的法向齿距必须相等。

图 11-10 一对渐开线齿轮的啮合情况

根据渐开线的性质可知，法向齿距等于基圆齿距，于是

$$p_{b1} = p_{b2}$$

又因

$$p_{b1} = p_1\cos\alpha_1 = \pi m_1\cos\alpha_1 ，\quad p_{b2} = p_2\cos\alpha_2 = \pi m_2\cos\alpha_2$$

由此可得

$$\pi m_1\cos\alpha_1 = \pi m_2\cos\alpha_2$$

由于模数和压力角都是标准值，为满足上式，应使

$$\begin{cases} m_1 = m_2 = m \\ \alpha_1 = \alpha_2 = \alpha \end{cases} \tag{11-15}$$

即**渐开线直齿圆柱齿轮的正确啮合条件是：两齿轮的模数和压力角必须分别相等**。

由此可得出，一对渐开线直齿圆柱齿轮的传动比可写成

$$i = \frac{\omega_1}{\omega_2} = \frac{d_2'}{d_1'} = \frac{d_{b2}}{d_{b1}} = \frac{m_2 z_2 \cos\alpha_2}{m_1 z_1 \cos\alpha_1} = \frac{d_2}{d_1} = \frac{z_2}{z_1} \tag{11-16}$$

只有模数和压力角均相等的两个齿轮才能正确啮合；在齿轮传动中，齿轮的转速与其齿数成反比，齿数越多，其转速越低。

11.4.2 标准中心距

一对齿轮传动时，齿轮节圆上的齿槽宽与另一齿轮节圆上的齿厚之差称为齿侧间隙。在齿轮加工时，刀具轮齿与工件轮齿之间是无齿侧间隙的；在齿轮传动中，为了消除反向传动空程和避免冲击、振动，理论上也要求齿侧间隙等于零。

一对模数和压力角均相等的标准齿轮安装时，在分度圆上的齿厚和齿槽宽相等，即 $s_1 = e_1 = \pi m/2 = s_2 = e_2$，因此，当分度圆与节圆重合（即两轮分度圆相切）时，便可以满足无齿侧间隙啮合条件，这种情况下齿轮的安装称为标准安装。标准安装时，一对齿轮的中心距称为标准中心距，以 a 表示。若无特殊说明时，所指中心距均指标准中心距。

一对外啮合齿轮的标准中心距为

$$a = r_1' + r_2' = r_1 + r_2 = \frac{m(z_1 + z_2)}{2} \tag{11-17}$$

一对内啮合齿轮的标准中心距为

$$a = r_2' - r_1' = r_2 - r_1 = \frac{m(z_2 - z_1)}{2} \qquad (11\text{-}18)$$

由于渐开线齿廓具有中心距可分性，两轮中心距略大于标准安装中心距时仍能保持瞬时传动比恒定，但会出现齿侧间隙，反转时会有冲击。

在实际齿轮传动中，考虑到齿轮轮齿的加工误差、装配误差、轮齿工作时受力变形和受热膨胀以及便于储存润滑油，两轮的非工作齿侧应留有一定的齿侧间隙，但是很小，此间隙由制造公差来保证，在计算齿轮的尺寸和中心距时不予考虑。

【例 11-2】　某机器进行大修需要采用一对直齿圆柱齿轮传动，其中心距为 144mm，传动比为 2。在零件库房中存有四种现成的齿轮，它们均为国产的正常齿渐开线标准齿轮。四种齿轮的齿数 z 和齿顶圆直径 d_a 分别为：

1）$z_1 = 24$，$d_{a1} = 104$mm；2）$z_2 = 47$，$d_{a2} = 196$mm；

3）$z_3 = 48$，$d_{a3} = 250$mm；4）$z_4 = 48$，$d_{a4} = 200$mm。

试分析：能否从这四种齿轮中选出符合要求的一对齿轮。

解：根据需要可知，符合要求的一对齿轮必须满足条件：①正确啮合条件，模数相等、压力角相等；②它们的齿数比为 2；③它们的中心距为 144mm。

由标准齿轮可知：各齿轮的压力角均为 20°，因此，要选出合适的齿轮，还必须分别求出四种齿轮的模数。根据公式 $d_a = m(z + 2h_a^*)$（$h_a^* = 1$）可得各轮的模数分别为

$$m_1 = \frac{d_{a1}}{z_1 + 2h_a^*} = \frac{104\text{mm}}{24 + 2 \times 1} = 4\text{mm} \qquad m_2 = \frac{d_{a2}}{z_2 + 2h_a^*} = \frac{196\text{mm}}{47 + 2 \times 1} = 4\text{mm}$$

$$m_3 = \frac{d_{a3}}{z_3 + 2h_a^*} = \frac{250\text{mm}}{48 + 2 \times 1} = 5\text{mm} \qquad m_4 = \frac{d_{a4}}{z_4 + 2h_a^*} = \frac{200\text{mm}}{48 + 2 \times 1} = 4\text{mm}$$

由于 $m_3 \neq m_1 = m_2 = m_4$，故齿轮 3 不适用。又根据传动比为 2 的要求，显然选用齿数为 z_1、z_4 的齿轮。因为 $m_1 = m_4 = 4$mm，$\alpha_1 = \alpha_4 = 20°$，中心距 a 为

$$a = \frac{m(z_1 + z_4)}{2} = \frac{4\text{mm} \times (24 + 48)}{2} = 144\text{mm}$$

所以，根据要求，选择齿轮 1 和齿轮 4。

11.4.3　连续传动的条件

在图 11-10 中，$\overline{N_1 N_2}$ 是一对轮齿理论上可能达到的最长啮合线段，称为理论啮合线。齿廓的啮合首先由主动轮 1 的齿根推动从动轮 2 的齿顶开始，因此，一对齿廓的开始啮合点为从动轮齿顶圆与啮合线 $N_1 N_2$ 的交点，随着齿轮 1 推动齿轮 2 转动，两齿廓的啮合点沿着啮合线移动。当啮合点移动到齿轮 1 的齿顶圆与啮合线的交点时，这对齿廓终止啮合，两齿廓即将分离。两齿轮齿顶圆与理论啮合线的交点之间的线段，称为实际啮合线。

一对渐开线齿轮若连续不间断地传动，则要求前一对轮齿终止啮合前，后续的一对轮齿必须进入啮合。要保证连续传动的条件是使实际啮合线（用 $\overline{B_1 B_2}$ 表示）大于或至少等于齿轮的法线齿距（即基圆齿距 p_b）。通常将实际啮合线长度与基圆齿距之比称为齿轮的重合度，用 ε 表示，即

$$\varepsilon = \frac{\overline{B_1 B_2}}{p_b} \geqslant 1 \tag{11-19}$$

理论上，当 $\varepsilon = 1$ 时，就能保证一对齿轮连续传动，但考虑齿轮的制造、安装误差和啮合传动中轮齿的变形，且为保证齿轮连续传动，应使 $\varepsilon > 1$。一般机械制造中，常使 $\varepsilon \geqslant 1.1 \sim 1.4$。重合度 ε 越大，表示同时啮合的轮齿的对数越多，传动平稳性越好，且每对轮齿所受平均载荷小，齿轮承载能力就越强。

11.5 渐开线齿轮的加工方法

渐开线齿轮
的加工方法

11.5.1 齿轮加工方法

齿轮的齿廓加工方法有铸造、热轧、冲压、粉末冶金和切削加工等。最常用的是切削加工法，根据切齿原理的不同，可分为仿形法和展成法两种。

1. 仿形法

用与渐开线齿轮的齿槽形状相同的成形铣刀直接切削出齿轮齿形的加工方法，称为仿形法。仿形法是在铣床上用盘形铣刀或指形齿轮铣刀加工，如图 11-11 所示。这两种刀具的轴向剖面均做成渐开线齿轮齿槽的形状。加工时齿轮毛坯固定在铣床上，铣刀绕本身轴线旋转（主切削运动），同时沿齿轮轴线方向直线移动（进给运动），每切完一个齿槽，工件退出，分度头使轮坯转过 $360°/z$（z 为齿数）再进刀，依次切出各齿槽，齿轮即加工完毕。指形齿轮铣刀常用于加工大模数（$m > 10\text{mm}$）的齿轮，并可切制人字齿轮。

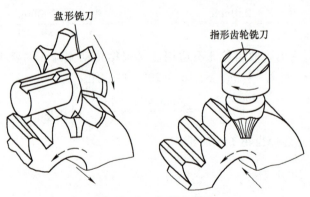

盘形铣刀

指形齿轮铣刀

图 11-11 仿形法铣齿

仿形法加工简单，但生产率低，加工精度低，一般只能加工 9 级以下精度的齿轮，主要用于单件小批量生产或产品修配中，以及加工精度要求不高的场合。

2. 展成法

利用一对齿轮（或齿轮齿条）啮合原理切齿的方法称为展成法。它是目前生产中最常用的方法。这种加工方法用的刀具主要有齿轮插刀、齿条插刀和齿轮滚刀。

(1) 插齿加工

1) 齿轮插刀加工。齿轮插齿刀实质上是一个淬硬的齿轮，它与被加工齿轮具有相同的渐开线齿形、模数和压力角。插齿时，插刀沿齿坯轴线做往复切削运动（切削运动），同时强制性地使插齿刀的转速 $n_{刀具}$ 与轮坯的转速 $n_{轮坯}$ 保持一对渐开线齿轮啮合的连续运动关系（展成运动），如图 11-12 所示，即恒定的传动比

$$i = \frac{n_{刀具}}{n_{轮坯}} = \frac{z_{齿轮}}{z_{刀具}} \qquad (11-20)$$

式中，$z_{刀具}$ 是齿轮插刀齿数；$z_{齿轮}$ 是被切齿轮齿数。

在这样对滚的过程中，插刀把与切削刃相遇的轮坯材料切去，这样就能加工出与插齿刀相同模数、压力角和具有给定齿数的渐开线齿轮。

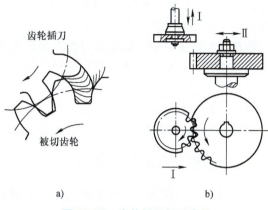

图 11-12　齿轮插刀加工齿轮
a）展成法加工　b）插齿加工

2）齿条插刀加工。齿条的齿廓是直线，可认为是基圆无穷大的渐开线齿廓的一部分。齿条插刀的切齿原理和齿轮插刀加工齿轮的原理相同。齿条插刀与轮坯的展成运动相当于齿条与齿轮的啮合运动，如图 11-13 所示。

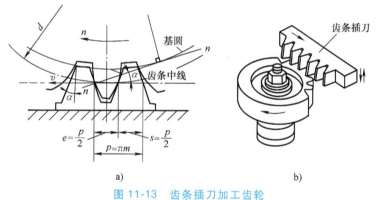

图 11-13　齿条插刀加工齿轮
a）齿轮齿条啮合　b）齿条插刀插齿

（2）**滚齿加工**　滚齿是利用齿轮滚刀来切制齿轮的，如图 11-14 所示为齿轮滚刀加工齿轮。它是利用有切削刃的螺旋状滚刀代替齿条刀。滚刀的轴向剖面形同齿条，当滚刀回转时，轴向相当于有一无穷长的齿条连续地向前移动，这样就可以实现连续切齿。同时，滚刀还沿轮坯的轴向以一定的速度移动，沿轴向齿宽切出整齿轮廓。滚刀每转一圈，齿条移动

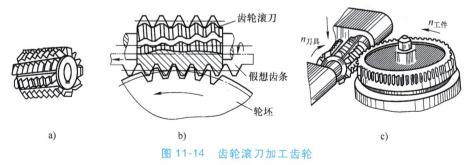

图 11-14　齿轮滚刀加工齿轮
a）齿轮滚刀　b）滚切原理　c）滚齿加工

$z_{刀具}$个齿（$z_{刀具}$为滚刀头数），此时齿坯被强迫转过相应$z_{刀具}$个齿。控制对滚关系，滚刀即可在齿坯上包络切出所需渐开线齿形。

齿轮滚刀加工克服了齿轮插刀加工和齿条插刀加工不能连续切削的缺点，实现了连续加工，生产率高，可加工直齿圆柱齿轮和斜齿圆柱齿轮。

展成法一把刀具可加工同模数、同压力角的各种齿数的齿轮，而齿轮的齿数是靠齿轮机床中的传动链严格保证刀具与工件间的相对运动关系来控制。滚齿和插齿可加工7～8级精度的齿轮，是目前渐开线齿廓加工的主要方法。

11.5.2 根切现象和最小齿数

用展成法加工齿轮时，若被加工齿轮的齿数过少，实际啮合极限点B_1会超过理论啮合极限点N_2，此时刀具将与渐开线齿廓发生干涉，把轮坯根部渐开线切去一部分，产生根切现象，如图11-15所示。根切会使轮齿齿根弯曲强度削弱，传动精度降低，传动平稳性变差，承载能力降低，应当避免。

当用标准齿条刀具切制标准齿轮时，刀具的中线应与被切齿轮的分度圆相切。为了避免根切，就必须使刀具的齿顶线不超过N_2点。根据推导，应满足

$$z_{min} = \frac{2h_a^*}{\sin^2\alpha} \qquad (11\text{-}21)$$

式中，z_{min}是不发生根切的最少齿数。

当$\alpha = 20°$、$h_a^* = 1$时，$z_{min} = 17$；当$\alpha = 20°$、$h_a^* = 0.8$时，$z_{min} = 14$。

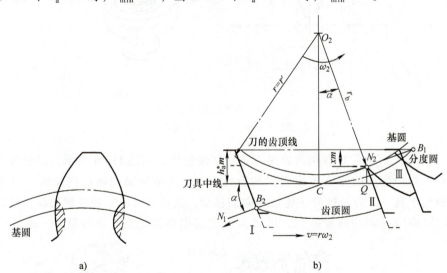

图11-15 展成法加工齿轮时的根切现象

a）根切现象 b）根切原因

11.5.3 变位齿轮概述

1. 标准齿轮存在的缺陷

1）渐开线标准齿轮的齿数过少会发生根切现象。

2）渐开线标准齿轮不适用于实际中心距 a' 不等于标准中心距 a 的场合。当 $a'<a$ 时，无法安装；当 $a'>a$ 时，可以安装，但会产生较大侧隙而引起冲击和振动，影响传动平稳性。

3）一对标准齿轮传动时，小齿轮的齿根厚度小且参与啮合次数比较多，小齿轮的强度相对较低，齿根部分磨损较严重，因此小齿轮易损坏，同时限制了大齿轮的承载能力。

为了改善和解决标准齿轮的这些不足，工程上广泛使用变位齿轮。

2. 变位齿轮

当被加工齿轮齿数小于 z_{min} 时，为避免根切，可以采用将齿条刀具移离齿坯轮心一段距离（xm），如图 11-16a 所示，这样使刀具齿顶线低于极限啮合点进行切齿。这种采用改变刀具与齿坯位置的切齿方法称为变位。刀具中线（或分度线）相对齿坯移动的距离称为变位量（或移距）X，常用 xm 表示，x 称为变位系数。刀具移离齿坯称为正变位，此时 $x>0$；刀具移近齿坯称为负变位，此时 $x<0$；标准齿轮可以看成是变位系数 $x=0$ 的齿轮。变位切制所得的齿轮称为变位齿轮，即刀具的中线与轮坯的分度圆不相切，加工出的齿轮是在分度圆上的齿厚与齿槽宽不相等的齿轮。加工变位齿轮时，齿轮的模数、压力角、齿数、分度圆、基圆均与标准齿轮相同，所以两者的齿廓曲线是相同的渐开线，只是截取了渐开线的不同部位。与标准齿轮相比，正变位齿轮齿根部分的齿厚增大，提高了齿轮的抗弯强度，但齿顶变薄；负变位齿轮则与其相反，如图 11-16b 所示。

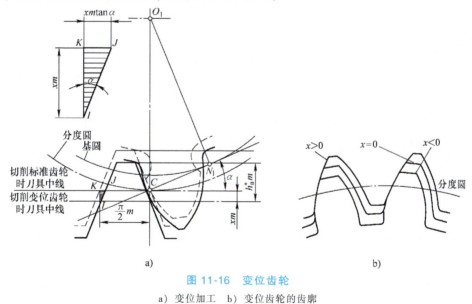

图 11-16　变位齿轮

a）变位加工　b）变位齿轮的齿廓

变位齿轮几何参数的具体计算可参考有关资料。

11.6　齿轮传动的失效形式、设计准则、材料及结构

11.6.1　齿轮传动的失效形式及设计准则

1. 齿轮传动的失效形式

齿轮传动失去正常工作能力的现象，称为失效。齿轮传动的失效一般指轮齿的失效。常

见的轮齿失效形式及产生的原因和防止措施见表 11-3。

表 11-3 常见的轮齿失效形式及产生的原因和防止措施

失效形式	后果	工作环境	产生失效的原因	防止失效的措施
折断面 轮齿折断	轮齿折断后无法工作	开式、闭式传动中均可能发生	在载荷反复作用下，齿根弯曲应力超过允许限度时发生疲劳折断；用脆性材料制成的齿轮，因短时过载、冲击发生突然折断	限制齿根危险截面上的弯曲应力；选用合适的齿轮参数和几何尺寸；降低齿根处的应力集中；强化处理和良好的热处理工艺
出现麻坑、剥落 齿面点蚀	齿廓失去准确形状，传动不平稳，噪声、冲击增大或无法工作	闭式传动	在载荷反复作用下，轮齿表面接触应力超过允许限度时，发生疲劳点蚀	限制齿面的接触应力；提高齿面硬度、降低齿面的表面粗糙度值；采用黏度高的润滑油及适宜的添加剂
磨损部分 齿面磨损	齿廓失去准确形状，传动不平稳，噪声、冲击增大或无法工作	主要发生在开式传动中，润滑油不洁的闭式传动中也可能发生	灰尘、金属屑等杂物进入啮合区	注意润滑油的清洁；提高润滑油黏度，加入适宜的添加剂；选用合适的齿轮参数及几何尺寸、材质、精度和表面粗糙度；开式传动选用适当防护装置
齿面出现沟痕 齿面胶合		高速、重载或润滑不良的低速、重载传动中	齿面局部温升过高，润滑失效；润滑不良	进行抗胶合能力计算，限制齿面温度；保证良好润滑，采用适宜的添加剂；降低齿面的表面粗糙度值

2. 齿轮传动的设计准则

在进行齿轮传动的设计计算时，应分析具体的工作条件，判断可能发生的主要失效形式，以确定相应的设计准则。

1）对于闭式软齿面（硬度≤350HBW）的齿轮传动，由于齿面抗点蚀能力差，润滑条件良好，齿面点蚀是主要的失效形式。在设计计算时，通常按齿面接触疲劳强度设计，再进行齿根弯曲疲劳强度校核。

2）对于闭式硬齿面（硬度>350HBW）和铸铁齿轮传动，齿根疲劳折断是主要失效形式。在设计计算时，通常按齿根弯曲疲劳强度设计，再进行齿面接触疲劳强度校核。

3）对于开式传动，其主要失效形式是齿面磨损。但由于磨损的机理比较复杂，到目前为止尚无成熟的设计计算方法，通常只能按齿根弯曲疲劳强度设计，再考虑磨损，将所求得的模数增大 10%~20%，再取标准值。

11.6.2 齿轮常用材料、热处理及精度等级

1. 对齿轮材料的基本要求

齿轮材料应具备的基本要求是：①齿面具有足够的硬度，以获得较高的抗点蚀、抗磨损、抗胶合的能力；②齿心部有足够的韧性，以获得较高的抗弯曲和抗冲击载荷的能力；③具有良好的加工工艺性和热处理工艺性；④经济。

总的要求就是：齿面硬度高、齿心部韧性要好。

2. 齿轮的常用材料及热处理

齿轮的常用材料有优质碳素结构钢、合金结构钢、铸钢、铸铁和非金属材料等。一般多采用锻件或轧制钢材。当齿轮结构尺寸较大、轮坯不易锻造时，可采用铸钢。开式低速传动时，可采用灰铸铁或球墨铸铁。低速重载的齿轮易产生齿面塑性变形，轮齿也易折断，宜选用综合性能较好的钢材。高速齿轮易产生齿面点蚀，宜选用齿面硬度高的材料。受冲击载荷的齿轮，宜选用韧性好的材料。对高速、轻载而又要求低噪声的齿轮传动，也可采用非金属材料，如夹布胶木、尼龙等。常用的齿轮材料、热处理和应用举例见表11-4。

表 11-4 常用的齿轮材料、热处理和应用举例

材 料	牌 号	热处理方法	硬 度		应用举例
			齿心 HBW	齿面 HRC	
优质碳素钢	35	正火	150~180		低速轻载的齿轮或中速中载的大齿轮
	45		169~217		
	50		180~220		
合金钢	45	调质	217~255		
	35SiMn		217~269		
	40Cr		241~286		
优质碳素钢	35	表面淬火	180~210	40~45	高速中载、无剧烈冲击的齿轮，如机床主轴箱中的齿轮
	45		217~255	40~50	
合金钢	40Cr		241~286	48~55	
	20Cr	渗碳淬火		56~62	高速中载、承受冲击载荷的齿轮，如汽车、拖拉机中的重要齿轮
	20CrMnTi			56~62	
	38CrMoAl	渗氮	229	>850HV	载荷平稳、润滑良好的齿轮
铸钢	ZG310-570	正火	163~197		重型机械中的低速齿轮
	ZG340-640		179~207		
球墨铸铁	QT700-2		225~305		可用于代替铸钢
	QT600-3		190~270		
灰铸铁	HT250		170~241		低速中载、不受冲击的齿轮，如机床操纵机构的齿轮
	HT300		187~255		

钢制齿轮的热处理方法主要有以下几种：

1）表面淬火。常用于中碳钢和中碳合金钢，如45钢、40Cr等。表面淬火后，齿面硬

度一般为 40~55HRC。特点是抗疲劳点蚀、抗胶合能力高，耐磨性好。由于齿心部未淬硬，齿轮仍有足够的韧性，能承受不大的冲击载荷。

2）渗碳淬火。常用于低碳钢和低碳合金钢，如 20 钢、20Cr 等。渗碳淬火后齿面硬度可达 56~62HRC，而齿心部仍保持较高的韧性，轮齿的抗弯强度和齿面接触强度高，耐磨性较好，常用于受冲击载荷的重要齿轮传动。齿轮经渗碳淬火后，轮齿变形较大，应进行磨齿等精加工。

3）渗氮。渗氮是一种表面化学热处理。渗氮后不需要进行其他热处理，齿面硬度可达 700~900HV。由于渗氮处理后的齿轮硬度高，工艺温度低，变形小，故适用于内齿轮和难以磨削的齿轮，常用于含铬、铜、铅等合金元素的渗氮钢，如 38CrMoAl。

4）调质。调质一般用于中碳钢和中碳合金钢，如 45 钢、40Cr、35SiMn 等。调质处理后齿面硬度一般为 220~280HBW。因硬度不高，轮齿精加工可在热处理后进行。

5）正火。正火能消除内应力、细化晶粒、改善力学性能和切削性能。机械强度要求不高的齿轮可采用中碳钢正火处理，大直径的齿轮可采用铸钢正火处理。

一般要求的齿轮传动可采用软齿面齿轮。但为了减小胶合的可能性，并使配对的大小齿轮寿命相当，通常使小齿轮齿面硬度比大齿轮齿面硬度高出 30~50HBW。对于高速、重载或重要的齿轮传动，可采用硬齿面齿轮组合，齿面硬度可大致相同。

3. 齿轮的精度等级

齿轮在制造、安装中，总会产生不同程度的误差。若齿轮的精度过低，将影响齿轮的传动质量和承载能力；若齿轮的精度过高，将给加工带来困难并提高制造成本。因此，根据齿轮的实际工作条件，对齿轮的精度提出合适的要求至关重要。

GB/T 10095.1—2008 对渐开线圆柱齿轮规定了 13 个精度等级，0 级最高，12 级最低。其中，常用精度等级为 5~9 级，5 级主要用于高速、分度等要求高的齿轮传动，一般机械中常用 7、8 级，对于精度要求不高的低速齿轮可用 9 级。齿轮的精度等级应根据传动的用途、圆周速度、传递功率、使用条件等综合确定。齿轮副中的两个齿轮的精度等级一般取相同。常用的齿轮精度等级及其应用见表 11-5。

表 11-5　常用的齿轮精度等级及其应用

精度等级	齿面硬度 HBW	圆周速度 v/（m/s）			应用举例
		直齿圆柱齿轮	斜齿圆柱齿轮	直齿锥齿轮	
6	≤350	≤18	≤36	≤9	高速重载的齿轮，如机床、汽车中的重要齿轮，分度机构的齿轮，高速减速器的齿轮等
	>350	≤15	≤30		
7	≤350	≤12	≤25	≤6	高速中载或中速重载的齿轮，如标准系列减速器的齿轮，机床变速箱中的齿轮等
	>350	≤10	≤20		
8	≤350	≤6	≤12	≤3	一般机械中的齿轮，如机床、汽车和拖拉机中的一般齿轮，起重机械中的齿轮，农业机械中的重要齿轮等
	>350	≤5	≤9		
9	≤350	≤4	≤8	≤2.5	低速重载的齿轮，低精度机械中的齿轮等
	>350	≤3	≤6		

11.6.3 齿轮的结构及润滑

齿轮的结
构及润滑

1. 齿轮的结构

齿轮的结构与齿轮的几何尺寸、毛坯类型、材料、加工方法、经济性、使用要求和工艺性要求等因素有关。进行齿轮的结构设计时，必须综合地考虑上述因素。通常是先按齿轮的直径大小选择合适的结构形式，再参考经验公式进行相关尺寸的计算，并绘制零件图。

齿轮的结构形式主要有齿轮轴、实心式、腹板式、轮辐式和组合式等。

1）齿轮轴。对于直径较小的钢制齿轮，当齿根圆到键槽底部的距离 e 小于一定数值时，圆柱齿轮的 $e \leqslant (2 \sim 2.5)m$，锥齿轮的 $e \leqslant (1.6 \sim 2)m$，将齿轮与轴做成一体，称为齿轮轴，如图 11-17 所示。这种结构形式的齿轮常采用圆钢或锻钢制造。

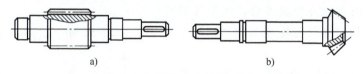

图 11-17 齿轮轴

a）圆柱齿轮轴 b）锥齿轮轴

2）实心式齿轮。当齿轮的齿顶圆直径 $d_a \leqslant 200 \mathrm{mm}$ 时，且 e 超过上述尺寸时，可做成实心式齿轮。实心式齿轮结构简单、制造方便，为了便于装配和减少边缘的应力集中，孔边、齿顶边缘应有倒角，如图 11-18 所示。这种结构形式的齿轮常用锻钢制造。

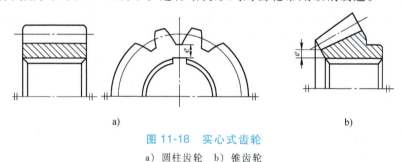

图 11-18 实心式齿轮

a）圆柱齿轮 b）锥齿轮

3）腹板式齿轮。当齿轮的齿顶圆直径满足 $200 \mathrm{mm} < d_a \leqslant 500 \mathrm{mm}$ 时，可做成腹板式齿轮，以节省材料、减轻重量。考虑到制造、搬运等方面的需要，腹板上常对称开出多个孔，如图 11-19 所示。这种结构的齿轮一般多用锻钢制造，其各部分尺寸可由经验公式确定。

4）轮辐式齿轮。当齿轮的齿顶圆直径满足 $d_a > 500 \mathrm{mm}$ 时，为了减轻重量，可将齿轮做成轮辐式齿轮，如图 11-20 所示。这种结构的齿轮通常采用铸铁或铸钢铸造，其各部分尺寸按经验公式确定。

5）组合式齿轮。为了节省贵重钢材，便于制造、安装，直径很大的齿轮（$d_a > 600 \mathrm{mm}$），常采用组装齿圈结构的齿轮。例如，图 11-21a 所示的镶圈式齿轮和图 11-21b 所示的焊接式齿轮。

2. 齿轮传动的润滑

1）润滑的功用。良好的润滑可减小或消除齿面的磨损，提高传动效率，带走摩擦产生

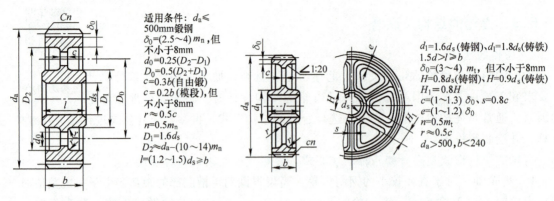

图 11-19　腹板式齿轮

图 11-20　轮辐式齿轮

的热量，避免形成齿面烧伤或胶合，润滑油膜可以起到缓冲的作用，降低齿轮传动振动、冲击和噪声。

2）润滑方式的选择。齿轮润滑方式主要取决于齿轮圆周速度的大小。开式齿轮传动或速度较低的闭式齿轮传动，常采用人工定期添加润滑油或润滑脂进行润滑。闭式齿轮传动当 $v<12\mathrm{m/s}$ 时可用浸油（又称为油浴）润滑（图 11-22a），大齿轮浸油达到一定的深度，齿轮转动时把润滑油带到啮合区。圆柱齿轮的浸油深度约一个齿高，但不应小于 10mm；锥齿轮应浸入全齿宽，至少应

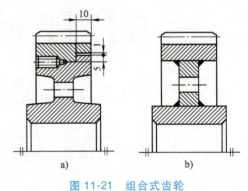

图 11-21　组合式齿轮

a）镶圈式齿轮　b）焊接式齿轮

浸入齿宽的一半。多级齿轮传动中，可以采用带油轮（图 11-22b）。当 $v>12\mathrm{m/s}$ 时可用喷油润滑（图 11-22c），用压力油泵将油喷到啮合部位进行润滑。喷油润滑效果好，但需要一套供油装置，费用较高。

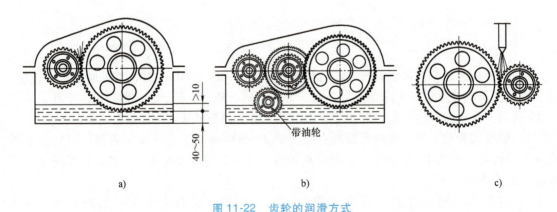

图 11-22　齿轮的润滑方式

a）浸油润滑　b）采用带油轮的浸油润滑　c）喷油润滑

3）齿轮润滑油的选择。齿轮润滑油的黏度通常根据齿轮的承载情况和圆周速度来选取，见表 11-6。按选定的润滑油黏度即可参考附录 D 确定润滑油的牌号。

表 11-6　齿轮润滑油黏度选择　　　　　　（单位：mm^2/s）

齿轮材料	抗拉强度 R_m/MPa	圆周速度 v/(m/s)						
		<0.5	0.5~1	1~2.5	2.5~5	5~12.5	12.5~25	>25
铸铁、青铜	—	320	320	150	100	68	46	—
钢	450~1000	460	320	220	150	100	68	46
	1000~1250	460	460	320	220	150	100	68
	1250~1600	1000	460	460	320	220	150	100
渗碳或表面淬火钢								

11.7　直齿圆柱齿轮的受力分析与强度计算

直齿圆柱
齿轮的受
力分析

11.7.1　直齿圆柱齿轮的受力分析

图 11-23 所示为齿轮啮合传动时主动轮轮齿的受力情况，不考虑摩擦力时，轮齿所受总作用力 F_{n1} 将沿着啮合线方向，F_{n1} 称为法向力。F_{n1} 在节点 C 处可分解为切于分度圆的圆周力 F_{t1} 和沿半径方向并指向轮心的径向力 F_{r1}。

$$\begin{cases} 圆周力 & F_{t1} = \dfrac{2T_1}{d_1} \\[2mm] 径向力 & F_{r1} = F_{t1}\tan\alpha \\[2mm] 法向力 & F_{n1} = \dfrac{F_{t1}}{\cos\alpha} \end{cases} \quad\quad (11-22)$$

式中，d_1 是主动轮分度圆直径，单位为 mm；α 是分度圆压力角，标准齿轮 $\alpha = 20°$。

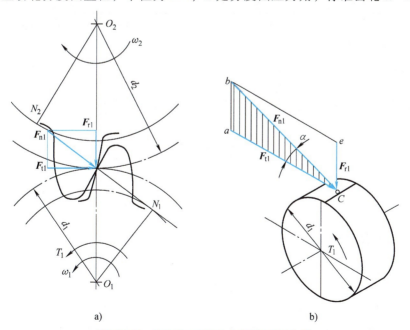

图 11-23　直齿圆柱齿轮传动的受力分析

a）齿轮啮合传动时的受力　b）主动轮受力分析空间图

设计时可根据主动轮传递的功率 P_1（kW）及转速 n_1（r/min），由下式求主动轮力矩 T_1（N·mm），即

$$T_1 = 9.55 \times 10^6 \frac{P_1}{n_1} \tag{11-23}$$

根据作用力与反作用力原理，$F_{t1} = -F_{t2}$，F_{t1} 是主动轮上的工作阻力，故其方向与主动轮的转向相反，F_{t2} 是从动轮上的驱动力，其方向与从动轮的转向相同。同理，$F_{r1} = -F_{r2}$，其方向指向各自的轮心。

11.7.2　轮齿的计算载荷

上述求得的法向力 F_n 为理想状况下的名义载荷。由于受各种因素的影响，齿轮工作时实际承受的载荷通常大于名义载荷，因此，在强度计算中，用载荷系数 K 考虑各种影响载荷的因素，以计算载荷 F_{nc} 代替名义载荷 F_n，其计算公式为

$$F_{nc} = K F_n \tag{11-24}$$

式中，K 是载荷系数，其值可由表 11-7 查得。

表 11-7　载荷系数 K

载荷状态	工作机举例	原 动 机		
		电动机	多缸内燃机	单缸内燃机
平稳轻微冲击	均匀加料的运输机、发电机、透平鼓风机和压缩机、机床辅助传动等	1～1.2	1.2～1.6	1.6～1.8
中等冲击	不均匀加料的运输机、重型卷扬机、球磨机、多缸往复式压缩机等	1.2～1.6	1.6～1.8	1.9～2.1
较大冲击	压力机、剪床、钻机、轧机、挖掘机、重型给水泵、破碎机、单缸往复式压缩机等	1.6～1.8	1.9～2.1	2.2～2.4

注：斜齿、圆周速度低、传动精度高、齿宽系数小时，取小值；直齿、圆周速度高、传动精度低时，取大值；齿轮在轴承间不对称布置时取大值。

11.7.3　齿根弯曲疲劳强度计算

齿根处的弯曲强度最弱。运用材料力学的方法，齿根弯曲疲劳强度的校核公式为

$$\sigma_F = \frac{2KT_1}{bmd_1} Y_{FS} \leqslant [\sigma_F]$$

或

$$\sigma_F = \frac{2KT_1}{\psi_d z_1^2 m^3} Y_{FS} \leqslant [\sigma_F] \tag{11-25}$$

或由上式得计算模数 m 的设计公式

$$m \geqslant \sqrt[3]{\frac{2KT_1}{\psi_d z_1^2} \frac{Y_{FS}}{[\sigma_F]}} \tag{11-26}$$

式中，σ_F 是齿根弯曲应力，单位为 MPa；$\psi_d = b/d_1$ 是齿宽系数（b 为大齿轮宽度），由表 11-8 查取；Y_{FS} 是齿形系数，由图 11-24 查取；$[\sigma_F]$ 是弯曲疲劳许用应力，单位为 MPa，由式（11-29）计算求得。

表 11-8 齿宽系数 ψ_d

齿轮相对轴承位置	齿面硬度	
	≤350HBW	>350HBW
对称布置	0.8~1.4	0.4~0.9
非对称布置	0.6~1.2	0.3~0.6
悬臂布置	0.3~0.4	0.2~0.25

注:直齿轮取较小值,斜齿轮取较大值;载荷稳定、轴刚性大时取较大值。

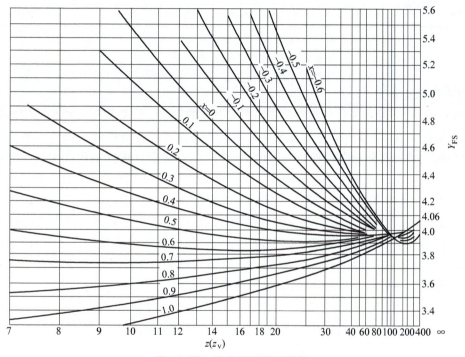

图 11-24 外齿轮齿形系数 Y_{FS}

11.7.4 齿面接触疲劳强度计算

计算齿面接触疲劳强度是为了防止齿间发生疲劳点蚀,运用材料力学的方法,齿面接触疲劳强度的校核公式为

$$\sigma_H = Z_E Z_H \sqrt{\frac{2KT_1(u\pm1)}{bd_1^2 u}} \leqslant [\sigma_H]$$

或

$$\sigma_H = Z_E Z_H \sqrt{\frac{2KT_1(u\pm1)}{d_1^3 \psi_d u}} \leqslant [\sigma_H] \qquad (11-27)$$

将式(11-27)变换可得齿面接触疲劳强度的设计公式

$$d_1 \geqslant \sqrt[3]{\frac{2KT_1}{\psi_d}\left(\frac{Z_E Z_H}{[\sigma_H]}\right)^2 \frac{u\pm1}{u}} \qquad (11-28)$$

式中,外啮合齿轮时为"+"、内啮合齿轮时为"-";σ_H 是齿面接触应力,单位为 MPa;

Z_E 是齿轮材料弹性系数，见表 11-9；Z_H 是节点区域系数，标准直齿轮正确安装时 $Z_H = 2.5$；$[\sigma_H]$ 是两齿轮中较小的接触疲劳许用应力，由式（11-30）计算求得；u 为齿数比，即大齿轮齿数与小齿轮齿数之比。

表 11-9　齿轮材料弹性系数 Z_E　　　　　　　（单位：$\sqrt{N/mm^2}$）

小齿轮材料	大齿轮材料			
	钢	铸　钢	铸　铁	球墨铸铁
钢	189.8	188.9	165.4	181.4
铸钢	188.9	188.0	161.4	180.5

11.7.5　齿轮传动设计参数的确定及许用应力

1. 设计参数的确定

1）齿数 z。大小齿轮齿数的选择应符合传动比 i 的要求。齿数取整可能会影响传动比数值，误差一般控制在 5% 以内。对于软齿面的闭式传动，在满足弯曲疲劳强度的条件下，宜采用较多齿数，可提高传动平稳性，一般取 $z_1 = 20 \sim 40$。对于硬齿面的闭式传动，首先应具有足够大的模数以保证齿根弯曲疲劳强度，为减小传动尺寸，宜取较少齿数，但要避免发生根切，一般取 $z_1 = 17 \sim 20$。高速齿轮或对噪声有严格要求的齿轮传动，建议取 $z_1 \geqslant 25$。

2）模数 m。模数的大小影响轮齿的弯曲疲劳强度，一般在满足轮齿弯曲疲劳强度的前提下，宜取较小模数，以增大齿数，减少切齿量。对于传递动力的齿轮，可按 $m = (0.007 \sim 0.02) a$ 初选，但要保证 $m \geqslant 2mm$。模数过小会给加工检验带来不便。普通减速器、汽车变速器中的齿轮模数一般为 $2 \sim 8mm$。齿轮模数必须取标准值。

3）传动比 i。对于一般齿轮传动，常取 $i < 7$；若 $i \geqslant 7$，应采用多级传动，以减少传动装置的尺寸。对于开式齿轮传动，传动比可以取得更大一些，$i_{max} = 8 \sim 12$。一般情况下，齿轮的实际传动比与名义传动比的相对误差允许值为 $\pm 3\%$。

4）齿宽系数 ψ_d。增大齿宽系数，可提高齿轮承载能力，减小齿轮传动装置的径向尺寸，使结构紧凑，降低齿轮的圆周速度；但齿宽越大，沿齿宽方向载荷分布越不均匀。一般直齿圆柱齿轮的齿宽系数可参考表 11-8 选取。为便于装配和补偿轴向尺寸的变动，圆柱齿轮的小齿轮齿宽 b_1 比大齿轮齿宽 b_2 略大，取 $b_1 = b_2 + (5 \sim 10)$ mm，但在强度计算时，仍按大齿轮的宽度计算。

2. 许用应力

对于一般齿轮传动，其弯曲疲劳许用应力为

$$[\sigma_F] = \frac{\sigma_{Flim}}{S_F} Y_N \qquad (11\text{-}29)$$

接触疲劳许用应力为

$$[\sigma_H] = \frac{\sigma_{Hlim}}{S_H} Z_N \qquad (11\text{-}30)$$

式中，σ_{Flim} 是齿轮单向受载时的弯曲疲劳极限，查图 11-25；σ_{Hlim} 是接触疲劳极限，查图 11-26，由于实验齿轮的材质、热处理等性能的差异，实验值有一定的离散性，故图示数据为中间值，受对称循环变应力的齿轮（如惰轮、行星轮），应将图中查得数值乘以 0.7；S_F、S_H 是疲劳强度的最小安全系数，通常 $S_F = 1$、$S_H = 1$，对于损坏后会引起严重后果的，可取 $S_F = 1.5$、$S_H = 1.25 \sim 1.35$；Y_N、Z_N 是寿命系数，用以考虑当齿轮应力循环次数 $N < N_0$ 时，许用应力的提高系数，其值分别查图 11-27、图 11-28，图中横坐标为应力循环次数 N，按下式计算，即

$$N = 60njL_h \tag{11-31}$$

式中，n 是齿轮转速，单位为 r/min；j 是齿轮每转一周，同一侧齿面啮合的次数；L_h 是齿轮在设计期限内的总工作时数，单位为 h。

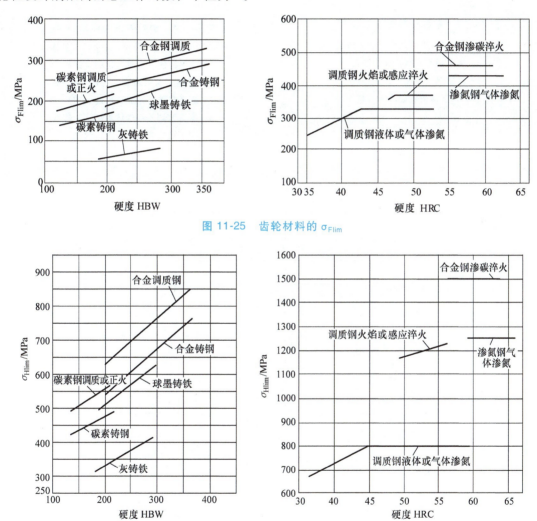

图 11-25　齿轮材料的 σ_{Flim}

图 11-26　齿轮材料的 σ_{Hlim}

11.7.6　设计流程及应用实例

图 11-29 所示为齿轮传动设计流程图。

【例 11-3】　图 11-1b 所示带式输送机减速器采用一对直齿圆柱齿轮传动，已知：$i = 4$，$n_1 = 750$ r/min，传递功率 $P = 5$ kW，工作平稳，单向传动，单班工作制，每班 8h，工作期限 10 年。试设计此对直齿圆柱齿轮。

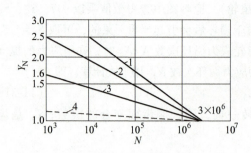

图 11-27　弯曲疲劳寿命系数 Y_N

1—碳素钢经正火、调质，球墨铸铁

2—碳素钢经表面淬火、渗碳

3—渗氮钢气体渗氮，灰铸铁

4—碳素钢调质后液体渗氮

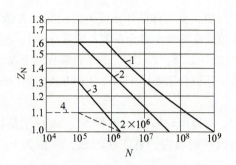

图 11-28　接触疲劳寿命系数 Z_N

1—碳素钢经正火、调质、表面淬火及渗碳，
　球墨铸铁（允许一定的点蚀）

2—碳素钢经正火、调质、表面淬火及渗碳，
　球墨铸铁（不允许出现点蚀）

3—碳素钢调质后气体渗氮，灰铸铁

4—碳素钢调质后液体渗氮

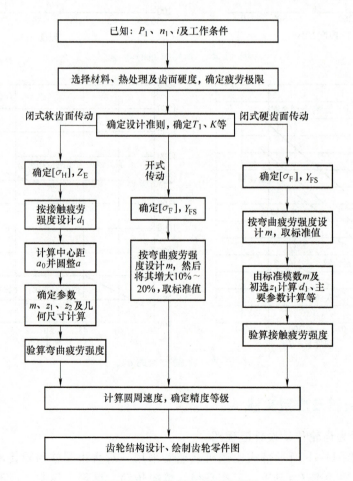

图 11-29　齿轮传动设计流程图

解： 设计过程及结果见表 11-10。

表 11-10 设计过程及结果

设计过程与计算说明	结　果
1. 选择齿轮精度等级 带式输送机是一般工作机械,速度不高,故用 8 级精度	8 级精度
2. 选择材料与热处理 因该齿轮传动无特殊要求,考虑制造方便,采用软齿面,大小齿轮均用 45 钢,查表 11-4,小齿轮调质处理,齿面硬度 217~255HBW;大齿轮正火处理,齿面硬度 169~217HBW	小齿轮 45 钢调质处理、大齿轮 45 钢正火处理
3. 按齿面接触疲劳强度设计(因该传动为闭式软齿面,主要失效形式为疲劳点蚀,故按齿面接触疲劳强度设计,再按齿根弯曲疲劳强度校核) 设计公式为：$d_1 \geqslant \sqrt[3]{\dfrac{2KT_1}{\psi_d}\left(\dfrac{Z_E Z_H}{[\sigma_H]}\right)^2 \dfrac{u\pm 1}{u}}$ 1)载荷系数 K,查表 11-7 取 $K = 1.2$ 2)转矩 $T_1 = 9.55\times 10^6 \times \dfrac{P_1}{n_1} = 9.55\times 10^6 \times \dfrac{5}{750}$N·mm $= 63666.7$N·mm 3)接触疲劳许用应力$[\sigma_H] = \dfrac{\sigma_{Hlim}}{S_H}Z_N$ 按齿面硬度中间值(HBW$_1$取 240,HBW$_2$取 190)查图 11-26 得 $\sigma_{Hlim1} = 600$MPa,$\sigma_{Hlim2} = 550$MPa 按一年工作 300 天计算,应力循环次数为 $$N_1 = 60njL_h = 60\times 750\times 1\times 10\times 300\times 8 = 1.08\times 10^9$$ $$N_2 = \dfrac{N_1}{i} = \dfrac{1.08\times 10^9}{4} = 2.7\times 10^8$$ 查图 11-28 得接触疲劳寿命系数 $Z_{N1} = 1$,$Z_{N2} = 1.08(N_1 > N_0,N_0 = 10^9)$ 按一般可靠性要求,取 $S_H = 1$　则 $$[\sigma_{H1}] = \dfrac{600\text{MPa}\times 1}{1} = 600\text{MPa}$$ $$[\sigma_{H2}] = \dfrac{550\text{MPa}\times 1.08}{1} = 594\text{MPa}$$ 取　$[\sigma_H] = 594$MPa 4)计算小齿轮分度圆直径 d_1。查表 11-8,按齿轮相对轴承对称布置取 $$\psi_d = 1.08,\quad Z_H = 2.5$$ 查表 11-9 得 $Z_E = 189.8\sqrt{\text{N/mm}^2}$ 将以上参数代入下式 $$d_1 \geqslant \sqrt[3]{\dfrac{2KT_1}{\psi_d}\left(\dfrac{Z_E Z_H}{[\sigma_H]}\right)^2 \dfrac{u+1}{u}}$$ $$= \sqrt[3]{\dfrac{2\times 1.2\times 63666.7}{1.08}\times\left(\dfrac{189.8\times 2.5}{594}\right)^2\times\dfrac{4+1}{4}}\text{mm} = 48.3\text{mm}$$ 取 $d_1 = 50$mm 5)计算圆周速度 $$v = \dfrac{n_1\pi d_1}{60\times 1000} = \dfrac{750\times 3.14\times 50}{60\times 1000}\text{m/s} = 1.96\text{m/s}$$ 因 $v < 6$m/s,故取 8 级精度合适	$T_1 = 63666.7$N·mm $[\sigma_H] = 594$MPa $d_1 = 50$mm 8 级精度合适
4. 确定主要参数 1)齿数。取 $z_1 = 20$,则 $z_2 = z_1 i = 20\times 4 = 80$ 2)模数。$m = d_1/z_1 = 50$mm/20 = 2.5mm 符合标准模数系列 3)分度圆直径。$d_1 = z_1 m = 20\times 2.5$mm = 50mm;$d_2 = z_2 m = 80\times 2.5$mm = 200mm 4)中心距。$a = (d_1 + d_2)/2 = (50\text{mm} + 200\text{mm})/2 = 125$mm 5)齿宽。$b = \psi_d d_1 = 1.08\times 50$mm = 54mm 取 $b_2 = 60$mm,$b_1 = b_2 + 5$mm = 65mm	$z_1 = 20$　$z_2 = 80$ $m = 2.5$mm $d_1 = 50$mm $d_2 = 200$mm $a = 125$mm $b_2 = 60$mm $b_1 = 65$mm

（续）

设计过程与计算说明	结　果
5. 校核弯曲疲劳强度 1）齿形系数 Y_{FS}，由图11-24 得 $Y_{FS1} = 4.35$，$Y_{FS2} = 4$ 2）弯曲疲劳许用应力 $[\sigma_F] = \dfrac{\sigma_{Flim}}{S_F} Y_N$ 按齿面硬度中间值，查图11-25 得 $\sigma_{Flim1} = 240MPa$，$\sigma_{Flim2} = 220MPa$ 查图11-27 得弯曲疲劳寿命系数 $Y_{N1} = 1 (N_0 = 3 \times 10^6, N_1 > N_0)$；$Y_{N2} = 1 (N_0 = 3 \times 10^6, N_2 > N_0)$ 按一般可靠性要求，取弯曲疲劳安全系数 $S_F = 1$，则	
$$[\sigma_{F1}] = \frac{\sigma_{Flim1}}{S_F} Y_{N1} = \frac{240MPa}{1} \times 1 = 240MPa$$	$[\sigma_{F1}] = 240MPa$
$$[\sigma_{F2}] = \frac{\sigma_{Flim2}}{S_F} Y_{N2} = \frac{220MPa}{1} \times 1 = 220MPa$$	$[\sigma_{F2}] = 220MPa$
3）校核计算 $$\sigma_{F1} = \frac{2KT_1}{bmd_1} Y_{FS1} = \frac{2 \times 1.2 \times 63666.7}{60 \times 2.5 \times 50} \times 4.35MPa = 88.6MPa < [\sigma_{F1}]$$ $$\sigma_{F2} = \frac{Y_{FS2}}{Y_{FS1}} \sigma_{F1} = \frac{4}{4.35} \times 88.6MPa = 81.47MPa \leqslant [\sigma_{F2}]$$ 经验算，齿根弯曲疲劳强度满足要求	弯曲强度足够
6. 结构设计图（略）	

11.8　斜齿圆柱齿轮传动分析与强度计算

11.8.1　齿廓曲面的形成及啮合特点

1. 斜齿圆柱齿轮齿廓的形成

进行直齿圆柱齿轮形成过程分析时，仅以齿轮端面加以说明，这是因为在同一瞬时，所有与端面平行的平面内的情况完全相同。而齿轮是有宽度的，这时基圆就成了基圆柱，发生线成了发生面，发生线与基圆的切点 N 就成了发生面与基圆柱的切线 NN'，发生线上的 K 点就成了发生面上的直线 KK'，且 $KK' // NN'$，如图11-30所示，直齿圆柱齿轮的齿廓实际上是由与基圆柱相切做纯滚动的发生面 S 上一条与基圆柱轴线平行的任意直线 KK' 展成的渐开线曲面，这就是直齿圆柱齿轮的齿面。

斜齿圆柱齿轮齿面形成的原理和渐开线直齿圆柱齿轮类似，而斜齿圆柱齿轮的齿廓曲面是发生面上一条与基圆柱母线成 β_b 角度的直线 KK' 在空间形成的曲面，如图11-31所示，这样的曲面又称为渐开线螺旋面，渐开线螺旋面在齿顶圆内的部分就是斜齿圆柱齿轮的齿廓曲面。该齿廓曲面在其垂直于轴线的平面（端面）内为渐开线，这些渐开线的初始点均在基圆柱的螺旋线 AA' 上，即在端平面上，斜齿轮与直齿轮一样具有准确的渐开线齿形。该齿廓曲面与任意一个以轮轴为轴线的圆柱面的交线都是螺旋线。各螺旋线上任一点的切线与过该点的圆柱母线的夹角称为该圆柱上的螺旋角。各圆柱上的螺旋角是不相等的，β_b 称为基圆柱上的螺旋角。定义其分度圆柱上的螺旋角为斜齿轮的螺旋角，用 β 表示。

2. 斜齿圆柱齿轮的啮合特点

直齿圆柱齿轮啮合时，齿面的接触线均平行于齿轮轴线。如图 11-30 所示，轮齿是沿整个齿宽同时进入啮合、同时脱离啮合的，载荷沿齿宽突然加上及卸下，容易产生冲击振动和噪声，传动平稳性差，不宜用于高速、重载的传动中。

一对平行轴斜齿圆柱齿轮啮合时，斜齿轮的齿廓是逐渐进入啮合、逐渐脱离啮合的。如图 11-31 所示，斜齿轮齿廓接触线的长度由零逐渐增加，又逐渐缩短，直至脱离接触，当其齿廓前端面脱离啮合时，齿廓的后端面仍在啮合中，载荷在齿宽方向上也不是突然加上或卸下的，其啮合过程比直齿轮长，同时啮合的齿轮对数也比直齿轮多，即其重合度较大。因此，斜齿轮传动工作较平稳、承载能力强、噪声和冲击较小，使用寿命长，不发生根切的最少齿数小于直齿轮，可获得更为紧凑的齿轮机构，适用于高速、大功率的齿轮传动。

但是，斜齿圆柱齿轮不能作为变速滑移齿轮使用；在齿轮传动时产生轴向力，使其轴向支承装置结构复杂，为了克服这一点，可以采用人字齿轮传动。

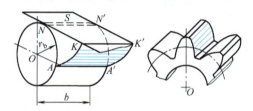

图 11-30　直齿轮齿面形成及接触线

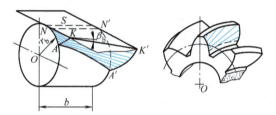

图 11-31　斜齿轮齿面形成及接触线

11.8.2　主要参数、几何尺寸计算及正确啮合条件

斜齿圆柱齿轮齿形有端面和法向之称。法向是指垂直于轮齿螺旋线方向的方向。轮齿的法向齿形与刀具齿形相同，故国际上规定法向参数（m_n，α_n）为标准参数。

端面是指垂直于轴线的平面。端面齿形与直齿轮相同，故将斜齿轮的端面参数代入直齿轮的计算公式，可得斜齿轮的几何尺寸计算公式，见表 11-11。

表 11-11　外啮合标准斜齿圆柱齿轮各部分的几何尺寸计算公式

各部分名称	代　号	计算公式
法向模数	m_n	由强度计算获得
分度圆直径	d	$d_1 = m_t z_1 = \dfrac{m_n z_1}{\cos\beta}$；$d_2 = m_t z_2 = \dfrac{m_n z_2}{\cos\beta}$
齿顶高	h_a	$h_a = h_{an}^* m_n$　（$h_{an}^* = 1$）
齿根高	h_f	$h_f = (h_{an}^* + c_n^*) m_n$　（$c_n^* = 0.25$）
齿高	h	$h = h_a + h_f = 2.25 m_n$
齿顶圆直径	d_a	$d_{a1} = d_1 + 2h_a$；　$d_{a2} = d_2 + 2h_a$
齿根圆直径	d_f	$d_{f1} = d_1 - 2h_f$；　$d_{f2} = d_2 - 2h_f$
中心距	a	$a = \dfrac{d_1 + d_2}{2} = \dfrac{m_t(z_1 + z_2)}{2} = \dfrac{m_n(z_1 + z_2)}{2\cos\beta}$

因为端面参数（m_t，α_t）为非标准值，为了计算斜齿轮的几何尺寸，模数和压力角在端面与法向方向上的换算关系如下

$$m_t = \frac{m_n}{\cos\beta} \tag{11-32}$$

$$\tan\alpha_t = \frac{\tan\alpha_n}{\cos\beta} \tag{11-33}$$

分度圆柱上的螺旋角 β（简称为螺旋角）表示轮齿的倾斜程度。β 越大则轮齿越倾斜，传动的平稳性越好，但轴向力越大。通常在设计时取 $\beta = 8° \sim 20°$。

斜齿轮按轮齿的螺旋线方向可分为左旋和右旋两种。图 11-32a 所示为左旋齿轮，图 11-32b 所示为右旋齿轮。

一对斜齿圆柱齿轮外啮合的正确啮合条件为

$$\begin{cases} m_{n1} = m_{n2} = m_n \\ \alpha_{n1} = \alpha_{n2} = \alpha_n \\ \beta_1 = -\beta_2 \end{cases} \tag{11-34}$$

即两轮的法向模数相等、法向压力角相等，螺旋角大小相等而螺旋线方向相反。

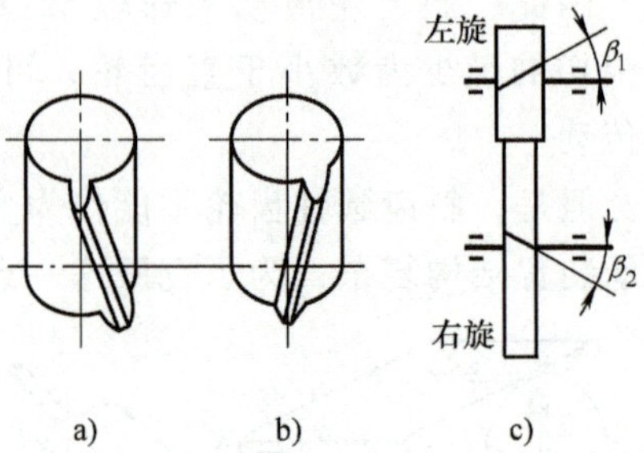

图 11-32 斜齿圆柱齿轮的旋向

为了加工时选择盘形铣刀及进行强度计算，必须知道与斜齿圆柱齿轮法向齿形相当的直齿圆柱齿轮，其齿数称为当量齿数，用 z_v 表示，其值为

$$z_v = \frac{z}{\cos^3\beta} \tag{11-35}$$

用仿形法加工时，应按当量齿数选择铣刀号码；强度计算时，可按一对当量直齿轮传动近似计算一对斜齿轮传动；当量齿轮不发生根切的最少齿数 $z_{vmin} = 17$，则正常齿标准斜齿轮不发生根切的最少齿数为

$$z_{min} = z_{vmin}\cos^3\beta = 17\cos^3\beta \tag{11-36}$$

由此可见，一对斜齿轮传动中的小齿轮可取较直齿轮时更少的齿数而不发生根切，因而结构较为紧凑。

【例 11-4】 某机床设备需配一对斜齿圆柱齿轮传动。已知：传动比 $i = 3.5$，法向模数 $m_n = 2$mm，中心距 $a = 92$mm。试计算该对齿轮的几何尺寸。

解：1）先选定小齿轮的齿数 $z_1 = 20$，则大齿轮齿数 $z_2 = iz_1 = 3.5 \times 20 = 70$。

2）已知齿数、法向模数及中心距，可由下式计算斜齿轮的分度圆螺旋角。

$$a = \frac{m_n(z_1 + z_2)}{2\cos\beta}$$

$$\cos\beta = \frac{m_n(z_1 + z_2)}{2a} = \frac{2 \times (20 + 70)}{2 \times 92} = 0.978260$$

$$\beta = 11°58'7''$$

3）按表 11-11 中公式计算其他几何尺寸。

分度圆直径　$d_1 = \frac{m_n z_1}{\cos\beta} = \frac{2 \times 20\text{mm}}{\cos 11°58'7''} = 40.89\text{mm}$

$$d_2 = \frac{m_n z_2}{\cos\beta} = \frac{2 \times 70\,\text{mm}}{\cos 11°58'7''} = 143.11\,\text{mm}$$

齿顶圆直径　　$d_{a1} = d_1 + 2m_n = 40.89\,\text{mm} + 2 \times 2\,\text{mm} = 44.89\,\text{mm}$

　　　　　　　$d_{a2} = d_2 + 2m_n = 143.11\,\text{mm} + 2 \times 2\,\text{mm} = 147.11\,\text{mm}$

齿根圆直径　　$d_{f1} = d_1 - 2.5m_n = 40.89\,\text{mm} - 2.5 \times 2\,\text{mm} = 35.89\,\text{mm}$

　　　　　　　$d_{f2} = d_2 - 2.5m_n = 143.11\,\text{mm} - 2.5 \times 2\,\text{mm} = 138.11\,\text{mm}$

11.8.3　标准斜齿圆柱齿轮传动的强度计算

1. 斜齿圆柱齿轮的受力分析

斜齿圆柱齿轮受力情况如图 11-33a 所示，当主动轮上作用转矩 T_1 时，如果不考虑轮齿啮合过程中接触面产生的摩擦力，由于轮齿倾斜，轮齿所受的法向力 $\boldsymbol{F}_{n1}$ 作用于垂直于轮齿齿向的法向平面内，法向平面与端面的夹角为 β，$\boldsymbol{F}_{n1}$ 与水平面的夹角为 $\alpha_n = 20°$，其中 α_t 为端面压力角，β_b 为法向平面内的螺旋角。对主动轮进行受力分析，在分度圆的齿宽中点 P 处，法向力 $\boldsymbol{F}_{n1}$ 作用在法向平面 $Pabc$ 上，可分解成三个互相垂直的分力：圆周力 $\boldsymbol{F}_{t1}$、径向力 $\boldsymbol{F}_{r1}$ 和轴向力 $\boldsymbol{F}_{a1}$。

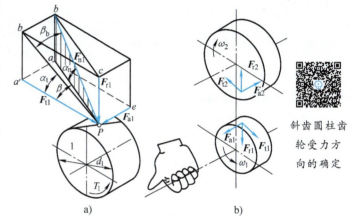

斜齿圆柱齿轮受力方向的确定

图 11-33　渐开线斜齿圆柱齿轮的受力分析

1）力的大小。力的公式为

$$\begin{cases} F_{t1} = \dfrac{2T_1}{d_1} \\[2ex] F_{r1} = \dfrac{F_{t1}\tan\alpha_n}{\cos\beta} \\[2ex] F_{a1} = F_{t1}\tan\beta \\[2ex] F_{n1} = \dfrac{F_{t1}}{\cos\beta\cos\alpha_n} \end{cases} \qquad (11\text{-}37)$$

式中，α_n 是法向压力角，$\alpha_n = 20°$；β 是分度圆螺旋角，单位为（°）；T_1 是主动轮传递的转矩，单位为 N·mm；d_1 是主动轮的分度圆的直径，单位为 mm。

螺旋角 β 引起轴向力 $F_{a1} = F_{t1}\tan\beta$，β 越大，则 F_{a1} 越大，对传动不利；β 太小，斜齿轮的优点不明显。所以 β 既不能太大，也不能太小，一般取 $\beta = 8° \sim 20°$。

2）力的方向。圆周力的方向，在主动轮上与转动方向相反，在从动轮上与转向相同。径向力的方向均指向各自的轮心。轴向力的方向取决于齿轮的回转方向和轮齿的螺旋方向，可按"主动轮左、右手螺旋定则"来判断。具体判断方法如图 11-33b 所示，主动轮为右旋时，右手按转动方向握轴，以四指弯曲方向表示主动轴的回转方向，大拇指伸直，与四指垂直，拇指指向即为主动轮上轴向力的方向；主动轮为左旋时，则应以左手用同样的方法来判断。主动轮上轴向力的方向确定后，从动轮上的轴向力则与主动轮上的轴向力大小相等、方向相反。即 $F_{r1} = -F_{r2}$，$F_{t1} = -F_{t2}$，$F_{a1} = -F_{a2}$。

2. 斜齿圆柱齿轮的强度计算

斜齿轮的强度计算与直齿轮相似，但斜齿轮齿面上的接触线是倾斜的，故轮齿往往是局部折断，其计算按法平面当量直齿轮进行，以法向参数为依据。具体如下：

校核公式

$$\sigma_F = \frac{1.6KT_1\cos\beta}{bm_n^2 z_1}Y_{FS} \leq [\sigma_F] \tag{11-38}$$

设计公式

$$m_n \geq \sqrt[3]{\frac{1.6KT_1\cos^2\beta}{\psi_d z_1^2}\frac{Y_{FS}}{[\sigma_F]}} \tag{11-39}$$

式中，Y_{FS} 是齿形系数，应根据当量齿数 z_v 查图 11-24；其他符号代表的意义、单位及确定方法均与直齿圆柱齿轮相同。

3. 齿面接触疲劳强度计算

斜齿圆柱齿轮传动的齿面接触疲劳强度，也按齿轮上的法平面当量直齿圆柱齿轮计算。一对钢制斜齿圆柱齿轮传动的计算公式如下

校核公式

$$\sigma_H = Z_E Z_H Z_\beta \sqrt{\frac{2KT_1(u\pm1)}{bd_1^2 u}} \approx 650\sqrt{\frac{KT_1(u\pm1)}{bd_1^2 u}} \leq [\sigma_H] \tag{11-40}$$

设计公式

$$d_1 \geq \sqrt[3]{\left(\frac{650}{[\sigma_H]}\right)^2 \frac{KT_1}{\psi_d}\frac{u\pm1}{u}} \tag{11-41}$$

式中，Z_β 是螺旋角系数，考虑螺旋角造成接触线倾斜而对接触疲劳强度产生的影响，$Z_\beta = \sqrt{\cos\beta}$；其余各符号的意义、单位及确定方法均与直齿圆柱齿轮相同。

【例 11-5】 某输送机减速器中采用一对标准斜齿圆柱齿轮传动，已知：主动轴由电动机直接驱动，功率 $P = 10kW$，转速 $n_1 = 970r/min$，传动比 $i = 4.6$，工作载荷有中等冲击。单向传动，单班制工作 10 年，每年按 300 天计算，试设计此对斜齿轮。

解：设计过程及结果见表 11-12。

表 11-12 设计过程及结果

设计过程与计算说明	结果
1. 选择精度等级 本减速器速度不高,故齿轮用 8 级精度	8 级精度
2. 选择材料与热处理 因没有特殊限制,故采用软齿面齿轮,大、小齿轮均用 45 钢,小齿轮调质处理,齿面硬度 217~255HBW,大齿轮正火处理,齿面硬度 169~217HBW	小齿轮 45 钢调质 大齿轮 45 钢正火

（续）

设计过程与计算说明	结果
3. 按齿面接触疲劳强度设计 $$d_1 \geqslant \sqrt[3]{\left(\frac{650}{[\sigma_H]}\right)^2 \frac{KT_1}{\psi_d}\frac{u\pm1}{u}}$$ 1）载荷系数 K。查表 11-7 取 $K=1.3$	$K=1.3$
2）转矩。$T_1=9.55\times10^6\times\frac{P_1}{n_1}=9.55\times10^6\times\frac{10}{970}\text{N}\cdot\text{mm}=98453.6\text{N}\cdot\text{mm}$	$T_1=98453.6\text{N}\cdot\text{mm}$
3）接触疲劳许用应力。$[\sigma_H]=\dfrac{\sigma_{Hlim}}{S_H}Z_N$ 按齿面硬度中间值（HBW_1 取 240、HBW_2 取 190）查图 11-26 得 $\sigma_{Hlim1}=600\text{MPa}$，$\sigma_{Hlim2}=550\text{MPa}$ 应力循环次数 $N_1=60njL_h=60\times970\times1\times10\times300\times8=1.39\times10^9$；$N_2=\dfrac{N_1}{i}=\dfrac{1.39\times10^9}{4.6}=3.036\times10^8$ 查图 11-28，得接触疲劳寿命系数 $Z_{N1}=1$，$Z_{N2}=1.08$（$N_0=10^9$，$N_1>N_0$） 按一般可靠性要求，取 $S_H=1$，则 $[\sigma_{H1}]=\dfrac{600\text{MPa}\times1}{1}=600\text{MPa}$；$[\sigma_{H2}]=\dfrac{550\text{MPa}\times1.08}{1}=594\text{MPa}$ 查表 11-8，取 $\psi_d=1.1$ 4）计算小齿轮分度圆直径 $d_1 \geqslant \sqrt[3]{\left(\dfrac{650}{[\sigma_H]}\right)^2\dfrac{KT_1}{\psi_d}\dfrac{u+1}{u}}$ $=\sqrt[3]{\left(\dfrac{650}{594}\right)^2\times\dfrac{1.3\times98453.6}{1.1}\times\dfrac{4.6+1}{4.6}}\text{mm}=55.35\text{mm}$ 取 $d_1=60\text{mm}$	$[\sigma_{H1}]=600\text{MPa}$ $[\sigma_{H2}]=594\text{MPa}$ $d_1=60\text{mm}$
4. 确定主要参数 1）齿数。取 $z_1=20$，则 $z_2=z_1 i=20\times4.6=92$ 2）初选螺旋角。$\beta_0=15°$ 3）确定模数。$m_n=d_1\cos\beta_0/z_1=60\text{mm}\times\cos15°/20=2.9\text{mm}$ 查表 11-1，取标准值 $m_n=3\text{mm}$ 4）计算中心距 a。$d_2=d_1 i=60\text{mm}\times4.6=276\text{mm}$ 初定中心距 $a_0=(d_1+d_2)/2=(60\text{mm}+276\text{mm})/2=168\text{mm}$ 圆整取 $a=170\text{mm}$ 5）计算螺旋角 β。$\cos\beta=m_n(z_1+z_2)/2a=3\times(20+92)/(2\times170)=0.9882$ 则 $\beta=8°47'53''$，β 在 $8°\sim20°$ 的范围内，故合适 6）计算主要尺寸 分度圆直径 $d_1=m_n z_1/\cos\beta=3\text{mm}\times20/0.9882=60.72\text{mm}$；$d_2=m_n z_2/\cos\beta=3\text{mm}\times92/0.9882=279.3\text{mm}$ 齿宽 $b=\psi_d d_1=1.1\times60.72\text{mm}=66.79\text{mm}$ 取 $b_2=70\text{mm}$；$b_1=b_2+5\text{mm}=75\text{mm}$	$z_1=20$ $z_2=92$ $m_n=3\text{mm}$ $a=170\text{mm}$ $\beta=8°47'51''$ $d_1=60.72\text{mm}$ $d_2=279.3\text{mm}$ $b_2=70\text{mm}$ $b_1=75\text{mm}$
5. 验算圆周速度 v_1 $v_1=\pi n_1 d_1/(60\times1000)=3.14\times970\times60.72/(60\times1000)=3.08\text{m/s}$，$v<12\text{m/s}$，查表 11-5，故取 8 级精度合适	8 级齿轮精度合适

（续）

设计过程与计算说明	结果
6. 校核弯曲疲劳强度 $$\sigma_F = \frac{1.6KT_1\cos\beta}{bm_n^2 z_1}Y_{FS}$$ 1）齿形系数 Y_{FS}。$z_{v1} = z_1/\cos^3\beta = 20/0.9882^3 = 20.7$；$z_{v2} = z_2/\cos^3\beta = 92/0.9882^3 = 95.3$ 查图 11-24，得 $Y_{FS1} = 4.33$，$Y_{FS2} = 3.94$ 2）弯曲疲劳许用应力。按齿面硬度中间值由图 11-25 得 $\sigma_{Flim1} = 240MPa$，$\sigma_{Flim2} = 220MPa$ 查图 11-27，得 $Y_{N1} = 1$，$Y_{N2} = 1$；取 $S_F = 1$，则 $[\sigma_{F1}] = 240MPa$，$[\sigma_{F2}] = 220MPa$ $$\sigma_{F1} = \frac{1.6KT_1\cos\beta}{bm_n^2 z_1}Y_{FS1} = \frac{1.6\times1.3\times98453.6\times0.9882}{70\times3^2\times20}MPa\times4.33$$ $$= 69.54MPa \leq [\sigma_{F1}]$$ $$\sigma_{F2} = \sigma_{F1}\frac{Y_{FS2}}{Y_{FS1}} = 63.28MPa \leq [\sigma_{F2}]$$ 故强度合格	$[\sigma_{F1}] = 240MPa$ $[\sigma_{F2}] = 220MPa$ 强度足够
7. 结构设计图（略）	

11.9 直齿锥齿轮传动分析与强度计算

11.9.1 锥齿轮传动的特点及应用

锥齿轮机构用于相交轴之间的传动，两轴的夹角 $\Sigma(=\delta_1+\delta_2)$ 由传动要求确定，可为任意值，$\Sigma=90°$ 的锥齿轮传动应用最广泛，如图 11-34 所示。

由于锥齿轮的轮齿分布在圆锥面上，所以齿形从大端到小端逐渐缩小。一对锥齿轮传动时，两个节圆锥做纯滚动，与圆柱齿轮相似，锥齿轮也有基圆锥、分度圆锥、齿顶圆锥、齿根圆锥。正确安装的标准锥齿轮传动，其节圆锥与分度圆锥重合。

锥齿轮的轮齿有直齿、斜齿和曲齿等类型，直齿锥齿轮因加工相对简单，应用较多，适用于低速、轻载的场合；曲齿锥齿轮设计制造较复杂，但因传动平稳，承载能力强，常用于高速、重载的场合；斜齿锥齿轮目前已很少使用。本节只讨论直齿锥齿轮传动。

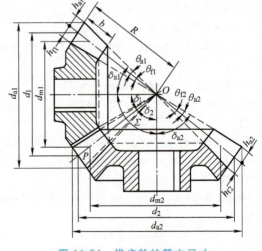

图 11-34 锥齿轮的基本尺寸

11.9.2 传动比、几何尺寸计算及正确啮合条件

设 δ_1、δ_2 为两轮的分度圆锥锥顶半角（分锥角），$\delta_1+\delta_2=90°$，大端分度圆锥直径分别

为 d_1、d_2，齿数分别为 z_1、z_2。两齿轮的传动比为

$$i = \frac{\omega_1}{\omega_2} = \frac{n_1}{n_2} = \frac{z_2}{z_1} = \frac{d_2}{d_1} = \cot\delta_1 = \tan\delta_2 \tag{11-42}$$

如图 11-34 所示，直齿锥齿轮的参数和几何尺寸均以大端为标准，大端应取标准模数和标准压力角，即 $\alpha = 20°$。对标准齿形取齿顶高系数 $h_a^* = 1$、顶隙系数 $c^* = 0.2$。渐开线直齿锥齿轮的几何尺寸按表 11-13 计算。

表 11-13　渐开线直齿锥齿轮的几何尺寸计算公式

名称	代号	计算公式	
		小齿轮	大齿轮
锥距	R	$R = \dfrac{d_1}{2\sin\delta_1} = \dfrac{d_2}{2\sin\delta_2} = \dfrac{m}{2}\sqrt{z_1^2 + z_2^2}$	
齿顶角	θ_a	$\tan\theta_a = h_a/R$	
齿根角	θ_f	$\tan\theta_f = h_f/R$	
顶锥角	δ_a	$\delta_{a1} = \delta_1 + \theta_a$	$\delta_{a2} = \delta_2 + \theta_a$
根锥角	δ_f	$\delta_{f1} = \delta_1 - \theta_f$	$\delta_{f2} = \delta_2 - \theta_f$
齿顶圆直径	d_a	$d_{a1} = d_1 + 2h_a\cos\delta_1$	$d_{a2} = d_2 + 2h_a\cos\delta_2$
齿根圆直径	d_f	$d_{f1} = d_1 - 2h_f\cos\delta_1$	$d_{f2} = d_2 - 2h_f\cos\delta_2$
齿宽	b	$b = \psi_R R$，一般 $\psi_R = 0.2 \sim 0.3$，常用 $\psi_R = 0.3$	
齿数	z	z_1	$z_2 = iz_1$
分锥角	δ	$\cot\delta_1 = i$	$\tan\delta_2 = i$
分度圆直径	d	$d_1 = mz_1$	$d_2 = mz_2$
模数	m	由强度计算确定，按表 11-1 取值	
齿顶高	h_a	$h_a = h_a^* m = m \qquad (h_a^* = 1)$	
齿根高	h_f	$h_f = (h_a^* + c^*)m = 1.2m \qquad (c^* = 0.2)$	
齿高	h	$h = h_a + h_f = 2.2m$	

直齿锥齿轮的正确啮合条件为两齿轮的大端模数和压力角分别相等，且两轮的锥顶必须重合，即

$$\begin{cases} m_1 = m_2 = m \\ \alpha_1 = \alpha_2 = \alpha \\ R_1 = R_2 = R \end{cases} \tag{11-43}$$

11.9.3　背锥与当量齿数

直齿锥齿轮齿廓曲线是一条空间球面渐开线，但因球面渐开线无法在平面上展开，给锥齿轮设计和制造造成很大的困难，故常用背锥上的齿廓曲线来代替球面渐开线，采用近似的方法来进行设计和制造。

如图 11-35 所示，一具有球面渐开线齿廓的直齿锥齿轮，过分度圆锥上的点 A 作球面的切线 AO_1，与分度圆锥的轴线交于 O_1 点。以 OO_1 为轴，O_1A 为母线作一圆锥体，此圆锥面称为背锥。

如图 11-36 所示，将两锥齿轮的背锥展开，得到两个扇形平面齿轮。两扇形齿轮的齿数为锥齿轮的实际齿数 z_1 和 z_2。将背锥展开的扇形齿轮补足成完整的直齿圆柱齿轮，则齿数由 z_1 和 z_2 增加为 z_{v1} 和 z_{v2}。把这两个虚拟的直齿圆柱齿轮称为这对锥齿轮的当量齿轮，当量齿轮的参数与锥齿轮大端参数完全相同，其齿数 z_{v1} 和 z_{v2} 称为锥齿轮的当量齿数。

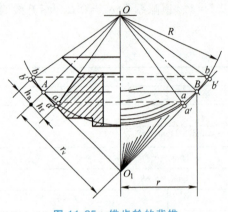

图 11-35　锥齿轮的背锥

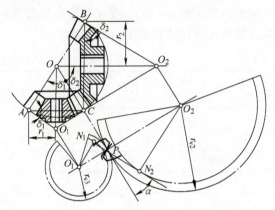

图 11-36　锥齿轮的当量齿轮

$$\begin{cases} z_{v1} = \dfrac{z_1}{\cos\delta_1} \\[3mm] z_{v2} = \dfrac{z_2}{\cos\delta_2} \end{cases} \tag{11-44}$$

选择齿轮铣刀的刀号、轮齿弯曲强度计算及确定不产生根切的最少齿数时，都是以 z_v 为依据的。当 $h_a^* = 1$、$\alpha = 20°$ 时，直齿锥齿轮不发生根切的最少齿数为

$$z_{min} = z_{vmin}\cos\delta = 17\cos\delta \tag{11-45}$$

11.9.4　锥齿轮的强度计算

1. 锥齿轮的受力分析

一对直齿锥齿轮啮合传动时，如果不考虑摩擦力的影响，轮齿间的作用力可以近似简化为作用于齿宽中点节线的集中载荷 F_{n1}，其方向垂直于工作齿面。图 11-37 所示为主动锥齿轮的受力情况，轮齿间的法向作用力 F_{n1} 可分解为三个互相垂直的分力：圆周力 F_{t1}、径向力 F_{r1} 和轴向力 F_{a1}。各力的大小可由下式计算，即

$$\begin{cases} F_{t1} = \dfrac{2T_1}{d_{m1}} \\[3mm] F_{r1} = F'_1\cos\delta_1 = F_{t1}\tan\alpha\cos\delta_1 \\[3mm] F_{a1} = F'_1\sin\delta_1 = F_{t1}\tan\alpha\sin\delta_1 \\[3mm] F_{n1} = \dfrac{F_{t1}}{\cos\alpha} \end{cases} \tag{11-46}$$

式中，d_{m1} 是小齿轮齿宽中点分度圆直径。其他参数符号同直齿圆柱齿轮。

$$d_{m1} = (1 - 0.5\psi_R)d_1 \tag{11-47}$$

式中，ψ_R 是齿宽系数，$\psi_R = b/R$。通常取 $\psi_R = 0.25 \sim 0.35$。

圆周力和径向力方向的确定方法与直齿圆柱齿轮相同，两齿轮的轴向力方向都是沿各自的轴线指向大端。两轮的受力可根据作用与反作用原理确定：$F_{t1} = -F_{t2}$，$F_{r1} = -F_{a2}$，$F_{a1} = -F_{r2}$。

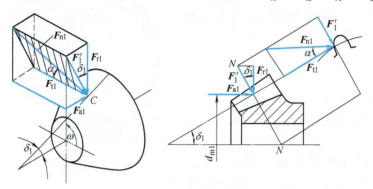

图 11-37　主动锥齿轮的受力情况

2. 锥齿轮的强度计算

直齿锥齿轮的失效形式及强度计算的依据与直齿圆柱齿轮基本相同，可近似按齿宽中点的一对当量直齿圆柱齿轮来考虑。

1）**齿面接触疲劳强度计算**。将当量齿轮有关参数代入直齿圆柱齿轮齿面接触疲劳强度计算公式，得锥齿轮齿面接触疲劳强度的计算公式，分别为

校核公式
$$\sigma_H = Z_E Z_H \sqrt{\frac{4.7KT_1}{\psi_R (1-0.5\psi_R)^2 d_1^3 u}} \leqslant [\sigma_H] \tag{11-48}$$

设计公式
$$d_1 \geqslant \sqrt[3]{\frac{4.7KT_1}{\psi_R (1-0.5\psi_R)^2 u} \left(\frac{Z_E Z_H}{[\sigma_H]}\right)^2} \tag{11-49}$$

式中，Z_E 是齿轮材料弹性系数；Z_H 是节点区域系数，标准齿轮正确安装时 $Z_H = 2.5$；$[\sigma_H]$ 是接触疲劳许用应力，确定方法与直齿圆柱齿轮相同。

2）**齿根弯曲疲劳强度计算**。将当量齿轮有关参数代入直齿圆柱齿轮齿根弯曲疲劳强度计算公式，得锥齿轮齿根弯曲疲劳强度的计算公式，分别为

校核公式
$$\sigma_F = \frac{4.7KT_1}{\psi_R (1-0.5\psi_R)^2 z_1^2 m^3 \sqrt{u^2+1}} Y_{FS} \leqslant [\sigma_F] \tag{11-50}$$

设计公式
$$m \geqslant \sqrt[3]{\frac{4.7KT_1}{\psi_R (1-0.5\psi_R)^2 z_1^2 [\sigma_F] \sqrt{u^2+1}} Y_{FS}} \tag{11-51}$$

式中，Y_{FS} 是齿形系数，应根据当量齿数 z_v（$z_v = z/\cos\delta$）由图 11-24 查得；$[\sigma_F]$ 是弯曲疲劳许用应力，确定方法与直齿圆柱齿轮相同。

锥齿轮的制造工艺复杂，因此在设计时应尽量减小其尺寸。如在传动中同时有锥齿轮传动和圆柱齿轮传动时，应尽可能将锥齿轮传动放在高速级，这样可使设计的锥齿轮的尺寸较小，便于加工。为了使大锥齿轮的尺寸不致过大，通常齿数比取 $u<5$。

11.10　蜗杆传动分析与强度计算

蜗杆传动主要由蜗杆和蜗轮组成，如图 11-38 所示。蜗杆传动是一种空间齿轮传动，能

实现交错角为 90° 的两轴间的动力和运动传递，具有传动比大、传动平稳、结构紧凑等特点。它广泛应用于机床、汽车、仪器、起重运输机械、冶金机械以及其他机械制造工业中。

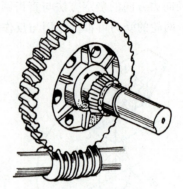

蜗杆传动的应用、类型及特点

图 11-38　蜗杆传动

11.10.1　蜗杆传动的类型及特点

1. 蜗杆传动的类型

1）按蜗杆的形状不同，蜗杆传动可分为圆柱蜗杆传动（图 11-39a）、环面蜗杆传动（图 11-39b）、锥面蜗杆传动（图 11-39c）三种类型。圆柱蜗杆传动又分为普通圆柱蜗杆传动和圆弧圆柱蜗杆传动两种类型。机械中常用的为普通圆柱蜗杆传动。普通圆柱蜗杆传动的蜗杆又可按刀具加工位置不同，有阿基米德蜗杆、渐开线蜗杆等，其中阿基米德蜗杆加工方便，应用最为广泛。

2）按蜗杆螺旋线方向不同，蜗杆传动可分为左旋和右旋蜗杆传动。蜗杆旋向的判定方法和螺纹旋向判定方法相同，常用右旋蜗杆。

3）按蜗杆传动的工作条件不同，蜗杆传动可分为闭式蜗杆传动和开式蜗杆传动。

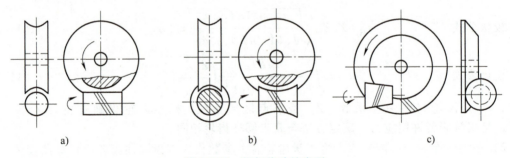

图 11-39　蜗杆传动的类型

a）圆柱蜗杆传动　b）环面蜗杆传动　c）锥面蜗杆传动

2. 蜗杆传动的特点

1）**传动平稳、噪声小**。因蜗杆上的齿是一条连续的螺旋形齿，在与蜗轮啮合时，是逐渐进入和退出啮合的，传动连续，因此蜗杆传动比齿轮传动平稳、噪声小。

2）**传动比大，结构紧凑**。单级蜗杆传动在传递动力时，传动比 $i = 5 \sim 80$，一般为 $15 \sim 50$。分度传动时 i 可达 1000，与齿轮传动相比则结构紧凑。

3）**具有自锁性**。当蜗杆的导程角小于轮齿间的当量摩擦角时，可实现自锁，即蜗杆能带动蜗轮旋转，而蜗轮不能带动蜗杆。

4）**传动效率低**。蜗杆传动由于齿面间相对滑动速度大，齿面摩擦严重，故在制造精度和传动比相同的条件下，蜗杆传动的效率比齿轮传动低，一般只有 0.7~0.8。具有自锁功能的蜗杆机构，效率则一般不大于 0.5。

5）**制造成本高**。为了降低摩擦，减小磨损，提高齿面抗胶合能力，蜗轮齿圈常用贵重的铜合金制造，成本较高。

11.10.2 主要参数及几何尺寸计算

1. 主要参数

图 11-40 所示的圆柱蜗杆传动中，通过蜗杆轴线并垂直于蜗轮轴线的平面称为中平面，又称为主平面。在中平面内蜗杆蜗轮的啮合传动相当于渐开线齿轮与齿条的啮合传动。为了加工制造方便，蜗杆传动规定中平面的几何参数为标准值，即蜗杆的轴向参数、蜗轮的端面参数为标准值。

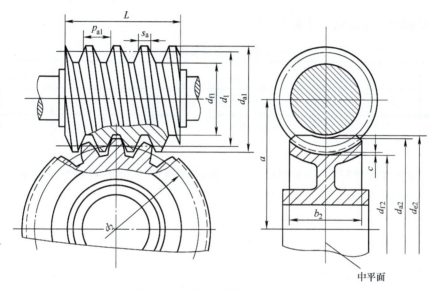

图 11-40 蜗杆传动的几何尺寸

1) 蜗杆头数 z_1、蜗轮齿数 z_2。蜗杆头数 z_1，即为蜗杆螺旋线的数目。蜗杆的头数一般取 z_1 为 1、2、4、6。当传动比大于 40 或要求自锁时取 $z_1 = 1$；多头蜗杆可提高传动效率，但蜗杆头数过多，会造成加工困难。

蜗轮的齿数一般取 $z_2 = 27 \sim 80$。z_2 过少将产生根切；z_2 过大，蜗轮直径增大，与之相应的蜗杆长度增加，刚度降低。

2) 传动比 i。蜗杆传动的传动比 i 等于蜗杆与蜗轮转速之比。当蜗杆回转一周时，蜗轮被蜗杆推动转过 z_1 个齿，因此传动比为

$$i = \frac{n_1}{n_2} = \frac{z_2}{z_1} \tag{11-52}$$

式中，n_1、n_2 分别是蜗杆和蜗轮的转速，单位为 r/min。

在蜗杆传动设计中，传动比的公称值按下列数值选取：5、7.5、10、12.5、15、20、25、30、40、50、60、70、80。其中 10、20、40、80 为基本传动比，应优先选用。z_1、z_2 可根据传动比 i 按表 11-14 选取。

表 11-14 z_1 和 z_2 的推荐值

i	5~6	7~8	9~13	14~24	25~27	28~40	>40
z_1	6	4	3~4	2~3	2~3	1~2	1
z_2	29~36	28~32	27~52	28~72	50~81	28~80	>40

3）模数 m 和压力角 α。为保证轮齿的正确啮合，蜗杆的轴向模数 m_{a1} 应等于蜗轮的端面模数 m_{t2}；蜗杆的轴向压力角 α_{a1} 应等于蜗轮的端面压力角 α_{t2}；蜗杆分度圆导程角 γ 应等于蜗轮分度圆螺旋角 β，且两者螺旋方向相同。即蜗杆传动的正确啮合条件为

$$\begin{cases} m_{a1} = m_{t2} = m \\ \alpha_{a1} = \alpha_{t2} = \alpha \\ \gamma = \beta \end{cases} \tag{11-53}$$

蜗杆蜗轮模数已标准化，见表 11-15。

表 11-15　蜗杆蜗轮的模数

第一系列	1	1.25	1.6	2	2.5	3.15	4	5	6.3
	8	10	12.5	16	20	25	31.5	40	—
第二系列	1.5	3	3.5	4.5	5.5	6	7	12	14

注：优先选择第一系列。

4）蜗杆的分度圆直径 d_1 和导程角 γ。如图 11-41 所示，将蜗杆分度圆柱展开，其螺旋线与端平面的夹角 γ 称为蜗杆的导程角。可得

$$\tan\gamma = \frac{z_1 p_{a1}}{\pi d_1} = \frac{z_1 m}{d_1} \tag{11-54}$$

式中，p_{a1} 是蜗杆轴向齿距，单位为 mm；d_1 是蜗杆分度圆直径，单位为 mm。

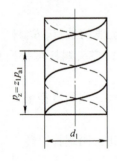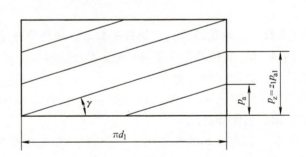

图 11-41　蜗杆分度圆柱展开图

由式（11-54）得

$$d_1 = m \frac{z_1}{\tan\gamma} = mq \tag{11-55}$$

式中，$q = \dfrac{z_1}{\tan\gamma}$ 称为蜗杆的直径系数，当 m 一定时，q 值增大，则蜗杆直径 d_1 增大，蜗杆的刚度提高。小模数蜗杆一般有较大的 q 值，以使蜗杆有足够的刚度。

蜗杆与蜗轮正确啮合，加工蜗轮的滚刀直径和齿形参数必须与相应的蜗杆相同，为限制蜗轮滚刀的数量，d_1 也标准化。蜗杆基本参数见表 11-16。

表 11-16　蜗杆基本参数（$\Sigma = 90°$）

模数 m/mm	分度圆直径 d_1/mm	蜗杆头数 z_1	m^2d_1 $/\text{mm}^3$	模数 m/mm	分度圆直径 d_1/mm	蜗杆头数 z_1	m^2d_1 $/\text{mm}^3$
1	18	1	18	6.3	（80）	1,2,4	3175
1.25	20	1	31.25		112	1	4445
	22.4	1	35	8	（63）	1,2,4	4032
1.6	20	1,2,4	51.2		80	1,2,4,6	5120
	28	1	71.68		（100）	1,2,4	6400
2	（18）	1,2,4	72		140	1	8960
	22.4	1,2,4,6	89.6	10	（71）	1,2,4	7100
	（28）	1,2,4	112		90	1,2,4,6	9000
	35.5	1	142		（112）	1,2,4	11200
2.5	（22.4）	1,2,4	140		160	1	16000
	28	1,2,4,6	175	12.5	（90）	1,2,4	14062
	（35.5）	1,2,4	221.9		112	1,2,4	17500
	45	1	281		（140）	1,2,4	21875
3.15	（28）	1,2,4	278		200	1	31250
	35.5	1,2,4,6	352	16	（112）	1,2,4	28672
	（45）	1,2,4	447.5		140	1,2,4	35840
	56	1	556		（180）	1,2,4	46080
4	（31.5）	1,2,4	504		250	1	64000
	40	1,2,4,6	640	20	（140）	1,2,4	56000
	（50）	1,2,4	800		160	1,2,4	64000
	71	1	1136		（224）	1,2,4	89600
5	（40）	1,2,4	1000		315	1	126000
	50	1,2,4,6	1250	25	（180）	1,2,4	112500
	（63）	1,2,4	1575		200	1,2,4	125000
	90	1	2250		（280）	1,2,4	175000
6.3	（50）	1,2,4	1985		400	1	250000
	63	1,2,4,6	2500				

注：1. 表中模数和分度圆直径仅列出了第一系列的较常用的数据。

　　2. 括号内的数字尽可能不用。

5）中心距 a。蜗杆轴线与蜗轮轴线之间的垂直距离称为中心距。在蜗杆传动中，当蜗杆分度圆与蜗轮分度圆相切时称为标准传动，其中心距为

$$a = \frac{1}{2}(d_1 + d_2) = \frac{m(q + z_2)}{2} \tag{11-56}$$

规定标准中心距为 40mm、50mm、63mm、80mm、100mm、125mm、160mm、（180mm）、200mm、（225mm）、250mm、（280mm）、315mm、（355mm）、400mm、（450mm）、500mm。在蜗杆传动设计时中心距应按上述标准圆整。

2. 几何尺寸计算

圆柱蜗杆传动的主要几何尺寸计算公式见表11-17。

表 11-17　圆柱蜗杆传动的主要几何尺寸计算公式

名称	计算公式	
	蜗杆	蜗轮
齿顶高和齿根高	$h_{a1} = h_{a2} = m, h_{f1} = h_{f2} = 1.2m$	
分度圆直径	$d_1 = mq$	$d_2 = mz_2$
齿顶圆直径	$d_{a1} = m(q+2)$	$d_{a2} = m(z_2+2)$
齿根圆直径	$d_{f1} = m(q-2.4)$	$d_{f2} = m(z_2-2.4)$
顶隙	$c = 0.2m$	
蜗杆轴向齿距、蜗轮端面齿距	$p_{a1} = p_{t2} = \pi m$	
蜗杆分度圆导程角 蜗轮分度圆螺旋角	$\gamma = \arctan(z_1/q)$	$\beta = \gamma$
中心距	$a = \dfrac{m}{2}(q+z_2)$	
蜗杆螺纹部分长度 蜗轮齿顶圆弧半径	$z_1 = 1、2, L \geqslant (11+0.06z_2)m$ $z_1 = 3、4, L \geqslant (12.5+0.09z_2)m$	$r_{a2} = a - \dfrac{1}{2}d_{a2}$
蜗轮外圆直径		$z_1 = 1, d_{e2} \leqslant d_{a2}+2m$ $z_1 = 2、3, d_{e2} \leqslant d_{a2}+1.5m$ $z_1 = 4 \sim 6, d_{e2} \leqslant d_{a2}+m$
蜗轮轮缘宽度		$z_1 = 1、2, b_2 \leqslant 0.75d_{a1}$ $z_1 = 4 \sim 6, b_2 \leqslant 0.67d_{a1}$

11.10.3　蜗杆传动的失效形式、设计准则、材料和结构

1. 失效形式

由于蜗轮材料的强度往往低于蜗杆材料的强度，蜗杆传动中的蜗杆表面硬度比蜗轮高，蜗杆的接触强度、弯曲强度都比蜗轮高；而蜗轮轮齿的根部是圆环面，弯曲强度也高、很少折断。所以蜗杆传动的失效大多发生在蜗轮轮齿上。蜗杆传动在工作时，齿面间相对滑动速度大，摩擦和发热严重，所以主要失效形式为齿面胶合、磨损和齿面点蚀。实践表明，在闭式传动中，蜗轮的失效形式主要是胶合与点蚀；在开式传动中，蜗轮的失效形式主要是磨损；当过载时，会发生轮齿折断现象。

2. 设计准则

蜗杆传动的设计准则为：闭式蜗杆传动按齿面接触疲劳强度设计，并校核齿根弯曲疲劳强度，为避免发生胶合失效还必须做热平衡计算；对开式蜗杆传动通常只需按齿根弯曲疲劳强度设计。

实践证明，闭式蜗杆传动，当载荷平稳无冲击时，蜗轮轮齿因弯曲强度不足而失效的情况多发生于齿数 $z_2 > 80 \sim 100$ 时，所以在齿数少于以上数值时，弯曲强度校核可不考虑。蜗杆轴细长，弯曲变形过大，会使啮合区接触不良。当蜗杆轴跨距较大时需要考虑其刚度问

题，验算蜗杆轴的刚度。

3. 材料的选择

根据蜗杆传动的失效形式可知，蜗杆、蜗轮的材料除满足强度外，更应具备良好的减摩性、耐磨性和抗胶合能力。因此，蜗杆传动常采用青铜蜗轮齿圈匹配淬硬磨削的钢制蜗杆。

1）蜗杆材料。对高速重载的传动，蜗杆常用低碳合金钢（如 20Cr、20CrMnTi）经渗碳后，表面淬火使硬度达 56~62HRC，再经磨削。对中速中载的传动，蜗杆常用 45 钢、40Cr、35SiMn 等，表面经高频淬火使硬度达 45~55HRC，再经磨削。对一般蜗杆可采用 45、40 等碳钢调质处理（硬度为 210~230HBW）。

2）蜗轮材料。对于高速而重要的蜗杆传动，蜗轮常用铸造锡青铜；当滑动速度较低时，可选用价格较低的铝青铜；低速和不重要的传动可采用铸铁材料。常用的蜗轮材料为铸造锡青铜（ZCuSn10Pl，ZCuSn5Pb5Zn5）、铸造铝青铜（ZCuAl10Fe3）及灰铸铁 HT150、HT200 等。锡青铜的抗胶合、减摩性及耐磨性最好，但价格较高，常用于 $v_s \leqslant 25\text{m/s}$ 的重要传动；铝青铜具有足够的强度，并耐冲击，价格便宜，但抗胶合及耐磨性不如锡青铜，一般用于 $v_s \leqslant 10\text{m/s}$ 的传动；灰铸铁用于 $v_s \leqslant 2\text{m/s}$ 的不重要场合。

4. 蜗杆和蜗轮的结构

1）蜗杆结构。蜗杆因为直径不大，一般将蜗杆和轴做成一体，称为蜗杆轴，螺旋部分的结构尺寸取决于蜗杆的结构尺寸，其余的结构尺寸按轴的结构尺寸要求确定。蜗杆轴常用车或铣加工。图 11-42a 所示为铣制蜗杆，在轴上直接铣出螺旋部分，没有退刀槽，且轴的直径可以大于蜗杆的齿根圆直径，所以其刚度较大。图 11-42b 所示为车制蜗杆，为了便于车螺旋部分时退刀，留有退刀槽而使轴径小于蜗杆齿根圆直径，因此削弱了蜗杆的刚度。

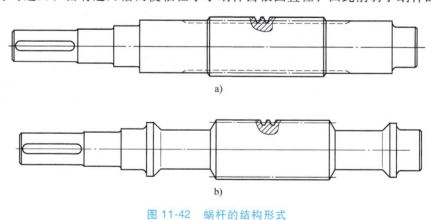

图 11-42　蜗杆的结构形式

a）铣制蜗杆　b）车制蜗杆

2）蜗轮结构。蜗轮结构分为整体式和组合式两种。图 11-43a 所示的整体式蜗轮用于铸铁蜗轮及直径小于 100mm 的青铜蜗轮。组合式蜗轮又有齿圈式、螺栓联接式及镶铸式结构。图 11-43b 所示为齿圈式蜗轮，轮心用铸铁或铸钢制造，齿圈用青铜材料，两者采用过盈配合（H7/s6 或 H7/r6），并沿配合面安装 4~6 个紧定螺钉，该结构用于中等尺寸而且工作温度变化较小的场合。图 11-43c 所示为镶铸式蜗轮，将青铜轮缘铸在铸铁轮心上然后切齿，适用于中等尺寸批量生产的蜗轮。图 11-43d 所示为螺栓联接式蜗轮，齿圈和轮心用普通螺栓或铰制孔螺栓联接，螺栓联接式蜗轮工作可靠，拆卸方便，多用于大尺寸或易于磨损的蜗轮。

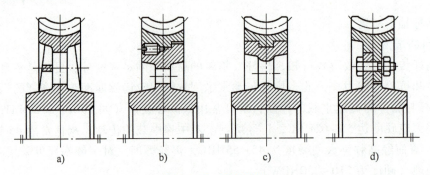

图 11-43 蜗轮结构

a）整体式蜗轮 b）齿圈式蜗轮 c）镶铸式蜗轮 d）螺栓联接式蜗轮

11.10.4 蜗杆传动的强度计算

1. 受力分析

蜗杆传动的受力分析与斜齿圆柱齿轮的受力分析相似，齿面上的法向力 F_{n1} 可分解为三个相互垂直的分力：圆周力 F_{t1}、轴向力 F_{a1}、径向力 F_{r1}，如图 11-44 所示。

当蜗杆主动时，各力的方向为：蜗杆上圆周力 F_{t1} 的方向与蜗杆的转向相反；蜗杆的径向力 F_{r1} 指向轴心；蜗杆轴向力 F_{a1} 的方向与蜗杆的螺旋线方向和转向有关，可以用"主动轮左（右）手法则"判断，即蜗杆为右（左）旋时用右（左）手，并以四指弯曲方向表示蜗杆转向，则拇指所指的方向为轴向力 F_{a1} 的方向，如图 11-44 所示。

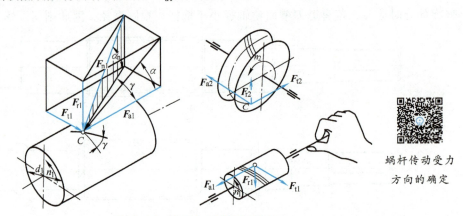

蜗杆传动受力方向的确定

图 11-44 蜗杆传动的受力分析

蜗轮受力方向，由 F_{t1} 与 F_{a2}、F_{a1} 与 F_{t2}、F_{r1} 与 F_{r2} 的作用力与反作用力关系确定。各力的大小可按下式计算

$$\begin{cases} F_{t1} = F_{a2} = \dfrac{2T_1}{d_1} \\[2mm] F_{a1} = F_{t2} = \dfrac{2T_2}{d_2} \\[2mm] F_{r1} = F_{r2} = F_{t2}\tan\alpha \\[2mm] T_2 = T_1 i\eta \end{cases} \qquad (11\text{-}57)$$

式中，T_1、T_2 分别是作用在蜗杆和蜗轮上的转矩，单位为 N·mm；η 是蜗杆传动的总效率。

2. 强度计算

1）蜗轮齿面接触疲劳强度计算。蜗轮齿面接触疲劳强度计算与斜齿轮相似，按蜗杆传动在节点处的啮合条件来计算齿面接触应力，其计算公式为

校核公式

$$\sigma_H = 480\sqrt{\frac{KT_2}{d_1 d_2^2}} = 480\sqrt{\frac{KT_2}{m^2 d_1 z_2^2}} \leqslant [\sigma_H] \tag{11-58}$$

设计公式

$$m^2 d_1 \geqslant KT_2\left(\frac{480}{z_2[\sigma_H]}\right)^2 \tag{11-59}$$

式中，T_2 是蜗轮的转矩，单位为 N·mm；K 是载荷系数，$K = 1 \sim 1.5$，当工作载荷变动大，蜗轮圆周速度较高时取较大值；$[\sigma_H]$ 是蜗轮材料的接触疲劳许用应力，单位为 MPa。

当蜗轮材料为锡青铜（$R_m < 300\text{MPa}$）时，其主要失效形式为疲劳点蚀，$[\sigma_H] = Z_N[\sigma_{0H}]$，其中，$[\sigma_{0H}]$ 是蜗轮材料的接触疲劳基本许用应力，见表 11-18；Z_N 是寿命系数，$Z_N = \sqrt[8]{\frac{10^7}{N}}$，$N$ 是应力循环次数，$N = 60n_2 L_h$，n_2 是蜗轮转速，单位为 r/min，L_h 是工作寿命，单位为 h；当 $N > 25 \times 10^7$ 时取 $N = 25 \times 10^7$，当 $N < 2.6 \times 10^5$ 时取 $N = 2.6 \times 10^5$。

表 11-18 锡青铜蜗轮的接触疲劳基本许用应力 $[\sigma_{0H}]$（$N = 10^7$）（单位：MPa）

蜗轮材料	铸造方法	适用的滑动速度 v_s /（m/s）	蜗杆齿面硬度	
			≤350HBW	>45HRC
ZCuSn10P1	砂 型	≤12	180	200
	金属型	≤25	200	220
ZCuSn5Pb5Zn5	砂 型	≤10	110	125
	金属型	≤12	135	150

当蜗轮的材料为铝青铜或铸铁（$R_m > 300\text{MPa}$）时，蜗轮的主要失效形式为胶合。许用应力与应力循环次数无关，其值见表 11-19。

表 11-19 铝青铜及铸铁蜗轮的接触疲劳许用应力 $[\sigma_H]$ （单位：MPa）

蜗轮材料	蜗杆材料	滑动速度 v_s/（m/s）						
		0.5	1	2	3	4	6	8
ZCuAl10Fe3	淬火钢	250	230	210	180	160	120	90
HT150；HT200	渗碳钢	130	115	90	—	—	—	—
HT150	调质钢	110	90	70	—	—	—	—

2）蜗轮轮齿的齿根弯曲疲劳强度计算。蜗轮轮齿的齿形复杂，很难精确确定危险截面和实际弯曲应力，但轮齿的抗弯曲能力远大于抗点蚀和抗胶合能力。只有蜗轮采用脆性材料或传动承受强烈冲击等特殊情况下，或在开式传动中才需要计算弯曲疲劳强度，其计算公式为

校核公式

$$\sigma_F = \frac{2.2KT_2}{d_1 d_2 m\cos\gamma}Y_{F2} \leqslant [\sigma_F] \tag{11-60}$$

设计公式
$$m^2 d_1 \geq \frac{2.2KT_2}{z_2 [\sigma_F] \cos\gamma} Y_{F2}$$
$$(11-61)$$

式中，Y_{F2} 是蜗轮的齿形系数，按蜗轮的实有齿数 z_2 查表 11-20；$[\sigma_F]$ 是蜗轮材料的弯曲疲劳许用应力，$[\sigma_F] = Y_N [\sigma_{0F}]$。$[\sigma_{0F}]$ 是蜗轮材料的弯曲疲劳基本许用应力，见表 11-21。

Y_N 是寿命系数，$Y_N = \sqrt[9]{\dfrac{10^6}{N}}$，$N = 60 n_2 L_h$。当 $N > 25 \times 10^7$ 时取 $N = 25 \times 10^7$；当 $N < 10^5$ 时取 $N = 10^5$。

表 11-20　蜗轮的齿形系数 Y_{F2}（$\alpha = 20°$，$h_a^* = 1$）

z_2	10	11	12	13	14	15	16	17	18	19	20	22	24	26
Y_{F2}	4.55	4.14	3.70	3.55	3.34	3.22	3.07	2.96	2.89	2.82	2.76	2.66	2.57	2.51
z_2	28	30	35	40	45	50	60	70	80	90	100	150	200	300
Y_{F2}	2.48	2.44	2.36	2.32	2.27	2.24	2.20	2.17	2.14	2.12	2.10	2.07	2.04	2.04

表 11-21　蜗轮材料的弯曲疲劳基本许用应力 $[\sigma_{0F}]$（$N = 10^6$）　　（单位：MPa）

材料	铸造方法	R_m	R_{eL}	蜗杆硬度 ≤45HRC		蜗杆硬度 >45HRC	
				单向受载	双向受载	单向受载	双向受载
ZCuSn10P1	砂型	200	140	51	32	64	40
	金属型	250	150	58	40	73	50
ZCuSn5Pb5Zn5	砂型	180	90	37	29	46	36
	金属型	200	90	39	32	49	40
ZCuAl10Fe3	金属型	500	200	90	80	113	100
HT150	砂型	150	—	38	24	48	30
HT200	砂型	200	—	48	30	60	38

知识拓展——蜗杆传动的效率、热平衡校核与润滑

知识拓展——
蜗杆传动的
效率、热平衡
校核与润滑

小结——思维导图讲解

小结——思维
导图讲解

知识巩固与能力训练题

11-1　复习思考题。

1）什么是渐开线齿轮传动的可分性？如令一对标准齿轮的中心距略大于标准中心距，能不能传动？有什么不良影响？

2）什么是根切现象？什么条件下会发生根切现象？根切的齿轮有什么缺点？根切与齿数有什么关系？正常齿渐开线标准直齿圆柱齿轮不根切的最少齿数是多少？

3）斜齿圆柱齿轮的正确啮合条件是什么？与直齿圆柱齿轮比较，有哪些优缺点？

4）什么是标准齿轮？什么是标准安装？什么是标准中心距？

5）锥齿轮的正确啮合条件是什么？锥齿轮的当量齿数有何用处？

6）齿轮传动的主要失效形式有哪些？开式、闭式齿轮传动的失效形式有什么不同？设计准则通常是按哪些失效形式制定的？

7）齿轮材料的选用原则是什么？常用材料和热处理方法有哪些？

8）蜗杆传动与齿轮传动相比有何特点？常用于什么场合？

9）对于蜗杆传动，下面三式有无错误？为什么？

① $i = \omega_1 / \omega_2 = n_1 / n_2 = z_1 / z_2 = d_1 / d_2$。

② $a = (d_1 + d_2)/2 = m(z_1 + z_2)/2$。

③ $F_{t2} = 2T_2 / d_2 = 2T_1 i / d_2 = 2T_1 / d_1 = F_{t1}$。

10）蜗杆传动的正确啮合条件是什么？自锁条件是什么？

11-2　两个标准直齿圆柱齿轮，已测得齿数 $z_1 = 22$、$z_2 = 98$，小齿轮齿顶圆直径 $d_{a1} = 240\text{mm}$，大齿轮齿高 $h = 22.5\text{mm}$，试判断这两个齿轮能否正确啮合传动。

11-3　某型号机床主轴箱内一对外啮合标准直齿圆柱齿轮，其齿数 $z_1 = 21$、$z_2 = 66$，模数 $m = 3.5\text{mm}$，压力角 $\alpha = 20°$，正常齿制。试确定这对齿轮的传动比、分度圆直径、齿顶圆直径、齿高、中心距、分度圆齿厚和分度圆齿槽宽。

11-4　某标准直齿圆柱齿轮，已知齿距 $p = 12.566\text{mm}$，齿数 $z = 25$，正常齿制。求该齿轮的分度圆直径、齿顶圆直径、齿根圆直径、基圆直径、齿高以及齿厚。

11-5　设计用于带式输送机减速器中的一对直齿圆柱齿轮。已知传递的功率 $P = 12\text{kW}$，小齿轮由电动机驱动，其转速 $n_1 = 960\text{r/min}$，$n_2 = 320\text{r/min}$，单向传动，两班制工作，工作 10 年，载荷比较平稳。

11-6　已知一对正常齿标准斜齿圆柱齿轮的模数 $m_n = 3\text{mm}$，齿数 $z_1 = 27$、$z_2 = 81$，分度圆螺旋角 $\beta = 8°7'44''$。试求其中心距、端面压力角、当量齿数、分度圆直径、齿顶圆直径和齿根圆直径。

11-7　图 11-45 所示为二级斜齿圆柱齿轮减速器，已知：高速级齿轮参数 $m_n = 2\text{mm}$，$\beta_1 = 13°$，$z_1 = 20$，$z_2 = 60$；低速级 $m_n' = 2\text{mm}$，$\beta' = 12°$，$z_3 = 20$，$z_4 = 68$；齿轮 4 为右旋；轴 I 的转向如图所示，$n_1 = 960\text{r/min}$，传递功率 $P_1 = 5\text{kW}$，忽略摩擦损失。试求：

1）轴 II、III 的转向（标于图上）。

2）为使轴 II 所受的轴向力小，确定各齿轮的螺旋线方向（标于图上）。

3）轴 II 上齿轮 2、3 所受各分力的方向（标于图上）。

4）计算齿轮 4 所受各分力的大小。

11-8　图 11-46 所示为直齿锥齿轮-斜齿圆柱齿轮减速器，齿轮 1 为主动轮，转向如图所示。试求：

1）轴 II、III 的转向（标于图上）。

2）为使轴 II 所受的轴向力最小，确定齿轮 3、4 的螺旋线方向（标于图上）。

3）轴 II 上齿轮 2、3 所受各分力的方向（标于图上）。

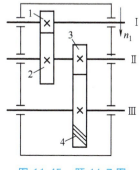

图 11-45　题 11-7 图

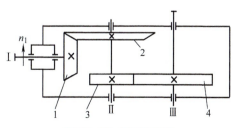

图 11-46　题 11-8 图

11-9　有一圆柱蜗杆传动，已知：传动比 $i = 18$，蜗杆头数 $z_1 = 2$，直径系数 $q = 10$，分度圆直径 $d_1 = 80mm$。试求：

1）模数、蜗杆分度圆柱导程角 γ、蜗轮齿数 z_2 及分度圆柱螺旋角 β。

2）蜗轮的分度圆直径 d_2 和蜗杆传动中心距 a。

11-10　在图 11-47 中，蜗杆主动，试标出未注明的蜗杆（或蜗轮）的转向，蜗轮齿的螺旋线方向，并在图中绘出蜗杆、蜗轮啮合点处作用力的方向（用三个分力：圆周力 $\boldsymbol{F}_1$、径向力 $\boldsymbol{F}_r$、轴向力 $\boldsymbol{F}_a$ 表示）。

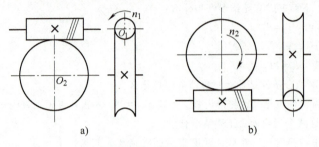

图 11-47　题 11-10 图

11-11　在图 11-48 所示传动系统中，1、5 为蜗杆，2、6 为蜗轮，3、4 为斜齿圆柱齿轮，7、8 为直齿锥齿轮。若蜗杆 1 主动，要求输出齿轮 8 的回转方向如图所示。试确定：

1）若要使Ⅰ、Ⅱ轴上所受轴向力互相抵消一部分，蜗杆、蜗轮及斜齿轮 3 和 4 的螺旋线方向及Ⅰ、Ⅱ、Ⅲ轴的回转方向（标于图上）。

2）各轮的轴向力方向。

11-12　两级圆柱齿轮传动中，若一级为斜齿，另一级为直齿，试问斜齿圆柱齿轮应置于高速级还是低速级？为什么？若是直齿锥齿轮和圆柱齿轮组成的两级传动，直齿锥齿轮应置于高速级还是低速级？为什么？

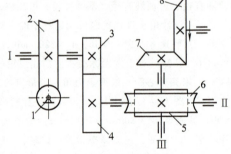

图 11-48　题 11-11 图

轮系传动比的计算及应用

能力目标

1）能分析判断轮系类型。

2）能够计算轮系的传动比。

3）能够判断轮系中各齿轮的转动方向及运动传递关系。

4）能够根据工作要求选择合适的轮系解决实际问题。

素质目标

1）通过介绍轮系在我国古代就早已用于生产生活中的应用实例（如记里鼓车、指南车及绫机等），欣赏前人智慧的同时，潜移默化地引导学生树立民族自豪感，激发学生砥砺奋进、践行工匠精神，为我国从制造业大国迈向制造业强国的征程中贡献自己的力量。

2）通过轮系中只有每个齿轮正常工作才能确保整个系统可靠工作的学习，引申到个人与集体关系的思政教育中：个人好比一个齿轮，集体则是一个轮系，当个人不达标，则会影响整个集体的发展；欲使集体高效运转，每个人都应该不断努力、不断提升，为集体做出更大的贡献；反过来，集体的高效运转也有利于促进每个人的发展。

案例导入

自古以来轮系就已经广泛应用于生活和工业生产中，如古代出现的记里鼓车、指南车、绫机，以及如今广泛使用的手表、齿轮变速箱、自动进刀读数装置等。图 12-1 所示为轮系在机械手表和机床变速箱中的实际应用。

轮系的应用实例

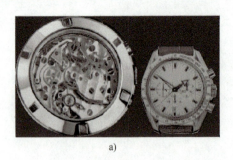

a)   b)

图 12-1 轮系应用实例

12.1 轮系的定义及分类

在机械设备中，为了满足不同的工作需要，如获取较大的传动比，或者为了变速、换向，常使用一系列齿轮组成的齿轮机构来传动，这种由一系列齿轮组成的齿轮传动系统称为齿轮系，简称为轮系。

按照轮系传动时各齿轮轴线位置是否固定，轮系分为定轴轮系、周转轮系。

1）定轴轮系。如果在轮系运动时，所有齿轮的几何轴线位置均固定，这种轮系称为定轴轮系，如图 12-2 所示。定轴轮系根据轴线是否平行又可分为平面定轴轮系和空间定轴轮系。完全由平行轴线齿轮（圆柱齿轮）组成的定轴轮系，称为平面定轴轮系，如图 12-2a 所示；轮系中包含有非平行轴线齿轮的定轴轮系，称为空间定轴轮系，如图 12-2b 所示。

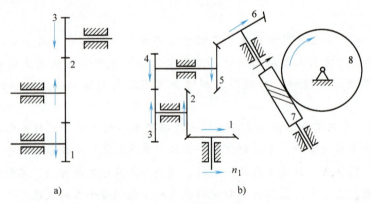

a)   b)

图 12-2 定轴轮系

2）周转轮系。如果在轮系运动时，其中至少有一个齿轮轴线的位置并不固定，而是绕着其他齿轮的固定轴线回转，则这种轮系称为周转轮系。周转轮系可以根据自由度数进行分类。若自由度为 1，如图 12-3a 所示，则称为行星轮系；若自由度为 2，如图 12-3b 所示，则称为差动轮系。

如图 12-3a 所示，在周转轮系中，齿轮 1 和内齿轮 3 的轴线 OO 位置是固定的，这种齿轮称为太阳轮。齿轮 2 用回转副与构件 H 相连，它一方面绕着自己的轴线 O_2O_2 做自转，另一方面它绕着构件 H 的固定轴线 O_HO_H 做公转，就像行星的运动规律一样，故将齿轮 2 称为行星轮，构件 H 称为行星架、转臂或系杆。在周转轮系中一般以太阳轮和行星架作为输入和输出构件。

如果一个轮系中由几个基本周转轮系或由定轴轮系和周转轮系组成，则这种轮系称为组合轮系。图12-4所示的组合轮系，包括定轴轮系（由齿轮1、2组成）和周转轮系（由齿轮2′、3、4及行星架H组成）。

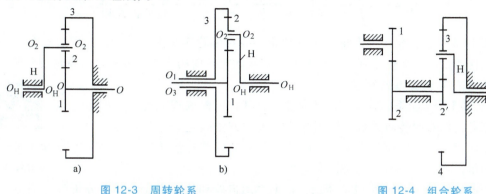

图 12-3　周转轮系　　　　　　　　　图 12-4　组合轮系

12.2　轮系传动比的计算

　　轮系中，输入轴（轮）与输出轴（轮）的转速或角速度之比，称为轮系的传动比，通常用i表示。因为转速或角速度是矢量，所以，计算轮系传动比时，不仅要计算它的大小，而且还要确定输出轴（轮）的转动方向。

12.2.1　定轴轮系传动比的计算

1. 传动比大小的计算

　　图12-5所示为定轴轮系，现以此图为例介绍定轴轮系传动比大小的计算方法。该轮系由齿轮对1、2，2′、3，3′、4，4、5组成。若齿轮1为首轮（输入轮），齿轮5为末轮（输出轮），根据轮系传动比的定义，则此轮系的传动比为

$$i_{15} = n_1/n_5$$

　　若上述轮系中各齿轮齿数分别为z_1、z_2、z_2'、z_3、z_3'、z_4、z_5，则各对齿轮的传动比可表示为

$$i_{12} = \frac{n_1}{n_2} = \frac{z_2}{z_1}; \quad i_{2'3} = \frac{n_2'}{n_3} = \frac{z_3}{z_2'}; \quad i_{3'4} = \frac{n_3'}{n_4} = \frac{z_4}{z_3'}; \quad i_{45} = \frac{n_4}{n_5} = \frac{z_5}{z_4}$$

$$(12-1)$$

　　注意到图12-5所示轮系中齿轮2和2′是固定在同一根轴上的，即有$n_2 = n_2'$，齿轮3和3′是固定在同一根轴上的，即有$n_3 = n_3'$。由图12-5分析可知，主动输入轮1到从动输出轮5之间的传动，是通过上述各对齿轮的依次传动来实现的。因此，将以上各对齿轮的传动比连乘起来，可得轮系的传动比。

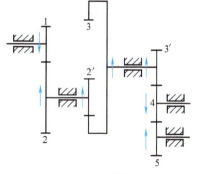

图 12-5　定轴轮系

$$i_{15} = i_{12} i_{2'3} i_{3'4} i_{45} = \frac{n_1}{n_2} \frac{n_2'}{n_3} \frac{n_3'}{n_4} \frac{n_4}{n_5} = \frac{z_2}{z_1} \frac{z_3}{z_2'} \frac{z_4}{z_3'} \frac{z_5}{z_4} \qquad (12-2)$$

　　此式说明，定轴轮系的传动比等于组成该轮系的各对啮合齿轮传动比的连乘积；也等于

各对啮合齿轮中所有从动轮齿数的连乘积与所有主动轮齿数的连乘积之比。

若轮系中首轮 1 的转速为 n_1，末轮 K 的转速为 n_K，则该轮系的传动比为

$$i_{1K} = \frac{n_1}{n_K} = \frac{\text{从 1 轮到 } K \text{ 轮之间所有从动轮齿数的连乘积}}{\text{从 1 轮到 } K \text{ 轮之间所有主动轮齿数的连乘积}} \qquad (12\text{-}3)$$

在图 12-5 中，齿轮 4 对齿轮 3′为从动轮，但对齿轮 5 又为主动轮，其齿数的多少并不影响传动比的大小，而仅起到中间过渡和改变从动轮转向的作用，故称之为惰轮或介轮。

2. 首末轮转向关系的确定

如图 12-5 所示轮系，首轮 1 的转向已知，其可见侧圆周速度的方向如箭头所示，则各齿轮对的转向关系可以用标注箭头的方法确定。外啮合传动的两圆柱齿轮转向相反，用反向箭头表示；内啮合传动的两圆柱齿轮转向相同，用同向箭头表示。

箭头法轮系
各齿轮转向
的确定

对于锥齿轮啮合，如图 12-6 所示，根据主动齿轮和从动齿轮的受力分析可知，表示两轮转向的箭头必须同时指向节点，或同时背离节点。

对于蜗杆传动，如图 12-7 所示，从动蜗轮转向判定方法用蜗杆"左、右手法则"：对右旋蜗杆，用右手法则，即用右手握住蜗杆的轴线，使四指弯曲方向与蜗杆转动方向一致，则与拇指的指向相反的方向就是蜗轮在节点处圆周速度的方向；对左旋蜗杆，用左手法则，方法同上。

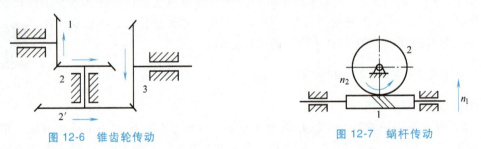

图 12-6　锥齿轮传动　　　　　　　　图 12-7　蜗杆传动

3. 传动比符号的确定

1）当轮系中所有齿轮的几何轴线均平行，首末两轮转向关系可用"+""−"号表示，它取决于 $(-1)^m$，m 表示外啮齿的对数。

2）若轮系中，所有齿轮的几何轴线并非完全平行时，可用箭头标注，如图 12-8 所示。

3）若轮系中，只有首末两轮轴线平行的定轴轮系，先用箭头逐对标注转向，若首末两轮的转向相同，传动比为正，反之为负，如图 12-8 所示。

【例 12-1】　图 12-9 所示为某提升装置轮系，已知：$z_1 = 16$，$z_2 = 32$，$z_2' = 20$，$z_3 = 40$，$z_3' = 2$，$z_4 = 40$，且齿轮 1 的转速 $n_1 = 1000\text{r/min}$，转向如图 12-9 所示，试求齿轮 4 的转速及转向。

解：由式（12-3）得

$$i = \frac{n_1}{n_4} = \frac{z_2}{z_1} \frac{z_3}{z_2'} \frac{z_4}{z_3'} = \frac{32 \times 40 \times 40}{16 \times 20 \times 2} = 80$$

$$n_4 = n_1 / i = (1000\text{r/min}) / 80 = 12.5\text{r/min}$$

图 12-9 中蜗杆右旋，利用"右手法则"可知齿轮 4 的转向为逆时针转动。

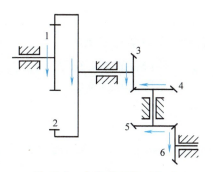

图 12-8　空间定轴轮系传动

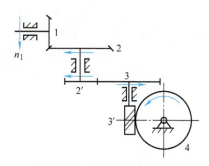

图 12-9　某提升装置轮系

12.2.2　周转轮系传动比的计算

周转轮系由行星轮、太阳轮、行星架组成。周转轮系与定轴轮系的根本差别在于周转轮系中具有转动的行星架，从而使行星轮既要自转又要公转，故其传动比不能直接用定轴轮系传动比的计算方法来求解。如果能设法使行星架固定不动，那么周转轮系就可转化成一个定轴轮系。现假想给图 12-10a 所示的整个周转轮系，加上一个与行星架的转速 n_H 大小相等方向相反的公共转速"$-n_H$"，则行星架 H 的转速从 n_H 变为 $n_H+(-n_H)$，即变为静止，而各构件间的相对运动关系并不变化，此时行星轮的公转速度等于零，得到了假想的定轴轮系，如图 12-10b 所示。这种假想的定轴轮系称为原周转轮系的转化轮系。

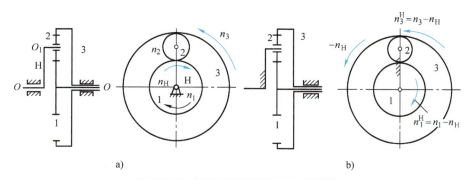

图 12-10　周转轮系及其传动比的计算

在转化轮系中，各构件的转速见表 12-1。

表 12-1　转化轮系中各构件的转速

构件	周转轮系中的转速	转化轮系中的转速
太阳轮 1	n_1	$n_1^H = n_1 - n_H$
行星轮 2	n_2	$n_2^H = n_2 - n_H$
太阳轮 3	n_3	$n_3^H = n_3 - n_H$
行星架 H	n_H	$n_H^H = n_H - n_H = 0$
机架 4	$n_4 = 0$	$n_4^H = 0 - n_H = -n_H$

转化轮系中 1、3 两齿轮的传动比可根据定轴轮系传动比的计算方法得

$$i_{13}^H = \frac{n_1^H}{n_3^H} = \frac{n_1 - n_H}{n_3 - n_H} = (-1)^1 \frac{z_2 z_3}{z_1 z_2} = -\frac{z_3}{z_1} \qquad (12\text{-}4)$$

式中，"-"号表示在转化轮系中齿轮1与齿轮3的转向相反。

若将以上分析归纳为一般情况，可得到转化轮系传动比的计算公式为

$$i_{GK}^H = \frac{n_G - n_H}{n_K - n_H} = \pm \frac{\text{从}G\text{轮到}K\text{轮之间所有从动轮齿数的连乘积}}{\text{从}G\text{轮到}K\text{轮之间所有主动轮齿数的连乘积}} \quad (12\text{-}5)$$

式中，G 是主动轮；K 是从动轮。

应用上式求周转轮系传动比时需注意：

1）将 n_G、n_K、n_H 的值代入上式时，必须连同转速的正负号代入。若假设某一转向为正，则与其反向为负。

2）公式右边的正负号按转化轮系中 G 轮与 K 轮的转向关系确定。对于由锥齿轮组成的周转轮系，必须根据转化轮系中各轮的转向关系，在齿数连乘积比之前冠以正负号。

3）在 n_G、n_K、n_H 三个参数中，已知任意两个，就可确定第三个，从而求出该周转轮系中任意两轮的传动比。$i_{GK}^H \neq i_{GK}$；$i_{GK}^H = n_G^H/n_K^H$ 为转化轮系中 G 轮与 K 轮转速之比，其大小及正负号按定轴轮系传动比的计算方法确定。$i_{GK} = n_G/n_K$ 是周转轮系中 G 轮与 K 轮的绝对速度之比，其大小及正负号由计算结果确定。

【例 12-2】 图 12-10 所示的周转轮系中，已知：$n_1 = 100\text{r/min}$，若齿轮3固定不动，各轮齿数为 $z_1 = 40$、$z_2 = 20$、$z_3 = 80$。试求：n_H、n_2、i_{12}^H 和 i_{12}。

解：由式（12-5）得

$$i_{13}^H = \frac{n_1 - n_H}{n_3 - n_H} = (-1)^1 \frac{z_3}{z_1}$$

取 n_1 转向为正，将 $n_1 = 100\text{r/min}$、$n_3 = 0$ 代入，得

$$i_{13}^H = \frac{100 - n_H}{0 - n_H} = -2$$

$n_H = 33.3\text{r/min}$ （n_H 为正值，表示 n_H 与 n_1 的转向相同）

$$i_{12}^H = \frac{n_1 - n_H}{n_2 - n_H} = (-1)^1 \frac{z_2}{z_1} = -\frac{1}{2}$$

取 n_1 转向为正，将 $n_1 = 100\text{r/min}$ 代入，$n_2 = -100\text{r/min}$（n_2 为负值，表示 n_2 与 n_1 的转向相反）

$$i_{12} = \frac{n_1}{n_2} = -1$$

可见

$$i_{12}^H \neq i_{12}, \quad i_{12} \neq -\frac{z_2}{z_1}$$

【例 12-3】 图 12-11 所示为组合机床动力滑台中使用的周转轮系，已知：$z_1 = 20$、$z_2 = 24$、$z_2' = 20$、$z_3 = 24$，行星架 H 沿顺时针方向的转速为 16.5r/min。欲使齿轮1的转速为 940r/min，并分别沿顺时针或逆时针方向回转，求齿轮3的转速和转向。

解：1）当行星架 H 与齿轮1均为顺时针回转时：将 $n_H = 16.5\text{r/min}$、$n_1 = 940\text{r/min}$ 代入式（12-5）得

$$i_{13}^H = \frac{n_1 - n_H}{n_3 - n_H} = \frac{940 - 16.5}{n_3 - 16.5} = (-1)^2 \frac{z_2 z_3}{z_1 z_2'} = \frac{36}{25}$$

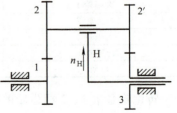

图 12-11 组合机床动力滑台中使用的周转轮系

得 $\qquad\qquad n_3 = 657.82\text{r/min}$

2）当行星架 H 顺时针回转、齿轮 1 为逆时针回转时：将 $n_H = 16.5\text{r/min}$、$n_1 = -940\text{r/min}$ 代入式（12-5）得

$$i_{13}^{H} = \frac{n_1 - n_H}{n_3 - n_H} = \frac{-940 - 16.5}{n_3 - 16.5} = (-1)^2 \frac{z_2 z_3}{z_1 z_2'} = \frac{36}{25}$$

得 $\qquad\qquad n_3 = -647.74\text{r/min}$

12.2.3　组合轮系传动比的计算

在实际生产中，除广泛采用定轴轮系和周转轮系外，还大量应用组合轮系。求解组合轮系的传动比时，首先必须正确地把组合轮系划分为定轴轮系和周转轮系，并分别写出它们的传动比计算公式，然后联立求解。

划分周转轮系的方法是：先找出具有动轴线的行星轮，再找出支持该行星轮的行星架，最后确定与行星轮直接啮合的一个或几个太阳轮。每一简单的周转轮系中，都应有太阳轮、行星轮和行星架，而且太阳轮的几何轴线与行星架的轴线是重合的。在划出周转轮系后，剩下的就是一个或多个定轴轮系。

【例 12-4】　在图 12-4 所示的轮系中，已知：$z_1 = 20$，$z_2 = 40$，$z_2' = 20$，$z_3 = 30$，$z_4 = 60$。试求 i_{1H}。

解：（1）分析轮系　由图 12-4 可知该轮系为一平行轴定轴轮系与周转轮系组成的组合轮系，其中周转轮系：2′—3—4—H；定轴轮系：1—2。

（2）分析轮系中各轮之间的内在关系　由图 12-4 中可知：$n_4 = 0$，$n_2 = n_2'$。

（3）分别计算各轮系传动比

1）定轴轮系。由式（12-3）得

$$i_{12} = \frac{n_1}{n_2} = (-1)^1 \frac{z_2}{z_1} = -\frac{40}{20} = -2 \tag{1}$$

$$n_1 = -2n_2$$

2）周转轮系。由式（12-5）得

$$i_{2'4}^{H} = \frac{n_{2'}^{H}}{n_4^{H}} = \frac{n_2' - n_H}{n_4 - n_H} = -\frac{z_4 z_3}{z_3 z_2'} = -\frac{60}{20} = -3 \tag{2}$$

3）联立求解。联立式（1）、式（2），代入 $n_4 = 0$，$n_2 = n_2'$ 得

$$\frac{n_2 - n_H}{0 - n_H} = -3$$

得 $\qquad\qquad n_H = \dfrac{n_2}{4}$

$$i_{1H} = \frac{n_1}{n_H} = \frac{-2n_2}{\dfrac{n_2}{4}} = -8$$

12.3　轮系的应用

1. 传递相距较远的两轴间的运动和动力

当两轴间的距离较大时，若仅用一对齿轮来传动，则齿轮尺寸过大，既占空间，又浪费材料（图 12-12 所示双点画线）。如果改用轮系传动，则可克服上述缺点（图 12-12 所示实线）。

2. 实现变速、变向传动

在金属切削机床、起重设备机械、汽车等中，在主轴转速不变的情况下，输出轴需要有多种转速（即变速传动），以适应不同工作条件的变化。图 12-13 所示的汽车变速器，输入轴 I 与发动机相连，输出轴 II 与传动轴相连。当操纵杆移动齿轮 4 或 6，使其处于啮合状态时，可改变输出轴的转速及方向。低速档（一档）：离合器 A、B 分离，齿轮 5、6 相啮合，齿轮 3、4 脱开；中速档（二档）：离合器 A、B 分离，齿轮 3、4 相啮合，齿轮 5、6 脱开；高速档（三档）：离合器 A、B 相嵌合，齿轮 3、4 和齿轮 5、6 均脱开；倒档：离合器 A、B 分离，齿轮 6、8 相啮合，齿轮 3、4 和齿轮 5、6 脱开。

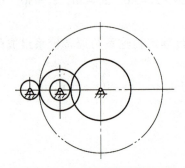

图 12-12　远距离两轴间的传动

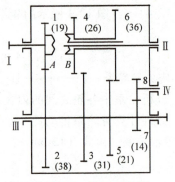

图 12-13　汽车变速器

3. 获得大的传动比

当两轴间的传动比要求较大而结构尺寸要求较小时，也可采用轮系来达到目的。图 12-14 所示的渐开线少齿差行星减速器，若已知各轮齿数 $z_1 = 100$、$z_2 = 99$、$z_2' = 100$，$z_3 = 101$，可由式（12-5）得

$$i_{13}^H = \frac{n_1 - n_H}{n_3 - n_H} = \frac{n_1 - n_H}{0 - n_H} = \frac{z_2 z_3}{z_1 z_2'} = \frac{99 \times 101}{100 \times 100}$$

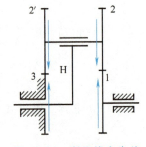

图 12-14　渐开线少齿差
行星减速器

求出 $i_{H1} = 10000$，为正，说明行星架的转向与齿轮 1 的相同。由此例可知，行星架 H 转 10000 圈、太阳轮 1 只转一圈，表明机构的传动比很大。

4. 用于运动的合成分解

图 12-15 所示的滚齿机周转轮系中，$z_1 = z_3$，分齿运动由齿轮 1 传入，附加运动由行星架 H 传入，合成运动由齿轮 3 传出，由式（12-5）有

$$i_{13}^{H} = \frac{n_1 - n_H}{n_3 - n_H} = -\frac{z_3}{z_1} = -1$$

解上式得 $n_3 = 2n_H - n_1$，可见该轮系将两个输入运动合成一个输出运动。

图 12-16 所示的汽车后桥差速器是运动分解的实例，当汽车直线行驶，左右两后轮转速相同，行星轮不自转，齿轮 1、2、3、2′ 如同一个整体，一起随齿轮 4 转动，此时 $n_3 = n_4 = n_1$，差速器起到联轴器的作用。

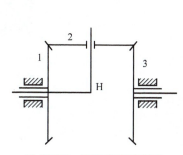

图 12-15　滚齿机周转轮系

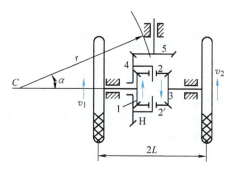

图 12-16　汽车后桥差速器

当汽车转弯时，由于左右两轮的转弯半径不同，两轮行走的距离也不相同，为保证两轮与地面做纯滚动，要求两轮的转速也不相同。车体以角速度 ω 绕点 C 旋转，如图 12-16 所示，r 为转弯半径，$2L$ 为车距，$z_1 = z_3$，$n_4 = n_H$。

则 $v_1 = (r - L)\omega$，$v_2 = (r + L)\omega$

$$\frac{n_1}{n_3} = \frac{v_1}{v_2} = \frac{(r-L)}{(r+L)}$$

因此，轮系根据转弯半径大小自动分解 n_H，使 n_1、n_3 符合转弯的要求。

5. 在尺寸和重量较小时实现大功率的传递

在现代机械设计中，当希望在尺寸小、重量轻的条件下实现大功率传递，采用周转轮系可以较好地满足这个要求。因作为动力传动的周转轮系采用具有多个均布的行星轮，这样它们可以共同分担载荷，又可以平衡各啮合处的径向分力和行星轮公转所产生的离心惯性力。其次，在行星减速器中，几乎都有内啮合，兼之输入、输出轴共线，径向尺寸非常紧凑。

图 12-17 所示为某涡轮螺旋桨发动机主减速器的传动简图，其右部是差动轮系，左部是定轴轮系，采用 4 个行星轮和 6 个中间轮。动力自太阳轮 1 输入后，分两路从行星架 H 和内啮合轮 3 输往左部，最后汇合到一起输往螺旋桨。该装置的外廓尺寸仅 $\phi430\text{mm}$，而传递功率达 2850kW，整个轮系的传动比为 $i_{1H} = 11.45$。

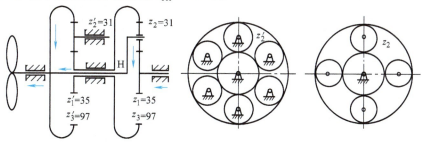

图 12-17　某涡轮螺旋桨发动机主减速器的传动简图

知识拓展——新型轮系的特点及应用

小结——思维导图讲解

知识拓展——
新型轮系的
特点及应用

知识巩固与能力训练题

12-1 复习思考题。

1) 轮系具有什么作用? 生活中有哪些应用轮系的实例?

2) 定轴轮系传动比如何计算? 如何确定定轴轮系中各轮的转向?

3) 周转轮系中主、从动轮的转向关系应如何确定?

小结——思维
导图讲解

12-2 在图 12-18 所示的轮系中, 各轮齿数为 $z_1 = 20$、$z_2 = 40$、$z_2' = 20$、$z_3 = 30$、$z_3' = 20$、$z_4 = 40$。试求: ①传动比 i_{14}; ②如要变更 i_{14} 的符号, 可采取什么措施?

12-3 在图 12-19 所示的手摇提升装置中, 已知: 各轮齿数为 $z_1 = 20$、$z_2 = 50$、$z_3 = 15$、$z_4 = 30$、$z_5 = 1$、$z_6 = 40$。试求传动比 i_{16}, 并指出提升重物 G 时手柄的转向。

12-4 在图 12-20 所示的轮系中, 已知: 蜗杆 1 为双头左旋蜗杆, 转向如图所示, 蜗轮 2 的齿数 $z_2 = 50$; 蜗杆 2' 为单头右旋蜗杆, 蜗轮 3 的齿数 $z_3 = 40$; 其余各轮齿数为 $z_3' = 30$、$z_4 = 20$、$z_4' = 26$、

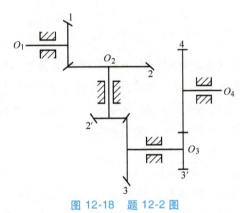

图 12-18 题 12-2 图

$z_5 = 18$、$z_5' = 28$、$z_6 = 16$、$z_7 = 18$。试求: ①分别确定蜗轮 2、蜗轮 3 的轮齿螺旋线方向及转向; ②计算传动比 i_{17}, 并确定齿轮 7 的转向。

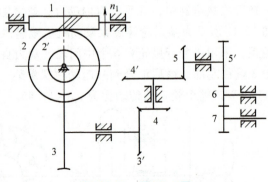

图 12-19 题 12-3 图   图 12-20 题 12-4 图

12-5 在图 12-21 所示的万能刀具磨床工作台的进给装置中, 运动经手柄输入, 由丝杠输出, 已知: 单头丝杠螺距 $P = 5$mm、$z_1 = 19$、$z_2 = 19$、$z_2' = 18$、$z_3 = 20$, 试计算手柄转动一周时工作台的进给量 s。

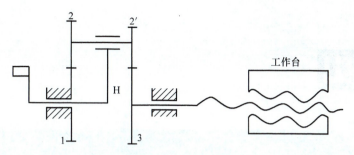

图 12-21 题 12-5 图

12-6 图 12-22 所示为电动卷扬机的传动装置，已知各轮齿数 z_1、z_2、z_2'、z_3、z_3'、z_4、z_5，试求 i_{15}。

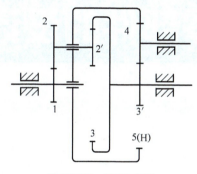

图 12-22 题 12-6 图

模块四

典型零部件的设计与选用

模块简介

在工业生产及人们的生活实践等方面，随着技术进步及经济发展，机器的种类越来越多，功能也越来越强大。尽管各类机器设备的类型、工作原理及用途有所不同，但都是由许多零部件所组成，而且大多数机器设备中都包括一些典型的零部件，如轴、轴承、键、销、螺栓、联轴器和离合器等，这些零部件对机器的整体性能起着十分重要的作用。本模块将介绍典型零部件的设计与选用，包括轴的结构与承载能力设计、轴承的选用与组合设计、常用联接件的类型与选用三个学习情境。

轴的结构与承载能力设计

能力目标

1) 能够正确识别轴的类型及选择合适的材料。

2) 能够根据实际情况对轴上零件选择合理的轴向与周向定位方法。

3) 能够对轴的结构及承载能力进行正确设计。

素质目标

1) 通过轴和装在轴上的零件需要定位准确和可靠，延伸到人生同样不仅需要定位，而且也要定位可靠，借此引导学生进行合理的学业规划和职业规划，帮助学生一起分析，使设定的目标较为清晰、可行，并激励学生为设定的目标而努力奋斗。

2) 通过轴的设计过程培养学生敬业、精益、专注、创新的工匠精神，并结合生活中汽车断轴事故给家庭带来的悲剧和社会不良影响的实例，教育学生在今后的工作中要树立生命至上的理念，强化安全意识，遵守职业道德，增强职业素养。

案例导入

轴是组成机器的重要零件，用于支承旋转的机械零件，如齿轮、带轮、链轮、凸轮等，并传递运动和动力。同时它又通过轴承和机架连接，所有轴上零件都围绕轴线做回转运动。图 13-1 所示为轴在减速器中的应用实例。可以看出，轴的结构与轴上安装的零件息息相关，同时，轴的设计是否合理，又会影响到产品的性能。

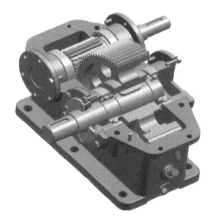

图 13-1　轴在减速器上的应用实例

13.1 轴的类型及材料

13.1.1 轴的类型

1. 按轴受载情况分类

1）转轴。它既传递转矩又承受弯矩，是机器中最常见轴，如图 13-2 所示的齿轮轴。

2）传动轴。传动轴是以传递转矩为主，不承受弯矩或承受很小弯矩的轴，如图 13-3 所示的汽车传动轴。

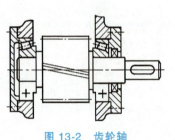

图 13-2　齿轮轴

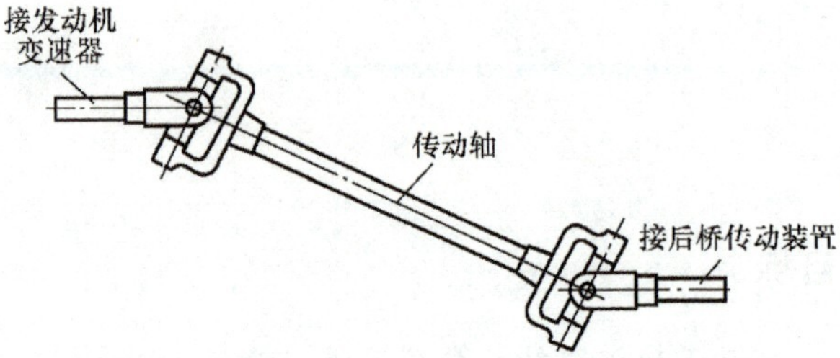

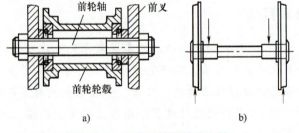

图 13-3　汽车的传动轴

3）心轴。心轴只承受弯矩，不承受转矩，如图 13-4a 所示的自行车前轮轴（固定心轴）和图 13-4b 所示的火车车轮轴（转动心轴）。

2. 按轴线的几何形状分类

1）直轴。直轴是各轴段轴线为同一直线的轴。直轴又可分为光轴（图 13-5a）和阶梯轴（图 13-5b）两类。根据其内部状况，分为实心轴和空心轴，直轴一般都是实心的，根据机器结构和要求在轴中安装其他零件，或者为减小轴的质量，也可做成空心的。空心轴内外径比值一般在 0.5 ~ 0.6，以保证轴的刚度及扭转稳定性。

图 13-4　固定心轴和转动心轴

2）曲轴。曲轴是轴段轴线不在同一直线上的轴，主要用于有往复式运动的机械中，如图 13-6 所示。

3）挠性钢丝轴。挠性钢丝轴常用在农业机械中，其由几层紧贴在一起的钢丝卷绕而成，可将运动和转矩传递到空间任意位置，如图 13-7 所示。

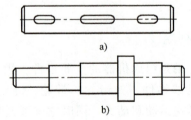

图 13-5　直轴

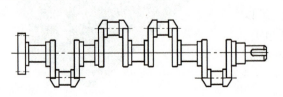

图 13-6　曲轴

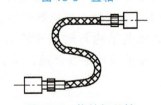

图 13-7　挠性钢丝轴

13.1.2　轴的材料

轴的材料种类很多，常用材料有：

1）碳素钢。对较重要或传递载荷较大的轴，常用 35、40、45 和 50 优质碳素结构钢，其中 45 钢应用最广泛。这类材料的强度、塑性和韧性等都比较好，进行调质或正火处理可提高其力学性能。对一般不重要或传递载荷较小的轴，可用 Q235、Q275 等普通碳素结构钢。

2）合金钢。合金钢具有比碳素结构钢更好的力学性能和淬火性能，但对应力集中比较敏感，价格较高，对于用于在高温、高速和重载条件下、结构紧凑、质量小等使用要求的轴，可选合金钢。常用的低碳合金钢有 20Cr、20CrMnTi 等，经渗碳处理后使表面耐磨性和心部韧性都较好，35CrMo、38CrMoAl 等合金钢，有良好的高温力学性能。

合金钢与碳素钢的弹性模量相差不多，故不宜用合金钢来提高轴的刚度。另外合金钢对于应力集中敏感性较高，所以在结构设计时要减小其应力集中，降低表面粗糙度。

3）球墨铸铁。球墨铸铁具有价廉、吸振性好、耐磨、对应力集中不敏感、容易制成形状复杂的轴（如曲轴）等特点，但品质不易控制，可靠性差。

轴常用的金属材料及力学性能见表 13-1。

表 13-1　轴常用的金属材料及力学性能

材料牌号	热处理类型	毛坯直径/mm	硬度 HBW	抗拉强度 R_m/MPa	屈服强度 R_{eL}/MPa	应用说明
Q275~Q235				600~440	275~235	用于不重要的轴
35	正火	≤100	149~187	520	270	用于一般轴
	调质	≤100	156~207	560	300	
45	正火	≤100	170~217	600	300	用于强度高、韧性中等的较重要的轴
	调质	≤200	217~255	650	360	
40Cr	调质	25	≤207	1000	800	用于强度要求高、有强烈磨损而无很大冲击的重要轴
		≤100	241~286	750	550	
35SiMn	调质	25	≤229	900	750	可代替 40Cr，用于中、小型轴
		≤100	229~286	800	520	
42SiMn	调质	25	≤220	900	750	与 35SiMn 相同，但专供表面淬火之用
		≤100	229~286	800	520	
		>100~200	217~269	750	470	
40MnB	调质	25	≤207	1000	800	可代替 40Cr，用于小型轴
		≤200	241~286	750	500	
35CrMo	调质	25	≤229	1000	850	用于重载的轴
		≤100	207~269	750	550	
		>100~300		700	500	
QT600—3			197~269	600	420	用于发动机的曲轴和凸轮等

13.2 轴的结构设计

13.2.1 轴的设计内容及步骤

轴的设计包括结构设计和承载能力计算两方面内容。

轴的结构设计是根据工作条件，考虑轴上零件的安装、定位以及轴的制造工艺等方面要求，确定轴的合理外形、各段轴径和长度以及全部结构尺寸。

轴的承载能力计算是指轴的强度、刚度和振动稳定性等方面的计算。为了保证轴具有足够的承载能力，要根据轴的工作要求对轴进行强度计算，以防止轴的断裂和塑性变形；对刚度要求高和受力较大的细长轴，应进行刚度计算，以防止产生过大的弹性变形；对高速轴应进行振动稳定性计算，以防止产生共振。

在轴的设计过程中，结构设计和承载能力计算常交叉进行。一般设计步骤如下：

1）根据工作要求选择轴的材料和热处理方式。

2）按扭转强度条件或与同类机器类比，初步确定轴的最小直径。

3）考虑轴上零件的定位和装配及轴的加工等条件，进行轴的结构设计，画出草图，确定轴的几何尺寸，得到轴的跨距和力的作用点。

4）根据结构尺寸和工作要求，进行承载能力计算。如不满足要求，则修改初定的最小轴径，重复3）、4）步骤，直到满足设计要求。

需要指出的是：轴结构设计的结果具有多样性。不同的工作要求、不同的轴上零件的装配方案以及轴的不同加工工艺等，都将得出不同的轴的结构形式。因此，设计时必须对其结果进行综合评价，确定较优的方案。

轴的结构

13.2.2 轴的结构

轴的结构主要取决于以下因素：轴在机器中的安装位置及形式；轴上安装零件的类型、尺寸、数量以及和轴联接的方法；载荷的性质、大小、方向及分布情况；轴的加工工艺等。由于影响轴的结构的因素较多，且其结构形式又要随着具体情况的不同而异，所以轴没有标准的结构形式。可拟订几种不同的装配方案，以便进行比较与选择，以轴的结构简单，轴上零件少为佳。

为了便于装拆，一般的转轴均为中间大、两端小的阶梯轴，如图 13-8 所示齿轮减速器的输出轴。轴与轴承配合处的轴段称为轴颈，安装轮毂的轴段称为轴头，轴头与轴颈间的轴段称为轴身。阶梯轴上截面尺寸变化的部位，称为轴肩和轴环。轴肩和轴环常用于轴上零件的定位。因此轴通常由轴头、轴颈、轴身及轴肩和轴环等部分组成。

图 13-8 所示齿轮由右端装入，依靠轴环限定轴向位置，右端的联轴器和左端的轴承靠轴肩定位。轴上开有键槽，通过键联接实现齿轮的周向固定。

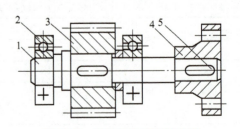

图 13-8 齿轮减速器的输出轴

1—轴 2—轴承 3—齿轮 4—联轴器 5—键

13.2.3　轴的结构设计要求及尺寸确定方法

对轴的结构进行设计时，轴的结构应满足：

1）轴和装在轴上的零件要有准确的工作位置，定位准确、可靠，如多数轴上零件不允许在轴上做轴向移动，需要用轴向固定的方法使它们在轴上有确定的位置，同时为了传递转矩，轴上零件还应做周向固定。

2）轴上的零件应便于装拆和调整。

3）轴的加工、热处理、装配、检验、维修等都应具有良好的制造工艺性。

4）尽量减少应力集中现象等。

5）对轴与其他零件（如滑动轴承、移动齿轮）间有相对滑动的表面应有耐磨性要求。

6）对重型轴还须考虑毛坯制造、探伤、起重等问题。

各轴段直径和长度的确定方法如下：

1）各轴段所需的直径与轴上载荷的大小有关。

2）初步设计时，还不知道轴上支反力的作用点，故不能按轴的弯矩计算轴径，可按轴所受的转矩初步估算轴所需的最小直径。

3）按轴上零件的装配方案和定位要求，从最小直径处起逐一确定各段轴的直径。在实际设计中，轴的直径可凭设计者的经验取定，或参考同类机械用类比的方法确定。

4）有配合要求的轴段，应尽量采用标准直径及所选配合的公差。设计时应考虑各轴径应与装配在该轴段上的传动件、标准件（如滚动轴承、联轴器、密封圈等）的孔相匹配。

5）为了使齿轮、轴承等有配合要求的零件装拆方便，并减少配合表面被擦伤，在配合轴段前应采用较小的直径。

6）为了使与轴过盈配合的零件易于装配，相配轴段的压入端应制出锥度或在同一轴段的两个部位上采用不同的尺寸公差。

7）为了保证轴向定位可靠，与齿轮和联轴器等零件相配合部分的轴段长度一般应比轮毂长度短 2～3mm。

8）如果轴端开键槽或车螺纹，则计算所得直径应适当加大：开一个键槽，轴径加大 3%～5%；开两个键槽，轴径加大 7% 左右。然后将轴端直径圆整成标准值，成为标准轴径，即 10mm、12mm、14mm、16mm、18mm、20mm、22mm、24mm、25mm、26mm、28mm、30mm、32mm、34mm、36mm、38mm、40mm、42mm、45mm、48mm、50mm、53mm、56mm、60mm、63mm、67mm、71mm、75mm、80mm、85mm、90mm、95mm、100mm 等。

13.2.4　轴上零件的轴向定位

1. 轴肩或轴环定位

轴肩或轴环定位结构如图 13-9 所示。为使零件能靠紧定位面，轴肩过渡圆角 r 应小于轴上零件的倒角 C 或圆角半径 R。轴肩高度 $h \approx (0.07 \sim 0.1)d$（$d$ 为该轴段直径），或取 $h = (2 \sim 3)C$，轴环宽度 $b \approx 1.4h$。装滚动轴承处的轴肩尺寸，由轴承标准规定的安装尺寸确定。轴肩定位简单可靠，可承受较大的轴向力。

轴上零件的轴向定位方式

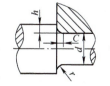

图 13-9　轴肩或轴环定位结构

2. 套筒定位

套筒定位结构如图 13-10 所示，其可简化轴的结构，减小应力集中，结构简单、定位可靠，多用于轴上零件间距较小的场合。套筒内径与轴的配合较松，套筒结构、尺寸可以根据需要灵活设计。但由于套筒与轴之间存在间隙，所以在高速情况下不宜使用。

3. 轴端挡圈定位

轴端挡圈定位结构如图 13-11 所示，其工作可靠，能够承受较大的轴向力，但需要采用止动垫片等防松措施，只用于轴端零件轴向定位。

图 13-10 套筒定位结构

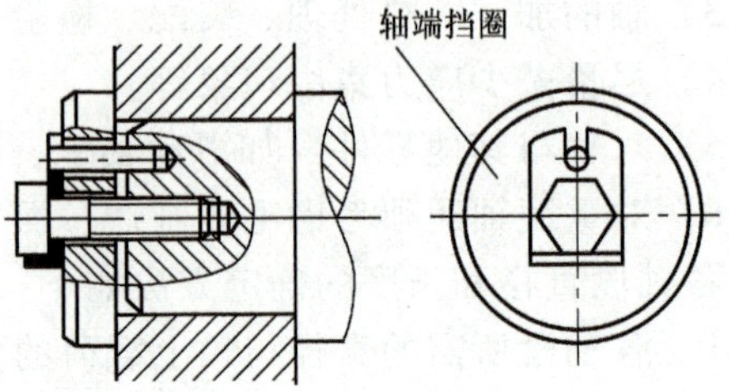

图 13-11 轴端挡圈定位结构

4. 圆锥面定位

圆锥面定位结构如图 13-12 所示，其用于圆锥轴端零件轴向定位，常与轴端挡圈联合使用，兼作周向定位，装拆方便。它适用于高速、冲击以及对中性要求较高的场合。

5. 圆螺母定位

圆螺母定位结构如图 13-13 所示，其固定可靠，可以承受较大的轴向力，能实现轴上零件的间隙调整。但切制螺纹将会产生较大的应力集中，降低轴的疲劳强度，多用于固定装在轴端的零件。为了减小对轴强度的削弱，常采用细牙螺纹。为了防松，需加止动垫圈或者使用双螺母。

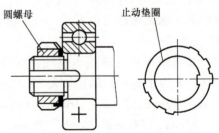

图 13-12 圆锥面定位结构

图 13-13 圆螺母定位结构

6. 弹性挡圈定位

弹性挡圈定位结构如图 13-14 所示，其结构紧凑、简单、装拆方便，但受力较小，且轴上切槽会引起应力集中，常用于轴承的定位。

7. 紧定螺钉定位

紧定螺钉定位结构如图 13-15 所示，多用于轴向力不大与速度不高的场合。

13.2.5 轴上零件的周向定位

轴和回转零件（如齿轮、联轴器等）轮毂的联接称为轴毂联接。轴毂联接的形式多种多样。常用的周向定位方法有键联接（平键联接和花键联

轴上零件的周向定位方式

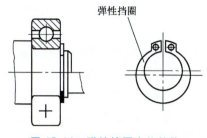

图 13-14　弹性挡圈定位结构

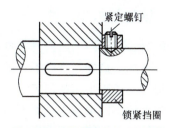

图 13-15　紧定螺钉定位结构

接等）、销联接、成型联接和过盈配合等，力不大时，也可采用紧定螺钉作为周向定位方法。

1. 平键联接

平键联接如图 13-16 所示。平键工作时，靠其两侧面传递转矩，键的上表面和轮毂槽底之间留有间隙。这种键定心性较好，装拆方便，但不能实现轴上零件的轴向固定。

2. 花键联接

花键联接如图 13-17 所示。花键联接的齿侧面为工作面，可用于静联接或动联接。它比平键联接有更高的承载能力，较好的定心性和导向性；对轴的削弱也较小，适用于载荷较大或变载及定心要求较高的静联接、动联接。

3. 销联接

销联接如图 13-18 所示。销联接应用广泛，主要用来固定零件的相互位置，也可传递不大的载荷，常用的有圆锥销和圆柱销。

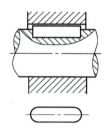

图 13-16　平键联接

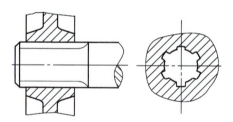

图 13-17　花键联接

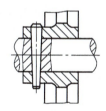

图 13-18　销联接

4. 成型联接

成型联接如图 13-19 所示。成型联接是利用非圆剖面的轴与相同形状的轮毂构成的联接。这种联接对中性好，工作可靠，无应力集中，但加工困难，故应用少。

5. 过盈配合

过盈配合如图 13-20 所示，其是利用轴毂孔间的过盈配合构成的联接。过盈配合结构简单，对轴的削弱小，但装拆不便，且对配合面加工精度要求较高，常与平键联接联合使用，以承受大的交变、振动和冲击载荷。

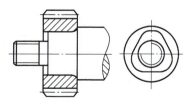

图 13-19　成型联接

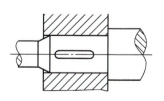

图 13-20　过盈配合

13.2.6 轴的结构工艺性

设计轴时，要使轴的结构具有良好的工艺性，即便于加工、测量、装拆和维修等。

从加工考虑，最好是直径不变的光轴，但光轴不利于零件的装拆和定位，所以实际上多采用阶梯轴。为了减少切削加工量，阶梯轴各轴段的直径不宜相差太大，一般取 5～10mm。

一根轴上的不同轴段上的键槽应布置在同一素线上；轴上的键槽、圆角、倒角、退刀槽、越程槽等应尽可能分别采用同一尺寸以便加工和检验，如图 13-21 所示。

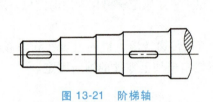

图 13-21 阶梯轴

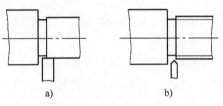

图 13-22 砂轮越程槽和螺纹退刀槽

需要磨削的轴段，应该留有砂轮越程槽，如图 13-22a 所示；需要切制螺纹的轴段，应留有螺纹退刀槽，如图 13-22b 所示。

为了便于加工和检验，轴的直径应圆整；与滚动轴承相配合的轴颈直径应符合滚动轴承内径标准；有螺纹的轴段直径应符合螺纹标准直径。

为了便于装配，轴端应加工出倒角（一般为 45°），如图 13-23a 所示，以免装配时把轴上零件的孔壁擦伤；过盈配合零件的装入端应加工出导向锥面，如图 13-23b 所示，以便零件能顺利地压入。

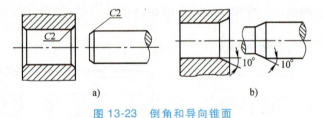

图 13-23 倒角和导向锥面

13.2.7 提高轴强度和刚度的措施

1. 改进轴的结构，降低应力集中

在零件截面发生变化处会产生应力集中现象，从而削弱材料的强度。因此，进行结构设计时，应尽量减小应力集中。特别是合金钢材料对应力集中比较敏感，应当特别注意。在阶梯轴的截面尺寸变化处应采用圆角过渡，且圆角半径不宜过小。另外，设计时尽量不要在轴上开横孔、切口或凹槽，必须开横孔时须将边倒圆。在重要

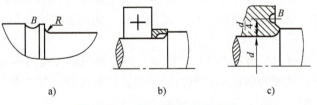

图 13-24 减小应力集中的措施

的轴的结构中，可采用卸载槽 B（图 13-24a）、过渡肩环（图 13-24b），以减小局部应力。在轮毂上做出卸载槽 B（图 13-24c），也能减小配合处的局部应力。

当轴上零件与轴为过盈配合时，可采用如图 13-25 所示的几种结构，以减轻轴在零件配合处的应力集中。

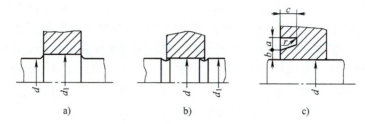

图 13-25 几种轴与轮毂的过盈配合方法

a）增大配合处轴径 b）在配合边缘开卸载槽 c）在轮毂上开卸载槽

2. 改善轴的受载情况

如图 13-26 所示，当动力需从两个轮输出时，为了减小轴上载荷，尽量将输入轮置在中间。在图 13-26b 中，当输入转矩为 T_1+T_2 且 $T_1>T_2$ 时，轴的最大转矩为 T_1；而在图 13-26a 中，轴的最大转矩为 T_1+T_2，因此图 13-26b 所示的布置比图 13-26a 合理。

再如图 13-27 所示的起重机卷筒的两种不同方案中，图 13-27a 所示的结构是大齿轮和卷筒联成一体，转矩经大齿轮直接传给卷筒。这样，卷筒轴只受弯矩而不传递转矩，起重同样载荷 G 时，轴的直径可小于图 13-27b 所示的结构。

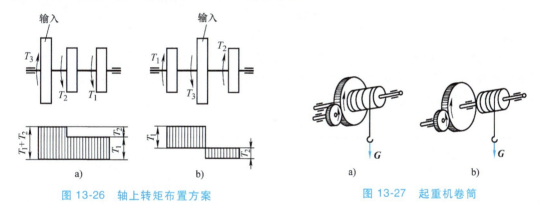

图 13-26 轴上转矩布置方案

图 13-27 起重机卷筒

3. 改善轴的表面质量

表面质量对轴的疲劳强度也有显著的影响。实践表明，疲劳裂纹常发生在表面粗糙的部位。设计时即使是不与其他零件相配合的自由表面也不应该忽视。采用辗压、喷丸、渗碳淬火、渗氮、高频淬火等表面强化的方法可以显著提高轴的疲劳强度。

13.3 轴的承载能力设计

轴的承载能力主要取决于其强度、刚度和稳定性等。

轴的设计一般可先按转矩估算最小轴径，再根据轴上零件的布置和定位方式等多种因素定出轴的结构外形和尺寸，然后再同时考虑弯矩和转矩进行计算。必要时应对轴进行刚度或稳定性的校核。

13.3.1 轴的强度计算

对于仅（或主要）承受转矩的轴（传动轴），可按扭转强度计算轴的强度。对于仅仅

（或主要）承受弯矩的轴（心轴），应按弯曲强度计算轴的强度。对于既承受转矩又承受弯矩的轴（转轴），需要按弯扭联合作用计算转轴的强度。轴的设计初期，往往未知轴上零件的位置和两轴承间的距离，难以进行弯矩计算。而确定跨距又需要把轴上零件安排就位，这一工作常称为草图设计。显然跨距与各零件宽度有关，某些零件宽度又取决于轴径。这种情况下，通常先按扭转强度初估轴径，以此作为轴的最小直径，再进行轴的结构设计，从而定出轴上与轴径有关零件宽度，进而绘制草图，在草图布置妥当后，定出跨距，再按弯扭组合强度条件校核轴的强度。

1. 按扭转强度估算最小轴径

对于传递转矩的圆轴，由材料力学可知，其强度条件为

$$\tau = \frac{T}{W_p} = \frac{9550 \times 10^3 \times P/n}{0.2d^3} \leqslant [\tau] \tag{13-1}$$

式中，τ 是轴的扭转切应力，单位为 MPa；T 是转矩，单位为 N·mm；W_p 是抗扭截面模量，单位为 mm³，对于圆截面实心轴取 $0.2d^3$；P 是轴传递的功率，单位为 kW；n 是轴的转速，单位为 r/min；d 是轴的直径，单位为 mm；$[\tau]$ 是许用切应力，单位为 MPa，见表 13-2。

按扭转强度设计轴径

$$d \geqslant \sqrt[3]{\frac{9550 \times 10^3}{0.2[\tau]}} \sqrt[3]{\frac{P}{n}} = A \sqrt[3]{\frac{P}{n}} \tag{13-2}$$

式中，A 是与轴的材料和承载有关的系数，可直接由表 13-2 查得。当弯矩的作用较转矩小，或只受转矩作用，载荷平稳、无轴向载荷或只有较小的轴向载荷，减速器的低速轴，轴单向旋转时，A 取小值；反之取大值。

表 13-2　常用材料的 A 值和 $[\tau]$

轴的材料	Q235、20	35	45	40Cr、35SiMn、42SiMn、38SiMnMo、20CrMnTi
A	160~135	135~118	118~107	107~98
$[\tau]$/MPa	12~20	20~30	30~40	40~52

按式（13-2）求得的 d 要圆整到标准系列值作为轴的最细小处的直径，但要注意，当轴上有键槽时，应增大轴径以考虑键槽对轴强度的削弱，若有一个键槽，则轴径常增加 3%~5%。若有双键槽，则轴径常增加 7%~10%。

2. 按弯扭组合强度计算

完成传动零件的受力分析及轴的结构设计后，外载荷和轴的支承位置就可确定，画出轴的受力简图，轴上各截面的弯矩即可算出，画出弯矩图和转矩图，此时可用弯扭组合强度条件校核轴径。弯扭组合强度条件校核是将轴看成是由铰支座支承的梁，当轴受弯矩 M 和转矩 T 作用时，应用材料力学求出轴危险截面的应力与轴材料的许用弯曲应力进行比较。

由材料力学可知，圆轴受弯扭组合时的强度条件为

$$\sigma_{bb} = \frac{M_e}{W} = \frac{\sqrt{M^2 + (\alpha T)^2}}{0.1d^3} \leqslant [\sigma_{bb}] \tag{13-3}$$

式中，M_e 是当量弯矩，单位为 N·mm，$M_e = \sqrt{M^2 + (\alpha T)^2}$；$\alpha$ 是根据轴所传递的转矩性质而定的校正系数，若为不变转矩，则 $\alpha = 0.3$；若转矩为脉动循环，则 $\alpha \approx 0.6$，对称循环的转

矩，取 $\alpha = 1$，若转矩变化不清楚，一般也按脉动循环处理；T 是转矩，单位为 N·mm；M 是合成弯矩，单位为 N·mm，$M = \sqrt{M_H^2 + M_V^2}$，M_H 和 M_V 分别是水平面和垂直面的弯矩；$[\sigma_{bb}]$ 是许用弯曲应力，单位为 MPa，见表 13-3。

按弯扭组合强度计算轴的直径 d 为

$$d \geqslant \sqrt[3]{\frac{M_e}{0.1[\sigma_{bb}]}} \qquad (13-4)$$

若计算截面处有键槽时，应将计算所得 d 值适当加大。

表 13-3　轴的许用弯曲应力

材料	σ_{bb}	$[\sigma_{bb}]_{+1}$	$[\sigma_{bb}]_0$	$[\sigma_{bb}]_{-1}$
	MPa			
碳素钢	400	130	70	40
	500	170	75	45
	600	200	95	55
	700	230	110	65
合金钢	800	270	130	75
	900	300	140	80
	1000	330	150	90
铸钢	400	100	50	30
	500	120	70	40

注：$[\sigma_{bb}]_{+1}$、$[\sigma_{bb}]_0$、$[\sigma_{bb}]_{-1}$ 分别为材料在静应力、脉动循环应力和对称循环应力作用下的许用弯曲应力。

具体的校核计算步骤如下：

1）绘制轴的结构图。

2）绘出轴的空间受力图，将轴上的作用力分解成水平面（H 面）、垂直面（V 面）的分力，再利用平衡条件求出支承反力，支承反力作用点近似取轴承宽度中点。

3）绘出垂直面上的弯矩图 M_V。

4）绘出水平面上的弯矩图 M_H。

5）算出合成弯矩 $M = \sqrt{M_H^2 + M_V^2}$，并绘出合成弯矩图。

6）绘出转矩图。

7）计算当量弯矩 M_e。

8）按式（13-3）校核轴的强度，并按式（13-4）计算出危险截面的直径。计算所得的直径比结构设计所确定的直径大，表明结构设计要进行修改。若结构设计所确定的直径比计算直径大，除非相差悬殊，一般不做修改，就以结构设计的轴径为准。

13.3.2　轴的刚度计算

轴的刚度不足产生的变形有弯曲变形（挠度）和扭转变形（扭角），对重要的和精度要求高的轴，通常要进行刚度校核。此外，轴的刚度校核也是轴振动计算的基础。

1. 轴的弯曲刚度校核计算

轴的弯曲刚度校核计算就是用材料力学中的公式和方法算出轴的挠度 w 或转角 θ，

并应满足：

$$w \leqslant [w] \quad \text{或} \quad \theta \leqslant [\theta] \tag{13-5}$$

式中，$[w]$ 是许用挠度，见表 13-4；$[\theta]$ 是许用转角，见表 13-4。

根据实际工作条件，分析确定对挠度还是对转角进行限制或者同时限制。例如，机床的主轴，在受到切削力后如果挠度过大，会影响机床加工精度，而当轴上装有齿轮时，轴弯曲变形后转角会引起齿轮载荷沿齿宽方向分布不均匀；当轴支承在滚动轴承上时，轴的支承点上的转角会影响滚动轴承的正常工作。

2. 轴的扭转刚度校核计算

在很多机器中，轴的扭转变形并无大碍，可不必校核，如汽车传动轴上的扭转变形角即使达到每米几度仍能正常工作。但是，有些轴上的零件对轴的扭转变形却非常敏感，如内燃机配气凸轮轴，如果轴的扭转变形过大，就会影响凸轮的控制精度，因此必须校核其扭转角 φ。

用材料力学的公式和方法算出轴每米长的扭转角 φ，并满足：$\varphi \leqslant [\varphi]$。$[\varphi]$ 是轴每米长的许用扭转角，见表 13-4。

表 13-4　轴的许用变形量

变形		名称	许用变形量
弯曲变形	挠度	一般用途的转轴	$[w] = (0.0003 \sim 0.0005)L$（$L$ 为轴的跨距）
		需要较高刚度的转轴	$[w] = 0.0002L$
		安装齿轮的轴	$[w] = (0.01 \sim 0.03)m$（m 为模数）
		安装蜗轮的轴	$[w] = (0.02 \sim 0.05)m$
	转角	安装齿轮处	$[\theta] = 0.001 \sim 0.002\,\text{rad}$
		滑动轴承处	$[\theta] = 0.001\,\text{rad}$
		深沟球轴承处	$[\theta] = 0.005\,\text{rad}$
		圆锥滚子轴承处	$[\theta] = 0.0016\,\text{rad}$
扭转变形	扭转角	一般传动	$[\varphi] = 0.5° \sim 1°/\text{m}$
		精密传动	$[\varphi] = 0.25° \sim 0.5°/\text{m}$

13.4　轴的设计实例

【例 13-1】　设计如图 13-28 所示减速器的从动轴。已知：传递功率 $P = 13\text{kW}$，从动轮转速 $n_2 = 220\text{r/min}$，齿轮分度圆直径 $d_{齿} = 269.1\text{mm}$，螺旋角 $\beta = 9°59'12''$，齿轮宽度 $b = 90\text{mm}$，设采用 7211B 角接触球轴承，单向传动。

解：（1）选择轴的材料，确定许用应力　因为减速器为一般机械，无特殊要求，故选用 45 钢，进行正火处理。查表 13-1，取 $R_m = 600\text{MPa}$，因运转时从动轴的弯曲应力状态为对称循环应力状态，查表 13-3 得 $[\sigma_{bb}]_{-1} = 55\text{MPa}$。

（2）按扭转强度初估轴的最小直径　根据表 13-2 得 $A = 110$，代入式（13-2）得

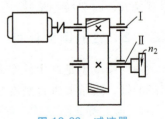

图 13-28　减速器

$$d \geqslant A \sqrt[3]{\frac{P}{n}} = 110 \sqrt[3]{\frac{13}{220}} \text{mm} = 42.8 \text{mm}$$

因为轴端装联轴器开有键槽，故应将轴径增大 5%，即 $d = 42.8\text{mm} \times 1.05 = 44.94\text{mm}$。考虑补偿轴的位移，选用弹性柱销联轴器。由 n 和转矩 $T_c = KT = 1.5 \times 9550 \times 10^3 \times 13/220\text{N} \cdot \text{mm} = 846477.2\text{N} \cdot \text{mm}$（取工况系数 $K = 1.5$），查 GB/T 5014—2017 选用 LX4 弹性柱销联轴器，标准孔径 $d = 45\text{mm}$。

（3）轴的结构设计　轴的结构设计时，绘制轴的结构草图和确定各部分尺寸应交替进行，如图 13-29 所示。

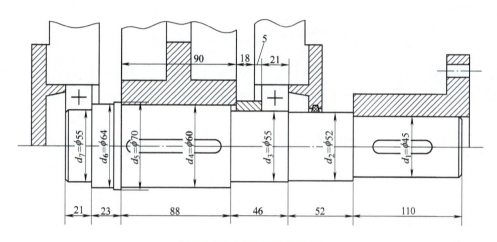

图 13-29　减速器的输出轴

1）确定轴上零件的定位方式。因为斜齿轮传动有轴向力，故采用角接触球轴承。半联轴器左端用轴肩定位，依靠 A 型普通平键联接和过渡配合（H7/k6）实现周向固定。齿轮布置在两轴承中间，左侧用轴环定位，右侧用套筒与轴承隔开并做轴向定位；齿轮和轴选用 A 型平键和过盈配合（H7/r6）做周向固定；两端轴承选用过渡配合（H7/k6）做周向固定；左轴承靠轴肩和轴承端盖做轴向定位，右轴承靠套筒和轴承端盖做轴向定位。

2）径向尺寸确定。从轴段 $d_1 = 45\text{mm}$ 开始，逐段选取相邻轴段的直径，如图 13-29 所示，d_2 起定位作用，定位轴肩高度 $h_{\min}$ 可在 $(0.07 \sim 0.1)d_1$ 范围内选取，故 $d_2 = d_1 + 2h \geqslant 45 \times (1 + 2 \times 0.07) = 51.3\text{mm}$，取 $d_2 = 52\text{mm}$；右轴颈直径按滚动轴承的标准取 $d_3 = 55\text{mm}$；装齿轮的轴头直径取 $d_4 = 60\text{mm}$；轴环高度 $h_{\min} \geqslant (0.07 \sim 0.1)d_4$，取 $h = 5\text{mm}$，故直径 $d_5 = 70\text{mm}$，宽度 b 取 7mm；左轴颈直径 d_7 与右轴颈直径 d_3 相同，即 $d_7 = d_3 = 55\text{mm}$；根据题意轴承型号为 7211B，查得 $r_s = 1.5\text{mm}$，考虑到轴承的装拆，左轴颈与轴环间的轴段直径 $d_6 = 64\text{mm}$。

3）轴向尺寸的确定。与齿轮、带轮、联轴器等传动零件相配合的轴段长度，一般略小于传动零件的轮毂宽度。根据齿轮宽度为 90mm，取轴头长为 88mm，以保证套筒与轮毂端面贴紧；7211B 轴承宽度由手册查得 21mm，故左轴颈长也取 21mm；为使齿轮端面、轴承端面与箱体内壁均保持一定距离（分别取为 18mm 和 5mm），取套筒宽为 23mm；轴穿过轴承端盖部分的长度，根据箱体结构取 52mm；轴外伸端长度根据选用的 LX4 弹性柱销联轴器尺寸取 110mm。可得出两轴承的跨距为 $L = 157\text{mm}$。

（4）按弯扭组合校核轴的强度

1）计算齿轮受力。

转矩

$$T = 9550\frac{P}{n_2} = 9550 \times \frac{13}{220} \text{N} \cdot \text{m} = 564 \text{N} \cdot \text{m}$$

齿轮圆周力

$$F_{t2} = \frac{2000T}{d_{齿}} = \frac{2000 \times 564}{269.1} \text{N} = 4192 \text{N}$$

齿轮径向力

$$F_{r2} = F_{t2}\frac{\tan\alpha_n}{\cos\beta} = 4192\frac{\tan20°}{\cos9°59'12''} \text{N} = 1557 \text{N}$$

齿轮轴向力

$$F_{a2} = F_{t2}\tan\beta = 4192\tan9°59'12'' \text{N} = 739 \text{N}$$

2）绘制轴的受力简图，如图13-30a所示。

3）计算支承反力，如图13-30b、c所示。

水平平面支承反力

$$F_{HA} = F_{HB} = \frac{F_{t2}}{2} = \frac{4192}{2} \text{N} = 2096 \text{N}$$

垂直平面支承反力

$$F_{VA} = \frac{F_{r2}\dfrac{L}{2} - F_{a2}\dfrac{d_{齿}}{2}}{L} = \frac{1557 \times \dfrac{157}{2} - 739 \times \dfrac{269.1}{2}}{157} \text{N} = 145 \text{N}$$

$$F_{VB} = F_{r2} - F_{VA} = 1557 \text{N} - 145 \text{N} = 1412 \text{N}$$

4）绘制弯矩图。水平平面弯矩图，如图13-30b所示。

C 截面处的弯矩

$$M_{HC} = F_{HA}\frac{L}{2} = 2096 \times \frac{0.157}{2} \text{N} \cdot \text{m} = 164.5 \text{N} \cdot \text{m}$$

垂直平面弯矩图，如图13-30c所示。

C 截面偏左处的弯矩

$$M'_{VC} = F_{VA}\frac{L}{2} = 145 \times \frac{0.157}{2} \text{N} \cdot \text{m} = 11 \text{N} \cdot \text{m}$$

C 截面偏右处的弯矩

$$M''_{VC} = F_{VB}\frac{L}{2} = 1412 \times \frac{0.157}{2} \text{N} \cdot \text{m} = 110.8 \text{N} \cdot \text{m}$$

作合成弯矩图，如图13-30d所示。

C 截面偏左的合成弯矩

$$M'_C = \sqrt{M_{HC}^2 + M'^2_{VC}} = \sqrt{164.5^2 + 11^2} \text{N} \cdot \text{m} = 165 \text{N} \cdot \text{m}$$

C 截面偏右的合成弯矩

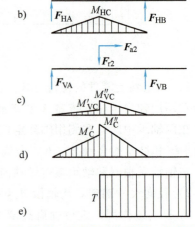

图 13-30 轴的受力和弯矩、转矩图

$$M''_C = \sqrt{M^2_{HC} + M''^2_{VC}} = \sqrt{164.5^2 + 110.8^2}\,\text{N}\cdot\text{m} = 198\text{N}\cdot\text{m}$$

5）作转矩图，如图 13-30e 所示。$T = 564\text{N}\cdot\text{m}$。

6）校核轴的强度。轴在截面 C 处的弯矩和转矩最大，故为轴的危险截面，校核该截面直径。因是单向传动，转矩可认为按脉动循环变化，故取 $\alpha = 0.6$，危险截面的最大当量弯矩为

$$M_e = \sqrt{M''^2_C + (\alpha T)^2} = \sqrt{198^2 + (0.6 \times 564)^2}\,\text{N}\cdot\text{m} = 392\text{N}\cdot\text{m}$$

轴危险截面所需的直径为

$$d_C \geqslant \sqrt[3]{\frac{M_e}{0.1[\sigma_{bb}]_{-1}}} = \sqrt[3]{\frac{392 \times 10^3}{0.1 \times 55}}\,\text{mm} = 41.5\text{mm}$$

考虑到该截面上开有键槽，故将轴径增大 5%，即

$$d_C = 41.5\text{mm} \times 1.05 = 43.6\text{mm} < 60\text{mm}$$

结论：该轴强度足够。如所选轴承和键联接等经计算后确认寿命和强度均能满足，则该轴的结构无须修改。

（5）绘制轴的零件工作图　根据上述设计结果，结合齿轮与轴配合轴段以及联轴器与轴配合轴段键的尺寸（具体见表 15-6），并考虑到加工制造与维护等方面的细节，绘制零件工作图，如图 13-31 所示。

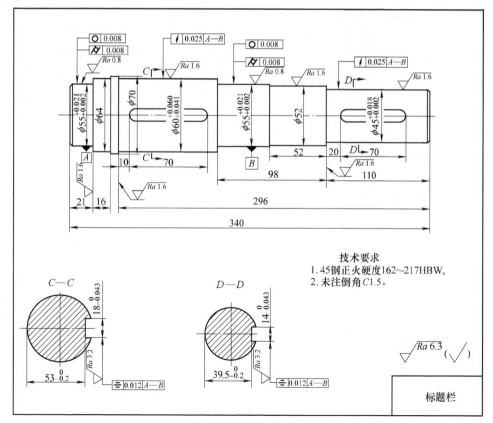

图 13-31　轴的零件工作图

知识拓展——工匠精神的内涵

知识拓展——
工匠精神的内涵

小结——思维导图讲解

小结——思维
导图讲解

知识巩固与能力训练题

13-1 复习思考题。

1) 试分析自行车的前轴、中轴、后轴的受载情况，说明它们各属于哪类轴？

2) 轴上零件轴向定位及周向固定各有哪些方法？各有何特点？各应用于什么场合？

3) 进行轴的结构设计时，应满足哪些要求？设计过程如何？应考虑哪些问题？

4) 影响轴的疲劳强度的因素有哪些？在设计轴的过程中，当疲劳强度不够时，应采取哪些措施使其满足强度要求？

13-2 试分析图 13-32 所示卷扬机中各轴所受的载荷，并由此判定各轴的类型（轴的自重、轴承中的摩擦均不计）。

13-3 在图 13-33 所示的锥齿轮减速器主动轴中，已知锥齿轮的平均分度圆直径 $d_m = 56.25\text{mm}$，所受圆周力 $F_t = 1130\text{N}$、径向力 $F_r = 380\text{N}$、轴向力 $F_a = 146\text{N}$。试：①画出轴的受力简图；②计算支承反力；③画出轴的弯矩图、合成弯矩图及转矩图。

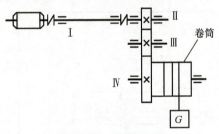

图 13-32 题 13-2 图

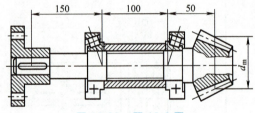

图 13-33 题 13-3 图

13-4 图 13-34 所示的某圆柱齿轮装于轴上，在圆周方向采用 A 型普通平键定位；在轴向，齿轮的左端用套筒定位，右端用轴肩定位。试画出这个部分的结构图。

13-5 设计图 13-35 所示单级斜齿圆柱齿轮减速器低速轴的结构。已知齿轮相对于支承为对称布置，齿轮宽度 $b_2 = 100\text{mm}$，轴承为 7308AC，两支承间的跨度 $L = 200\text{mm}$，外伸端装有一个半联轴器，孔的直径在 25～35mm 之间，轴与孔的配合长度 $L' = 60\text{mm}$。

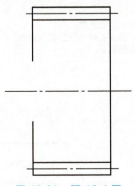

图 13-34 题 13-4 图

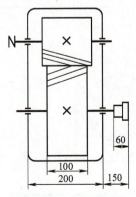

图 13-35 题 13-5 图

轴承的选用与组合设计

能力目标

1) 能够读懂滚动轴承代号的含义。
2) 能够正确选用滚动轴承的类型。
3) 能够正确进行滚动轴承的组合设计。
4) 能够正确判断轴系结构是否合理。
5) 能够正确选用滑动轴承的润滑方式。

素质目标

1) 通过列举近年来我国制造业取得的举世瞩目成就以及看似不起眼的轴承却在很长一段时间内是我国高端装备的软肋的实际情况,结合我国高铁所需高速轴承能够被成功研制并实现国产化生产,是因为有国内公司及科研院所的专家与技术人员们数十年如一日的艰辛付出和创新,让学生明白十年磨一剑的工匠精神以及深刻理解掌握核心技术的重要性。

2) 通过学习轴承选型时需从转速、所受载荷情况、支承精度要求以及工作环境等多方面考虑,以及轴承组合设计时需考虑到固定、调整、安装、拆卸、润滑与密封等多方面的情况,引导学生看待问题、分析问题及解决问题要具有全局观、大局观,提升工程职业素养与职业能力。

案例导入

轴承用于支承轴及轴上零件、保持轴的旋转精度和减少转轴与支承之间的摩擦和磨损。轴承一般分为两大类:滚动轴承和滑动轴承,如图 14-1 所示。轴承在各类机械设备中得到了广泛应用,如机床、自行车、拖拉机、减速器、汽轮机、压缩机、内燃机、大型电动机、水泥搅拌机、破碎机等。

轴承的应用实例

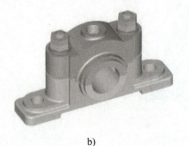

a)　　　　　　　　　　　　　b)

图 14-1　滚动轴承和滑动轴承

a）滚动轴承　b）滑动轴承

14.1　滚动轴承的结构、类型和代号

滚动轴承是机器的重要组成部分。它依靠主要元件间的滚动接触来支承转动零件。滚动轴承已经标准化，具有摩擦阻力小、容易起动、效率高、轴向尺寸小等优点，故应用十分广泛。

14.1.1　滚动轴承的基本结构

滚动轴承的基本结构如图 14-2 所示。它主要由外圈 1、内圈 2、滚动体 3 和保持架 4 四个部分组成。通常其内圈与轴颈相配合并随轴颈转动，外圈与机座或零件的轴承孔相配合，固定不动。但也有内圈不动、外圈转动的场合。其中，轴承的内外圈都制有滚道，当内、外圈相对转动时，滚动体即在内外圈的滚道中滚动。常见滚动体形状如图 14-3 所示：球形、短圆柱形、长圆柱形、螺旋形、圆锥形、球面鼓形及滚针形等。保持架的作用是把滚动体沿滚道均匀地隔开，以减少滚动体之间的摩擦和磨损，并引导滚动体在正确的滚道上运动。

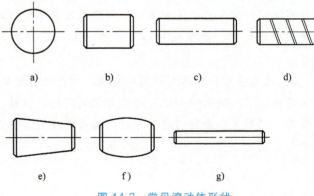

a)　　　　b)　　　　c)　　　　d)

e)　　　　f)　　　　g)

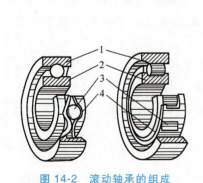

图 14-2　滚动轴承的组成

1—外圈　2—内圈　3—滚动体　4—保持架

图 14-3　常见滚动体形状

滚动轴承的内、外圈和滚动体应具有高的硬度和接触疲劳强度、良好的耐磨性和冲击韧性，一般采用合金轴承钢（如 GCr9、GCr15、GCr15SiMn 等），经热处理后硬度可达 65HRC，工作表面须经磨削和抛光。保持架有冲压式和实体式两种。其中，冲压式用低碳钢冲压制成；实体式用铜合金、铝合金或工程塑料，有较好的定心精度，适用于较高速的轴承。

14.1.2　滚动轴承的类型及特性

滚动轴承的公称接触角是指滚动体和套圈接触处的法线与轴承径向平面（垂直于轴承轴心线的平面）之间的夹角，如图 14-4 所示，一般用 α 来表示。α 越大，则轴承承受轴向载荷的能力就越大。

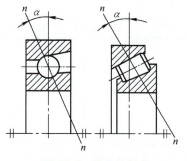

常见的滚动
轴承类型

图 14-4　公称接触角

滚动轴承按承受载荷的方向分为向心轴承和推力轴承；按滚动体形状可分为球轴承和滚子轴承；按工作时能否调心，分为调心轴承和非调心轴承。常见滚动轴承的类型及特性见表 14-1。

表 14-1　常见滚动轴承的类型及特性

轴承名称、类型及代号	结构简图及承载方向	特性及应用
调心球轴承（1）		主要承受径向载荷，可承受少量的双向轴向载荷。外圈滚道为球面，具有自动调心性能，适用于多支点轴、弯曲刚度小的轴以及难于精确对中的支承
调心滚子轴承（2）		主要承受径向载荷，其承载能力比调心球轴承约大一倍，也能承受少量的双向轴向载荷。外圈滚道为球面，具有调心性能，适用于多支点轴、弯曲刚度小的轴及难于精确对中的支承
圆锥滚子轴承（3）		能承受较大的径向载荷和单向轴向载荷，极限转速较低。内外圈可分离，轴承游隙可在安装时调整。通常成对使用，对称安装，适用于转速不太高、轴的刚性较好的场合
推力球轴承（5）		推力球轴承的套圈与滚动体可分离，单向的推力球轴承只能承受单向轴向载荷，两个圈的内孔不一样大，内孔较小的与轴配合，内孔较大的与机座固定。双向推力球轴承可以承受双向轴向载荷，中间圈与轴配合，另两个圈为松圈 高速时，由于离心力大，寿命较短，常用于轴向载荷大、转速不高场合
深沟球轴承（6）		主要承受径向载荷，也可同时承受少量双向轴向载荷，工作时内外圈轴线允许偏斜。摩擦阻力小，极限转速高，结构简单，价格便宜，应用最广泛。但承受冲击载荷能力较差，适用于高速场合。在高速时可代替推力球轴承

（续）

轴承名称、类型及代号	结构简图及承载方向	特性及应用
角接触球轴承(7)		能同时承受径向载荷与单向轴向载荷,公称接触角 α 有 15°、25°、40° 三种,α 越大,轴向承载能力也越大。成对使用,对称安装,极限转速较高,适用于转速较高、同时承受径向和轴向载荷场合
推力圆柱滚子轴承(8)		能承受很大的单向轴向载荷,但不能承受径向载荷。它比推力球轴承承载能力要大,套圈也分紧圈与松圈。极限转速很低,适用于低速重载场合
圆柱滚子轴承(N)		只能承受径向载荷。承载能力比同尺寸的球轴承大,承受冲击载荷能力大,极限转速高。对轴的偏斜敏感,允许偏斜较小,用于刚性较大的轴上,并要求支承座孔很好地对中

14.1.3 滚动轴承的代号

国家标准（GB/T272—2017）中规定滚动轴承代号的表示方法。滚动轴承的代号由前置代号、基本代号和后置代号组成,见表 14-2。

滚动轴承的
代号识读

表 14-2 滚动轴承代号

前置代号	基本代号					后置代号								
	五	四	三	二	一									
轴承的分部件代号	轴承系列				内径代号	内部结构代号	密封、防尘与外部形状代号	保持架及其材料代号	轴承零件材料代号	公差等级代号	游隙代号	配置代号	振动及噪声代号	其他代号
	类型代号	尺寸系列代号												
		宽(高)度系列代号	直径系列代号											

1. 基本代号

基本代号是表示轴承主要特征的核心部分,表示轴承类型、尺寸系列和内径。

类型代号用阿拉伯数字（以下简称为数字）或大写英文字母（以下简称为字母）表示（表 14-1）,个别情况下可以省略。

尺寸系列代号由轴承的宽（高）度系列代号和直径系列代号组合,用两位数字表示。

宽度系列是指径向接触轴承或向心角接触轴承内径相同,而宽度有一个递增的系列尺寸。当宽度系列为 0 系列（正常系列）时,多数轴承在代号中可不予标出。

高度系列是指轴向接触轴承的内径相同,高度有一个递增的系列尺寸。

直径系列表示同一类型、相同内径的轴承在外径上的变化系列,如图 14-5 所示。

内径代号用基本代号右起第一、二两位数字表示,公称内径大于 10mm 的滚动轴承的内径代号见表 14-3。

2. 前置代号、后置代号

前置代号用字母表示，用以说明成套轴承分部件的特点，而一般轴承无须做此说明，故前置代号可省略。

后置代号用字母或字母加数字来表示，按不同的情况可以紧接在基本代号之后，其含义见表 14-2。例如：内部结构代号中，角接触球轴承接触角 $\alpha = 40°$，代号为 B；$\alpha = 25°$，代号为 AC；$\alpha = 15°$，代号为 C。公差等级代号的精度由低到高依次标注为/PN、/P6、/P6X、/P5、/P4、/P2、/SP、/UP，其中/PN 为普通级，可省略不标注；/P6X 仅用于圆锥滚子轴承。

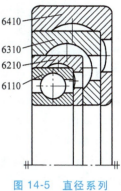

图 14-5　直径系列

表 14-3　滚动轴承的内径代号

公称内径尺寸/mm	代号表示	举例	
		代号	公称内径/mm
10	00	6200	10
12	01		
15	02		
17	03		
20~480(5 的倍数,22、28、32 除外)	内径/5 的商	23208	40
22、28、32 及 500 以上	/内径	230/500	500
		62/22	22

【例 14-1】　试说明轴承代号 6206、32315、7312C 及 51410/P6 的含义。

解：6206：（从左至右）6 为深沟球轴承；2 为尺寸系列代号，直径系列为 2，宽度系列为 0（省略）；06 表示轴承内径为 30mm；公差等级为普通级。

32315：（从左至右）3 为圆锥滚子轴承；23 为尺寸系列代号，直径系列为 3、宽度系列为 2；15 表示轴承内径为 75mm；公差等级为普通级。

7312C：（从左至右）7 为角接触球轴承；3 为尺寸系列代号，直径系列为 3、宽度系列为 0（省略）；12 表示轴承内径为 60mm；C 为公称接触角 $\alpha = 15°$；公差等级为普通级。

51410/P6：（从左至右）5 为推力球轴承；14 为尺寸系列代号，直径系列为 4、高度系列为 1；10 表示轴承直径为 50mm；公差等级为 6 级。

14.2　滚动轴承的选择

滚动轴承的类型选择是否恰当，直接影响到轴承寿命乃至机器的性能。滚动轴承的类型选择必须依据不同种类轴承的特性，表 14-1 给出了常见滚动轴承的类型及特性，供选择时参考。同时，在选用轴承时还要考虑影响轴承承载能力的因素。

14.2.1　影响轴承承载能力的参数

1. 游隙

游隙是将轴承的一个套圈（内圈或外圈）固定，另一个套圈沿径向或轴向的最大移动量。滚动轴承的游隙分径向游隙和轴向游隙两类，如图 14-6 所示。

游隙过大，将使同时承受载荷的滚动体减少，轴承的寿命降低，还将降低轴承的旋转精度，引起振动和噪声；游隙过小，则易发热和磨损，降低轴承的寿命。

2. 极限转速

滚动轴承在一定载荷和润滑条件下，允许的最高转速称为极限转速。滚动轴承转速过高会使摩擦面间产生高温，使润滑失效，从而导致滚动体退火或胶合而产生破坏。各类轴承极限转速数值可查手册。

3. 偏位角

安装误差或轴的变形等都会引起轴承内外圈中心线发生倾斜，其倾斜角 δ 称为偏位角。如图 14-7a 所示。δ 允许值越大，其自动适应相对倾斜的能力越强。

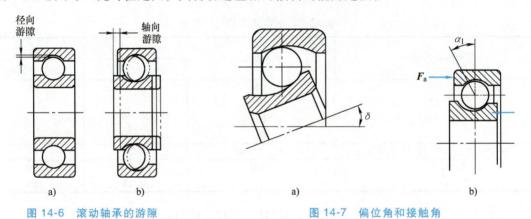

图 14-6　滚动轴承的游隙　　　　　图 14-7　偏位角和接触角

4. 接触角

由轴承结构类型决定的接触角称为公称接触角。如果轴承受到轴向力 F_a 时，其接触角不再为公称接触角，而是由 α 增大到 α_1，如图 14-7b 所示。对角接触球轴承而言，α 越大，轴承所能承受的轴向载荷也越大。

14.2.2　滚动轴承类型的选择

1. 轴承所受的载荷（大小、方向和性质）

在外形尺寸相同的条件下，滚子轴承的承载能力和抗冲击能力比球轴承要大。故载荷较大、有振动和冲击时，应优先选用滚子轴承。反之，轻载和要求旋转精度较高的场合应选择球轴承。

受纯径向载荷时应选用向心轴承；受纯轴向载荷应选用推力轴承；对于同时承受径向载荷 F_r 和轴向载荷 F_a 的轴承，应根据两者（F_a/F_r）的比值来确定：当 F_a 相对于 F_r 较小时，可选用深沟球轴承、接触角不大的角接触球轴承及圆锥滚子轴承等；当 F_a 相对于 F_r 比较大时，可选用接触角较大的角接触球轴承；当 F_a 比 F_r 大很多时，则应考虑采用向心轴承和推力轴承的组合结构，以分别承受径向载荷和轴向载荷。同一轴上两处支承的径向载荷相差较大时，也可以选用不同类型的轴承。

2. 轴承的转速

选择轴承类型时应注意其允许的极限转速 n_{lim}。当转速较高且旋转精度要求较高时，应选用球轴承，推力轴承的极限转速低。当工作转速较高而轴向载荷不大时，可采用角接触球轴承或深沟球轴承。对高速回转的轴承，为减少滚动体施加于外圈滚道的离心力，宜选用超轻、特轻系列的轴承。但 n_{lim} 值并不是一个不可超越的界限，若工作转速超过了轴承的极限转速，可通过提高轴承的安装等级、适当加大其径向游隙等措施来满足要求。

3. 调心性能的要求

对于因支点跨距大而使轴刚性较差或因轴承座孔的同轴度低等原因而使轴挠曲时，为了适应轴的变形，应选用允许内外圈有较大相对偏斜的调心轴承。在使用调心轴承的轴上，一般不宜使用其他类型的轴承，以免受其影响而失去了调心作用。

4. 拆装方便等其他因素

选择轴承类型时，还应考虑到轴承拆装的方便性、安装空间尺寸的限制以及经济性问题。例如：在轴承的径向尺寸受到限制的时候，就应选择同一类型、相同内径轴承中外径较小的轴承，或考虑选用滚针轴承；在轴承座没有剖分面而必须沿轴向安装和拆卸时，应优先选择内、外圈可分离轴承；球轴承比滚子轴承便宜，在能满足需要的情况下应优先选用球轴承；同型号不同公差等级的轴承价格相差很大，故对高精度轴承应慎重选用等。

【例 14-2】　为图 14-8 所示的各工作情况选择轴承类型。

1）图 14-8a 所示的起重机滑轮轴及吊钩，起重量 $G = 5 \times 10^4 \mathrm{N}$。

2）图 14-8b 所示的起重机卷筒轴，起重量 $G = 3 \times 10^5 \mathrm{N}$，转速 $n = 30 \mathrm{r/min}$，动力由直齿圆柱齿轮输入。

3）图 14-8c 所示的高速内圆磨头，转速 $n = 18000 \mathrm{r/min}$。

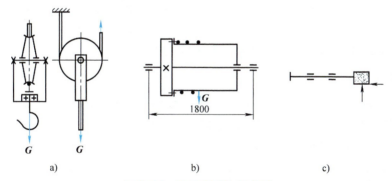

图 14-8　轴承类型选择实例

解：1）滑轮轴轴承承受较大的径向载荷，转速低，考虑结构选用一对深沟球轴承（6类）；吊钩轴承承受较大的单向轴向载荷，摆动，选用推力球轴承（5类）。

2）起重机卷筒轴轴承承受较大径向载荷，转速低，支点跨距大；轴承座分别安装，对中性较差，轴承内、外圈间可能产生较大角偏斜，选用一对调心滚子轴承（2类）。

3）高速内圆磨头轴承同时承受较小的径向和轴向载荷，转速高，要求回转精度高，选用一对角接触球轴承（7类）。

14.3　滚动轴承的组合设计

为了保证轴承的正常工作，除了合理地选择轴承的类型和尺寸外，还必须合理地进行轴承组合设计，正确地解决轴承拆装、配合、固定、调整、润滑和密封等问题。在具体进行设计时应该主要考虑下面几个方面的问题：

14.3.1 保证支承部分的刚度和同轴度

轴承的支承部分必须有适当的刚度和安装精度。刚度不足或安装精度不够，都会导致轴承的变形量过大，从而影响滚动体的载荷分布而导致轴承提前破坏。

为保证支承部分的刚度，轴承座孔壁应有足够的厚度，轴承座的悬臂应尽可能缩短并设置加强肋以增强刚度，如图14-9所示。

为保证支承部分的同轴度，同一轴上两端的轴承座孔必须尽可能地保持同心。为此，两端轴承座孔的尺寸应尽量相同，以便加工时一次镗出，减少同轴度误差。若轴上装有不同外径尺寸的轴承时，可采用如图14-10所示的套杯结构。

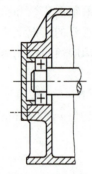
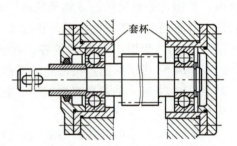

图14-9　支承部分刚度　　　　　　图14-10　轴承座孔的同轴度

14.3.2 滚动轴承的轴向固定和轴系结构形式

1. 滚动轴承的轴向固定

（1）内圈与轴的轴向固定方法　轴承内圈一般根据轴向力的大小采用轴肩与轴用弹性挡圈、轴端挡圈、圆螺母结构等进行紧固，如图14-11所示。为保证定位可靠，轴承圆角半径必须大于轴肩的圆角半径。

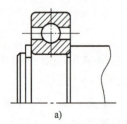
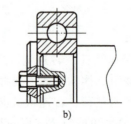
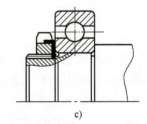

a)　　　　　　　　　　b)　　　　　　　　　　c)

图14-11　轴承内圈常用的轴向固定方法

（2）外圈的轴向固定方法　轴承外圈常采用机座凸台、孔用弹性挡圈、轴承端盖等形式紧固，如图14-12所示。

2. 滚动轴承支承的轴系结构形式

机器中轴的位置是靠轴承来定位的。当轴工作时，既要防止轴向窜动，还要从整个结构上考虑轴承工作时的热膨胀影响，使轴受热膨胀后不致卡死。常用滚动轴承支承的轴系结构形式如下：

滚动轴承支承
的轴系结构形式

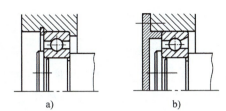
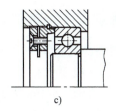

图 14-12　轴承外圈常用的轴向固定方法

（1）**两端单向固定**　这种方法是利用轴肩和轴承端盖的挡肩单向固定内、外圈，每一个支承只能限制单方向移动，两个支承共同防止轴的双向移动，如图 14-13a 所示。此种安装主要用于两个对称布置的角接触球轴承或圆锥滚子轴承的情况。同时，考虑温度升高后轴的伸长，为使轴的伸长不致引起附加应力，在轴承端盖与外圈端面之间留出热补偿间隙 $c = 0.2 \sim 0.4$mm，如图 14-13b 所示。间隙的大小是靠轴承端盖和外壳之间的调整垫片的增减来实现的。这种支承方式结构简单，便于安装，适用于工作温度不高的短轴（支点跨距 ≤ 400mm）。

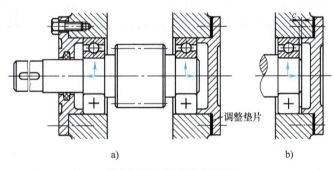

图 14-13　两端单向固定

（2）**一端双向固定、一端游动**　这种方法适用于工作温度较高、受热后伸长量比较大的长轴。作为固定支承的轴承，应能承受双向载荷，故此内、外圈都要固定，如图 14-14a 所示的左端结构。作为游动支承的轴承，若使用的是可分离型的圆柱滚子轴承等，则其内、外圈都应固定，如图 14-14b 所示；若使用的是内、外圈不可分离的轴承，则固定其内圈，其外圈在轴承座孔中应可以游动，如图 14-14a 所示的右端结构。

（3）**两端双向游动**　如图 14-15 所示，两个轴承均无轴向约束，多用于人字齿轮传动的高速轴。这种高速轴双向游动，自动调位，以防止齿轮卡死和人字齿轮两侧受力不均。

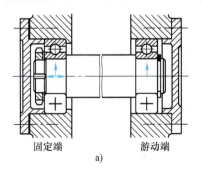
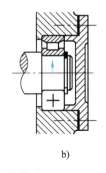
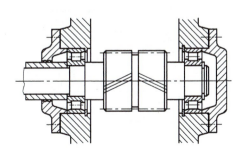

图 14-14　一端双向固定、一端游动　　　　**图 14-15　两端双向游动**

14.3.3　滚动轴承组合的调整

1. 轴承轴向间隙的调整

轴承在装配时，一般要留有适当间隙，以利轴承正常运转。常用的调整方法如下：

（1）调整垫片　如图 14-16a 所示结构，是靠加减轴承端盖与机座之间的垫片厚度来调整轴承间隙的。

（2）调节螺钉　如图 14-16b 所示结构，是用螺钉 1 通过轴承外圈压盖 3 移动外圈的位置来进行调整的。调整后，用螺母 2 锁紧防松。

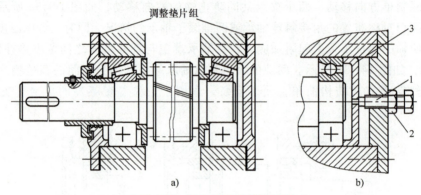

图 14-16　轴承轴向间隙的调整

1—螺钉　2—螺母　3—外圈压盖

2. 轴系轴向位置的调整

轴系轴向位置调整的目的是使轴上零件有准确的工作位置。图 14-17 所示锥齿轮轴的轴承组合结构，轴承装在套杯内，通过加减第 1 组垫片的厚度来调整轴承套杯的轴向位置，即可调整锥齿轮的轴向位置；通过加减第 2 组垫片的厚度，则可以实现轴承间隙的调整。

3. 滚动轴承的预紧

滚动轴承的预紧就是在安装时采用某种方法，在轴承中产生并保持一定的轴向力，以消除轴承的轴向游隙，并在滚动体与内外圈接触处产生预变形。

预紧力的大小要根据轴承的载荷、使用要求来决定。预紧力过小，会达不到增加轴承刚度的目的；预紧力过大，又将使轴承中摩擦增加，温度升高，影响轴承寿命。在实际工作中，预紧力大小的调整主要依靠经验或试验来决定。常见的预紧结构如图 14-18 所示，可在

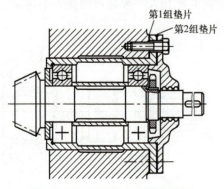

图 14-17　轴系轴向位置的调整

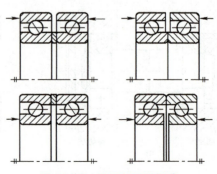

图 14-18　常见的预紧结构

轴承的内（外）套圈之间加一金属垫片或磨窄某一套圈的宽度，在受到一定的轴向力后产生预变形而预紧。

14.3.4　滚动轴承的配合及拆装

1. 滚动轴承的配合

滚动轴承的配合是指内圈与轴颈、外圈与座孔的配合。这些配合的松紧程度直接影响轴承间隙的大小，从而关系到轴承的运转精度和使用寿命。

由于滚动轴承是标准件，选择配合时要以轴承为基准件，即轴承内圈与轴颈的配合采用基孔制；轴承外圈与轴承座孔的配合采用基轴制。

在具体选取时，要根据轴承的类型和尺寸、载荷的大小和方向以及载荷的性质来确定。工作载荷不变时，转动圈（一般为内圈）要紧。转速越高、载荷越大、振动越大、工作温度变化越大，配合应该越紧，常用的配合有 m6、k6、js6；固定套圈（通常为外圈）、游动套圈或经常拆卸的轴承应该选择较松的配合，常用的配合有 J7、H7、G7。使用时可以参考相关手册或资料。

2. 滚动轴承的装配与拆卸

在设计任何一部机器时都必须考虑零件能够装得上、拆得下。在轴承结构设计中要保证不因拆装而损坏轴承或其他零件。装配轴承的轴颈长度，在满足配合长度的情况下，应尽可能设计得短一些。轴承内圈与轴颈的配合通常较紧，可以采用压力机在内圈上施加压力将轴承压套在轴颈上，如图 14-19 所示。有时为了便于安装，尤其是大尺寸轴承，可用热油加热轴承（一般均匀加热到 80～100℃），或用干冰冷却轴颈。中小型轴承可以使用软锤直接敲入或用装配套管压住内圈敲入。

滚动轴承的装配与拆卸

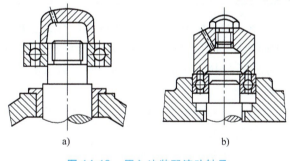

图 14-19　压入法装配滚动轴承
a）安装内圈　b）同时安装内圈和外圈

轴承的拆卸可根据实际情况按图 14-20 所示实施。为使拆卸工具的钩头钩住内圈，内圈在轴肩上应露出足够的高度，或在轴肩上开槽，以便放入拆卸工具的钩头。内、外圈可分离的轴承，其外圈的拆卸可用压力机、套筒或螺钉顶出，也可以用专用设备拉出。为了便于拆卸，座孔的结构一般采用图 14-21 所示的形式。

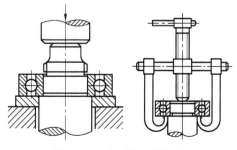

图 14-20　滚动轴承的拆卸

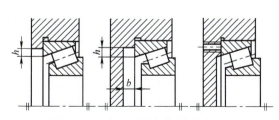

图 14-21　便于外圈拆卸的座孔结构

14.3.5 滚动轴承的润滑与密封

1. 润滑

滚动轴承的润滑剂一般按轴承内径 d 与轴承转速 n 的乘积来选择，具体值见表14-4。dn 间接反映了轴颈圆周速度，当 $dn<2\times10^5$ mm·r/min 时，一般采用脂润滑，润滑脂可以形成强度较高的油膜，承受较大的载荷，缓冲和吸振能力好，黏附力强，防水，密封结构简单，但需要人工定期更换和补充，装脂量一般为轴承内部空间的 $1/3\sim1/2$。

表14-4　滚动轴承润滑方式的 dn 值界限　　（单位：10^4 mm·r/min）

轴承类型	脂润滑	油润滑			
		浸油	滴油	喷油	喷雾
深沟球轴承	16	25	40	60	>60
调心球轴承	16	25	40	—	—
角接触轴承	16	25	40	60	>60
圆柱滚子轴承	12	25	40	60	>60
圆锥滚子轴承	10	16	23	30	—
调心滚子轴承	8	12	—	25	—
推力滚子轴承	4	6	12	15	—

润滑油的内摩擦力小，便于散热冷却，适用于高速机械。速度越高，油的黏度越小。当 $n\leqslant10000$ r/min 时，可以采用简单的浸油法；当 $n>10000$ r/min 时，搅油损失增大，引起油液和轴承严重发热，应该采用滴油、喷油或喷雾法。

2. 密封

轴承密封装置是为了防止灰尘、水等其他杂质进入轴承，并防止润滑剂流出而设置的。常见的密封装置有接触式密封、非接触式密封和组合式密封三类。

（1）接触式密封　在轴承端盖内放置软材料（毛毡、橡胶圈或皮碗等），与转动轴直接接触而起密封作用。这种密封多用于转速不高的情况，同时要求与密封接触的轴表面硬度大于40HRC，表面粗糙度值小于 $Ra0.8\mu m$。接触式密封有毡圈密封和皮碗密封两种。

1）毡圈密封，如图14-22a所示，在轴承盖上开出梯形槽，将矩形剖面的细毛毡放置在梯形槽中与轴接触。这种密封结构简单，但摩擦较严重，主要用于轴颈圆周速度小于5m/s的脂润滑结构。

2）皮碗密封，如图14-22b所示，在轴承端盖中放置一个密封皮碗。它是用耐油橡胶等材料制成的，并装在一个

a)　　　　　　　　　　b)

图14-22　接触式密封

钢外壳之中（有的没有钢壳）的整体部件。皮碗与轴紧密接触而起密封作用。为增强封油效果，用一个螺旋弹簧押在皮碗的唇部。唇的方向朝向密封部位，主要目的是防止漏油；唇朝外（图14-22b），主要目的是防尘。当采用两个皮碗相背放置时，既可以防尘又可以起密

封作用。这种结构安装方便，使用可靠，一般适用于轴颈圆周速度小于 12m/s 的场合。

（2）非接触式密封　非接触式密封不与轴直接接触，多用于速度较高的场合。

1）油沟式密封（也称为隙缝密封），如图 14-23a 所示。在轴与轴承端盖的通孔壁之间留有 0.1～0.3mm 的间隙，在轴承端盖上车出沟槽，并在槽内填满油脂，以起密封作用。这种形式结构简单，轴颈圆周速度为 5～6m/s，适用于润滑脂润滑。

2）迷宫式密封，如图 14-23b 所示。将旋转的和固定的密封零件间的间隙制成迷宫（曲路）形式，缝隙间填满润滑脂以加强密封效果。这种形式对润滑脂和润滑油都很有效，环境比较脏时采用这种形式，轴颈圆周速度可达 30m/s。

3）挡油环密封，如图 14-23c 所示。油润滑时，可在轴上装一个挡油环。当轴转动时，向外流失的润滑油落在挡油环上时，由于离心力的作用而甩落，然后通过导油槽流回油箱。

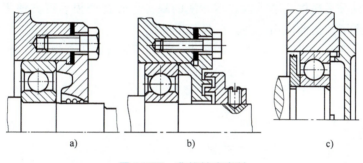

图 14-23　非接触式密封

（3）组合式密封　当密封要求较高时，可将上述几种密封方式组合起来使用，形成组合式密封，以达到更好的密封效果。图 14-24a 所示为毡圈密封与迷宫式密封的组合，图 14-24b 所示为油沟式密封与迷宫式密封的组合。

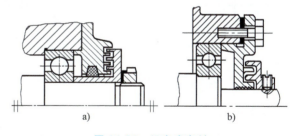

图 14-24　组合式密封

14.4　滑动轴承的类型、材料与润滑

14.4.1　滑动轴承的类型

滑动轴承一般是由轴承座、轴瓦、润滑装置和密封装置等部分组成。按承受载荷方向不同，滑动轴承可分为径向滑动轴承和止推滑动轴承。

滑动轴承的类型及结构形式

1. 径向滑动轴承

径向滑动轴承用于承受径向载荷，按照结构形式的不同，又可分为整体式和剖分式。

（1）整体式滑动轴承　图 14-25 所示的整体式滑动轴承，由轴承座 1、轴套 2、油沟 3、油孔 4、油杯螺纹孔 5 等组成。可在机架或箱体上直接制出轴承孔，也可用螺栓将轴承座与机座相联接，顶部开有油孔或装有润滑油杯，以便将润滑油导入带有油沟的轴套中。整体式滑动轴承结构简单，制造方便，但轴套磨损后轴承间隙无法调整，拆装轴承时轴或轴承需轴向移动，因此这种轴承多用于低速、轻载和间歇工作的场合。

（2）**剖分式滑动轴承** 图 14-26 所示的剖分式滑动轴承，由轴承座 1、轴承盖 2、剖分轴瓦 3、双头螺柱 4 等组成。为了提高对心精度，在轴承盖与轴承座的剖分面上制有阶梯形的止口。由于实

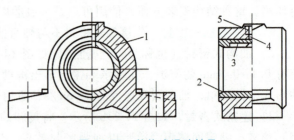

图 14-25　整体式滑动轴承

1—轴承座　2—轴套　3—油沟　4—油孔　5—油杯螺纹孔

际应用中径向承载方向的不同，剖分面可以制成如图 14-26a 所示的水平式，也可制成如图 14-26b 所示的斜开式。

剖分式轴承克服了整体式轴承拆装不方便的缺点，轴瓦磨损后可方便更换及调整间隙，因此这种轴承得到了广泛的应用，并且已经标准化。

径向滑动轴承还有许多其他类型，如图 14-27 所示的自动调心轴承。当 $B/d>1.5$ 时，可采用自动调心轴承，以适应轴颈在轴弯曲时产生的偏斜。

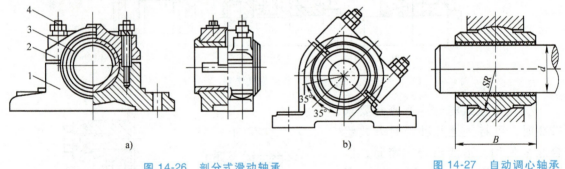

a)　　　　　　　　　　　b)

图 14-26　剖分式滑动轴承

1—轴承座　2—轴承盖　3—剖分轴瓦　4—双头螺柱

图 14-27　自动调心轴承

2. 止推滑动轴承

止推滑动轴承（俗称推力滑动轴承）用于承受轴向载荷，按轴颈支承面的形式不同，分为空心式、实心式、单环式和多环式，如图 14-28 所示。

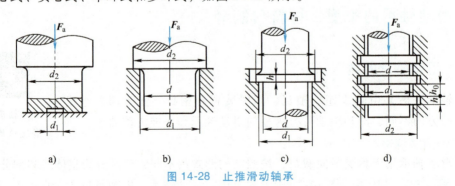

a)　　　　　　　b)　　　　　　　c)　　　　　　　d)

图 14-28　止推滑动轴承

图 14-28b 所示为实心止推滑动轴承，当轴旋转时，端面上不同半径处的线速度不等，从而导致中心部与边缘处的磨损不等，结果使轴心处的应力集中，所以很少采用。实际结构

中多数采用图 14-28a 所示的空心轴颈，可使其端面上的压力分布得到明显改善，有利于储存润滑油。载荷较大时可采用多环轴颈，多环轴颈还能承受双向轴向载荷。

14.4.2　滑动轴承的材料

滑动轴承的材料主要指的是轴瓦和轴承衬的材料，这些材料的好坏直接影响到轴承性能的好坏，应结合使用要求和经济性要求合理选择。由于滑动轴承的主要失效形式是磨损和胶合，当强度不足时也可能出现疲劳破坏，因此轴承材料要满足以下性能要求：有足够的疲劳强度，保证足够的疲劳寿命；有足够的抗压强度，防止产生塑性变形；有良好的减摩性和耐磨性，以提高效率、减小磨损；具有较好的抗胶合性，防止黏着磨损；对润滑油要有较好的吸附能力，易形成边界膜；有较好的适应性和嵌藏性，容纳固体颗粒、避免划伤；良好的导热性，散热好、防止烧瓦；经济性、加工工艺性好。

能同时满足上述要求的材料在现实中是很难找到的，因此实际工作中应根据具体情况合理选择，保证满足其主要使用要求。

常用轴瓦和轴承衬的材料有轴承合金、铜合金和铸铁等。

（1）**轴承合金**（又称为白合金或巴氏合金）　它由锡（Sn）、铅（Pb）、锑（Sb）、铜（Cu）等组成。其中以锡（Sn）为基体的称为锡基合金，以铅（Pb）为基体的称为铅基合金。轴承合金的嵌藏性、磨合性和顺应性最好，很容易和轴颈磨合，但强度低、价格高，常用作轴承衬的材料。

（2）**铜合金**　常用的有青铜和黄铜两类，其中青铜的抗胶合能力仅次于轴承合金，强度较高。黄铜主要用于滑动速度不高的场合，综合性能不如轴承合金和青铜。

（3）**铸铁**　铸铁轴瓦的主要特点是价格便宜，常用于低速、轻载的轴承。

此外还有粉末冶金材料和非金属材料。

14.4.3　滑动轴承的润滑

1. 润滑剂

润滑的目的是降低摩擦功耗，减少磨损，同时还起到冷却、吸振、防锈等作用。滑动轴承能否正常工作与选用润滑剂正确与否有很大关系。润滑剂分为润滑油、润滑脂、固体润滑剂等。在润滑性能上润滑油一般比润滑脂好，应用最广。但润滑脂具有不易流失等优点，也广泛使用。固体润滑剂只在特殊场合下使用，目前正在逐步扩大使用范围。关于润滑油和润滑脂的选择见附录 D 或相关手册。

2. 润滑装置

为了获得良好的润滑效果，需要正确选择润滑方法和相应的润滑装置。滑动轴承的润滑方法有间歇供油润滑和连续供油润滑两种。间歇供油润滑一般用于低速、轻载或间歇工作等不重要的场合的轴承；连续供油润滑一般用于载荷大和速度较高的轴承。

滑动轴承的
润滑方式

图 14-29a 所示为用手工向轴承加油的压配式压注油杯，是小型、低速或间歇润滑机器部件的一种常见的润滑方式。压注油杯中的弹簧和钢球可防止灰尘等进入轴承。

图 14-29b 所示为润滑脂用旋套式注油油杯，定期旋转杯盖，使空腔体积减小而将润滑脂注入轴承内，其只能间歇润滑。

图 14-30a 所示为针阀式油杯，油杯接头与轴承进油孔相连。手柄平放时，阻塞针阀因弹簧的推压而堵住底部油孔；直立手柄时，针阀被提起，油孔敞开，于是润滑油自动滴到轴颈上。在针阀式油杯的上端面开有小孔，供补充润滑油用，平时由片弹簧遮盖。观察孔可以查看供油状况。调节螺母用于调节针阀下端油口大小以控制供油量。

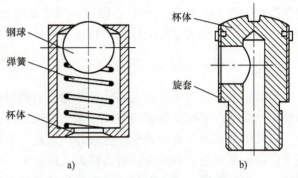

图 14-29　间歇供油润滑装置

图 14-30b 所示为油芯式油杯。它依靠毛线或棉纱的毛细作用，将油杯中的润滑油滴入轴承。供油是自动且连续的，但不能调节供油量，油杯中油面高时供油多，油面低时供油少，停机时仍在继续供油，直到流完为止。

图 14-30c 所示为对轴承采用了飞溅润滑方式。它是利用齿轮、曲轴等转动零件，将润滑油由油池拨溅到轴承中进行润滑。采用飞溅润滑时，转动零件的圆周速度应在 5～13m/s 范围内。它常用于减速器和内燃机曲轴箱中的轴承润滑。

图 14-30d 所示的轴承采用的是油环润滑。在轴颈上套一油环，油环下部浸入油池中，当轴颈旋转时，摩擦力带动油环旋转，把油引入轴承。当油环浸在油池内的深度约为直径的 1/4 时，供油量已足以维持液体润滑状态的需要。此法常用于大型电动机的滑动轴承中。

最完善的供油方法是图 14-30e 所示的利用液压泵循环供油，供油量充足，供油压力只需 $5 \times 10^4 N/m^2$，在油的循环系统中常配置过滤器、冷却器。还可以设置油压控制开关，当管路内油压下降时可以报警，或起动辅助液压泵，或指令主机停止。所以这种供油方法安全

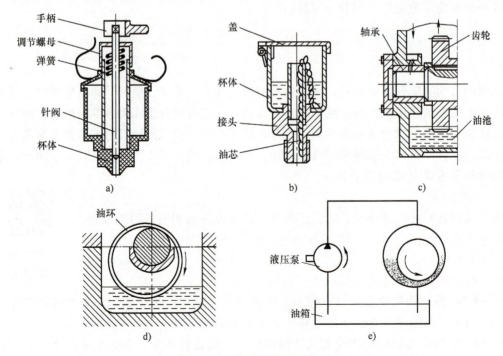

图 14-30　连续供油润滑装置

可靠，但设备费用较高，常用于高速且精密的重要机器中。

3. 润滑方式的选择

可根据经验公式算出 K 值，通过查表14-5确定滑动轴承的润滑方式和润滑剂类型。

$$K = \sqrt{pv^3} \tag{14-1}$$

式中，p 是轴颈上的平均压强，单位为 MPa；v 是轴颈的圆周速度，单位为 m/s。

表 14-5 滑动轴承润滑方式的选择

K 值	≤1900	>1900~16000	>16000~30000	>30000
润滑方式	润滑脂润滑 （可用油杯）	润滑油滴油润滑 （可用针阀式油杯等）	飞溅式润滑 （水或循环油冷却）	循环压力油润滑

知识拓展——滚动轴承的设计计算

知识拓展——
滚动轴承的
设计计算

小结——思维导图讲解

小结——思维
导图讲解

知识巩固与能力训练题

14-1 复习思考题。

1）滚动轴承由哪些基本元件组成？

2）滚动轴承的主要类型有哪些？各有什么特点？

3）滚动轴承的类型选择应考虑哪些主要因素？

4）滚动轴承如何固定？如何调整？如何安装？如何拆卸？

5）滚动轴承密封的目的是什么？常用的密封方式有哪几种？

6）滚动轴承间隙调整的方法有哪些？

7）滑动轴承分为哪几种类型？各有什么特点？

8）滑动轴承的润滑方法有哪些？如何选择？

14-2 根据国家标准，说明下列轴承代号的含义（填入表14-6中）。

表 14-6 题 14-2 表

	32208	N2314	7320AC	6309/P5
内径 d				
尺寸系列代号				
类型				
公差等级				

14-3 试分析图14-31所示轴系结构的错误，说明错误原因，并加以改正（齿轮用油润滑、轴承用脂润滑）。

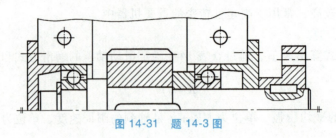

图 14-31　题 14-3 图

14-4　分析图 14-32 所示轴系结构的错误，说明错误原因，并加以改正（齿轮用油润滑、轴承用脂润滑）。

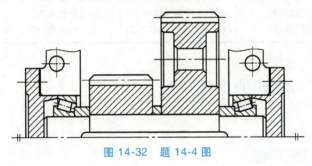

图 14-32　题 14-4 图

常用联接件的类型与选用

能力目标

1) 能够根据不同场合选用合适的螺纹联接。
2) 能够正确进行螺纹的预紧与防松。
3) 能够正确选用联轴器的类型及型号。
4) 能够正确选用键的型号并进行强度校核。

素质目标

1) 通过学习各类不同类型联接件适用于不同场合的特点，教育学生根据自己实际情况做好职业定位、找准位置，不要好高骛远，而要脚踏实地、努力工作，爱祖国、爱社会、爱人民、爱工作、爱生活。

2) 通过学习联接件在机器中的应用，常用联接件虽然看似不起眼，但一旦出错就会酿成重大安全事故的道理以及列举一些典型事故，教育学生树立严谨、细心的职业态度，增强工程安全观和工程纪律观，以及正确认识部分与整体的关系（如部分制约着整体，甚至在一定条件下会对整体的性能状态起着决定性作用），树立团结协作意识和集体主义观念。

案例导入

在机器的设计和制造中，由于使用、结构、制造、装配、运输等原因，机器中有许多零部件需要通过一定方式和联接手段联接成一个整体，来实现预期的性能要求以及尽可能减轻机器重量、节约成本、提高生产率。在图 15-1a 所示的二级齿轮减速器传动装置中，电动机 1 的输出轴及输送卷筒 4 的工作轴通过联轴器 2 分别与减速器 3 的输入轴与输出轴联接，并通过安装在减速器轴上的齿轮啮合传动作用最终实现输送带 5 按预期工作。又如图 15-1b 所示的减速器，其上、下箱体通过螺栓联接装配，并由

联接件的
应用实例

销进行安装定位，轴承端盖通过螺钉安装在减速器箱体上，减速器中的齿轮一般通过键联接方式安装在轴上等，这些都离不开相关的联接件。

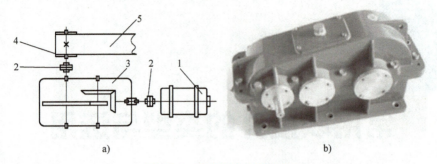

图 15-1 联接件的应用实例

1—电动机 2—联轴器 3—减速器 4—输送卷筒 5—输送带

15.1 螺纹联接的类型与选用

机械联接分为机械动联接（即被联接的零部件之间可以有相对运动的联接，如各种运动副）和机械静联接（即被联接的零部件之间不允许有相对运动的联接）。机械静联接又可分为可拆联接（即允许多次装拆而不失效的联接，包括螺纹联接、键联接和销联接等）和不可拆联接（即必须破坏联接某一部分才能拆开的联接，包括铆接、焊接和黏接等）。

螺纹联接是利用具有螺纹的零件构成的联接，是应用最广泛的一种可拆联接。

15.1.1 螺纹的形成原理、类型及其主要参数

螺纹的形成原理如图 15-2 所示，将一倾斜角为 φ 的直线绕在圆柱体上，形成一条螺旋线。如果用一个平面图形（梯形、三角形或矩形）沿着螺旋线运动，并保持此平面图形始终在通过圆柱轴线的平面内，则此平面图形的轮廓在空间的轨迹便形成螺纹。根据平面图形的形状，螺纹牙型有矩形、三角形、梯形和锯齿形等，如图 15-3 所示。其中三角形牙型主要用于起联接作用的螺纹，而其他类型主要用于起传动作用的螺纹。

根据螺旋线的方向，螺纹可分为左旋螺纹（图 15-4a）和右旋螺纹（图 15-4b）。

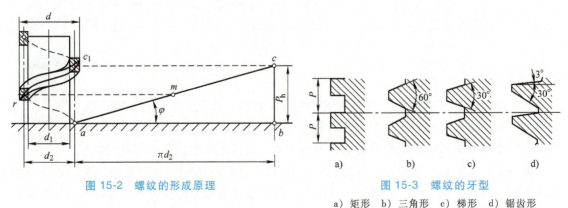

图 15-2 螺纹的形成原理

图 15-3 螺纹的牙型

a）矩形 b）三角形 c）梯形 d）锯齿形

根据螺旋线的数目，螺纹可分为单线螺纹（图 15-4a）和多线螺纹（图 15-4b）。

另外，在圆柱体外表面上形成的螺纹称为外螺纹，在圆柱体孔壁上形成的螺纹称为内螺纹（图 15-5）。

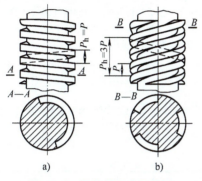

图 15-4　螺纹的旋向及线数

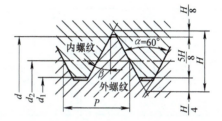

图 15-5　螺纹的主要参数

圆柱普通螺纹的主要参数如下（部分参数如图 15-5 所示）：

1）大径 d、D 分别表示外、内螺纹的最大直径，为螺纹的公称直径。

2）小径 d_1、D_1 分别表示外、内螺纹的最小直径。

3）中径 d_2、D_2 分别表示螺纹牙宽度和牙槽宽度相等处的圆柱直径。

4）螺距 P 表示相邻两螺纹牙同侧齿廓之间的轴向距离。

5）线数 n 表示螺纹的螺旋线数目。

6）导程 P_h 表示在同一条螺旋线上相邻两螺纹牙之间的轴向距离，$P_h = nP$。

7）牙型角 α 表示在螺纹轴向剖面中螺纹牙型两侧边的夹角。

8）高度 H 表示原始三角形高度。

9）螺旋线导程角 φ 表示在中径 d_2 圆柱上螺旋线的切线与螺纹轴线的垂直平面间的夹角，如图 15-2 所示，$P_h = \pi d_2 \tan\varphi$。

15.1.2　常用螺纹的类型和特点

常用螺纹的类型和特点见表 15-1。

表 15-1　常用螺纹的类型和特点

螺纹类型	牙型	特　点
普通螺纹		牙型为等边三角形，牙型角为 60°，外螺纹牙根允许有较大的圆角，以减少应力集中。同一公称直径的螺纹，可按螺距大小分为粗牙螺纹和细牙螺纹。一般的静联接常采用粗牙螺纹。细牙螺纹自锁性能好，但不耐磨，常用于薄壁件或者受冲击、振动和变载荷的联接中，也可用于微调机构的调整螺纹
55° 非密封管螺纹		牙型为等腰三角形，牙型角为 55°，牙顶有较大的圆角。管螺纹为寸制细牙螺纹，尺寸代号是用该螺纹所在管子的公称通径来表示的，适用于管接头、旋塞、阀门用附件

（续）

螺纹类型	牙型	特　　点
55°密封管螺纹		牙型角为等腰三角形，牙型角为55°，牙顶有较大的圆角。螺纹分布在锥度为1：16的圆锥上。包括圆锥内螺纹与圆锥外螺纹和圆锥外螺纹与圆柱内螺纹两种联接形式。螺纹旋合后，利用本身的变形来保证联接的紧密性，适用于管接头、旋塞、阀门及附件
矩形螺纹		牙型为矩形，传动效率高，但牙根强度低，螺旋副磨损后，间隙难以修复和补偿。应用较少，目前逐渐被梯形螺纹所代替
梯形螺纹		牙型为等腰梯形，牙型角为30°，传动效率低于矩形螺纹，但工艺性好，牙根强度高，对中性好。采用剖分螺母时，可以补偿磨损间隙。梯形螺纹是最常用的传动螺纹
锯齿形螺纹		牙型为不等腰梯形，工作面的牙型角为3°，非工作面的牙型角为30°。外螺纹的牙根有较大的圆角，以减少应力集中。内、外螺纹旋合后大径处无间隙，便于对中，传动效率高，而且牙根强度高，适用于承受单向载荷的螺旋传动

注：公称直径相同的普通螺纹有不同大小的螺距，其中螺距最大的称为粗牙螺纹，其他的则
　　称为细牙螺纹。

15.1.3　螺纹联接的基本类型与螺纹联接件

1. 螺纹联接的基本类型

螺纹联接的
基本类型

螺纹联接的基本类型有螺栓联接、双头螺柱联接、螺钉联接和紧定螺钉联接，见表 15-2。

表 15-2　螺纹联接的基本类型、特点与应用

类型	结构图	尺寸关系	特点与应用
普通螺栓联接		螺纹余量长度 l_1 静载荷 $l_1 \geqslant (0.3 \sim 0.5)d$ 变载荷 $l_1 \geqslant 0.75d$ 螺纹伸出长度 a $a = (0.2 \sim 0.3)d$ 螺纹轴线到边缘的距离 e $e = d + (3 \sim 6)$ mm 螺栓孔直径 d_0 $d_0 = 1.1d$	结构简单，装拆方便，对通孔加工精度要求低，应用最广泛

（续）

类型	结构图	尺寸关系	特点与应用
铰制孔用螺栓联接		螺纹余量 l_1 应尽可能小于螺纹伸出长度 a 　$a = (0.2 \sim 0.3)d$ 螺纹轴线到边缘的距离 e 　$e = d + (3 \sim 6)\,\text{mm}$ 螺栓孔直径 d_0 按 d 查有关标准	孔与螺栓杆之间没有间隙,采用过渡配合。用螺栓杆承受横向载荷或者固定被联接件的相对位置
螺钉联接		螺纹拧入深度 H 钢或青铜:$H \approx d$ 铸铁:$H = (1.25 \sim 1.5)d$ 铝合金:$H = (1.5 \sim 2.5)d$ 螺纹孔深度 H_1 　$H_1 = H + (2 \sim 2.5)P$ 钻孔深度 H_2 　$H_2 = H_1 + (0.5 \sim 1)d$ l_1、a、e 值与普通螺栓联接相同	不用螺母,直接将螺钉的螺纹部分拧入被联接件之一的螺纹孔中构成联接,其联接结构简单,用于被联接件之一较厚不便加工通孔的场合,但如果经常拆装时,易使螺纹孔产生过度磨损而导致联接失效
双头螺柱联接			螺柱的一端旋紧在一被联接件的螺纹孔中,另一端则穿过另一被联接件的孔,通常用于被联接件之一太厚不便穿孔、结构要求紧凑或者经常拆装的场合
紧定螺钉联接		$d = (0.2 \sim 0.3)d_h$,当力和转矩较大时取较大值	螺钉的末端顶住零件的表面或者顶入该零件的凹坑中,将零件固定;它可以传递不大的载荷

2. 螺纹联接件

螺纹联接件的结构形式和尺寸已经标准化,设计时可查有关标准选用。常用螺纹联接件的类型、结构特点与应用见表 15-3。

常用螺纹
联接件

表 15-3　常用螺纹联接件的类型、结构特点与应用

类型	图　例	结构特点与应用
六角头螺栓		应用最广。螺杆可制成全螺纹或者部分螺纹，螺距有粗牙和细牙。螺栓头部有六角头和小六角头两种。其中小六角头螺栓材料利用率高、力学性能好，但由于头部尺寸较小，不宜用于拆装频繁、被联接件强度低的场合
双头螺柱		螺柱两头都有螺纹，两头的螺纹可以相同也可以不相同。螺柱可带退刀槽或者制成腰杆，也可以制成全螺纹的螺柱。螺柱的一端常用于旋入铸铁或者有色金属的螺纹孔中，旋入后不拆卸，另一端则用于安装螺母以固定其他零件
螺钉		螺钉头部形状有圆头、扁圆头、六角头、圆柱头和沉头等。头部的槽有一字槽、十字槽和内六角孔等形式。十字槽螺钉头部强度高、对中性好，便于自动装配。内六角孔螺钉可承受较大的扳手转矩，联接强度高，可替代六角头螺栓，用于要求结构紧凑的场合
紧定螺钉		紧定螺钉常用的末端形式有锥端、平端和圆柱端。锥端适用于被紧定零件的表面硬度较低或者不经常拆卸的场合；平端接触面积大，不会损伤零件表面，常用于顶紧硬度较大的平面或者经常拆装的场合；圆柱端压入轴上的凹槽中，适用于顶紧空心轴上的零件位置
自攻螺钉		螺钉头部形状有圆头、六角头、圆柱头、沉头等。头部的槽有一字槽、十字槽等形式。末端形状有锥端和平端两种。多用于联接金属薄板、轻合金或者塑料零件，螺钉在联接时可以直接攻出螺纹
六角螺母		根据螺母厚度不同，可分为标准型和薄型两种。薄螺母常用于受剪力的螺栓上或者空间尺寸受限制的场合

（续）

类型	图　　例	结构特点与应用
圆螺母	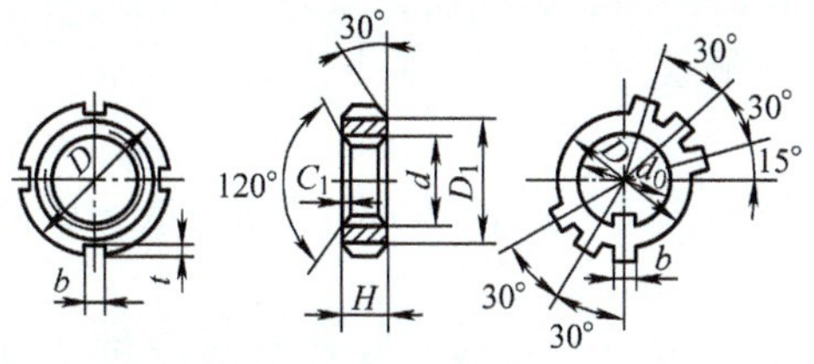	圆螺母常与止退垫圈配用,装配时将垫圈内舌插入轴上的槽内,将垫圈的外舌嵌入圆螺母的槽内,即可锁紧螺母,起到防松作用,常用于滚动轴承的轴向固定
垫圈	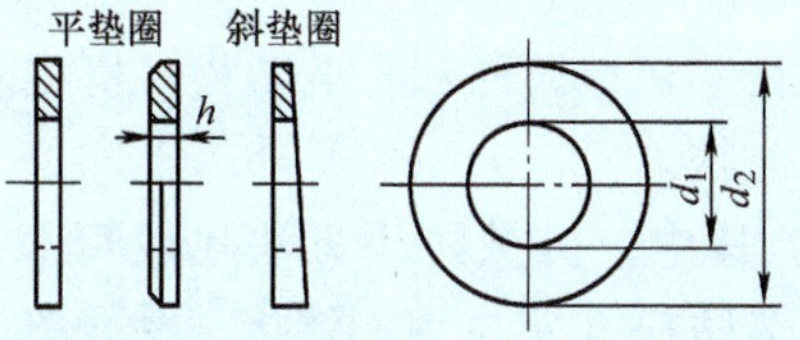	保护被联接件的表面不被擦伤,增大螺母与被联接件间的接触面积。斜垫圈用于倾斜的支承面

15.1.4　螺纹联接的预紧和防松

1. 螺纹联接的预紧

当联接螺栓承受外在拉力时，将会伸长。如果在初始时仅将螺母拧上使各个接合面贴合，那么在受到外力作用时，接合面之间将会产生间隙。所以为了防止这种情况的出现，在零件未受工作载荷前需要将螺母拧紧，使组成联接的所有零件都产生一定的弹性变形（螺栓伸长、被联接件压缩），从而可以有效地保证联接的可靠。这样，各零件在承受工作载荷前就受到了力的作用，这种方式就称为预紧，这个预加的作用力就称为预紧力。

因此，预紧的目的就是增强联接的紧密性、可靠性，防止受载后被联接件之间出现间隙或发生相对滑移。

实践证明：选用适当较大的的预紧力，对螺栓联接的可靠性及螺栓的疲劳强度都是有利的。但过大的预紧力会使紧固件在装配或偶尔过载时断裂。因此，对于重要的螺栓联接，在装配时需要控制预紧力。

对于 M10~M64 的粗牙普通螺栓，若螺纹联接的预紧力为 F_p，螺栓直径为 d，如图 15-6a 所示，则预紧力矩 T 可以按：$T = 0.2F_p d$（$N \cdot mm$）计算。

根据图 15-6b 所示，可得到预紧力矩 T 与施加在扳手上的力 F 间的关系，便可为施力 F 的大小提供参考。

对于一般联接用的钢制螺栓，其联接预紧力 F_p 不超过其材料屈服强度 R_{eL} 的 80%。可以按下面的推荐关系式确定。

碳素钢螺栓　$F_p \leq (0.6 \sim 0.7) R_{eL} A_1$

合金钢螺栓　$F_p \leq (0.5 \sim 0.6) R_{eL} A_1$

式中，A_1 是螺栓的危险剖面面积。

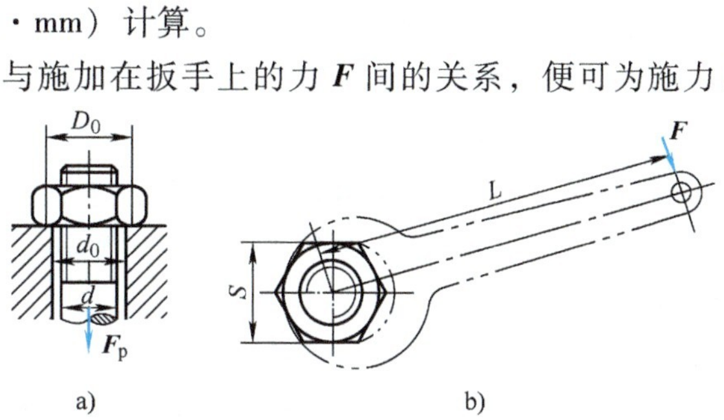

a)　　　　　　　b)

图 15-6　螺纹联接的预紧力

预紧力的具体数值应该根据载荷性质、联接刚度等具体的工作条件来确定。对于重要的螺栓联接，应在图样上作为技术条件注明预紧力矩，以便在装配时保证。

预紧力的控制方法有多种。对于一般的普通螺栓联接，预紧力凭装配经验控制；对于较重要的普通螺栓联接，可用测力矩板手或者定力矩扳手来测定预紧力大小；对于预紧力控制有精确要求的螺栓联接，可采用测量螺栓伸长的变形量来控制预紧力大小；而对于高强度螺栓联接，可以采用测量螺母转角的方法来控制预紧力大小。

2. 螺纹联接的防松

机械中联接的松脱失效，轻者会造成工作不正常，重者要引起严重事故。因此，螺纹联接的防松是工作中必须考虑的问题之一。

螺纹联接防松的本质就是防止螺纹副的相对转动，也就是螺栓与螺母间（内螺纹与外螺纹之间）的相对转动。

在工程实践中，常用的防松方法有摩擦防松、机械防松和永久防松。机械防松和摩擦防松称为可拆卸防松，而永久防松称为不可拆卸防松。

常用摩擦防松和机械防松方法见表15-4。其中，机械防松方法比较可靠，对于重要的联接要使用机械防松方法。采用永久防松（定位焊、铆接、黏合等）的螺纹联接，在拆卸时大多要破坏螺纹紧固件，无法重复使用。

常用螺纹
防松方法

表 15-4　常用摩擦防松和机械防松方法

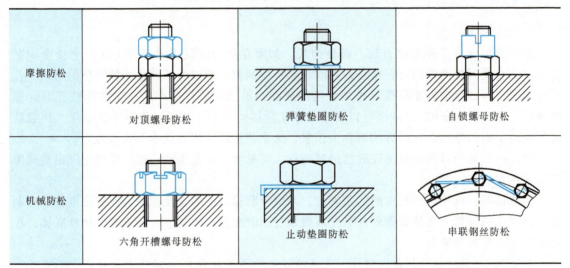

摩擦防松	对顶螺母防松	弹簧垫圈防松	自锁螺母防松
机械防松	六角开槽螺母防松	止动垫圈防松	串联钢丝防松

3. 螺纹联接的失效形式及工作强度

螺栓联接中的单个螺栓受力分为轴向载荷（受拉螺栓）和横向载荷（受剪螺栓）两种。受拉力作用的普通螺栓联接，其主要失效形式是螺纹部分的塑性变形或断裂，其设计准则是保证螺栓的拉伸强度；受剪切作用的铰制孔用螺栓联接，因其主要失效形式是螺栓杆被剪断，螺栓杆或者被联接件的孔壁被压溃，故其设计准则为保证螺栓和被联接件具有足够的剪切强度和挤压强度。

在实际应用中，为了保证螺纹联接可靠，还必须对工作时的强度进行校核计算。螺栓联接通常是成组使用的，称为螺栓组。在进行螺栓组的设计计算时，首先要确定螺栓的数目和布置，再进行螺栓受载分析，从螺栓组中找出受载最大的螺栓，计算该螺栓承受的载荷。螺栓联接的设计需根据不同的工作状况（如松螺栓联接、只受预紧力的紧螺栓联接、受预紧力和横向工作载荷的紧螺栓联接、受预紧力和轴向载荷作用的紧螺栓联接等），采用不同的

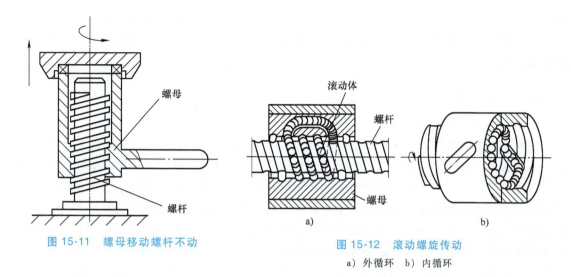

图 15-11　螺母移动螺杆不动

图 15-12　滚动螺旋传动
a）外循环　b）内循环

（3）静压螺旋传动　静压螺旋传动的工作原理如图 15-13 所示，压力油通过节流阀由内螺纹牙侧面的油腔进入螺纹副的间隙，然后经回油孔（图 15-13 所示虚线）返回油箱。当螺杆不受力时，螺杆的螺纹牙位于螺母螺纹牙的中间位置，处于平衡状态。此时，螺杆螺纹牙的两侧间隙相等，经螺纹牙两侧流出的油的流量相等，因此油腔压力也相等。

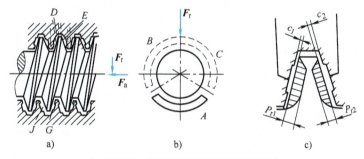

图 15-13　静压螺旋传动的工作原理

如图 15-13a 所示，当螺杆受轴向力 F_a 作用而向左移动时，间隙 c_1 减小、c_2 增大，如图 15-13c 所示，由于节流阀的作用使牙左侧的压力大于右侧，从而产生一个与 F_a 大小相等方向相反的平衡反力，从而使螺杆重新处于平衡状态。

当螺杆受径向力 F_r 作用而下移时，油腔 A 侧隙减小，B、C 侧隙增大，如图 15-13b 所示，由于节流阀作用使 A 侧油压增高，B、C 侧油压降低，从而产生一个与 F_r 大小相等方向相反的平衡反力，从而使螺杆重新处于平衡状态。

如图 15-13a 所示，当螺杆一端受一径向力 F_r 作用形成一倾覆力矩时，螺纹覆的 E 和 J 侧隙减小，D 和 G 侧隙增大，同理由于两处油压的变化产生一个平衡力矩，使螺杆处于平衡状态。因此螺旋副能承受轴向力、径向力和径向力产生的力矩。

15.2　联轴器、离合器和制动器的类型与选用

联轴器、离合器和制动器是机械传动中的重要部件。联轴器和离合器可联接主、从动

轴，使其一同回转并传递转矩，有时也可用作安全装置。联轴器联接的分与合只能在停机时进行，而离合器联接的分与合可随时进行。制动器主要是用于降低机械的运转速度或迫使机械停止运转。

15.2.1　联轴器

1. 联轴器的性能要求及分类

联轴器所联接的两轴，由于制造及安装误差、温度变化、承载后变形和轴承磨损等原因，不能保证严格对中，使两轴线之间出现相对位移，如图 15-14 所示。如果联轴器对各种位移没有补偿能力，工作中将会产生附加动载荷，使工作情况恶化。因此，要求联轴器具有补偿一定范围内两轴线相对位移量的能力。对于经常负载起动或工作载荷变化的场合，要求联轴器中具有起缓冲、减振作用的弹性元件，以保护原动机和工作机不受或少受损伤，并要求联轴器安全、可靠，有足够的强度和使用寿命。

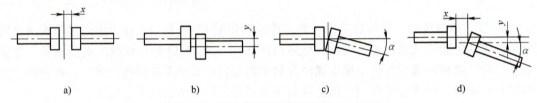

图 15-14　联轴器联接两轴线间的相对位移
a) 轴向位移　b) 径向位移　c) 角度位移　d) 综合位移

联轴器可分为刚性联轴器和挠性联轴器两大类。

刚性联轴器不具有缓冲性和补偿两轴线相对位移的能力，要求两轴严格对中，但这类联轴器结构简单，制造成本较低，装拆、维护方便，能保证两轴有较高的对中性，传递转矩较大，应用广泛。常用的刚性联轴器有凸缘联轴器和套筒联轴器等。

挠性联轴器按有无弹性元件又可分为无弹性元件挠性联轴器和有弹性元件挠性联轴器，前者只具有补偿两轴线相对位移的能力，但不能缓冲减振，常见的有滑块联轴器、万向联轴器、齿式联轴器和链条联轴器等；后者因含有弹性元件，除具有补偿两轴线相对位移的能力外，还具有缓冲和减振作用，但其传递的转矩因受到弹性元件强度的限制，一般不如无弹性元件挠性联轴器，常见的有弹性套柱销联轴器、弹性柱销联轴器、星形弹性联轴器、轮胎联轴器等。

2. 常用联轴器的结构、特点及应用

联轴器的结构类型很多，某些常用的联轴器已标准化，在此仅介绍常用联轴器的结构、特点及应用。

常用联轴器

（1）刚性联轴器

1）凸缘联轴器。凸缘联轴器是应用最广的刚性联轴器，结构如图 15-15 所示，由两个带凸缘的半联轴器用螺栓联接而成，与两轴之间用键联接。这种联轴器有两种主要的结构形式，其对中方法不同。图 15-15a 所示为两半联轴器的凸肩与凹槽相配合而对中，用普通螺栓联接，依靠接合面间的摩擦力传递转矩，对中精度高，装拆时，轴必须做轴向移动。图 15-15b 所示为两半联轴器用铰制孔螺栓联接，靠螺栓杆与螺栓孔配合对中，依靠螺栓杆的剪切及其与孔的挤压传递转矩，装拆时轴不需做轴向移动。

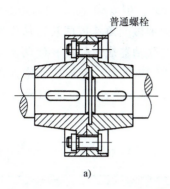
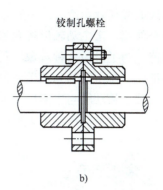

a)   b)

图 15-15 凸缘联轴器

半联轴器材料通常为铸铁，当受重载或圆周速度 $v \geqslant 30\text{m/s}$ 时，可采用铸钢或锻钢。

凸缘联轴器结构简单，价格低廉，能传递较大的转矩，但不能补偿两轴线的相对位移，也不能缓冲减振，故只适用于联接的两轴能严格对中、载荷平稳的场合。

2）套筒联轴器。套筒联轴器是一个圆柱形套筒，用两个圆锥销来传递转矩，如图 15-16 所示。当然也可以用两个平键代替圆锥销。它的优点是径向尺寸小，结构简单。结构尺寸推荐：$D = (1.5 \sim 2)d$；$L = (2.8 \sim 4)d$。机床上就经常采用这种联轴器。

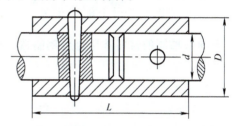

图 15-16 套筒联轴器

（2）挠性联轴器

1）滑块联轴器。滑块联轴器如图 15-17a 所示，由两个端面开有凹槽的半联轴器 1、3，利用两面带有凸块的中间盘 2 联接，半联轴器 1、3 分别与主、从动轴联接成一体，实现两轴的联接。中间盘沿径向滑动补偿径向位移 y，并能补偿角度位移 α，如图 15-17b 所示。若两轴线不同心或偏斜，则在运转时中间盘上的凸块将在半联轴器的凹槽内滑动；转速较高时，由于中间盘的偏心会产生较大的离心力和磨损，并使轴承承受附加动载荷，故这种联轴器适用于低速（一般不超过 300r/min）场合。为减少磨损，可由中间盘油孔注入润滑剂。

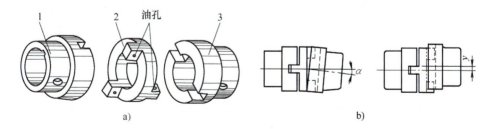

a)   b)

图 15-17 滑块联轴器

1、3—半联轴器 2—中间盘

半联轴器和中间盘常用材料为 45 钢或铸钢 ZG310-570，工作表面淬火 55HRC 左右。

2）万向联轴器。万向联轴器如图 15-18 所示，由两个叉形接头 1、3 和十字轴 2 及机架 4 组成，利用中间联接件十字轴联接的两叉形半联轴器均能绕十字轴的轴线转动，从而使联轴器的两轴线能成任意角度 α，一般 α 最大可达 $35° \sim 45°$。但 α 角越大，传动效率越低。万向联轴器单个使用，当主动轴以等角速度转动时，从动轴做变角速度回转，从而在传动中引起附加动载荷。为了避免这种现象，可以采用两个万向联轴器成对使用，使两次角速度变化的影响相互抵消，使主动轴和从动轴同步转动，如图 15-19 所示。各轴相互位置在安装时必须满足：主动轴、从动轴与中间轴 C 的夹角必须相等，即 $\alpha_1 = \alpha_2$；中间轴两端的叉形平面必须位于同一平面内，如图 15-20 所示。

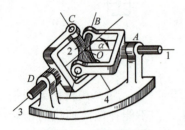

图 15-18 万向联轴器

1、3—叉形接头 2—十字轴 4—机架

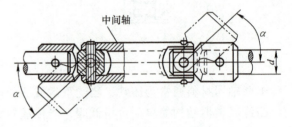

图 15-19 万向联轴器图

万向联轴器的材料常用合金钢制造，以获得较高的耐磨性和较小的尺寸。

万向联轴器能补偿较大的角位移，结构紧凑，使用、维护方便，广泛用于汽车、工程机械等的传动系统中。

3）弹性套柱销联轴器。弹性套柱销联轴器的结构与凸缘联轴器相似，如图 15-21 所示。不同之处是用带有弹性套的柱销代替了螺栓联接，弹性套一般用耐油橡胶或皮革套制成，剖面为梯形以提高弹性。柱销材料多采用 45 钢。为了便于更换易损件弹性套，设计时应留一定的距离 A；为补偿较大的轴向位移，安装时在两轴间留有一定的轴向间隙 S。

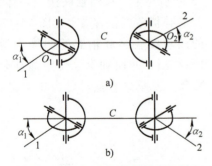

图 15-20 双万向联轴器示意图

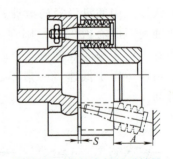

图 15-21 弹性套柱销联轴器

弹性套柱销联轴器制造简单，装拆方便，但寿命较短，适用于联接载荷平稳、需正反转或起动频繁的小转矩轴。弹性套柱销联轴器在高速轴上应用十分广泛，多用于电动机轴与工作机械的联接上。

4）弹性柱销联轴器。弹性柱销联轴器与弹性套柱销联轴器结构相似，如图 15-22 所示，是利用非金属材料制成的柱销置于两个半联轴器凸缘的孔中，以实现两轴的联接。柱销通常用尼龙制成，而尼龙具有一定的弹性。柱销形状一端为柱形，另一端制成腰鼓形，以增大角度位移的补偿能力。为防止柱销脱落，柱销两端装有挡板，用螺钉固定。

弹性柱销联轴器结构简单，能补偿两轴间的相对位移，并具有一定的缓冲、吸振能力，应用广泛，可代替弹性套柱销联轴器。但因尼龙对温度敏感，使用时受温度限制，一般在 $-20 \sim 70 ℃$ 时使用。

5）轮胎联轴器。轮胎联轴器如图 15-23 所示，中间为橡胶制成的轮胎，两端用夹紧板及螺钉分别压在两个半联轴器上。它的结构简单、工作可靠，由于轮胎易变形，因此它允许的相对位移较大，角位移可达 $5° \sim 12°$，轴向位移可达 $0.02D$，径向位移可达 $0.01D$，D 为联轴器外径。

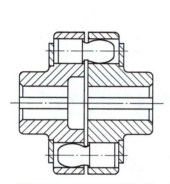

图 15-22　弹性柱销联轴器

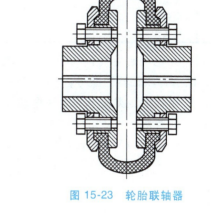

图 15-23　轮胎联轴器

轮胎联轴器适用于起动频繁、经常正反向运转、有冲击振动、两轴间有较大的相对位移量以及潮湿多尘之处。它的径向尺寸庞大，但轴向尺寸较窄，有利于缩短串接机组的总长度。它的最大转速可达 5000r/min。

6）星形弹性联轴器。星形弹性联轴器如图 15-24 所示，两半联轴器 1、3 上均制有凸牙，用橡胶等材料制成的星形弹性件 2 放置在两半联轴器的凸牙之间。工作时，星形弹性件受压缩并传递转矩。因为星形弹性件只受压不受拉，故寿命较长。

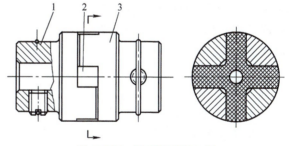

图 15-24　星形弹性联轴器

1、3—半联轴器　2—星形弹性件

3. 联轴器的选用

联轴器多已标准化，其主要性能参数为公称转矩 T_n、许用转速 $[n]$、位移补偿量和被联接轴的直径范围等。选用联轴器时，通常先根据使用要求和工作条件确定合适的类型，再按转矩、轴径和转速选择联轴器的型号，必要时应校核其薄弱件的承载能力。

因考虑工作机起动、制动、变速时的惯性力和冲击载荷等因素，故应按计算转矩 T_c 选择联轴器。计算转矩 T_c 和工作转矩 T 之间的关系为

$$T_c = KT \tag{15-4}$$

式中，K 是工作情况系数，见表 15-5。一般刚性联轴器选用较大值，挠性联轴器选用较小值；被传动的转动惯量小，载荷平稳时取较小值。

所选型号必须同时满足：$T_c \leqslant T_n$；$n \leqslant [n]$。

表 15-5 工作情况系数 K

原动机	工作机械	K
电动机	传动带运输机、鼓风机、连续运转的金属切削机床	1.25~1.5
	链式运输机、刮板运输机、螺旋运输机、离心泵、木工机械	1.5~2.0
	往复运动的金属切削机床	1.5~2.0
	往复泵、往复式压缩机、球磨机、破碎机、冲剪机	2.0~3.0
	起重机、升降机、轧钢机	3.0~4.0
涡轮机	发电机、离心泵、鼓风机	1.2~1.5
往复式发动机	发电机	1.5~2.0
	离心泵	3~4
	往复式工作机	4~5

【例 15-1】 某电动起重机，功率 $P=11\text{kW}$，转速 $n=970\text{r/min}$，其联接直径 $d=42\text{mm}$ 的主、从动轴，试选择联轴器的型号。

解：（1）选择联轴器类型 为缓和振动和冲击，选择弹性套柱销联轴器。

（2）选择联轴器型号

1）计算转矩。由表 15-5 查取 $K=3.5$，按式（15-4）计算，则

$$T_c = KT = K \times 9550\,\frac{P}{n} = 3.5 \times 9550 \times \frac{11}{970}\text{N} \cdot \text{m} = 379\text{N} \cdot \text{m}$$

2）按计算转矩、转速和轴径，由 GB/T 4323—2017 中选用 LT7 型弹性套柱销联轴器，标记为：LT7 联轴器 42×112 GB/T 4323—2017。查得有关数据：公称转矩 $T_n=560\text{N} \cdot \text{m}$，许用转速 $[n]=3600\text{r/min}$，轴径 40~48mm。满足 $T_c \le T_n$、$n \le [n]$，故选用 LT7 型弹性套柱销联轴器合适。

15.2.2 离合器

1. 离合器的性能要求及分类

离合器主要也是用作轴与轴之间的联接。与联轴器不同的是，用离合器联接的两根轴，在机器工作中就能方便地使它们分离或接合。对其基本要求是：工作可靠，接合、分离迅速而平稳，操纵灵活、省力，调节和修理方便，外形尺寸小，重量轻，对摩擦式离合器还要求其耐磨性好并具有良好的散热能力。

离合器的类型很多，按实现接合和分离的过程可分为操纵离合器和自动离合器；按离合的工作原理可分为嵌合式离合器和摩擦式离合器。

嵌合式离合器通过主、从动元件上牙齿之间的嵌合力来传递回转运动和动力，工作比较可靠，传递的转矩较大，但接合时有冲击，运转中接合困难。

摩擦式离合器是通过主、从动元件间的摩擦力来传递回转运动和动力，运动中接合方便，有过载保护性能，但传递转矩较小，适用于高速、低转矩的工作场合。

2. 常用离合器的结构、特点及应用

（1）牙嵌离合器 牙嵌离合器如图 15-25 所示，由两端面上带牙的半离合器 1、2 组成。半离合器 1 用平键固定在主动轴上，半离合器 2 用导向键 3 或花键与从动轴联接。在半离合器 1 上固定有对中环 5，从动轴可在对中环孔中自由转动，通过滑环 4 的轴向移动操纵离合器的接合和分离，滑环的移动可用杠杆、液压、气压或电磁吸力

常用离合器

等操纵机构控制。

牙嵌离合器的常用牙型有三角形、矩形、梯形和锯齿形，如图 15-26 所示。三角形牙用于传递中小转矩的低速离合器，牙数一般为 15~60；矩形牙无轴向分力，接合困难，磨损后无法补偿，冲击也较大，故使用较少；梯形、锯齿形牙用于传递较大的转矩，牙数为 5~11。梯形牙能自动补偿牙面磨损后造成的间隙，接合面有轴向分力，容易分离，因而应用最为广泛；锯齿形牙只能单向工作，反转时由于有较大的轴向分力，会迫使离合器自行分离。

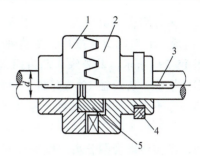

图 15-25　牙嵌离合器

1、2—半离合器　3—导向键
4—滑环　5—对中环

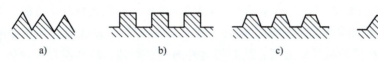

图 15-26　牙嵌离合器的常用牙型

a）三角形　b）矩形　c）梯形　d）锯齿形

牙嵌离合器主要失效形式是牙面磨损和牙根折断，因此要求牙面有较高的硬度，牙根有良好的韧性，常用材料为低碳钢渗碳淬火到 55HRC 左右，也可用中碳钢表面淬火。

牙嵌离合器结构简单，尺寸小，接合时两半离合器间没有相对滑动，但只能在低速或停机时接合，以避免因冲击折断牙齿。

（2）片式离合器　摩擦式离合器依靠两接触面间的摩擦力来传递运动和动力。按结构形式不同，可分为片式、圆锥式、块式和带式等类型，最常用的是片式离合器。片式离合器分为单片离合器和多片离合器两种，如图 15-27 和图 15-28 所示。

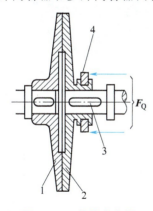

图 15-27　单片离合器

1、2—摩擦圆盘　3—导向键　4—滑环

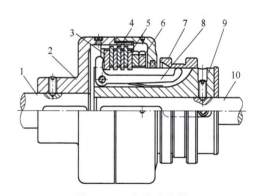

图 15-28　多片离合器

1—主动轴　2—外壳　3—压板　4—外摩擦片　5—内摩擦片
6—螺母　7—滑环　8—杠杆　9—套筒　10—从动轴

单片离合器由摩擦圆盘 1、2，导向键 3 和滑环 4 组成。摩擦圆盘 1 与主动轴联接，摩擦圆盘 2 通过导向键 3 与从动轴联接并可在轴上移动。操纵滑环 4 可使两圆盘接合或分离。轴向压力 F_Q 使两圆盘接合，并在工作表面产生摩擦力，以传递转矩。单片离合器结构简单，但径向尺寸较大，只能传递不大的转矩。

多片离合器由外壳 2、压板 3、外摩擦片 4、内摩擦片 5、螺母 6、滑环 7、杠杆 8、套筒 9 组成。它有两组摩擦片，主动轴 1 与外壳 2 相联接，外壳内装有一组外摩擦片 4，形状如图 15-29a 所示，其外缘有凸齿插入外壳上的内齿槽内，与外壳一起转动，其内孔不与任何零件接触。从动轴 10 与套筒 9 相联接，套筒上装有一组内摩擦片 5，形状如图 15-29b 所示，其外缘不与任何零件接触，随从动轴一起转动。滑环 7 由操纵机构控制，当滑环向左移动时，使杠杆 8 绕支点顺时针转动，通过压板 3 将两组摩擦片压紧，实现接合；滑环向右移动，则实现离合器分离。摩擦片间的压力由螺母 6 调节。若摩擦片为如图 15-29c 所示的形状，则分离时能自动弹开。多片离合器由于摩擦面增多，传递转矩的能力提高，径向尺寸相对减小，但结构较为复杂。

(3) 超越离合器 超越离合器又称为定向离合器，是一种自动离合器，目前广泛应用的是滚柱离合器，如图 15-30 所示，由星轮 1、外圈 2、滚柱 3 和弹簧顶杆 4 组成。滚柱的数目一般为 3~8 个，星轮和外圈都可作为主动件。当星轮为主动件并做顺时针转动时，滚柱受摩擦力作用被楔紧在星轮与外圈之间，从而带动外圈一起回转，离合器为接合状态；当星轮做逆时针转动时，滚柱被推到楔形空间的宽敞部分而不再楔紧，离合器为分离状态。超越离合器只能传递单向转矩。若外圈和星轮做顺时针同向回转，则当外圈转速大于星轮转速时，离合器为分离状态；当外圈转速小于星轮转速时，离合器为接合状态。超越离合器接合和分离平稳，可用于高速传动。

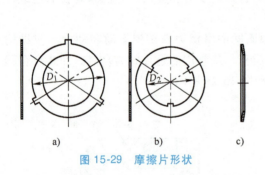

图 15-29 摩擦片形状

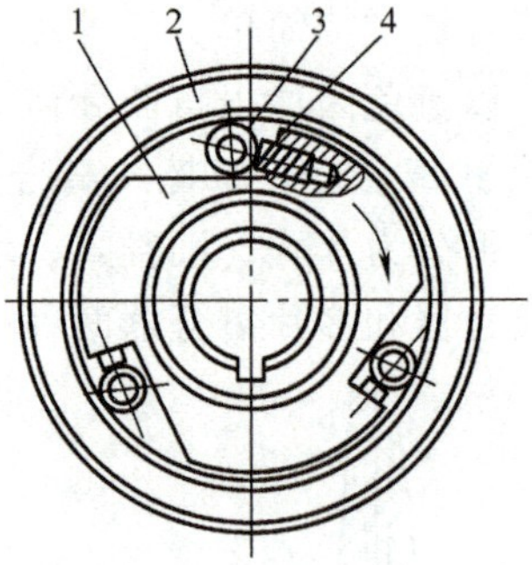

a)   b)   c)

图 15-30 滚柱离合器

1—星轮 2—外圈 3—滚柱 4—弹簧顶杆

15.2.3 制动器

制动器的作用是用来减低机械的运转速度或迫使机械停止运转的。大多数制动器采用的是摩擦制动方式。它广泛应用在机械设备的减速、停止和位置控制的过程中。常用的制动器有带式制动器、块式制动器和蹄式制动器等。

1. 带式制动器

图 15-31 所示为带式制动器，主要用挠性钢带包围制动轮，当 F_Q 向下作用时，制动带与制动轮之间产生摩擦力，从而实现合闸制动。钢带内表面镶嵌一层石棉制品与制动轮接触，以增加摩擦力。带式制动器结构简单，由于包角大而制动力矩大，其缺点是制动带磨损不均匀，容易断裂，而且对轴的作用力大。

常用制动器

2. 块式制动器

图 15-32 所示为块式制动器，其是靠制动瓦块与制动轮间的摩擦力来制动，瓦块的材料

可以用铸铁，也可以在铸铁上附以皮革或石棉带。根据块式制动器的松闸器工作原理不同，可分为电磁块式制动器和电力液压块式制动器等。块式制动器制动较平稳、安全可靠、维修方便、寿命长。

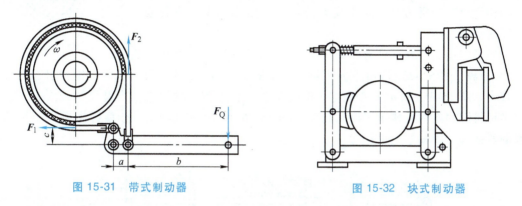

图 15-31　带式制动器　　　　　图 15-32　块式制动器

3. 蹄式制动器

蹄式制动器的工作原理是制动蹄的一端受到驱动机构的驱动力时，可绕其另一端的支点向外摆动压靠在制动鼓的内表面产生制动力矩，迫使旋转中的制动鼓减速直至停止旋转。根据驱动原理，常用的有如图 15-33a 所示的液压蹄式制动器和如图 15-33b 所示的凸轮蹄式制动器。蹄式制动器效能高、摩擦因数大、制动稳定，但轮毂遇水不易排出而影响制动，若散热不好、高温，将会造成制动失灵。

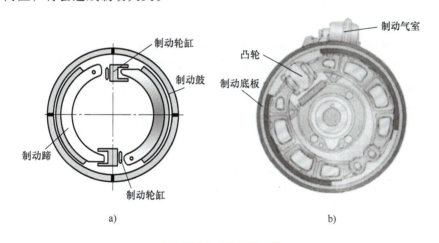

a)　　　　　　　　　　　　　　　b)

图 15-33　蹄式制动器

15.3　键联接与销联接的类型与选用

15.3.1　键联接的类型、特点及应用

键联接由键、轴和轮毂组成。它主要用以实现轴和轮毂的周向固定并传递转矩，是应用最广泛的一种轴毂联接。这种联接具有结构简单、装拆方便、工作可靠等特点。它的主要类型有平键联接、半圆键联接、楔键联接、切向键联接和花键联接。

键联接的
主要类型

1. 平键联接

图 15-34 平键联接

如图 15-34 所示，平键的两侧面是工作面，平键的上表面与轮毂槽底之间留有间隙，靠键与键槽的侧面挤压来传递转矩。平键联接具有结构简单、装拆方便、对中良好等优点。常用的平键有普通平键、导向平键和滑键。

普通平键按其结构可分为圆头（A 型）、方头（B 型）和单圆头（C 型）三种。图 15-35a 所示为 A 型键，A 型键在键槽中固定良好，但轴上键槽引起的应力集中较大。图 15-35b 所示为 B 型键，B 型键克服了 A 型键的缺点，当键尺寸较大时，宜用紧定螺钉将键固定在键槽中，以防松动。图 15-35c 所示为 C 型键，C 型键主要用于轴端与轮毂的联接。

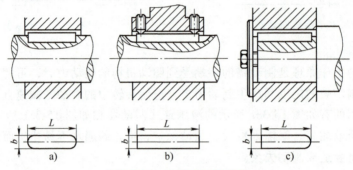

图 15-35 普通平键的结构

导向平键用于动联接，如图 15-36a 所示，其特点是键较长，键与轮毂的键槽采用间隙配合，故轮毂可以沿键做轴向滑动（如机床主轴箱中滑移齿轮与轴的动联接）。为了防止键松动，需要用螺钉将键固定在轴上的键槽中。为便于拆卸，键上有起键螺纹孔。

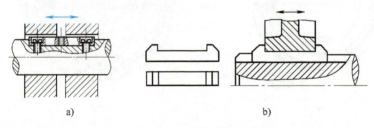

图 15-36 导向平键和滑键

当零件需要滑移的距离较大时，因所需的导向平键长度过大，制造困难，一般都采用滑键，如图 15-36b 所示。滑键固定在轮毂上，轮毂带动滑键在轴上的键槽中做轴向滑移。这样，只需要在轴上铣出较长的键槽，而键可以做得很短。

2. 半圆键联接

半圆键联接如图 15-37 所示。轴上键槽用尺寸与半圆键相同的半圆键铣刀铣出，因而键在槽中能绕其几何中心摆动以适应轮毂上键槽的倾斜度。半圆键用于静联接，其两侧面是工作面。它的优点是工艺性好，缺点是轴上的键槽较深，对轴的强度影响较大，所以一般多用于轻载情况的锥形轴端联接。

3. 楔键联接

楔键联接的特点是：键的上下两面是工作面，键的上表面和轮毂键槽底部各有 1：100 的斜度，如图 15-38 所示。装配时，通常是先将轮毂装好后，再把键放入并打紧，使键楔紧在轴与轮毂的键槽中。工作时，主要靠键、轴和轮毂之间的摩擦力传递转矩，同时还可以承受单向的轴向载荷，对轮毂起到单向轴向定位作用。它的缺点是楔紧后，轴和轮毂的配合产生偏心和倾斜，因此主要用于定心精度要求不高和低速的场合。

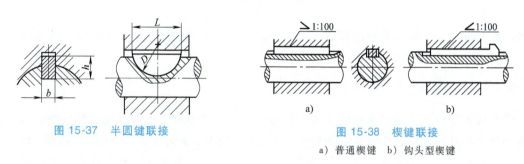

图 15-37　半圆键联接　　　　　　图 15-38　楔键联接

a）普通楔键　b）钩头型楔键

楔键分为普通楔键和钩头型楔键两种，分别如图 15-38a、b 所示。普通楔键也有 A 型、B 型、C 型三种。钩头型楔键的钩头供拆卸用，如果安装在外露的轴端时，应注意加装防护罩。

4. 切向键联接

切向键联接如图 15-39 所示，是由一对斜度为 1：100 的楔键组成。装配时，先将轮毂装好，然后将两楔键从轮毂两端装入键槽并打紧，使键楔紧在轴与轮毂的键槽中。切向键的上下两面为工作面，工作时，靠工作面上的挤压应力及轴与轮毂间的摩擦力来传递转矩。

用一个切向键时只能传递单向转矩，当要传递双向转矩时，必须使用两个切向键，两个切向键之间的夹角为 120°～135°，如图 15-39b 所示。

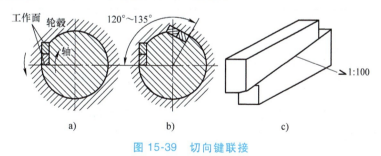

图 15-39　切向键联接

由于切向键的键槽对轴的削弱较大，因而只用于直径大于 100mm 的轴上。切向键联接能传递很大的转矩，主要用于对中要求不高的重型机械中。

5. 花键联接

如图 15-40 所示，花键联接是由周向均布多个键齿的花键轴与带有相应键齿槽的轮毂孔相配而成。花键齿的侧面为工作面，工作时有多个键齿同时传递转矩，所以花键联接的承载能力比平键联接高得多。花键联接的导向性好，齿根处的应力集中较小，适用于传递载荷大、定心精度要求高或者经常需要滑移的联接。

花键按齿形可分为矩形花键和渐开线花键（图 15-40）。花键可用于静联接和动联接。

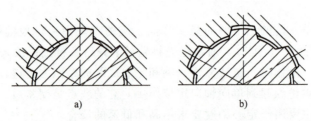

a)　　　　　　　　　　b)

图 15-40　花键联接

花键已经标准化，如矩形花键的齿数 z、小径 d、大径 D、键宽 B 等可以根据轴径查标准选定。花键的加工需要专用设备。

15.3.2　平键联接的强度计算

键联接的设计首先需要根据联接的结构特点、使用要求和工作条件来选择平键类型，再根据轴径大小从标准中选出键的剖面尺寸 $b×h$（b 为键宽，h 为键高，如图 15-41 所示），见表 15-6，然后参考轮毂宽度选取键的长度 L，长度应符合标准规定的尺寸系列。最后进行强度校核计算。

表 15-6　普通平键和键槽的尺寸　　　　　（单位：mm）

轴的直径[①]	键的尺寸			键槽		轴的直径	键的尺寸			键槽	
d	b	h	L	t_1	t_2	d	b	h	L	t_1	t_2
>8~10	3	3	6~36	1.8	1.4	>38~44	12	8	28~140	5.0	3.3
>10~12	4	4	8~45	2.5	1.8	>44~50	14	9	36~160	5.5	3.8
>12~17	5	5	10~56	3.0	2.3	>50~58	16	10	45~180	6.0	4.3
>17~22	6	6	14~70	3.5	2.3	>58~65	18	11	50~200	7.0	4.4
>22~30	8	7	18~90	4.0	3.3	>65~75	20	12	56~220	7.5	4.9
>30~38	10	8	22~110	5.0	3.3	>75~85	22	14	63~250	9.0	5.4

L 系列：6、8、10、12、14、16、18、20、22、25、28、32、36、40、45、50、56、63、70、80、90、100、110、125、140、160、180、200、250

注：在工作图中，轴槽深用（$d-t_1$）或 t_1 标注，轮毂槽深用（$d+t_2$）或 t_2 标注。

① GB/T 1095—2003 已将该列取消，但为了学习方便，此处还是沿用上一版标准将该列数据列此。

平键联接传递转矩时的受力情况如图 15-41 所示，对于常见的材料组合和按标准选取尺寸的普通平键联接（静联接），其主要的失效形式是工作面被压溃。除非有严重过载，一般不会出现键被剪断。因此，普通平键联接通常只按工作面的挤压强度进行校核计算。导向平键和滑键联接为动联接，其主要的失效形式为工作面的过度磨损，因此通常只按工作面上的压力进行条件性的强度校核计算。

假定载荷在键的工作面上均匀分布，普通平键联接的强度条件式为

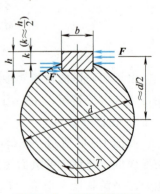

图 15-41　平键联接传递转矩时的受力情况

$$\sigma_p = \frac{4T}{dhl} \leqslant [\sigma_p] \qquad (15-5)$$

导向平键联接的强度条件为

$$p = \frac{4T}{dhl} \leq [p] \tag{15-6}$$

式中，T 是传递的转矩，单位为 N·mm；d 是轴的直径，单位为 mm；h 是键的高度，单位为 mm；l 是键的工作长度，单位为 mm；$[\sigma_p]$ 和 $[p]$ 分别称为许用挤压应力和许用压强，单位为 MPa，计算时应取联接中较弱材料的值，具体值参考表 15-7。

表 15-7　键联接的许用挤压应力和许用压强　（单位：MPa）

许用值	轮毂材料	载 荷 性 质		
		静载荷	轻微冲击	冲击
$[\sigma_p]$	钢	125～150	100～120	60～90
	铸铁	70～80	50～60	30～45
$[p]$	钢	50	40	30

键的材料没有统一的规定，但是一般都采用抗拉强度不小于 600MPa 的钢，多为 45 钢。

在平键联接强度计算中，如强度不足时，可采用双键，相隔 180° 布置。但考虑到键联接载荷分配的不均匀性，在强度校核中只按 1.5 个键计算。

【例 15-2】　图 15-42 所示的凸缘半联轴器及圆柱齿轮中，分别用键与减速器的低速轴相联接。试选择两处键的类型及尺寸，并校核其强度。已知：轴的材料为 45 钢，传递的转矩 $T = 1000$N·m，齿轮用锻钢制造，半联轴器用灰铸铁制成，工作时有轻微冲击。

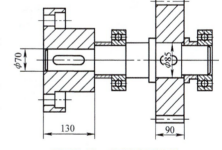

图 15-42　键的选用实例

解：（1）确定-联轴器段的键　根据结构特点，选 A 型平键。由轴径 $d = 70$mm，查表 15-6 得键的剖面尺寸为 $b = 20$mm、$h = 12$mm，取键的公称长度 $L = 110$mm。

键的标记为：GB/T 1096　键 20×12×110。

键的工作长度为 $l = L - b = 110$mm $- 20$mm $= 90$mm。

根据-联轴器材料为灰铸铁，载荷有轻微冲击，查表 15-7，取许用挤压应力 $[\sigma_p] = 55$MPa，则其挤压强度为

$$\sigma_p = \frac{4T}{dhl} = \frac{4 \times 1000 \times 1000}{70 \times 12 \times 90} \text{MPa} = 52.91\text{MPa} < [\sigma_p] = 55\text{MPa}$$

故满足强度要求。

（2）确定齿轮段的键　根据结构特点，选 A 型平键。由轴径 $d = 85$mm，查表 15-6 得键的剖面尺寸为 $b = 22$mm、$h = 14$mm，取键的公称长度 $L = 80$mm。

键的标记为：GB/T 1096　键 22×14×80。

键的工作长度为 $l = L - b = 80$mm $- 22$mm $= 58$mm。

根据齿轮材料为锻钢，载荷有轻微冲击，查表 15-7，取许用挤压应力 $[\sigma_p] = 110$MPa，则其挤压强度为

$$\sigma_p = \frac{4T}{dhl} = \frac{4 \times 1000 \times 1000}{85 \times 14 \times 58} \text{MPa} = 57.95\text{MPa} < [\sigma_p] = 110\text{MPa}$$

故满足强度要求。

15.3.3 销联接的类型、特点及应用

销联接主要用于固定零件之间的相对位置，并能传递较小的载荷。它还可以用于过载保护场合。根据销的形状的不同，销可分为圆柱销、圆锥销和槽销等。

圆柱销如图15-43a所示，靠过盈配合固定在销孔中，如果多次装拆，其定位精度会降低。圆锥销如图15-43b所示，圆锥销和销孔均有1：50的锥度，因此安装方便，定位精度高，多次装拆不影响定位精度。图15-43c所示为端部带螺纹的圆锥销，它用于盲孔或装拆困难的场合。图15-43d所示为开尾圆锥销，它适用于有冲击、振动的场合。图15-43e所示为槽销，槽销上有三条纵向沟槽，槽销压入销孔后，它的凹槽即产生收缩变形，借助材料的弹性而固定在销孔中，多用于传递载荷，对于振动载荷的联接也适用；销孔不需要铰制，加工方便，可多次装拆。图15-43f所示为圆管形弹簧圆柱销，在销打入销孔后，销由于弹性变形而挤紧在销孔中，可以承受冲击和变载荷。

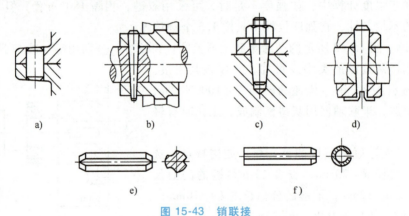

a)　　　　　　　　b)　　　　　　　c)　　　　　　　d)

e)　　　　　　　　　　　　f)

图 15-43　销联接

15.4 铆接、胶接、焊接和过盈联接的特点与应用

15.4.1 铆接

铆钉联接（简称为铆接），如图15-44所示，是将铆钉穿过被联接件的预制孔经铆合后形成的不可拆卸联接。铆接的工艺简单、耐冲击、联接牢固可靠，但结构较笨重，被联接件上有钉孔使其强度削弱，铆接时噪声很大。目前，铆接主要用于桥梁、造船、重型机械及飞机制造等部门。

15.4.2 胶接

胶接是利用直接涂在被联接件表面上的胶黏剂凝固黏结而形成的联接。常用的胶黏剂有酚醛乙烯、聚氨酯、环氧树脂等。

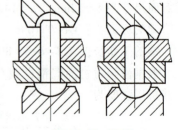

图 15-44　铆接

胶接接头的基本形式有对接、搭接和正交，如图 15-45 所示。胶接接头设计时应尽可能使黏结层受剪或者受压，避免受拉。

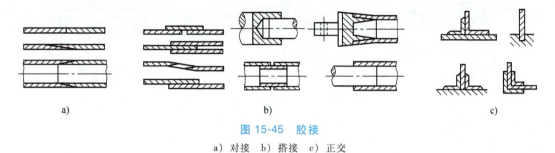

图 15-45　胶接

a）对接　b）搭接　c）正交

胶接工艺简单，适于不同材料及极薄金属间的联接。胶接接头的重量轻、耐腐蚀、密封性能好；但是，胶接接头一般不宜在高温及冲击、振动条件下工作，胶黏剂对胶接表面的清洁度有较高要求，结合速度慢，胶接的可靠性和稳定性易受环境影响。

15.4.3　焊接

焊接是利用局部加热方法使两个金属元件在联接处熔融而构成的不可拆联接。常用的焊接方法有电弧焊、气焊和电渣焊等，其中电弧焊应用最为广泛。

电弧焊是利用电焊机的低压电流通过焊条（一个电极）与被焊接件（另一个电极）形成的电路，在两极之间产生电弧来熔化被焊接件的部分金属和焊条，使熔化金属混合并填充接缝而形成焊缝。

常用的焊缝形式有对接焊缝和角焊缝。

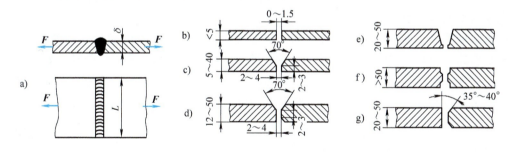

图 15-46　焊缝与各种形式的坡口

图 15-46a 所示为对接焊缝，它用于联接在同一平面内的被焊接件，焊缝传力较均匀。当被焊接件厚度不大时，用平头型对接焊缝，如图 15-46b 所示；当被联接件厚度较大时，为了保证焊透，需要预制各种形式的坡口，如图 15-46c～g 所示。

图 15-47 所示为角焊缝。角焊缝主要用于联接不在同一平面上的被焊接件，焊缝剖面通常是等腰直角三角形。垂直于载荷方向的焊缝称为横向焊缝，如图 15-47a 所示；平行于载荷方向的焊缝称为纵向焊缝，如图 15-47b 所示；焊缝兼有横向、纵向或者斜向的称为混合焊缝，如图 15-47c 所示。

焊接一般用于低碳钢、低碳合金钢和中碳钢。一般地，低碳钢无淬硬倾向，对焊接热过程不敏感，焊接性好。焊条的材料一般应选取与被焊接件相同或接近的材料。焊接的强度

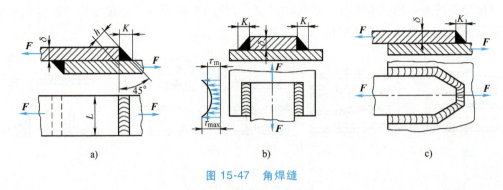

图 15-47　角焊缝

高、工艺简单、重量轻，在单件生产、新产品试制及复杂零件结构情况下，采用焊接替代铸造，可以提高生产率，减少成本。但焊接后常有残余应力和变形存在，不能承受严重的冲击和振动；此外轻金属的焊接技术还有待进一步完善。

15.4.4　过盈联接

过盈联接是利用零件间的过盈配合来实现联接。过盈配合联接件装配后，包容件和被包容件的径向变形使配合面间产生压力；工作时靠此压力产生的摩擦力来传递载荷。为了便于压入，轮毂孔和轴端的倒角尺寸均有一定要求。

过盈联接的装配方法有压入法和温差法两种。压入法是在常温下用压力机等将被包容件直接压入包容件中。压入过程中，配合表面易被擦伤，从而降低联接的可靠性。过盈量不大时，一般采用压入法装配。温差法就是加热包容件或者冷却被包容件，以形成装配间隙进行装配。采用温差法，不易擦伤配合表面，联接可靠。过盈量较大或者对联接质量要求较高时，宜采用温差法装配。

过盈联接的过盈量不大时，允许拆卸，但多次拆卸会影响联接的质量，过盈量很大时，一般不能拆卸，否则会损坏配合表面或者整个零件。过盈联接结构简单，同轴性好，对轴的削弱小，抗冲击振动、可靠性高，但对装配面的加工精度要求高，其承载能力主要取决于过盈量的大小。必要时，可以同时采用过盈联接和键联接，以保证联接的可靠性。

知识拓展——弹簧的类型与应用

小结——思维导图讲解

知识巩固与能力训练题

15-1　复习思考题。

1）常用螺纹按牙型分为哪几种？各有何特点？各适用于什么场合？

2）螺纹联接有哪些类型？各有何特点？各适用于什么场合？

3）螺纹联接防松的本质是什么？螺纹联接防松主要有哪几种方法？

知识拓展——
弹簧的类型
与应用

小结——思维
导图讲解

4）螺旋传动有哪些类型？各有何特点？各适用于什么场合？

5）联轴器和离合器的功用有何相同点和不同点？

6）联轴器和离合器分别有哪些常见类型？各适用于什么场合？

7）键联接有哪些常见类型？各适用于什么场合？

8）铆接、焊接和胶接各有什么特点？各适用于什么场合？

15-2　从给出的 A、B、C、D 四个选项中选择一个正确答案。

1）当螺纹公称直径、牙型角、螺纹线数相同时，细牙螺纹的自锁性能比粗牙螺纹的自锁性能_____。

　　A. 好　　　　　　B. 差　　　　　　C. 相同　　　　　D. 不一定

2）用于联接的螺纹牙型为三角形，这是因为三角形螺纹_____。

　　A. 牙根强度高，自锁性能好　　B. 传动效率高

　　C. 防振性能好　　　　　　　　D. 自锁性能差

3）在螺栓联接中，有时在一个螺栓上采用双螺母，其目的是_____。

　　A. 提高强度　　　　　　　　　B. 提高刚度

　　C. 防松　　　　　　　　　　　D. 减小每圈螺纹牙上的受力

4）联轴器与离合器的主要作用是_____。

　　A. 缓冲、减振　　　　　　　　B. 传递运动和转矩

　　C. 防止机器发生过载　　　　　D. 补偿两轴的不同心或热膨胀

5）金属弹性元件挠性联轴器中的弹性元件都具有_____的功能。

　　A. 对中　　　　　　　　　　　B. 减磨

　　C. 缓冲和减振　　　　　　　　D. 装配很方便

6）为了不过于严重削弱轴和轮毂的强度，两个切向键最好布置成_____。

　　A. 在轴的同一母线上　　　　　B. 180°

　　C. 120°～135°　　　　　　　　D. 90°

7）GB/T 1096 键 B 20×12×80 中，20 和 80 是表示_____。

　　A. 键宽和轴径　　　　　　　　B. 键高和轴径

　　C. 键宽和键长　　　　　　　　D. 键宽和键高

8）能构成紧联接的两种键是_____。

　　A. 楔键和半圆键　　　　　　　B. 半圆键和切向键

　　C. 楔键和切向键　　　　　　　D. 平键和楔键

15-3　试选择一电动机输出轴用联轴器，已知：电动机功率 $P = 11kW$，转速 $n = 1460r/min$，轴径 $d = 42mm$，载荷有中等冲击。确定联轴器的轴孔与键槽结构形式、代号及尺寸，确定联轴器的型号。

15-4　一齿轮装在轴上，采用 A 型普通平键联接。齿轮、轴、键均用 45 钢，轴径 $d = 80mm$，轮毂长度 $L = 150mm$，传递转矩 $T = 2000N \cdot m$，工作中有轻微冲击。试确定平键尺寸和型号，并验算联接的强度。

附　　录

附录 A　创新思维及机械创新常用技法

A.1　创新思维及创新能力的培养

创新是民族进步的灵魂，是国家兴旺发达的不竭动力。设计的本质是革新和创造。创新设计强调充分发挥设计者的创造力，利用已有的相关科技成果进行创新构思，设计出更具有竞争力的新颖产品。创新的核心在于创新思维，创新思维是以新颖独创的方法解决问题的思维过程，通过这种思维提出与众不同的解决方案，从而产生新颖的、独到的、有社会意义的思维成果。因此，认识和掌握创新思维，增强创新意识，培养和提高创新能力具有十分重要的意义。

A.1.1　常用的创新思维方法

1. 发散思维

发散思维又称为扩散思维、辐射思维等，是在对某一问题或事物的思考过程中，突破原有的圈，充分发挥想象力，经不同的途径，以不同的视角去探索、重组眼前的和记忆中的信息，产生新信息，使问题得到圆满解决的思维方法。思维过程为：以解决的问题为中心，运用横向、纵向、逆向、立体、分合、颠倒、质疑、对称等思维方法，找出尽可能多的答案。在进行机械创新设计时，以材料、功能、结构、形态、组合、方法、因果、关系为发散点进行发散训练，可以很好地培养创新思维能力。

用发散思维方式进行思考，以汽车为例，可以得到许多用途：客车、货车、救护车、消防车、洒水车、冷藏车、食品车等；以红砖为例，可用作砌墙、铺路、花坛、花池、水池、烟囱、桥、碉堡等。思考问题时可跳出点、线、面的限制，立体式进行发散思维，如立体绿化（屋顶花园增加绿化面积、减少占地改善环境、净化空气）、立体农业间作（玉米地种绿豆、高粱地里种花生等）、立体森林（高大乔木下种灌木、灌木下种草，草下种食用菌）等；如小孩掉进水里，把人从水中救起，是使人脱离水，司马光救人是打破缸，使水脱离人；如曹冲称象，把测重转换成测船入水的深度。

2. 收敛思维

收敛思维又称为聚合思维、求同思维等，是为了解决某一问题，在众多的现象、线索、思路、信息中，通过比较、筛选、组合、论证等，得出现存条件下解决问题的最佳方案。从设计某一设备的动力传动时，利用发散思维得到的可能性方案有齿轮传动、蜗杆传动、带传动、链传动、液压传动等，再根据具体条件分析判断，选出最佳方案，如要求体积小且较大减速比，可选择蜗杆传动设计方案。

收敛思维形式有目标确定法、求同思维法、求异思维法、聚焦法等。目标确定法首先要正确地确定搜寻的目标，进行认真观察并做出判断，找出其中关键现象，围绕目标进行收敛思维。如果有一种现象在不同的场合反复发生，而在各场合中只有一个条件是相同的，那么这个条件就是这种现象的原因，寻找这个条件的思维方法就称为求同思维法。如果一种现象在第一场合出现，第二场合不出现，而这两个场合中只有一个条件不同，这一条件就是现象的原因，寻找这一条件，就是求异思维法。聚焦法就是围绕问题进行反复思考，有时甚至停顿下来，使原有的思维浓缩、聚拢，形成思维的纵向深度和强大的穿透力，在解决问题的特定指向上思考，积累一定量的努力，最终达到质的飞跃，顺利解决问题。

3. 想象思维

想象思维是人脑通过形象化的概括作用对脑内已有的记忆表象进行加工、改造或重组的思维活动。想象在创新思维中起着主导主干作用，发明一件新的产品，一般都要在头脑中想象出新的功能或外形，而这新的功能或外形都是人的头脑调动已有的记忆表象，加以扩展或改造而来的。爱因斯坦说："想象比知识更重要，因为知识是有限的，而想象力概括着世界上的一切，推动着进步，并且是知识进化的源泉。"

那么，如何发挥自己的想象力呢？德国的一名学者曾经说过这样的话："眺望风景，仰望天空，观察云彩，常常坐着或躺着，什么事也不做。只有静下来思考，让幻想力毫无拘束地奔驰，才会有冲动。否则任何工作都会失去目标，变得繁琐空洞。谁若每天不给自己一点做梦的机会，那颗引领他工作和生活的明星就会暗淡下来"。

4. 联想思维

联想思维是指在人脑内记忆表象系统中由于某种诱因使不同表象发生联系的一种思维活动。在创新过程中运用概念的语义、属性的衍生、意义的相似性来激发创新思维的方法，它是打开沉睡在头脑深处记忆的最简便和最适宜的钥匙。联想思维与想象思维的主要区别是：联想只能在已存入人的记忆系统的表象之间进行，而想象则可以超出已有的记忆表象范围。

联想思维的类型有接近联想、相似联想、对比联想、因果联想、类比联想等。接近联想是指时间或空间上的接近都可以引起不同事物之间的联想。例如，"春江潮水连海平，海上明月共潮生。滟滟随波千万里，何处春江无月明。"春江、潮水、大海与明月（既相远又相近）联系在一起。相似联想是指从外形或性质上的、意义上的相似引起的联想，如"春蚕到死丝方尽，蜡炬成灰泪始干"和"床前明月光，疑是地上霜"等。对比联想是指由事物间完全对立或存在某种差异而引起的联想，如在创新设计时，色彩对比、大小对比、强度对比、方向对比、好坏对比等。因果联想是指由于两个事物存在因果关系而引起的联想，可以由因想到果，也可以由果想到因，如火灾—报警、事故—原因、异常现象—地震。类比联想就是通过对一种（类）事物与另一种（类）事物对比，而进行创新的方法，其特点是以大量联想为基础，以不同事物间的相同、类比为纽带，如鱼骨—针，酒瓶—潜艇，蜻蜓振翅—机翼振动。

5. 直觉思维

直觉思维就是直接的觉察、直接领悟的思维，具体来说就是人脑对于突然出现在其面前的新事物、新现象、新问题及其关系的一种迅速的识别，敏锐而深入的洞察，直接的、本质的理解和综合的整体判断。科学发现和科技发明是人类最客观、最严谨的活动之一，但是许多科学家还是认为直觉是发现和发明的源泉。诺贝尔奖获得者、著名物理学家玻恩说："实验物理的全部伟大发现，都是来源于一些人的'直觉'。"

例如：伦琴发现 X 射线就是靠直觉的典型范例。当时，伦琴和往常一样在做一个原定实验的准备，该实验要求不能漏光。正当他一切准备就绪开始实验时，突然发现附近的一个工作台上发出微弱的荧光，室内一片黑暗，荧光从何而来呢？此时，伦琴迷惑不解，但又转念一想，这是否是一种新的现象呢？他急忙划一根火柴进行查看，原来荧光发自一块涂有氰亚铂酸钡的纸屏。伦琴断开电流，荧光消失，接通电流，荧光又出现了。他将书放到放电管与纸屏之间进行阻隔，但纸屏照样发光。看到这种情况，伦琴极为兴奋，因为他知道，普通的阴极射线是不会有这样大的穿透力的，可以断言肯定是一种人所未知的穿透力极强的射线。经过反复研究、实验，终于肯定了这种射线的存在，还发现了这种射线的许多特有性质，并且命名为 X 射线。

6. 灵感思维

灵感思维是人在不知不觉中突然发生的特殊思维形式，即长期思考的问题，受到某些事物的启发，忽然得到解决的心理过程。灵感是人脑的机能，是人对客观现实的反映。在人类历史上，许多重大的科学发现和杰出的文艺创作，往往是灵感之花闪现的结果。灵感与创新可以说是休戚相关的。

灵感如何捕获呢？主要包括长期的思想活动准备、兴趣和知识准备、智力准备、乐观镇静的情绪、注意摆脱习惯性思维的束缚、珍惜最佳时机和环境、要有及时抓住灵感的精神准备和及时记录下灵感的物质准备等。许多有创造性精神的人，都曾体验过获得灵感的滋味，但因为事先没有准备，而没有及时记下这些灵感，事过境迁就再也记不起来了，当然并不是头脑里出现的灵感就都有价值，但记录下来以后再慢慢琢磨，决定取舍。

7. 逻辑思维

逻辑思维是指在理性认识过程中，借助概念、判断、推理等思维形式以抽象和概括的方法来反映事物本质的思维活动和思维方式。逻辑思维的过程形式与创新、创造过程密切相关，运用逻辑思维对创造成果条理化、系统化、理论化。逻辑思维在创新中的积极作用主要表现在发现问题、直接创新、筛选设想、评价成果、推广应用及总结提高等，但在创新中也存在一定的局限性，如常规性、严密性、稳定性等。

逻辑思维的方法主要有分析与综合、分类与比较、归纳与演绎、抽象与概括等。分析是在思维中把对象分解为各个部分或因素，分别加以考察的逻辑方法；而综合是在思维中把对象的各个部分或因素结合成为一个统一体加以考察的逻辑方法。分类是根据事物的共同性与差异性就可以把事物分类，具有相同属性的事物归入一类，具有不同属性的事物归入不同的类；而比较就是比较事物的共同点和差异点，通过比较就能更好地认识事物的本质。归纳是从个别性的前提推出一般性的结论，前提与结论之间的联系是或然性的；而演绎是从一般性的前提推出个别性的结论，前提与结论之间的联系是必然性的。抽象就是运用思维的力量，从对象中抽取它本质的属性，抛开其他非本质的东西；而概括是在思维中从单独对象的属性推广到这一类事物的全体的思维方法。

A.1.2 创新能力的培养

创新离不开创新思维，需要充分发挥自己的创造力，然而人的创造力不是天生的，需要逐步培养。创新能力的培养主要可以从以下几个方面进行：

1. 兴趣和好奇心

兴趣可以激发求知欲，是推动人们去寻求知识的一种力量，进而发挥出创造力。比尔·盖茨正是对计算机和软件开发有着强烈的兴趣，才促使他放弃大学学业而从事软件开发，只用了短短数年时间就使微软成为世界知名公司。

好奇心是创新人才最重要的素质。例如：瓦特因对蒸汽顶动水壶盖的现象好奇而质疑，发明了蒸汽机；巴甫洛夫对狗流唾液的现象好奇而质疑，创立了高级神经活动学说。培养创新能力应该尽可能摆脱各种繁杂事物的困扰，做到热情天真，不耻下问，保持或恢复儿时那种强烈的好奇心。要使自己保持好奇，还应养成爱问"为什么"的习惯。爱迪生自幼就爱"打破砂锅问到底"，从鸡为什么把蛋放在屁股底下、蛋也怕着凉等问题一直追问到"把蛋放在屁股底下暖和暖和就能孵出小鸡吗?"，没有强烈好奇心的驱使，爱迪生是不会有此举动的，也不会有如此众多伟大的发明。

2. 直觉或洞察力

直觉或洞察力就是指当一个人面对十分复杂的情况时，迅速地抓住问题的关键并找到出路的能力，具有这种能力就可以透过现象看本质，抓住机遇，在别人不注意的事物中产生新的发现和创新。

在伦琴发现 X 射线、弗莱明发现青霉素之前，实际上已有人发现了同样的现象，但是他们对这些现象缺乏洞察力，没有进一步去研究，因而与这些发明失之交臂。在科技发展史上，这种与成功擦肩而过的事例不胜枚举，充分说明洞察力在创新中的重要作用。洞察力的培养需要克服粗心大意、走马观花、不求甚解的不良习惯，通过长期的观察、思考、再观察，可以训练敏锐的洞察力。

3. 自信心和进取心

自信心是对自己能力做出正确估价后，认定自己能实现某些追求、达到既定目标的信心。这种强大的力量一旦产生，自身就会产生一种很明显的毫无畏惧的感觉、一种"战无不胜"的感觉。产生自信心后，无论面前的困难多大、面对的竞争多强，总会感到轻松平静。要增强自信心，可通过克服自卑感，正确认识自己的才能，运用肯定的语气，制订可以完成的目标，不要对过去的失败和错误的判断耿耿于怀，对自己的成功给予积极评价。

进取心是指不满足于现状，坚持不懈地向新的目标追求的蓬勃向上的心理状态。社会之所以能够不断发展进步，一个重要的推动力量，就是拥有进取心。具有进取心的人，渴望有所建树，争取更大更好的发展；为自己设定较高的工作目标，勇于迎接挑战，要求自己工作成绩出色。要增强进取心，就必须克服安于现状、墨守成规的处世观念。古往今来的发明家之所以能在各个不同的技术领域中独占鳌头，无不因为他们具有强烈的进取心。

4. 意志和勇气

坚强的意志不仅能使人对事物具有执着的迷恋趋向，而且能使人持久地从事某一活动。"科学有险阻，苦战能过关"。意志是工作精神力量，使人精神饱满，不屈不挠，为达到理想境界坚持不懈的斗争。没有坚持、坚持再坚持的韧性和毅力，居里夫妇就不会取得令人肃然起敬的成绩。

勇气是勇往直前的气魄，敢想敢干、毫不畏惧的气概。发明总是要创新，创新就要突破旧条条框框的束缚，而保护这些旧条条框框的习惯势力是相当顽强的，没有勇气是不敢迎上前去的。英国医生琴纳在经过 36 年的试验、研究之后，终于发明了预防天花的新方法——接种牛痘。另外，发明离不开试验，而有些试验是相当危险的，甚至有生命危险，这都需要勇气。

5. 动手实践能力

对于机械创新设计，动手实践能力主要包括设计、制作、加工、试验及绘图等方面的技能。动手实践能力是发明者所必须具备的基本素质。

古往今来，许多伟大的发明家如爱迪生、法拉第等虽然没有到学校正规地学习，但他们非常喜爱动手做试验，改装设计和制作仪器设备。由于刻苦自学、勇于实践，爱迪生才能在一生中产生一千多项发明专利。因此，要不断培养并增强动手实践能力，养成动手制作、修理维护、绘制、装配各种设备用具的习惯。

6. 创新技法

创新技法是指创造学家根据创新思维的形式和特点，收集大量成功的创造和创新的实例后，研究其获得成功的思路和过程，经过归纳、分析、总结，找出规律和方法以供人们学习、借鉴和仿效，使创造者进行创造发明时有规律可循、有步骤可依、有技巧可用、有方法可行。因此，创新技法是构成创造力的重要因素之一，是培养和提高创新能力的有效途径。

A.2 机械创新设计的常用创新技法

创新技法源于创造学的理论和规则，是促进技术创新的一种技巧，这些技巧为创新探索提供了一些途径。在机械创新设计中，主要有以下常用的创新技法：

A.2.1 组合创新法

组合创新法是将两种或两种以上的技术、产品、事物、材料、功能等进行有机的组合，从而产生新的事物或成果的创新技法。常用的组合形式有以下几种。

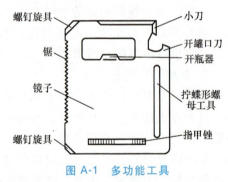

图 A-1 多功能工具

1. 功能组合

功能组合就是把不同功能的产品和组件结合在一起。例如：图 A-1 所示的多功能工具，可应用于多种日常生活；生产上用的组合机床、组合夹具等；生活上用的组合家具、组合音响、多功能自行车；办公用品中的集复印、打印、扫描、传真等功能于一体的多功能一体机等；铅笔+橡皮＝带有橡皮的铅笔；自行车+货架、车框、里程表、车灯、后视镜＝具有了载货、测速、照明、辅助观察等多功能的自行车。

2. 材料组合

材料组合是指不同的材料在特定的条件下组合，有效地利用各种材料的特性，使组合后的组合材料具有理想的性能。例如：各种合金、合成纤维、塑钢型材，采用复合材料制成的 V 形带，钢筋、水泥和砂石组合的混凝土，铁和铜组合的铁心铜线等。

3. 技术组合

技术组合是将现有的不同技术、工艺、设备等加以组合，形成解决新问题的新技术手段的发明方法。例如：1979 年诺贝尔生理学医学奖获得者，英国发明家豪斯菲尔德所发明的 CT 扫描仪，就是将 X 射线人体检查的技术同计算机图像识别技术实现了有机的结合，便可以对人体进行三维空间的观察和诊断，并被誉为 20 世纪医学界最重大的发明成果之一。

4. 同类组合

同类组合是将同一种功能或结构在一种产品上重复组合，满足人们更高要求的创新方法。进行同类组合，主要是通过数量的变化来弥补功能上的不足，或得到新的功能。例如：多插孔的电源插座、双人自行车、双色或多色圆珠笔、多面牙刷、双万向联轴器等。

5. 异类组合

异类组合是将不同功能或结构在一种产品上重复组合，满足人们更高要求的创新方法。异类组合可使参与组合的各类事物从意义、原理、结构、成分、功能等任何一个方面或多个方面进行互相渗透，从而使事物的整体发生变化，产生出新的事物，获得创新。例如：带有折叠凳子的拐杖、自带牙膏的牙刷、车铣钻机床、沙发床、冷暖空调、带有墨镜的遮阳帽等。

6. 信息组合

信息组合将有待组合的信息元素制成表格，表格的交叉点即为可供选择的组合方案。例如将现有的家具进行信息组合，可以制成如下的表格（表 A-1）。

表 A-1　现有家具信息组合创新实例

	床	沙发	桌子	衣柜	镜子
床					
沙发	沙发床				
桌子	床头桌	沙发桌			
衣柜	床头柜	沙发柜	组合柜		
镜子	床头镜	沙发镜	镜桌	穿衣镜	

A.2.2　类比创新法

类比创新法是根据两个（或两类）对象之间某些方面的相同或相似而推出它们在其他方面也可能相同或相似的一种方法。常用的类比技巧有以下几种：

1. 拟人仿生类比

拟人仿生类比是指从人类本身或动物、昆虫等结构及功能上进行类比、模拟，而设计出诸如各类机器人、爬行器以及其他类型的拟人产品。例如：公园对垃圾桶采用拟人类比法进行改进设计，当把废弃物"喂"入垃圾桶内时，让它道声"谢谢"，由此游人兴趣盎然，专门捡起垃圾放入桶内。挖掘机以及机械手等设计时也是典型的拟人类比。模仿鸟类飞翔原理的各式飞行器，按蜘蛛爬行原理设计的军用越野车等，从猫、虎的爪子想到在奔跑中急停的钉子鞋，鲨鱼皮泳衣和潜水艇等则采用了仿生类比。

2. 直接类比

直接类比是指从自然界或者从已有的发明成果中，寻找与创造对象相类似的东西，通过直接类比，创造的新事物。直接类比简单、快速，可避开盲目思考。类比对象的本质特征越接近，则成功率越大。例如：由天文望远镜制成了航海、军事、观剧以及儿童用望远镜，不论它们的外形及功能有何不同，其原理、结构完全一样。物理学家欧姆将电与热从流动特征考虑进行直接类比，把电动势比作温度，把电流总量比作一定的热量总量，首先提出了著名的欧姆定律。另外，鲁班锯子的设计也是用直接类比而发明的。

3. 象征类比

象征类比是借助事物形象和象征符号来比喻某种抽象的概念或思维感情。象征类比是直觉感知，并使问题关键显现、简化。文学创作、建筑设计中多用此法，像玫瑰花喻爱情、绿色喻春天、火炬喻光明、日出喻新生等，纪念碑、纪念馆要赋予"宏伟"和"庄严"的象征格调，音乐厅、舞厅则要赋予"艺术"和"优雅"的象征格调。现代城市中的众多标志性建筑物有时即采用了象征类比。

4. 因果类比

因果类比是指两个事物的各个属性之间，可能存在着某种因果关系，因此，人们可以根据一个事物的因果关系推出另一事物的因果关系，通过因果类比创造出新的事物。例如：在面粉中加入发酵粉可做出松软的馒头，依此运用因果类比，联想到加入发泡剂的合成树脂，其中充满微小孔洞，具有省料、轻巧、隔热、隔声等良好性能；联想到在水泥中加入发泡剂，结果发明了一种具有同样优良性能的新型建筑材料—气泡混凝土等。

A.2.3 设问探求法

设问探求法就是对任何事物都多问几个为什么。发明、创造、创新的关键是能够发现问题，提出问题。人类从问号中得到的启示比从句号中得到的启示多得多。设问探求法主要方式有奥斯本检核表法与5W2H法。

1. 奥斯本检核表法

这是奥斯本提出来的一种创造方法，又称为分项检查法。下面介绍奥斯本检核表法的九个方面分项检核，以促使设计者探求创意。

1) 能否它用？可提问：现有事物还有没有其他用途？或稍加改进能否扩大它的用途？保持不变能否扩大用途？……

2) 能否借用？可提问：现有的事物能否借用别的经验或发明？有无与过去相似的东西？能否模仿别的东西？现有成果能否引入其他创新性设想？……

3) 能否改变？可提问：现有的东西是否可以进行某些改变？改变一下会怎么样？可否改变一下形状、颜色、音响、味道？是否可改变一下意义、型号、模具、运动形式？改变之后，效果又将如何？……

4) 能否扩大？可提问：现有的东西能否扩大使用范围？能不能增加一些东西？能否添加部件？能否拉长时间，增加长度，提高强度，延长使用寿命，提高价值？……

5) 能否缩小？可提问：能否减少什么？再小点？浓缩？微型化？再低些？再短些？再轻些？再压缩些？再薄些？能否分割化小？能否采取内装？缩小一些怎么样？能否省略？能否进一步细分？……

6) 能否代替？可提问：能否用别的东西、别人、别的材料、别的零件代替？能否用别的方法、工艺代替？可否选取其他地点？能否用其他结构、动力、设备代替？……

7) 能否调整？可提问：能否更换条件？能否用其他方案？能否调整先后顺序或安排方式？能否调换元件、部件、型号？原因与结果能否对换位置？……

8) 能否颠倒？可提问：倒过来会怎么样？上下是否可以倒过来？左右、前后是否可以对调位置？里外可否倒换？正反可否倒换？可否用否定代替肯定？……

9）能否组合？可提问：现有事物能否组合？能否原理组合、方案组合、功能组合？能否形状组合、材料组合、部件组合？能否将各种想法进行组合？……

下面以陶瓷杯创新设计为例，说明奥斯本检核表法创新思路，见表 A-2。

表 A-2　陶瓷杯奥斯本检核表法创新实例

序号	检核项目	创　新　思　路	初选方案
1	能否它用	装饰杯、奖杯、乐器杯、盛饭杯、笔筒杯	奖杯
2	能否借用	保温杯、音乐杯、磁疗杯、电热杯	音乐杯
3	能否改变	动物杯、自洁杯、防溢杯、香味杯、密码杯、卡通杯	动物杯
4	能否扩大	加长杯、防碎杯、消防杯、报警杯、过滤杯、多层杯	多层杯
5	能否缩小	扁平杯、折叠杯、微型杯、可伸缩杯、超薄型杯、勺形杯	折叠杯
6	能否代替	金属杯、竹木杯、纸杯、可降解杯、塑料杯、可食用杯	竹木杯
7	能否调整	高脚杯、装饰杯、牙杯、口杯、酒杯、咖啡杯、旋转杯	旋转杯
8	能否颠倒	上小下大—上大下小、雕花—非雕花、透明—不透明	雕花杯
9	能否组合	与勺子、叉子、筷子组合、与中草药组合、与加热器组合	组合杯

2. 5W2H 法

5W2H 法从七个方面：为什么（Why）、做什么（What）、谁去做（Who）、何时做（When）、何地做（Where）、怎样做（How）、做多少（How much）进行提问，构成设想方案的制约条件，设法满足这些条件，便可获得创新方案，其具体内容如下：

（1）为什么（Why）　为什么需要？为实现什么目标？为达到什么功能？为取得什么样的社会和经济效益？为达到什么样的功效指标？为达到什么样的质量标准？为什么不用机械代替人力？为什么非做不可？为什么制造此种产品要经过这么多环节？为什么做成这个样子（形状、大小、颜色）？为什么要这样生产？

（2）做什么（What）　是什么发现？是什么产品？是什么方法？是什么材料？目的是什么？重点是什么？与什么有关系？功能是什么？工作对象是什么？规范是什么？

（3）谁去做（Who）　谁是设计者？谁是生产者？谁是消费者？谁来办事方便？谁赞成？谁反对？谁来承担？谁会受益？谁被忽视了？

（4）何时做（When）　何时研究？何时实施？何时完成？何时安装？何时销售？何时付款？何时交货？何时是期限？何时产量最高？何时最合时宜？

（5）何地做（Where）　何地研究？何地试验？何地生产？何地安装？何部门采购？何地有资源？何处推广？何处改进？何处最适宜？何处最优越？何处最节省？何处最昂贵？

（6）怎样做（How）　怎样省力？怎样速度快？怎样做最好？怎样做效率最高？怎样改进？怎样实施？怎样最方便？怎样最美观？怎样增加销路？怎样避免失败？

（7）做多少（How much）　销售多少？成本多少？打算花多少钱？尺寸多少？质量多少？功能指标达到多少？

A.2.4　逆向转换法

在问题求解的过程中，由于某种原因使人们习惯向某一个方向努力，但实际上问题的解却可能位于相反的方向上。逆向转换法中的"逆"可以是方向、位置、过程、功能、原因、结果、优缺点、矛盾的两个方面等诸方面的逆转。下面以几个实例进行说明：

实例1：最初的船体焊接都是在同一固定的状态进行的，这样有很多部位必须仰焊，仰焊的强度大，质量不易保障，后来改变了焊接顺序，在船体分段结构焊接时将需仰焊的部分暂不施工，待其他部分焊好后，将船体分段翻个身，变仰焊为俯焊位置，这样装焊的质量与速度都有了保证。

实例2：意大利物理学家伽利略曾应医生的请求设计温度计，但屡遭失败。有一次他在给学生上实验课时，注意到水的温度变化引起了水的体积变化，这使他突然意识到由水的体积变化不也能看出水的温度变化吗？按照这一思路，他终于设计出了当时的温度计。

实例3：曾经有一位家庭主妇对煎鱼时鱼总是会黏到锅上感到很恼火，煎好的鱼常常是烂开不成片。有一天，她在煎鱼时突然产生了一个念头，能不能不在锅的下面加热，而在锅的上面加热呢？经过多次尝试，她想到了在锅盖里安装电炉丝这一从上面加热的方法，最终制成了令人满意的煎鱼不煳的锅。

另外，如制冷与制热、电动机与发电机、压缩机与鼓风机；除尘既可以采取吹尘也可以采取吸尘的方法；保温瓶可以保热也可以保冷等，都是逆向的。

A.2.5 列举分析法

列举分析法就是把与创新有关的方面一一列举出来，然后探讨能否创新、怎样创新，最后实现创新。列举分析法通常分为特性列举法、缺点列举法与希望列举法。

1. 特性列举法

特性列举法是通过对创造发明对象特性的分析，一一列出其特性，然后通过思维方法，求异、发散、提问、列举、组合等方法，以求得产品创新、改进的新概念、新思路、新设想，探讨能否创新以及怎样实现创新的方法。它特别适合于具体事物的创造革新。一般事物的特性包括三个部分：名词特性——整体、部分、材料、制造方法；形容词特性——性质、状态；动词特性——功能。

下面以对电风扇进行特性列举，并给出创新设想。

（1）名词特性

1）整体：落地式电风扇。

2）部分：电动机、叶片、网罩、立柱、底座、控制器。

3）材料：钢、铝合金、铸铁。

4）制造方法：铸造、机械加工、手工装配。

创新设想1：叶片能否再增加一副？把电动机的轴加长，在电动机的另一端再加一副叶片，变成"双叶电风扇"，只要旋转180°，四周都有风。

创新设想2：改变叶片的材料如何？用檀香木做叶片，再经药剂特别处理，制成"保健风扇"。

创新设想3：控制器可以改成遥控器。

（2）形容词特性

1）性能：风量、转速、转角范围。

2）外观：圆形网罩、圆形底座、圆管立柱。

3）颜色：浅蓝、米黄、象牙白。

创新设想1：可否将有级调速改成无级调速？

创新设想2：网罩外形可否多样化？

创新设想3：风扇外表涂色可否多样化？可否用变色材料？

（3）动词特性

功能：扇风、调速、摇头、升降。

创新设想1：增加驱赶蚊子的功能。

创新设想2：冷热两用风扇，夏出凉风，冬出热风。

创新设想3：消毒电风扇，喷洒空气净化剂，消除空气中有害病毒，尤其是公共场所及医院病房。

创新设想4：催眠风扇，有易使人入睡的催眠音乐。

2. 缺点列举法

缺点列举法是针对某个产品（或事物），尽可能多地列举出它的缺点，然后在这基础上，找出主要缺点加以改进，这种方法能激励人们革新和创造。

下面以常用伞为例进行缺点列举，并给出创新设想。

常用伞的缺点：布面遮挡前方视线；易遗忘丢失；拿伞的手不便于再提别的东西；遇上大风会"吹顶"；伞尖容易刺痛人；乘公共汽车时伞上的水会沾湿别人的衣服；回家要撑开、晾干；伞骨容易折断；伞布透水，裤脚易被雨水打湿；花样少，不容易识别等。

创新设想：伞面用透明塑料不挡视线的伞；便于收藏、携带的折叠伞；伞布经过处理的不透水的伞；伞布有多种图案便于识别的伞；适合于两人用的椭圆形伞；伞顶加集水器，收伞后雨水不会漏在车内的伞；张开方便的自动伞；伞柄内装电筒便于夜间行路的照明伞；伞柄内装半导体收音机可边走边收听节目的伞等。

3. 希望列举法

希望列举法是从发明者的意愿提出各种新的设想，其可以不受原有物品的束缚，因此，它是一种积极、主动型的创造发明方法。

希望列举法常与发散思维和想象思维结合，根据生活需要、生产需要、社会发展需要列出希望达到的目标，希望获得的产品；也可根据现有的某个具体产品列举希望点，希望该产品进行改进，从而实现更多的功能，满足更多的需要。

世界上许多大小发明，都是根据人的希望创造出来的。例如：人们希望上天，就发明了飞机；人们希望入海，就发明了潜艇；人们希望室内冬暖夏凉，就发明了空调；人们希望不用手洗衣服，也不用手拧衣服，就发明了全自动洗衣机；人们希望雨伞能放进小包，就发明了折叠伞等。

A.2.6　群体集智法

群体集智法是将不同知识结构、不同工作经历、不同兴趣爱好等的人聚集在一起分析问题、讨论方案，集中群体智慧，形成一种智力互激、信息互补的氛围，从而有效实现创新成果。群体集智法典型的做法有头脑风暴法和书面集智法。

1. 头脑风暴法

头脑风暴法是指一组人员通过开会方式对某一特定问题出谋献策，群策群力解决问题的方法。按其英文字头（Brain Storming）又称为BS法。它能在较短的时间里发挥集体的创造力，从而获得较多的创造设想，激发组内其他成员的联想能力，当人们卷入"头脑风暴"的洪流之后，就会引起一系列的设想，这就像放一串鞭炮一样，点燃一个爆竹，就会引爆一连串的爆竹。

（1）头脑风暴法应遵循的四条原则

1）自由思考原则：参会者尽可能地解放思想，无拘无束地思考问题。

2）延迟评判原则：在讨论问题时不对想法和方案进行评判。

3）以量求质原则：以大量的设想来保证有较高质量和价值的创意设想。

4）综合改善原则：听取和综合他人意见，改善修正原有想法和设想。

（2）头脑风暴法的具体步骤

1）准备阶段：提出问题、选择会议主持人、确定参加会议人选（以5~15人为宜）、提前下达会议通知（会议内容、时间、地点）。

2）热身活动：看一段创新录像，出几道脑筋急转弯的题，使参会者身心得到放松、思维运作灵活，使其加快进入角色。

3）明确问题：参会者对会议所要解决的问题有明确、全面的了解，以便有的放矢地去创造性思考。

4）自由畅谈：参会者能突破种种思维障碍和心理约束，自由地思维，借助参会者之间的知识互补、信息刺激和情绪鼓励，提出大量有价值的设想。

5）加工整理：会议主持人应组织专人对设想记录进行分类整理，并进行去粗取精的提炼工作，如果已经获得解决问题的满意答案，智力激励会就完成了预期的目的。

2. 书面集智法

书面集智法是指采用书面畅述的方式激励人的智力的方法，此方法避免了部分人在会议中疏于言辞、表达能力差的弊病，也避免了在会议中部分人因争相发言、彼此干扰而影响智力激励的效果。如该方法6人参加，由主持人宣布会议目标，然后每人发几张卡片，每张卡片上标出1、2、3，每人在5min内提出3个设想，所以也称为635法。卡片上每个设想间要留有一定空隙，好让其他人再填写新设想。然后将卡片传给右邻的参会者，这样30min内可以传递6次，一共可以产生108个设想。将各种设想进行分类整理，根据一定的评判准则筛选出有价值的设想。

A.3 基于 TRIZ 理论的创新设计概述

TRIZ 是"发明问题解决理论"的俄语缩写，是由苏联发明家阿奇舒勒（G. S. Altshuller）在1946年创立的，其带领的专家团队通过对数百万份专利文献加以研究，经过多年的收集整理、归纳提炼，建立的解决创造发明问题的方法。运用这一理论，可大大加快人们创造发明的进程，而且能得到高质量的创新产品。TRIZ 理论的强大作用在于它为人们创造性地发现问题和解决问题提供了系统的理论和方法工具。TRIZ 理论体系主要包括以下几个方面的内容：

1. 技术系统进化法则

TRIZ 理论总结提炼出八个基本进化法则（提高理想度法则，完备性法则，能量传导法则，提高柔性、移动性和可控性法则，子系统非一致性进化法则，向超系统升迁法则，向微观系统升迁法则，协调法则）。利用这些进化法则，可以分析确认当前产品的技术状态，并预测未来发展趋势，开发富有竞争力的新产品。

2. 最终理想解（IFR）

TRIZ 理论在解决问题之初，抛开各种客观限制条件，通过理想化来定义问题的最终理想解（Ideal Final Result，IFR），以明确理想解所在的方向和位置，保证在问题解决过程中沿着此目标前进并获得最终理想解，从而避免了传统创新涉及方法中缺乏目标的弊端，提升了创新设计的效率。最终理想解（IFR）有四个特点：保持了原系统的优点；消除了原系统的不足；没有使系统变得更复杂；没有引入新的缺陷等。

3. 物-场模型分析

物-场模型分析是 TRIZ 理论中的一种分析工具，用于建立与已存在的系统或新技术系统问题相联系的功能模型。在物质-场模型的定义中，物质是指某种物体或过程，可以是整个系统，也可以是系统内的子系统或单个的物体，甚至可以是环境，取决于实际情况。场是指完成某种功能所需的手法或手段，通常是一些能量形式，如磁场、重力场、电能、热能、化学能、机械能、声能、光量等。

4. 工程矛盾解决办法

不同的发明创造往往遵循共同的规律，TRIZ 理论主要研究工程中的技术矛盾与物理矛盾，TRIZ 引导设计者分析确定工程中矛盾的类型，并针对具体的矛盾，运用发明创造原理或分离原理寻求具体矛盾解决方案。

5. 发明问题标准解法

针对具体问题物-场模型的不同特征，分别对应有标准的模型处理方法，包括模型的修整、转换、物质与场的添加等。标准解法中解法的先后顺序也反映了技术系统必然的进化过程和进化方向。标准解法可以将标准问题快速解决，也是 TRIZ 高级理论的精华。

6. 发明问题解决算法（ARIZ）

ARIZ 是针对非标准问题而提出的一套解决算法，主要针对问题情境复杂，矛盾及其相关部件不明确的技术系统。它是一个对初始问题进行一系列变形及再定义等非计算性的逻辑过程，实现对问题的逐步深入分析，问题转化，直到问题解决。ARIZ 中矛盾的消除有强大的效应知识库支持。

附录 B Y 系列三相异步电动机技术参数

Y 系列电动机为全封闭自扇冷式笼型三相异步电动机，是按照国际电工委员会（IEC）标准设计的，具有国际互换性的特点，用于空气中不含易燃、易炸或腐蚀性气体的场所。它适用于电源电压为 380V 无特殊要求的机械上，如机床、泵、风机、运输机、搅拌机、农业机械等，也用于某些需要高起动转矩的机器上，如压缩机。

使用方法：主要根据计算需要的转速和功率确定电动机型号。

应用实例：所需电动机功率为 2.8kW，转速为 710r/min，查表 B-1 得电动机型号应为 Y132M-8，查表 B-2 得电动机轴径 $D=38$mm、轴伸出长度 $E=80$mm 以及其余安装尺寸。

表 B-1 Y 系列三相异步电动机的技术数据

电动机型号	额定功率 /kW	满载转速 /(r/min)	堵转转矩 额定转矩 /N·m	最大转矩 额定转矩 /N·m	电动机型号	额定功率 /kW	满载转速 /(r/min)	堵转转矩 额定转矩 /N·m	最大转矩 额定转矩 /N·m
同步转速 3000r/min，2 极					Y90S-2	1.5	2840	2.2	2.2
Y801-2	0.75	2825	2.2	2.2	Y90L-2	2.2	2840	2.2	2.2
Y802-2	1.1	2825	2.2	2.2	Y100L-2	3	2880	2.2	2.2

（续）

电动机型号	额定功率/kW	满载转速/(r/min)	堵转转矩额定转矩/N·m	最大转矩额定转矩/N·m	电动机型号	额定功率/kW	满载转速/(r/min)	堵转转矩额定转矩/N·m	最大转矩额定转矩/N·m
Y112M-2	4	2890	2.2	2.2	Y802-4	0.75	1390	2.2	2.2
Y132S1-2	5.5	2900	2.0	2.2	Y90S-4	1.1	1400	2.2	2.2
Y132S2-2	7.5	2900	2.0	2.2	Y90L-4	1.5	1400	2.2	2.2
Y160M1-2	11	2930	2.0	2.2	Y100L1-4	2.2	1420	2.2	2.2
Y160M2-2	15	2930	2.0	2.2	Y100L2-4	3	1420	2.2	2.2
Y160L-2	18.5	2930	2.0	2.2	Y112M-4	4	1440	2.2	2.2
Y180M-2	22	2940	2.0	2.2	Y132S-4	5.5	1440	2.2	2.2
Y200L1-2	30	2950	2.0	2.2	Y132M-4	7.5	1440	2.2	2.2
同步转速1000r/min,6极					Y160M-4	11	1460	2.2	2.2
Y90S-6	0.75	910	2.0	2.0	Y160L-4	15	1460	2.2	2.2
Y90L-6	1.1	910	2.0	2.0	Y180M-4	18.5	1470	2.0	2.2
Y100L-6	1.5	940	2.0	2.0	Y180L-4	22	1470	2.0	2.2
Y112M-6	2.2	940	2.0	2.0	Y200L-4	30	1470	2.0	2.2
Y132S-6	3	960	2.0	2.0	同步转速750r/min,8极				
Y132M1-6	4	960	2.0	2.0	Y132S-8	2.2	710	2.0	2.0
Y132M2-6	5.5	960	2.0	2.0	Y132M-8	3	710	2.0	2.0
Y160M-6	7.5	970	2.0	2.0	Y160M1-8	4	720	2.0	2.0
Y160L-6	11	970	2.0	2.0	Y160M2-8	5.5	720	2.0	2.0
Y180L-6	15	970	1.8	2.0	Y160L-8	7.5	720	2.0	2.0
Y200L1-6	18.5	970	1.8	2.0	Y180L-8	11	730	1.7	2.0
Y200L2-6	22	970	1.8	2.0	Y200L-8	15	730	1.8	2.0
Y225M-6	30	980	1.7	2.0	Y225S-8	18.5	730	1.7	2.0
同步转速1500r/min,4极					Y225M-8	22	730	1.8	2.0
Y801-4	0.55	1390	2.2	2.2	Y250M-8	30	730	1.8	2.0

注：电动机型号意义：以Y132M2-6为例，Y表示系列代号，132表示机座中心高，M2表示中机座和第二种铁心长度（S表示短机座，M表示中机座，L表示长机座），6表示电动机的极数。

表 B-2　机座带底脚、端盖无凸缘 Y 系列电动机的安装及外形尺寸　（单位：mm）

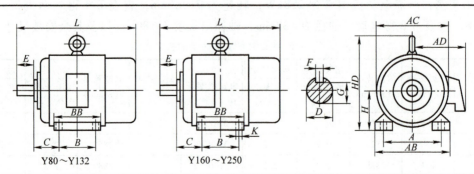

Y80～Y132　　　　　Y160～Y250

（续）

机座号	极数	A	B	C	D		E	F	G	H	K	AB	AC	AD	HD	BB	L
80	2,4	125	100	50	19		40	6	15.5	80	10	165	165	150	170	130	285
90S		140	100	56	24	+0.009 −0.004	50		20	90	10	180	175	155	190	130	310
90L	2,4,6	140	125	56	24	+0.009 −0.004	50	8	20	90	10	180	175	155	190	155	335
100L		160	140	63	28	+0.009 −0.004	60	8	24	100	12	205	205	180	245	170	380
112M		190	140	70	28	+0.009 −0.004	60	8	24	112	12	245	230	190	265	180	400
132S		216	178	89	38		80	10	33	132	12	280	270	210	315	200	475
132M		216	178	89	38		80	10	33	132	12	280	270	210	315	238	515
160M	2,4,6,8	254	210	108	42	+0.018 +0.002		12	37	160	15	330	325	255	385	270	600
160L		254	254	108	42	+0.018 +0.002		12	37	160	15	330	325	255	385	314	645
180M		279	241	121	48	+0.018 +0.002	110	14	42.5	180	15	355	360	285	430	311	670
180L		279	279	121	48	+0.018 +0.002	110	14	42.5	180	15	355	360	285	430	349	710
200L		318	305	133	55		110	16	49	200	15	395	400	310	475	379	775
225S	4,8	356	286	149	60		140	18	53	225	19	435	450	345	530	368	820
225M	2	356	311	149	55	+0.030 +0.011	110	16	49	225	19	435	450	345	530	393	815
225M	4,6,8	356	311	149	60	+0.030 +0.011	110	16	49	225	19	435	450	345	530	393	845
250M	2	406	349	168	60		140	18	53	250	24	490	495	385	575	455	930
250M	4,6,8	406	349	168	65		140	18	58	250	24	490	495	385	575	455	930

附录 C　常用滚动轴承技术参数

表 C-1　深沟球轴承技术参数

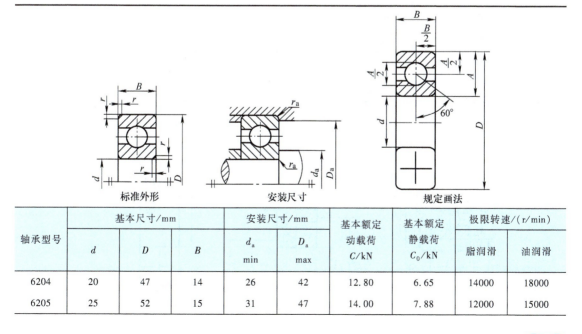

标准外形　　安装尺寸　　规定画法

轴承型号	基本尺寸/mm			安装尺寸/mm		基本额定动载荷 C/kN	基本额定静载荷 C₀/kN	极限转速/(r/min)	
	d	D	B	d_a min	D_a max	C/kN	C_0/kN	脂润滑	油润滑
6204	20	47	14	26	42	12.80	6.65	14000	18000
6205	25	52	15	31	47	14.00	7.88	12000	15000

（续）

轴承型号	基本尺寸/mm			安装尺寸/mm		基本额定动载荷 C/kN	基本额定静载荷 C₀/kN	极限转速/(r/min)	
	d	D	B	d_a min	D_a max	基本额定动载荷 C/kN	基本额定静载荷 C_0/kN	脂润滑	油润滑
6206	30	62	16	36	56	19.50	11.50	9500	13000
6207	35	72	17	42	65	25.50	15.20	8500	11000
6208	40	80	18	47	73	29.50	18.00	8000	10000
6209	45	85	19	52	78	31.50	20.50	7000	9000
6210	50	90	20	57	83	35.00	23.20	6700	8500
6211	55	100	21	64	91	43.20	29.20	6000	7500
6212	60	110	22	69	101	47.80	32.80	5600	7000
6213	65	120	23	74	111	57.20	40.00	5000	6300
6214	70	125	24	79	116	60.80	45.00	4800	6000
6215	75	130	25	84	121	66.00	49.50	4500	5600
6304	20	52	15	27	45	15.80	7.88	13000	16000
6305	25	62	17	32	55	22.20	11.50	10000	14000
6306	30	72	19	37	65	27.00	15.20	9000	11000
6307	35	80	21	44	71	33.40	19.20	8000	9500
6308	40	90	23	49	81	40.80	24.00	7000	8500
6309	45	100	25	54	91	52.80	31.80	6300	7500
6310	50	110	27	60	100	61.80	38.00	6000	7000
6311	55	120	29	65	110	71.50	44.80	5600	6700
6312	60	130	31	72	118	81.80	51.80	5000	6000
6313	65	140	33	77	128	93.80	60.50	4500	5300
6314	70	150	35	82	138	105.00	68.00	4300	5000
6315	75	160	37	87	148	113.00	76.80	4000	4800

注：表中轴承型号和基本尺寸摘自 GB/T 276—2013。

表 C-2　角接触球轴承技术参数

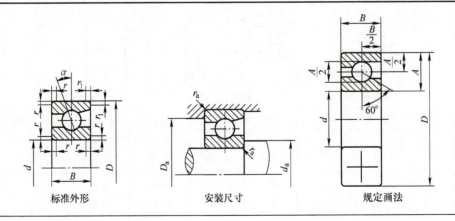

标准外形　　　　　安装尺寸　　　　　规定画法

（续）

轴承型号		基本尺寸 /mm			安装尺寸 /mm		基本额定动载荷 C/kN		基本额定静载荷 C_0/kN		极限转速 /(r/min)	
		d	D	B	d_a	D_a	7000C	7000AC	7000C	7000AC	脂润滑	油润滑
7204C	7204AC	20	47	14	26	41	14. 50	14. 00	8. 22	7. 82	13000	18000
7205C	7205AC	25	52	15	31	46	16. 50	15. 80	10. 50	9. 88	11000	16000
7206C	7206AC	30	62	16	36	56	23. 00	22. 00	15. 00	14. 20	9000	13000
7207C	7207AC	35	72	17	42	65	30. 50	29. 00	20. 00	19. 20	8000	11000
7208C	7208AC	40	80	18	47	73	36. 80	35. 20	25. 80	24. 50	7500	10000
7209C	7209AC	45	85	19	52	78	38. 50	36. 80	28. 50	27. 20	6700	9000
7210C	7210AC	50	90	20	57	83	42. 80	40. 80	32. 00	30. 50	6300	8500
7211C	7211AC	55	100	21	64	91	52. 80	50. 50	40. 50	38. 50	5600	7500
7212C	7212AC	60	110	22	69	101	61. 00	58. 20	48. 50	46. 20	5300	7000
7213C	7213AC	65	120	23	74	111	69. 80	66. 50	55. 20	52. 50	4800	6300
7214C	7214AC	70	125	24	79	116	70. 20	69. 00	60. 00	57. 50	4500	6700
7215C	7215AC	75	130	25	84	121	79. 20	75. 20	65. 80	63. 00	4300	5600

注：表中轴承型号和基本尺寸摘自 GB/T 292—2007。

表 C-3　圆锥滚子轴承技术参数

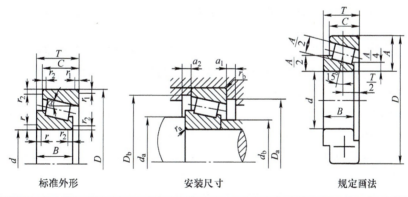

标准外形　　　　　安装尺寸　　　　　规定画法

轴承型号	基本尺寸/mm					安装尺寸/mm				e	Y	Y_0	基本额定动载荷 C/kN	基本额定静载荷 C_0/kN
	d	D	T	B	C	d_a min	d_b max	D_a max	D_b min					
30204	20	47	15. 25	14	12	26	27	41	43	0. 35	1. 7	1	29. 5	30. 5
30205	25	52	16. 25	15	13	31	31	46	48	0. 37	1. 6	0. 9	33. 8	37. 0
30206	30	62	17. 25	16	14	36	37	56	58	0. 37	1. 6	0. 9	45. 2	50. 5
30207	35	72	18. 25	17	15	42	44	65	67	0. 37	1. 6	0. 9	56. 8	63. 5
30208	40	80	19. 75	18	16	47	49	73	75	0. 37	1. 6	0. 9	66. 0	74. 0
30209	45	85	20. 75	19	16	52	53	78	80	0. 4	1. 5	0. 8	71. 0	83. 5
30210	50	90	21. 75	20	17	57	58	83	86	0. 42	1. 4	0. 8	76. 8	92. 0

（续）

轴承型号	基本尺寸/mm					安装尺寸/mm				e	Y	Y_0	基本额定动载荷 C/kN	基本额定静载荷 C_0/kN
	d	D	T	B	C	d_a	d_b	D_a	D_b					
30211	55	100	22.75	21	18	64	64	91	95	0.4	1.5	0.8	95.2	115.0
30212	60	110	23.75	22	19	69	69	101	103	0.4	1.5	0.8	108.0	130.0
30213	65	120	24.25	23	20	74	77	111	114	0.4	1.5	0.8	125.0	152.0
30214	70	125	26.25	24	21	79	81	116	119	0.42	1.4	0.8	138.0	175.0
30215	75	130	27.25	25	22	84	85	121	125	0.44	1.4	0.8	145.0	185.0

注：1. e 为判别轴向载荷对当量动载荷影响程度的参数。

2. Y 为轴向动载荷系数；Y_0 为轴向静载荷系数。

3. 表中轴承型号和基本尺寸摘自 GB/T 297—2015，安装尺寸摘自 GB/T 5868—2003。

附录 D　工业常用润滑油和润滑脂

1. 润滑油

（1）润滑油的质量指标　润滑油是液体润滑剂，一般是指矿物油与合成油。润滑油的主要质量指标有黏度、凝点、倾点和闪点等。

1）黏度。黏度是润滑油内摩擦阻力的程度。通常将黏度分为动力黏度、运动黏度、相对黏度三种。动力黏度是液体在一定切应力下流动时，其内摩擦阻力的量度；相对黏度是采用不同的特定黏度计所测得的条件单位表示的黏度；运动黏度是液体在重力作用流动时，其内摩擦阻力的量度。计量单位为 mm^2/s。

黏度是润滑油重要质量指标，黏度过小，会形成半液体润滑或边界润滑，从而加速摩擦副磨损，也易漏油；黏度过大，流动性差，渗透性与散热性差，内摩擦阻力大，消耗功率大。因此，合理选择黏度，是摩擦副充分润滑的保证。

2）凝点和倾点。凝点是指润滑油在规定的冷却条件下停止流动时的最高温度；倾点是指润滑油在规定条件下冷却到仍能继续流动的最低温度。凝点和倾点均表示润滑油的低温性能，但倾点能更好地反映油品的低温流动性，实际使用时比凝点好，故目前国际上主要是用倾点来表示润滑油的低温性能。

3）闪点。闪点是指在规定条件下，将润滑油加热，蒸发出的油蒸气与空气混合，达到一定浓度与火焰接触时产生短暂闪火时的最低温度。

（2）工业常用润滑油　工业常用润滑油有全损耗系统润滑油、齿轮油、轴承油、液压油等。工业常用润滑油牌号、性能及用途见表 D-1。

表 D-1　工业常用润滑油牌号、性能及用途

名称	牌号	运动黏度/(mm^2/s) 40℃	倾点/℃	闪点/℃	主要用途	说　明
L-AN 全损耗系统用油	15	13.5~16.5	≤-5	≥150	轻载、老式、普通机械的全损耗润滑系统（包括一次润滑）	用精制矿物油制得，有时加入少量降凝剂，AN 油的技术要求很低，不能用于循环润滑系统
	32	28.8~35.2		≥150		
	68	61.2~74.8		≥160		
	100	90.0~110		≥180		

（续）

名称	牌号	运动黏度/(mm²/s) 40℃	倾点 /℃	闪点 /℃	主要用途	说　明
L-CKB 工业闭式齿轮油	100	90.0~110	≤-8	≥180	适用于轻载荷闭式齿轮传动装置润滑	具有抗氧和防锈性能
	150	135~165		≥200		
	220	198~242		≥200		
L-CKC 工业闭式齿轮油	320	288~352	≤-8	≥200	适用于大型闭式齿轮传动装置润滑	以矿物油为基础,加入抗氧、防锈、抗磨、极压等添加剂
	460	414~506		≥200		
	680	612~748	≤-5	≥220		
L-FC 轴承和离合器油	5	4.74~5.06	-8~-6	—	主要用于主轴轴承和离合器,也可用于轻载工业齿轮、液压系统和汽轮机	精制矿物油,抗氧和防锈型
	15	13.5~16.5				
	32	28.8~35.2				
	68	61.2~74.8				
	100	90.0~110				
L-HL 液压油	15	13.5~16.5	≤-9	≥155	主要适用于机床和其他设备的低压齿轮泵液压系统	具有良好的抗氧和防锈性能的矿物油型液压油,可以在循环液压系统内长期使用
	22	19.8~24.2		≥165		
	32	28.8~35.2	≤-6	≥175		
	46	41.4~50.6		≥185		
	68	61.2~74.8		≥195		
	100	90.0~110		≥205		

2. 润滑脂

（1）润滑脂的质量指标　润滑脂习惯上称为黄油或干油,是一种凝胶状润滑材料,介于液体和固体之间的半固体润滑剂。润滑脂是由基础油液、稠化剂和添加剂在高温下合成的。润滑脂也可以说是稠化了的润滑油。润滑脂的主要质量指标有锥入度和滴点等。

1）锥入度。锥入度是评价润滑脂软硬程度（稠度）常用指标,是指在规定质量、规定温度（25℃）下,标准圆锥体由自由落体垂直落入装于标准脂杯内的润滑脂,经过5s所达到的深度,润滑脂有0~9共10个序列号,号数越大,锥入度越小,润滑脂越稠。润滑脂常用0~4号。

2）滴点。滴点是指润滑脂受热开始熔化滴落第一滴流体时的最低温度。滴点可以确定润滑脂使用时允许的最高温度。

（2）工业常用润滑脂　工业常用润滑脂有锂基润滑脂、钠基润滑脂、钙钠基润滑脂、石墨钙基润滑脂等。工业常用润滑脂牌号、性能及用途见表D-2。

表 D-2　工业常用润滑脂牌号、性能及用途

名称	牌号	滴点/℃ 不低于	锥入度 /(0.1mm)	主　要　用　途
极压锂基润滑脂	0	170	355~385	适用于温度范围为-20~120℃,用于压延机、锻造机、减速器等高载荷机械设备及齿轮、轴承润滑,0、1号可用于集中润滑系统
	1		310~340	
	2		265~290	

（续）

名称	牌号	滴点/℃ 不低于	锥入度 /(0.1mm)	主要用途
通用锂基润滑脂	1	170	310～340	适用于温度范围为−20～120℃的各种机械设备的滚动轴承、滑动轴承及其他摩擦部位的润滑
	2	175	265～295	
	3	180	220～250	
钠基润滑脂	2	160	265～295	适用于温度范围为−10～110℃的一般中等载荷机械设备的润滑，不适于与水相接触的润滑部位
	3		220～250	
钙钠基润滑脂	2	120	250～290	适用于温度范围为80～100℃、有水分或较潮湿环境中工作的机械设备的润滑，多用于铁路机车、列车、小电动机、发电机滚动轴承（温度较高者）的润滑
	3	135	200～240	
石墨钙基润滑脂	ZC-S 黑色均匀油膏	80	—	适用于低速、重载、高压力下的简单机械设备的润滑，如人字齿轮、起重机、挖掘机的底盘齿轮、矿山机械、绞车钢丝绳以及一般开式齿轮的润滑
滚珠轴承脂	ZGN69-2	120	250～290	用于机车、汽车、电动机及其他机械滚动轴承的润滑
齿轮润滑脂	—	160	75～90	用于各种低速、中载及重载齿轮、链和联轴器等部位的润滑
工业凡士林		54	—	当机械的工作温度不高、载荷不大时，可用作减摩擦润滑脂

附录 E 常用联轴器技术参数

表 E-1 凸缘联轴器技术参数（摘自 GB/T 5843—2003）

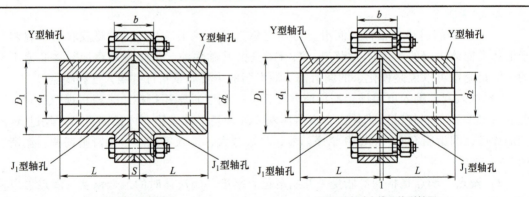

GY型凸缘联轴器　　　　　　　GYS型有对中榫凸缘联轴器

型号	公称转矩 T_n /N·m	许用转速 [n] /(r/min)	轴孔直径 d_1、d_2 /mm	轴孔长度 L/mm		D_1 /mm	b /mm	S /mm
				Y 型	J_1 型			
GY1 GYS1	25	12000	12,14	32	27	30	26	6
			16,18,19	42	30			
GY2 GYS2	63	10000	16,18,19	42	30	40	28	6
			20,22,24	52	38			
			25	62	44			
GY3 GYS3	112	9500	20,22,24	52	38	45	30	6
			25,28	62	44			

（续）

型号	公称转矩 T_n /N·m	许用转速 [n] /(r/min)	轴孔直径 d_1、d_2 /mm	轴孔长度 L/mm		D_1 /mm	b /mm	S /mm
				Y 型	J_1 型			
GY4	224	9000	25,28	62	44	55	32	6
GYS4			30,32,35	82	60			
GY5	400	8000	30,32,35,38	82	60	68	36	8
GYS5			40,42	112	84			
GY6	900	6800	38	82	60	80	40	8
GYS6			40,42,45,48,50	112	84			
GY7	1600	6000	48,50,55,56	112	84	100	40	8
GYS7			60,63	142	107			

注：联轴器的标记方法及轴孔类型与尺寸按 GB/T 3852—2017 规定。

表 E-2　弹性套柱销联轴器技术参数（摘自 GB/T 4323—2017）

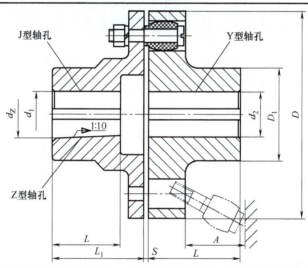

型号	公称转矩 T_n /N·m	许用转速 [n] /(r/min)	轴孔直径 d_1、d_2、d_Z /mm	轴孔长度/mm			D /mm	D_1 /mm	S /mm	A /mm
				Y 型	J、Z 型					
				L	L_1	L				
LT1	16	8800	10,11	22	25	22	71	22	3	18
			12,14	27	32	27				
LT2	25	7600	12,14	27	32	27	80	30	3	18
			16,18,19	30	42	30				
LT3	63	6300	16,18,19	30	42	30	95	35	4	35
			20,22	38	52	38				
LT4	100	5700	20,22,24	38	52	38	106	42	4	35
			25,28	44	62	44				
LT5	224	4600	25,28	44	62	44	130	56	5	45
			30,32,35	60	82	60				
LT6	355	3800	32,35,38	60	82	60	160	71	5	45
			40,42	84	112	84				
LT7	560	3600	40,42,45,48	84	112	84	190	80	5	45
LT8	1120	3000	40,42,45,48,50,55	84	112	84	224	95	6	65
			60,63,65	107	142	107				

注：联轴器的标记方法及轴孔类型与尺寸按 GB/T 3852—2017 规定。

表 E-3 弹性柱销联轴器技术参数（摘自 GB/T 5014—2017）

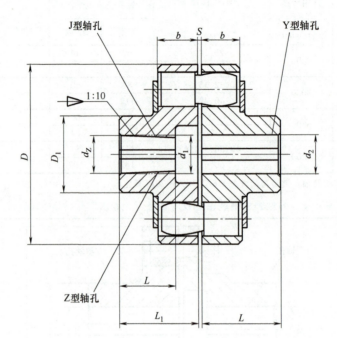

型号	公称转矩 T_n /N·m	许用转速 [n] /(r/min)	轴孔直径 d_1、d_2、d_z /mm	轴孔长度/mm			D /mm	D_1 /mm	b /mm	S /mm
				Y 型	J、Z 型					
				L	L	L_1				
LX1	250	8500	12,14	32	27	—	90	40	20	2.5
			16,18,19	42	30	42				
			20,22,24	52	38	52				
LX2	560	6300	20,22,24	52	38	52	120	55	28	2.5
			25,28	62	44	62				
			30,32,35	82	60	82				
LX3	1250	4750	30,32,35,38	82	60	82	160	75	36	2.5
			40,42,45,48	112	84	112				
LX4	2500	3850	40,42,45,48,50,55,56	112	84	112	195	100	45	3
			60,63	142	107	142				
LX5	3150	3450	50,55,56	112	84	112	220	120	45	3
			60,63,65,70,71,75	142	107	142				
LX6	6300	2720	60,63,65,70,71,75	142	107	142	280	140	56	4
			80,85	172	132	172				
LX7	11200	2360	70,71,75	142	107	142	320	170	56	4
			80,85,90,95	172	132	172				
			100,110	212	167	212				
LX8	16000	2120	80,85,90,95	172	132	172	360	200	56	5
			100,110,120,125	212	167	212				

注：联轴器的标记方法及轴孔类型与尺寸按 GB/T 3852—2017 规定。

附录 F　标准公差和孔与轴的常用基本偏差数值

表 F-1　公称尺寸至 3150mm 的标准公差数值表（摘自 GB/T 1800.1—2020）

公称尺寸 /mm		标准公差等级																	
		IT1	IT2	IT3	IT4	IT5	IT6	IT7	IT8	IT9	IT10	IT11	IT12	IT13	IT14	IT15	IT16	IT17	IT18
大于	至	标准公差数值																	
		μm											mm						
—	3	0.8	1.2	2	3	4	6	10	14	25	40	60	0.1	0.14	0.25	0.4	0.6	1	1.4
3	6	1	1.5	2.5	4	5	8	12	18	30	48	75	0.12	0.18	0.3	0.48	0.75	1.2	1.8
6	10	1	1.5	2.5	4	6	9	15	22	36	58	90	0.15	0.22	0.36	0.58	0.9	1.5	2.2
10	18	1.2	2	3	5	8	11	18	27	43	70	110	0.18	0.27	0.43	0.7	1.1	1.8	2.7
18	30	1.5	2.5	4	6	9	13	21	33	52	84	130	0.21	0.33	0.52	0.84	1.3	2.1	3.3
30	50	1.5	2.5	4	7	11	16	25	39	62	100	160	0.25	0.39	0.62	1	1.6	2.5	3.9
50	80	2	3	5	8	13	19	30	46	74	120	190	0.3	0.46	0.74	1.2	1.9	3	4.6
80	120	2.5	4	6	10	15	22	35	54	87	140	220	0.35	0.54	0.87	1.4	2.2	3.5	5.4
120	180	3.5	5	8	12	18	25	40	63	100	160	250	0.4	0.63	1	1.6	2.5	4	6.3
180	250	4.5	7	10	14	20	29	46	72	115	185	290	0.46	0.72	1.15	1.85	2.9	4.6	7.2
250	315	6	8	12	16	23	32	52	81	130	210	320	0.52	0.81	1.3	2.1	3.2	5.2	8.1
315	400	7	9	13	18	25	36	57	89	140	230	360	0.57	0.89	1.4	2.3	3.6	5.7	8.9
400	500	8	10	15	20	27	40	63	97	155	250	400	0.63	0.97	1.55	2.5	4	6.3	9.7
500	630	9	11	16	22	32	44	70	110	175	280	440	0.7	1.1	1.75	2.8	4.4	7	11
630	800	10	13	18	25	36	50	80	125	200	320	500	0.8	1.25	2	3.2	5	8	12.5
800	1000	11	15	21	28	40	56	90	140	230	360	560	0.9	1.4	2.3	3.6	5.6	9	14
1000	1250	13	18	24	33	47	66	105	165	260	420	660	1.05	1.65	2.6	4.2	6.6	10.5	16.5
1250	1600	15	21	29	39	55	78	125	195	310	500	780	1.25	1.95	3.1	5	7.8	12.5	19.5
1600	2000	18	25	35	46	65	92	150	230	370	600	920	1.5	2.3	3.7	6	9.2	15	23
2000	2500	22	30	41	55	78	110	175	280	440	700	1100	1.75	2.8	4.4	7	11	17.5	28
2500	3150	26	36	50	68	96	135	210	330	540	860	1350	2.1	3.3	5.4	8.6	13.5	21	33

表 F-2　孔的常用基本偏差数值表（摘自 GB/T 1800.1—2020）　（单位：μm）

公称尺寸 /mm		基本偏差数值（下偏差极限，EI）						基本偏差数值（上偏差极限，ES）						Δ 值		
		所有公差等级							IT6	IT7	IT8	≤IT8	≤IT8	≤IT8	标准公差等级		
大于	至	D	E	F	G	H	JS	J			K	M	N	IT6	IT7	IT8
—	3	+20	+14	+6	+2	0		+2	+4	+6	0	−2	−4	0	0	0
3	6	+30	+20	+10	+4	0	偏差=±IT_n/2，式中，n 是标准公差等级数	+5	+6	+10	−1+Δ	−4+Δ	−8+Δ	3	4	6
6	10	+40	+25	+13	+5	0		+5	+8	+12	−1+Δ	−6+Δ	−10+Δ	3	6	7
10	18	+50	+32	+16	+6	0		+6	+10	+15	−1+Δ	−7+Δ	−12+Δ	3	7	9
18	30	+65	+40	+20	+7	0		+8	+12	+20	−2+Δ	−8+Δ	−15+Δ	4	8	12
30	50	+80	+50	+25	+9	0		+10	+14	+24	−2+Δ	−9+Δ	−17+Δ	5	9	14
50	80	+100	+60	+30	+10	0		+13	+18	+28	−2+Δ	−11+Δ	−20+Δ	6	11	16
80	120	+120	+72	+36	+12	0		+16	+22	+34	−3+Δ	−13+Δ	−23+Δ	7	13	19

表 F-3　轴的常用基本偏差数值表（摘自 GB/T 1800.1—2020）　　　（单位：μm）

公称尺寸/mm		基本偏差数值(上偏差极限,es)						基本偏差数值(下偏差极限,ei)									
大于	至	所有公差等级						IT5和IT6	IT7	IT8	IT4~IT7	≤IT3 >IT7	所有公差等级				
		d	e	f	g	h	js	j			k		m	n	p	r	s
—	3	−20	−14	−6	−2	0	偏差=±ITn/2,式中,n是标准公差等级数数	−2	−4	−6	0	0	+2	+4	+6	+10	+14
3	6	−30	−20	−10	−4	0		−2	−4		+1	0	+4	+8	+12	+15	+19
6	10	−40	−25	−13	−5	0		−2	−5		+1	0	+6	+10	+15	+19	+23
10	18	−50	−32	−16	−6	0		−3	−6		+1	0	+7	+12	+18	+23	+28
18	30	−65	−40	−20	−7	0		−4	−8		+2	0	+8	+15	+22	+28	+35
30	50	−80	−50	−25	−9	0		−5	−10		+2	0	+9	+17	+26	+34	+43
50	65	−100	−60	−30	−10	0		−7	−12		+2	0	+11	+20	+32	+41	+53
65	80															+43	+59
80	100	−120	−72	−36	−12	0		−9	−15		+3	0	+13	+23	+37	+51	+71
100	120															+54	+79

附录 G　知识巩固与能力训练题参考答案（部分）

学习情境一

1-2　1) ×；2) √；3) √；4) ×；5) ×；6) √

1-6　$F=1$，见图 G-1

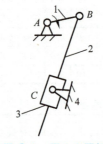

图 G-1　题 1-6 图解

1-7　$F=1$，见图 G-2

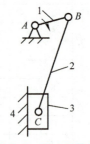

图 G-2　题 1-7 图解

1-8 除 d) 自由度为 2 外, 其余自由度为 1

1-9 a) 机构自由度 $F=0$, 故该机构不能运动, 设计方案有错误

　　 b) 机构自由度 $F=0$, 故该机构不能运动, 设计方案有错误

学习情境二

2-1 1) √; 2) ×; 3) ×; 4) ×; 5) √; 6) ×; 7) √; 8) √

2-2 a) 双曲柄机构; b) 曲柄摇杆机构; c) 双摇杆机构; d) 双摇杆机构

2-3 $250\text{mm} \leqslant l_{\text{AD}} \leqslant 350\text{mm}$

2-5 曲柄取 33.5mm; 连杆取 154mm

学习情境三

3-1 1) ×; 2) ×; 3) √; 4) ×; 5) ×; 6) √; 7) √; 8) √; 9) √; 10) √;
11) ×; 12) ×; 13) ×; 14) ×; 15) ×

3-6 见图 G-3

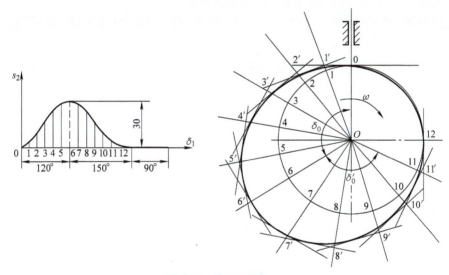

图 G-3 题 3-6 图解

3-7 见图 G-4

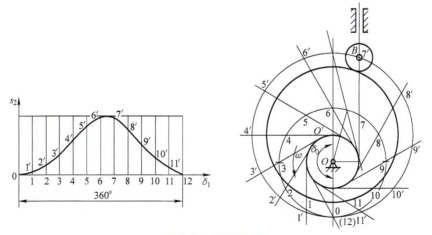

图 G-4 题 3-7 图解

3-9　① $\varphi_{\min} = \dfrac{2\pi}{z} = \dfrac{2\pi}{40} = \dfrac{\pi}{20}$

② $s_{\min} = \dfrac{\varphi_{\min}}{2\pi}l = \dfrac{\pi/20}{2\pi} \times 3\,\mathrm{mm} = 0.075\,\mathrm{mm}$

3-10　槽轮的运动系数 τ　$\tau = \dfrac{2}{1+2} = \dfrac{2}{3}$

槽轮所需的圆销数 K　$K = \dfrac{\tau}{1/2 - 1/z} = \dfrac{2/3}{1/2 - 1/6} = 2$

学习情境四

4-1　1）作用力与反作用力是分别作用于两个不同物体上的一对力；而平衡力则是在同一物体上的一对等值、反向、共线的力，两者有本质的区别

2）不能，力的可传性只能适用于同一刚体内部

3）图 4-25b 所示的三角形表示 F_3 为 F_1 与 F_2 的合力；而图 4-25c 所示的三角形表示 F_1、F_2、F_3 力三角形自行封闭，三个力的合力为零

4-2　a）AC 为二力构件，BC 为三力构件；b）BC 为二力构件，AC 为三力构件；c）CD、BH 为二力构件，AB、DEK 为三力构件

学习情境五

5-3　a）$F_{Rx} = -676.93\,\mathrm{N}$（向左）；$F_{Ry} = -779.29\,\mathrm{N}$（向下）；$F_R = 1032.2\,\mathrm{N}$；$\alpha = 49.02°$（指向第三象限）

b）$F_{Rx} = -364.6\,\mathrm{N}$（向左）；$F_{Ry} = -181.8\,\mathrm{N}$（向下）；$F_R = 407.4\,\mathrm{N}$；$\alpha = 26.5°$（指向第三象限）

5-4　a）$F_{AC} = -3.15\,\mathrm{kN}$（受压）　　$F_{AB} = -0.41\,\mathrm{kN}$（受压）

b）$F_{AC} = -3942.4\,\mathrm{N}$（受压）　　$F_{AB} = 557\,\mathrm{N}$（受拉）

5-6　a）$M_O(F) = 0$；b）$M_O(F) = -Fa$；c）$M_O(F) = Fl\sin\beta$；d）$M_O(F) = F(l+r)$；

e）$M_O(F) = Fl\sin\theta$；f）$M_O(F) = F\sin\alpha\sqrt{a^2 + b^2}$

5-7　$F_A = -3.54\,\mathrm{kN}$（指向右下方）；$F_B = 3.54\,\mathrm{kN}$（指向左上方）

5-8　$F_A = -160\,\mathrm{N}$，$F_B = 160\,\mathrm{N}$

5-9　$F_N = 100\,\mathrm{kN}$

5-10　a）$F_A = qa/3$（向上）；$F_B = 2qa/3$（向上）

b　$F_A = -qa$（向下）；$F_B = 2qa$（向上）

c）$F_A = qa$（向上）；$F_B = 2qa$（向上）

d）$F_A = 11qa/6$（向上）；$F_B = 13qa/6$（向上）

e）$F_A = 2qa$（向上）；$M_A = -7qa^2/2$（顺时针）

f）$F_A = 3qa$（向上）；$M_A = 3qa^2$（逆时针）

g）$F_A = 2qa$（向右）；$F_{Bx} = -2qa$（向左）；$F_{By} = qa$（向上）

h）$F_A = qa$（向上）；$F_B = 0$

5-11　$G_P = 7.4\,\mathrm{kN}$

5-12　$F_x = G\tan\theta/2$；$F_y = (G - G_1)/2$；$M = (l-d)(2G - G_1)/8$

5-13　a）$F_A = -3\text{kN}$（向下）；$F_B = 10\text{kN}$（向上）；$F_D = 1\text{kN}$（向上）

　　　b）$F_A = 3.5\text{kN}$（向上）；$M_A = 6\text{kN}\cdot\text{m}$（逆时针）；$F_C = 0.5\text{kN}$（向上）

5-14　静止；$F = 98\text{N}$

5-15　$b \leqslant 9\text{cm}$

学习情境六

6-1　1）相等；2）不相同；3）不相同

6-3　$F_{N1} = 1000\text{N}$，$F_{N2} = 3000\text{N}$，$F_{N3} = 5000\text{N}$；$\sigma_1 = 2\text{MPa}$，$\sigma_2 = 6\text{MPa}$，$\sigma_3 = 10\text{MPa}$

6-4　$\sigma = 35.1\text{MPa}$

6-5　$\sigma = 37.1\text{MPa} < [\sigma]$，安全

6-6　$\alpha = 45°$时，$\sigma_{max} = 11.22\text{MPa} > [\sigma]$，强度不足；$\alpha = 60°$时，$\sigma_{max} = 9.17\text{MPa} < [\sigma]$，强度够

6-7　$d = 26.6\text{mm}$

6-8　$\sigma_1 = 212.3\text{MPa}$，$\sigma_2 = 76.4\text{MPa}$，$\Delta L = 0.197\text{mm}$

学习情境七

7-1　$\tau = 70.7\text{MPa} > [\tau]$，销强度不够，应改用 $d \geqslant 32.6\text{mm}$ 的销

7-2　$\tau = 0.952\text{MPa}$，$\sigma_{bs} = 7.41\text{MPa}$

7-3　铆钉剪切强度合格：$\tau = 99.5\text{MPa} < [\tau]$

　　　铆钉挤压强度合格：$\sigma_{bs} = 156\text{MPa} < [\sigma_{bs}]$

　　　拉板被削弱截面的拉伸强度 $\sigma = 56.8\text{MPa} < [\sigma]$

7-4　$F \geqslant 177\text{N}$，$\tau = 17.6\text{MPa}$

7-5　$\tau = 68.8\text{MPa} < [\tau]$，$\sigma_{bs} = 97.2\text{MPa} < [\sigma_{bs}]$，$\sigma_{max} = 159.1\text{MPa} > [\sigma]$，不安全

学习情境八

8-4　$\tau_\rho = 35\text{MPa}$，$\tau_{max} = 87.6\text{MPa}$

8-5　$AC：T = 200\text{N}\cdot\text{m}$；$CD：T = 400\text{N}\cdot\text{m}$；$DB：T = 1000\text{N}\cdot\text{m}$

　　　$\tau_{ACmax} = 1.99\text{MPa}$；$\tau_{CDmax} = 3.98\text{MPa}$；$\tau_{DBmax} = 9.95\text{MPa}$

8-6　① $d_1 \geqslant 84.6\text{mm}$，$d_2 \geqslant 74.5\text{mm}$

　　　② $d \geqslant 84.6\text{mm}$

　　　③ 主动轮 1 放在从动轮 2、3 之间比较合理

学习情境九

9-1　a）$F_{QC} = -F$，$F_{QD} = -2F$；$M_C = 2Fa$，$M_D = 0$

　　　b）$F_{QC} = 1333\text{N}$，$F_{QD} = -667\text{N}$；$M_C = 267\text{N}\cdot\text{m}$，$M_D = 333\text{N}\cdot\text{m}$

　　　c）$F_{QC} = F_{QD} = -1\text{kN}$；$M_C = -200\text{N}\cdot\text{m}$，$M_D = -400\text{N}\cdot\text{m}$

　　　d）$F_{QC} = -qa$，$F_{QD} = -qa/2$；$M_C = -qa^2/2$，$M_D = 0$

9-2　a）$F_{Qmax} = 3qa/2$，A 截面右侧；$M_{max} = qa^2$，C 截面左侧

　　　b）$F_{Qmax} = F$，CD 段与 DB 段；$M_{max} = Fa$，D 截面

　　　c）$F_{Qmax} = 1\text{kN}$，位于 C 截面左或 E 截面右；$M_{max} = 0.5\text{kN}\cdot\text{m}$，位于 C、E 截面

　　　d）$F_{Qmax} = \dfrac{5}{2}qa$，$C$ 截面右侧；$M_{max} = qa^2$，在截面 C 处及 DB 段

9-3　① $\sigma_A = 254.22\text{MPa}$（拉应力），$\sigma_B = 161.78\text{MPa}$（压应力）

② $\sigma_{\max} = 346.67\text{MPa}$（拉、压应力）

9-4 $\sigma_{\max} = 382.2\text{MPa}$

9-5 $h \geqslant 416\text{mm}$，$b \geqslant 277\text{mm}$

9-6 提示：根据形心求法计算出截面上边缘距 z 轴的距离为 72.5mm；根据平行移轴定理求出截面对 z 轴的惯性矩为 60125000mm^4。拉应力校核：$\sigma_{\text{tmax}} = 28.7\text{MPa} \leqslant [\sigma_{\text{t}}]$，压应力校核：$\sigma_{\text{cmax}} = 57.4\text{MPa} \leqslant [\sigma_{\text{c}}]$

如果把 T 形梁倒置，则拉应力 $\sigma_{\text{tmax}} = 57.4\text{MPa} \geqslant [\sigma_{\text{t}}]$，因此不合格

学习情境十

10-2 1）B；2）D；3）A；4）D；5）B；6）C；7）C；8）B；9）B；10）C

10-3 $P = 2.25\text{kW}$

学习情境十一

11-2 $m = 10\text{mm}$，能

11-3 提示：$d_1 = 73.5\text{mm}$，$d_2 = 231\text{mm}$

11-4 提示：$m = 4$

11-7 $F_{\text{t4}} = F_{\text{t3}} = 4865\text{N}$；$F_{\text{r4}} = F_{\text{r3}} = 1810\text{N}$；$F_{\text{a4}} = F_{\text{a3}} = 1034\text{N}$，见图 G-5

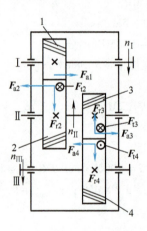

图 G-5 题 11-7 图解

11-8 见图 G-6

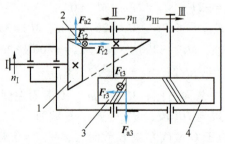

图 G-6 题 11-8 图解

11-9 1）$m = 8\text{mm}$；$\beta = \gamma = 11°18'36''$；$z_2 = 36$；2）$d_2 = 288\text{mm}$；$a = 184\text{mm}$

11-10 见图 G-7

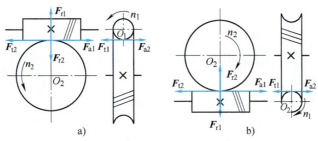

图 G-7 题 11-10 图解

11-11 见图 G-8

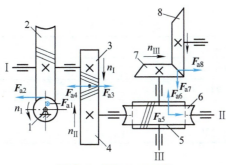

图 G-8 题 11-11 图解

11-12 在两级圆柱齿轮传动中，斜圆柱齿轮应置于高速级，因为高速级的转速高，用斜齿圆柱齿轮传动工作平衡，在精度等级相同时，允许传动的圆周速度较高；在忽略摩擦阻力影响时，高速级小齿轮的转矩是低速级小齿轮转矩的 $1/i$（i 是高速级的传动比），其轴向力小。

由直齿锥齿轮和圆柱齿轮组成的两级传动中，直齿锥齿轮一般应置于高速级，因为当传递功率一定时，低速级的转矩大，则齿轮的尺寸和模数也大，而直齿锥齿轮的锥距 R 和模数 m 大时，则加工困难，或者加工成本大为提高。

学习情境十二

12-2 ① $i_{14} = 6$，②加惰轮

12-3 $i_{16} = 200$，从左侧看顺时针旋转

12-4 ① 蜗轮 2 为左旋，蜗轮 3 为右旋；蜗轮 2、3 转向见图 G-9

② $i_{17} = 296.7$

③ 轮 7 的转向朝上，即 n_7 与 n_1 转向相同

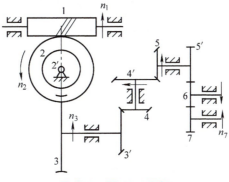

图 G-9 题 12-4 图解

12-5 $s = 0.5\mathrm{mm}$

12-6 $i_{15} = \dfrac{n_1}{n_5} = \left(1 + \dfrac{z_3 z_2}{z_2' z_1} + \dfrac{z_5 z_3 z_2}{z_3' z_2' z_1}\right)$

学习情境十三

13-2   轴Ⅰ只受转矩，为传动轴；轴Ⅱ既受转矩，又受弯矩，故为转轴；轴Ⅲ只受弯矩，且为转动的，故为转动心轴；轴Ⅳ只受弯矩，且为转动的，故为转动心轴。

13-4   见图 G-10

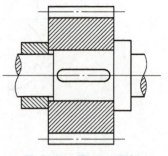

图 G-10   题 13-4 图解

学习情境十四

14-2

	32208	N2314	7320AC	6309/P5
内径 d	40mm	70mm	100mm	45mm
尺寸系列代号	22	23	3	3
类型	圆锥滚子轴承	圆柱滚子轴承	角接触球轴承	深沟球轴承
公差等级	普通级	普通级	普通级	5 级

14-3   改正后的结构见图 G-11

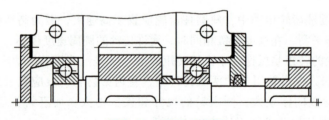

图 G-11   题 14-3 图解

14-4   改正后的结构见图 G-12

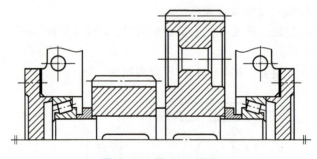

图 G-12   题 14-4 图解

学习情境十五

15-2   1）A；2）A；3）C；4）B；5）C；6）C；7）C；8）C

15-3   提示：可选用弹性套柱销联轴器

15-4   可选用 $b = 22\mathrm{mm}$、$h = 14\mathrm{mm}$、$L = 140\mathrm{mm}$ 的平键

参 考 文 献

[1]　孙桓，陈作模，葛文杰. 机械原理［M］. 7 版. 北京：高等教育出版社，2012.

[2]　陈立德. 机械设计基础［M］. 2 版. 北京：高等教育出版社，2002.

[3]　郑甲红，朱建儒，刘喜平. 机械原理［M］. 北京：机械工业出版社，2006.

[4]　曲玉峰，关晓平. 机械设计基础［M］. 北京：中国林业出版社，2006.

[5]　唐大放，冯小宁，杨现卿. 机械设计工程学［M］. 徐州：中国矿业大学出版社，2001.

[6]　周玉丰. 机械设计基础［M］. 北京：机械工业出版社，2008.

[7]　段志坚，徐来春. 机械设计基础习题集［M］. 北京：机械工业出版社，2011.

[8]　闵小琪，万春芬. 机械设计基础［M］. 北京：机械工业出版社，2010.

[9]　张定华. 工程力学（少学时）［M］. 北京：高等教育出版社，2000.

[10]　刘思俊. 工程力学［M］. 2 版. 北京：机械工业出版社，2006.

[11]　于荣贤. 工程力学［M］. 北京：机械工业出版社，2009.

[12]　吴建蓉，黄苏春. 工程力学与机械设计基础［M］. 3 版. 北京：电子工业出版社，2012.

[13]　韩瑞功. 工程力学［M］. 北京：清华大学出版社，2006.

[14]　任树棠. 机械工程力学［M］. 北京：机械工业出版社，2005.

[15]　陈庭吉. 机械工程力学习题集［M］. 北京：机械工业出版社，2002.

[16]　李海萍. 机械设计基础［M］. 北京：机械工业出版社，2005.

[17]　李良军. 机械设计［M］. 北京：高等教育出版社，2010.

[18]　朱文坚，黄平，刘小康. 机械设计［M］. 2 版. 北京：高等教育出版社，2008.

[19]　罗红专，易传佩. 机械设计基础［M］. 北京：机械工业出版社，2010.

[20]　杨可桢，程光蕴，李仲生. 机械设计基础［M］. 5 版. 北京：高等教育出版社，2010.

[21]　张春林. 机械创新设计［M］. 2 版. 北京：机械工业出版社，2007.

[22]　颜惠庚. 技术创新方法入门：TRIZ 基础［M］. 北京：化学工业出版社，2011.

[23]　徐起贺. 机械创新设计［M］. 北京：机械工业出版社，2009.

[24]　郭绍生. 大学生创新能力训练［M］. 上海：同济大学出版社，2010.

[25]　闻邦椿. 机械设计手册［M］. 6 版. 北京：机械工业出版社，2018.

[26]　王喆，刘美华. 机械设计基础［M］. 6 版. 北京：机械工业出版社，2018.

[27]　胡家秀. 机械设计基础［M］. 3 版. 北京：机械工业出版社，2016.

[28]　冯立艳，李建功. 机械设计课程设计［M］. 6 版. 北京：机械工业出版社，2020.